新手学电脑一本通

组装·维护
上网·办公

博蓄诚品◎编著

化学工业出版社
·北京·

内容简介

本书针对零基础的电脑使用者，采用全彩图解+视频讲解的形式，以Windows10操作系统为平台，从电脑的组装讲起，先硬件、后软件，再到应用程序的使用，向读者讲述了“电脑”这一工具的应用技巧。

全书分4篇18章，包括电脑组装篇、日常维护篇、上网体验篇以及Office办公篇，主要介绍了电脑硬件的选购、装机的原则、Windows10系统的安装、操作系统的使用、系统的安全与管理、互联网的连接、网络资源的获取、网上办公、网上娱乐、输入法的使用、WPS Office办公软件的入门操作等。

本书内容丰富实用，知识点循序渐进；案例选取具有代表性，且贴合实际需求；讲解细致，通俗易懂，操作步骤全程图解。同时，本书还配套了丰富的学习资源，主要有超大容量的同步教学视频、所有案例的源文件及素材。此外，还超值赠送常用办公模板、各类电子书、办公操作视频、线上课堂专属福利等。

本书适合电脑新手以及初入职场的“小白”阅读使用，还可用作相关培训机构的教材及参考书。

图书在版编目（CIP）数据

新手学电脑一本通：组装·维护·上网·办公/博蓄诚品编著．—北京：化学工业出版社，2020.10（2025.2重印）

ISBN 978-7-122-37586-5

Ⅰ.①新… Ⅱ.①博… Ⅲ.①电子计算机-教材 Ⅳ.①TP3

中国版本图书馆CIP数据核字（2020）第156212号

责任编辑：耍利娜　　装帧设计：王晓宇
责任校对：宋　玮

出版发行：化学工业出版社（北京市东城区青年湖南街13号　邮政编码100011）
印　　装：北京天宇星印刷厂
710mm×1000mm　1/16　印张21　字数479千字　2025年2月北京第1版第8次印刷

购书咨询：010-64518888　　售后服务：010-64518899
网　　址：http://www.cip.com.cn
凡购买本书，如有缺损质量问题，本社销售中心负责调换。

定　　价：69.00元

前言

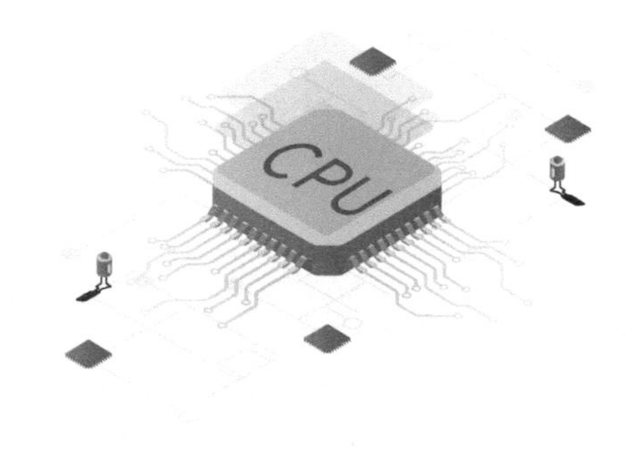

你是否被以下问题困扰过?

“这个软件怎么安装?”

“我的电脑怎么不能上网了?”

“怎样才能下载网盘中的资料?”

“打印指定区域的内容，该如何操作?”

……

如果没有，那么恭喜，你已脱离电脑小白圈。如果有，那么请仔细阅读本书。本书以知识点讲解为主，以案例制作为辅，详细介绍了在Windows10操作系统中，各类常用软件的应用方法，其中包括装机必备软件、系统维护与优化软件、网络下载软件、网络休闲娱乐软件以及常用的办公软件等。

全书知识架构清晰合理，语言通俗易懂，内容难易得当，适合电脑新手阅读与学习。本书的编写目的就是让零基础的读者在更短的时间内掌握更多的电脑操作技能，从而全面认识、掌握并应用电脑这一工具。

全书分为4篇，共18章，分别介绍了电脑的组装、日常维护、上网体验以及Office办公软件的应用操作，各部分内容安排如下。

篇	章	主要内容
电脑组装篇	第1～4章	分别对电脑系统的认识、电脑的选购、装机必备的应用程序等内容进行了介绍
日常维护篇	第5～9章	分别对Windows10桌面的基本操作、文件与文件夹的管理、系统附件功能的应用、系统的维护与优化、系统的安全与管理等内容进行了系统的阐述
上网体验篇	第10～13章	分别对互联网的连接与使用、上网获取资料信息、上网必用的工具、上网休闲娱乐等内容进行了讲解
Office办公篇	第14～18章	分别对输入法的选择和使用、制作常见办公文档、对报表数据进行处理、演示文稿的设计与制作、PDF阅读器的运用等内容进行了详细的讲解

若想深入学习更多办公知识，可同步阅读《Word+Excel+PPT+Photoshop+思维导图：高效商务办公一本通》一书，或进入德胜学堂进行在线学习。

内容特点

本书为零基础的电脑小白量身定做，从认识电脑讲起，对新手所要学习且必须要掌握的内容进行了串讲。本书主要具有如下特点。

（1）强化基础，打好功底

本书以“电脑组装→系统安装→各软件的应用”为主线，循序渐进地向读者讲解了电脑的使用。强化电脑的基本操作技能，为后期深入学习打下扎实的基础。

（2）图文并茂，学习无压力

本书以图文并茂的方式讲解，让读者能够更直观、更清晰地掌握每一步具体的操作，实现了无障碍阅读，从而增强读者学习的兴趣。

（3）知识拓展，举一反三

除书中内容外，本书针对疑难重点，还安排了相关的操作视频以及【知识拓展】环节，读者只需扫描书中对应的二维码即可获取相关内容，帮助读者将所学知识真正应用到实处。

资源服务

（1）同步教学视频

本书重点章节均配有高清视频讲解，视频多达80段，总时长近200分钟；扫描书中二维码，边学边看，大大提高学习效率。

（2）素材、源文件

书中所用到的案例素材及源文件均可直接下载使用，方便读者实践学习。

（3）办公模板

本书额外赠送各类常用办公模板，共计690个，方便读者在实际工作中直接套用。

（4）电子书

为方便读者拓展学习，还倾情赠送《Windows 10操作系统入门》《Windows 10操作系统常用快捷键速查》《WPS常用快捷键速查》《五笔打字字根表》等各类电子书。

（5）Office专题视频

共计230段，全方位多角度动态演示Office办公应用的功能。

（6）GIF操作动图

共计270个，直观形象生动地展示各类办公工具操作技巧。

（7）线上课堂专属福利

3步领取线上课堂专属福利。

第1步：加入QQ学习交流群707119506；

第2步：联系群管理员开通读者权限（该权限仅供购买本书的读者使用）；

第3步：进入线上课堂凭读者权限领取福利，观看视频。

（8）在线答疑

作者团队具有丰富的实战经验，随时随地为读者答疑解惑。

注：以上附赠资源均可联系QQ：1908754590或加入上方QQ群获取。

本书在编写过程中力求严谨细致，但由于时间与精力有限，疏漏之处在所难免，望广大读者批评指正。

编著者

目录

视频讲解：5节，12分钟

第1章　全面认识电脑　// 002

1.1　认识电脑　// 003

1.1.1　电脑的主要作用　// 003

1.1.2　电脑的主要分类　// 004

1.2　电脑的硬件系统　// 005

1.2.1　电脑的主要内部组件　// 005

1.2.2　电脑的主要外设构成　// 006

1.3　电脑的软件系统　// 007

1.3.1　操作系统　// 007

1.3.2　应用软件　// 008

1.4　电脑软硬件信息查看　// 009

1.4.1　使用BIOS查看　// 009

1.4.2　使用Windows系统软件查看　// 009

1.4.3　使用第三方工具查看配置　// 010

1.5　电脑的选配过程　// 011

1.5.1　方案制订　// 011

1.5.2　选购原则　// 012

1.5.3　选购技巧　// 012

第2章　主要配件及其介绍　// 014

2.1　CPU　// 015

2.1.1　CPU简介　// 015

2.1.2　CPU的主要厂商　// 015

2.1.3　CPU的主要参数　// 016

2.1.4　CPU选购技巧　// 017

2.2　主板　// 018

2.2.1　主板的主要接口　// 018

2.2.2　主板的主要参数和选购技巧　// 021

2.3　内存　// 022

2.3.1　内存的主要参数及挑选技巧　// 022

2.3.2　主流内存条推荐　// 025

2.4　显卡　// 025

2.4.1　显卡的组成　// 025

2.4.2　显卡主要参数及选购技巧　// 027

2.5　硬盘　// 028

2.5.1　机械硬盘与固态硬盘的区别　// 028

2.5.2　机械硬盘的参数与选购技巧　// 029

2.5.3　固态硬盘的参数与选购技巧　// 030

2.6　电源　// 032

2.6.1　电源简介　// 032

2.6.2　电源主要参数及选购技巧　// 032

2.7　机箱　// 033

2.7.1　机箱的主要参数及选购　// 034

2.7.2　机箱的常见品牌　// 035

第3章　常用外设及选购　// 036

3.1　液晶显示器　// 037

3.1.1　液晶显示器的参数及选购　// 037

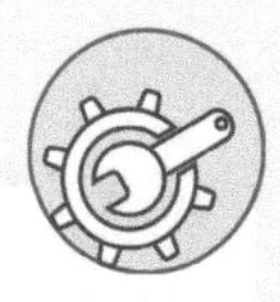

3.1.2 液晶显示器的连接 // 038

3.2 键盘鼠标 // 039

3.2.1 键盘的分类 // 039

3.2.2 鼠标的分类 // 039

3.2.3 键盘及鼠标的参数与选购 // 040

3.2.4 键盘及鼠标的连接 // 040

3.3 音箱的选购 // 041

3.3.1 音箱的主要参数和选购 // 041

3.3.2 音箱的连接 // 043

3.4 摄像头 // 044

3.4.1 摄像头的主要参数和选购 // 044

3.4.2 摄像头的连接 // 045

3.4.3 监控摄像头特点及常见产品 // 045

3.5 耳麦 // 046

3.5.1 耳麦的主要参数与选购 // 046

3.5.2 耳麦的连接 // 048

3.6 打印机 // 048

3.6.1 打印机的分类 // 048

3.6.2 打印机常见参数及选购 // 049

3.6.3 打印机的连接 // 050

第4章 装机必备的应用程序 // 051

4.1 软件的安装与卸载 // 052

4.1.1 下载应用软件 // 052

4.1.2 安装应用软件 // 053

4.1.3 卸载应用软件 // 054

4.2 压缩/解压缩工具 // 055

4.2.1 解压缩文件 // 055

4.2.2 压缩文件 // 056

4.3 驱动工具 // 056

4.4 视频工具 // 057

4.4.1 爱奇艺 // 057

4.4.2 腾讯视频 // 058

4.5 聊天工具 // 058

4.5.1 QQ // 058

4.5.2 微信 // 058

4.6 输入法 // 059

4.6.1 搜狗输入法 // 059

4.6.2 QQ输入法 // 059

4.6.3 五笔输入法 // 060

4.7 办公软件 // 060

4.7.1 Office系列软件 // 060

4.7.2 Photoshop图像处理软件 // 061

4.7.3 PDF阅读器 // 061

4.7.4 看图软件 // 062

4.7.5 投屏软件 // 062

视频讲解：23节，55分钟

第5章 Windows10入门必学 //064

5.1 Windows10的安装 //065

5.1.1 使用U深度制作启动U盘 //065

5.1.2 使用虚拟光驱安装原版Windows10 //066

5.2 Windows10的基本操作 //068

5.2.1 启动Windows10 //068

5.2.2 登录Windows10 //069

5.2.3 退出Windows10 //070

5.3 Windows10桌面 //071

5.3.1 显示默认桌面图标 //071

5.3.2 设置桌面背景 //071

5.3.3 设置窗口颜色和外观 //071

5.3.4 设置屏幕保护程序 //072

5.4 Windows10任务栏自定义 //072

5.4.1 改变任务栏的位置 //072

5.4.2 添加快捷方式 //073

5.4.3 自定义任务栏通知图标 //073

5.5 日期和时间的调整 //073

5.5.1 设置系统日期和时间 //074

5.5.2 添加附加时钟 //074

5.6 系统字体的管理 //075

5.6.1 调整字体大小 //075

5.6.2 添加与删除字体 //075

5.6.3 筛选字体与应用商店下载字体 //075

第6章 文件与文件夹的管理 //077

6.1 认识文件与文件夹 //078

6.1.1 文件与文件夹 //078

6.1.2 文件名与扩展名 //078

6.2 查看文件与文件夹 //079

6.2.1 浏览文件与文件夹 //080

6.2.2 更改文件或文件夹的查看方式 //080

6.3 设置快捷方式图标 //081

6.3.1 创建文件快捷方式 //081

6.3.2 更换快捷方式图标 //081

6.4 操作文件与文件夹 //082

6.4.1 选择文件或文件夹 //082

6.4.2 复制文件或文件夹 //083

6.4.3 移动文件或文件夹 //083

6.4.4 删除文件或文件夹 //084

6.4.5 恢复文件或文件夹 //085

6.4.6 新建文件或文件夹 //085

6.4.7 重命名文件或文件夹 //085

6.5 隐藏/显示文件或文件夹 //086

6.5.1 隐藏文件或文件夹 //086

6.5.2 显示隐藏文件或文件夹 //087

第7章 熟悉系统自带的附件 //088

7.1 计算器 //089

7.1.1 计算器类型 //089

7.1.2 计算器的使用 //090

7.2 截图工具 //092

7.2.1 新建截图 //092

7.2.2 保存截图 //094

7.3 写字板 // 095

7.3.1 认识写字板 // 095

7.3.2 输入文本 // 096

7.3.3 编辑文本 // 097

7.3.4 在文档中插入图片 // 097

7.3.5 保存与关闭文档 // 099

7.4 画图程序 // 100

7.4.1 认识“画图”窗口 // 100

7.4.2 绘制基本图形 // 101

7.4.3 编辑图片 // 102

第8章 系统的维护与优化 // 105

8.1 查看系统性能 // 106

8.1.1 使用“性能”功能查看硬件参数及使用状态 // 106

8.1.2 使用Xbox应用实时监控系统性能 // 107

8.2 硬件驱动维护 // 109

8.2.1 使用系统自带工具进行驱动维护 // 109

8.2.2 使用第三方软件管理驱动程序 // 111

8.3 硬盘维护与优化 // 112

8.3.1 硬盘维护注意事项 // 112

8.3.2 检查硬盘 // 116

8.3.3 磁盘清理 // 119

8.3.4 磁盘碎片整理 // 121

8.3.5 启用磁盘写入缓存 // 123

8.4 内存优化和配置 // 123

8.4.1 设置虚拟内存 // 123

8.4.2 内存诊断工具 // 125

第9章 系统的安全与管理 // 127

9.1 认识控制面板 // 128

9.2 使用Windows更新功能 // 129

9.2.1 使用Windows更新 // 129

9.2.2 设置Windows更新 // 130

9.3 设置Windows10防火墙 // 132

9.3.1 防火墙的启动和关闭 // 132

9.3.2 防火墙程序访问设置 // 133

9.3.3 防火墙高级访问规则设置 // 134

9.4 防范电脑病毒及木马 // 136

9.4.1 病毒和木马简介 // 137

9.4.2 火绒安全软件的使用 // 137

9.5 使用任务管理器 // 140

9.5.1 进程管理 // 140

9.5.2 性能管理 // 141

9.5.3 应用历史记录 // 141

9.5.4 启动管理 // 142

9.5.5 其他任务管理 // 142

9.6 系统高级管理 // 143

9.6.1 系统配置管理程序 // 143

9.6.2 优化系统服务 // 144

9.6.3 本地安全策略 // 146

9.6.4 本地组策略 // 147

视频讲解：13节，40分钟

第10章 互联网的连接与使用 // 150

10.1 Internet简介 // 151
10.1.1 什么是Internet // 151
10.1.2 如何接入Internet // 151
10.1.3 家庭常用网络硬件设备 // 152

10.2 网络连接 // 153
10.2.1 PPPoE拨号上网 // 153
10.2.2 无线路由器简介 // 155
10.2.3 无线路由器的设置 // 156

10.3 局域网的组成 // 158
10.3.1 局域网简述 // 158
10.3.2 局域网共享设置 // 159

10.4 使用IE浏览器 // 161
10.4.1 认识浏览器 // 161
10.4.2 设置默认主页 // 161
10.4.3 使用收藏夹 // 161
10.4.4 查看和删除历史记录 // 162

第11章 上网获取想要的信息 // 163

11.1 认识搜索引擎 // 164

11.2 在浏览器中下载文件 // 165
11.2.1 使用百度下载文件 // 165
11.2.2 查看下载文件属性 // 167

11.3 使用360软件管家 // 168
11.3.1 安装360软件管家 // 168
11.3.2 使用软件管家下载软件 // 169
11.3.3 软件管理 // 169

11.4 使用迅雷下载工具 // 170
11.4.1 使用迅雷下载文件 // 170
11.4.2 设置迅雷软件 // 171

第12章 上网必用的那几款工具 // 172

12.1 腾讯QQ // 173
12.1.1 QQ的申请与登录 // 173
12.1.2 修改个人资料 // 174
12.1.3 添加好友 // 175
12.1.4 文字、语音和视频聊天 // 176
12.1.5 创建和管理群 // 178
12.1.6 文件的传输 // 180

12.2 微信 // 181
12.2.1 启动微信电脑版 // 181
12.2.2 自定义设置 // 182
12.2.3 使用微信进行交流 // 183

12.3 百度网盘 // 184
12.3.1 百度网盘的下载 // 184
12.3.2 网盘资源的上传 // 185
12.3.3 网盘资源的分享 // 186

12.4 360杀毒软件 // 187
12.4.1 360杀毒软件的安装 // 188
12.4.2 360杀毒软件的使用 // 188

第13章 上网可以做的那些事 // 190

13.1 收发电子邮件 // 191
13.1.1 电子邮件简介 // 191
13.1.2 邮件账号的申请 // 191
13.1.3 电子邮件的收发 // 192

13.2 制订出游攻略 // 194
13.2.1 旅游景点的查询 // 195
13.2.2 线上咨询客服 // 196
13.2.3 机票和酒店的预订 // 197

13.3 网上选购物品 // 199

13.4 在线休闲娱乐 // 201
13.4.1 看视频 // 201
13.4.2 听音乐 // 203
13.4.3 玩游戏 // 204

13.5 在线看直播/上网课 // 206

视频讲解：39节，91分钟

第14章 选择适合自己的输入法 // 210

14.1 熟练使用键盘 // 211

14.1.1 键盘分区 // 211
14.1.2 手指分工 // 213
14.1.3 指法练习 // 213

14.2 了解汉字输入法 // 214

14.2.1 汉字输入法简介 // 214
14.2.2 常用输入法及其切换 // 214

14.3 汉语拼音输入法 // 215

14.3.1 输入法状态栏及设置 // 215
14.3.2 多种输入方式 // 216
14.3.3 输入日期和时间 // 216
14.3.4 输入生僻字 // 217

14.4 五笔字型输入法 // 218

14.4.1 汉字的编码规则 // 218
14.4.2 汉字的字根 // 220
14.4.3 汉字的拆分原则 // 222
14.4.4 单字的编码方式 // 223
14.4.5 简码的编码方式 // 226
14.4.6 词组的编码方式 // 227
14.4.7 万能键的使用 // 228

第15章 常见办公文档的制作 // 229

15.1 文档基本操作 // 230

15.1.1 文档的创建与设置 // 230
15.1.2 文档的保存与另存 // 231
15.1.3 文档的打印与输出 // 232

15.2 编辑文本 // 233

15.2.1 文本的选择 // 233
15.2.2 文本的移动与复制 // 234
15.2.3 文本的查找与替换 // 235

15.3 设置文档格式 // 235

15.3.1 文本格式的设置 // 235
15.3.2 段落格式的设置 // 236
15.3.3 项目符号的添加 // 237
15.3.4 自动编号的添加 // 237
15.3.5 文档样式的设置 // 237
15.3.6 分栏排版 // 238

15.4 美化文档 // 239

15.4.1 插入图片 // 239
15.4.2 编辑图片 // 239
15.4.3 插入文本框 // 240
15.4.4 插入艺术字 // 240
15.4.5 设置文档背景 // 241
15.4.6 插入页眉页脚 // 242
15.4.7 应用稿纸样式 // 242

15.5 使用表格 // 243

15.5.1 插入与删除表格 // 243
15.5.2 插入与删除行/列 // 244
15.5.3 合并与拆分单元格 // 245
15.5.4 表格与文本的转换 // 245
15.5.5 表格美化 // 246

15.6 制作培训通知 // 247

15.6.1 创建培训通知文档 // 247
15.6.2 输入并编排培训通知 // 248
15.6.3 输出并打印培训通知 // 251

第16章 对报表数据进行处理 // 253

16.1 工作簿的基本操作 // 254

16.1.1 新建工作簿 // 254
16.1.2 保存工作簿 // 254
16.1.3 打印与输出 // 255

16.2 工作表的基本操作 // 256

16.2.1 插入与删除工作表 // 256

16.2.2 移动与复制工作表 // 257
16.2.3 隐藏/显示工作表 // 258
16.2.4 重命名工作表 // 258

16.3 录入数据信息 // 259

16.3.1 输入日期型数据 // 259
16.3.2 输入文本型数据 // 260
16.3.3 自动填充数据序列 // 261
16.3.4 输入自定义序列 // 262

16.4 简单处理数据信息 // 262

16.4.1 对数据进行排序 // 263
16.4.2 对数据进行筛选 // 265
16.4.3 数据的分类汇总 // 267
16.4.4 数据的合并计算 // 269

16.5 公式与函数 // 270

16.5.1 单元格的引用 // 270
16.5.2 快速输入公式和函数 // 271
16.5.3 常用函数介绍 // 273

16.6 根据数据创建图表 // 273

16.6.1 创建图表 // 273
16.6.2 编辑图表 // 274
16.6.3 美化图表 // 275

16.7 制作旅游清单 // 276

16.7.1 创建清单内容 // 276
16.7.2 美化清单表格 // 277
16.7.3 打印旅游清单 // 279

第17章 演示文稿的设计与制作 // 281

17.1 创建和编辑演示文稿 // 282

17.1.1 创建演示文稿 // 282
17.1.2 幻灯片的基本操作 // 283
17.1.3 在幻灯片中添加文字 // 286
17.1.4 在幻灯片中插入图片 // 290
17.1.5 在幻灯片中插入音视频 // 292

17.2 添加动画效果 // 294

17.2.1 基本动画的添加 // 294
17.2.2 切换动画的添加 // 298
17.2.3 超链接的设置 // 298

17.3 放映和输出 // 300

17.3.1 幻灯片的放映 // 300
17.3.2 幻灯片的输出 // 302

17.4 制作垃圾分类宣讲方案 // 302

17.4.1 制作标题页幻灯片 // 302
17.4.2 制作目录页和内容页幻灯片 // 305
17.4.3 制作结尾页幻灯片 // 306
17.4.4 为幻灯片添加动画效果 // 307
17.4.5 将宣讲方案进行打包 // 308

第18章 PDF阅读器的使用 // 310

18.1 了解PDF阅读器 // 311

18.2 利用PDF阅读器查看文档 // 312

18.2.1 打开并浏览PDF文档 // 312
18.2.2 调整PDF视图显示 // 313
18.2.3 为PDF文件添加注释 // 314
18.2.4 为PDF文档加密 // 315

18.3 电脑与手机交互使用 // 316

18.3.1 接收PDF文档 // 316
18.3.2 查看并保存PDF文件 // 316

附录 常用快捷键速查 // 319

附录1 Windows 10操作系统常用快捷键速查 // 320
附录2 WPS常用快捷键速查 // 322

电　　脑
组装篇

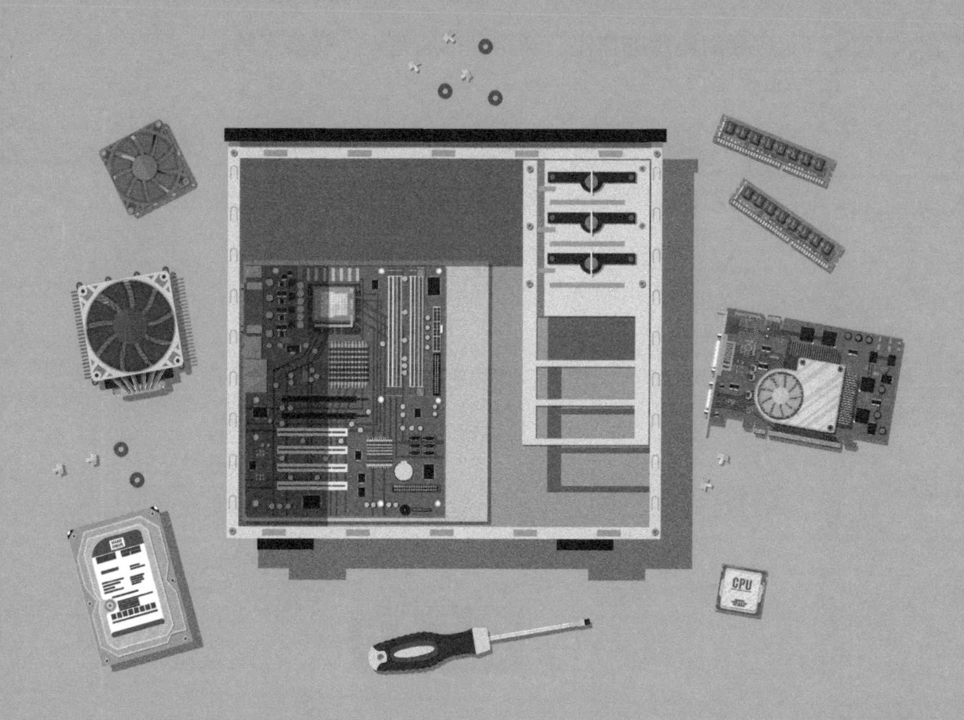

第1章 全面认识电脑

内容导读

电脑的学名为电子计算机，它是日常办公学习、娱乐等过程中不可或缺的“好帮手”。虽然有了更多的智能终端设备，但电脑的地位仍不可撼动，尤其在一些设计、制造等专业领域。本章将带领读者认识电脑，相信通过本章内容的学习，用户会对电脑的作用、类型及组成有一个初步了解。

学习要点

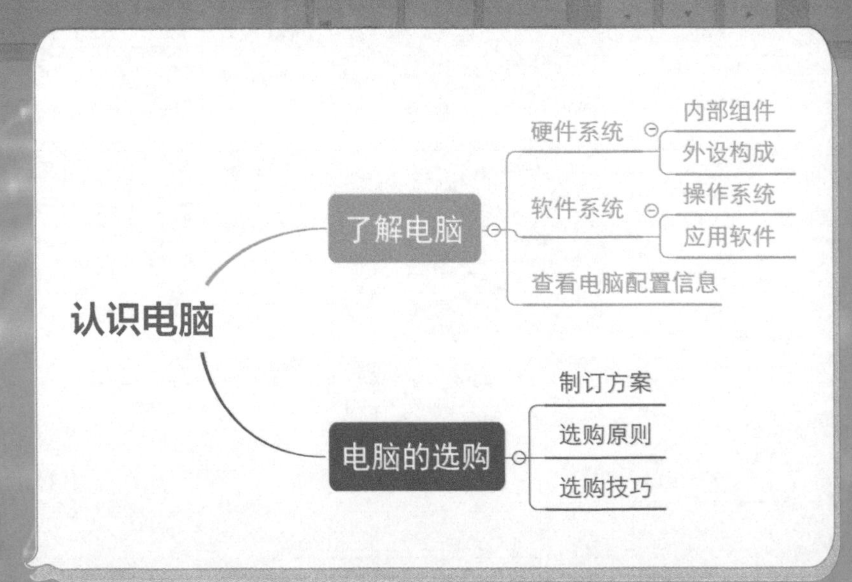

1.1 认识电脑

1946年，第一台电子计算机出现，如图1-1所示。至今，已经半个多世纪过去了。从早期的专门用于科学计算的电子管数字机，发展到现在互联网时代云计算使用的大型机（图1-2），电脑的性能也在不断地提升。

图1-1

图1-2

1.1.1 电脑的主要作用

早期电脑的功能类似于现在计算器的功能，可见科学进步的速度。那么从科学的角度来看，现在的电脑主要有如下作用。

（1）科学计算

不论电脑如何发展，核心计算都是必需的，小到智能终端，大到国家级别的大型计算机，都是以计算为基础的。至于应用方面，电脑的所有操作，说到底都是一种计算。而大型计算机负责大型的航空航天级别的运算，如天气预报（图1-3）。现在比较流行的云计算也主要使用云端的高速数据处理能力。

（2）过程控制

主要指一些自动化设备，在编制了处理过程的程序后，电脑自动按照指令控制设备进行操作的过程，如图1-4所示。

图1-3

图1-4

（3）数据控制

即信息管理，以数据库为基础，主要为决策者提供各种数据支持，比如银行、电信等。

（4）辅助设计

辅助设计包括了CAD、CAM和CAI。

（5）网络终端

从单机到网络，再到大规模网络，电脑的作用已经从核心设备慢慢向网络应用终端发展。随着科技发展和网络提速的影响，现在的电脑应用，也已经从办公设备、游戏设备，发展到了人工智能、网络直播等各专业系统的终端，如图1-5、图1-6所示。

图1-5

图1-6

1.1.2 电脑的主要分类

- 电脑按照不同的标准，有不同的分类。
- 按照规模大小，可以分为微型机、小型机、中型机、大型机和巨型机。
- 按照组装方式和用途，可以分为常见的组装机、笔记本、品牌机、一体机。其他还有专业级的苹果电脑（图1-7）以及工作站或服务器（图1-8）。

图1-7

图1-8

1.2 电脑的硬件系统

电脑系统一般由硬件系统及软件系统组成，本节将向读者介绍电脑的硬件系统。电脑的硬件系统包括了内部组件和外部设备。

1.2.1 电脑的主要内部组件

电脑的内部组件也就是装机时罗列的项目，主要包括以下几项。

- CPU：中央处理器，主要负责电脑中的所有数据计算，体积很小，但科技含量非常高，如图1-9所示。
- 主板：一般是一块大规模集成电路板，用于放置或连接内外部组件，并在其中控制及传输数据，如图1-10所示。

图1-9

图1-10

- 内存：计算机主要的缓存设备，为CPU及其他设备间提供高速数据交换，如图1-11所示。
- 硬盘：计算机主要的数据存储设备，发展到现在，已经从传统机械硬盘（图1-12）向固态硬盘进行转变。

图1-11

图1-12

新手误区

普通的固态硬盘，也就是非M2固态，一般走的是SATA通道，这样最大速度为6GB/s。而M2固态也分成SATA通道和PCI-E通道。如果M2固态走的是SATA通道，那么速度和普通固态硬盘一样。即使走PCI-E通道，还要看其是否支持NVME协议，只有这种M2固态硬盘速度才能达到3000MB/s以上。

- 显卡：用于电脑显示输出，分为独立显卡（图1-13）和CPU提供的核显。
- 电源：指的是电脑电源，如图1-14所示。电脑中的各部件不能直接使用220V的交流电，必须经过电脑电源的转化，变成不同电压的直流电。所以电源的好坏直接关系到电脑运行的稳定性。

图1-13

图1-14

1.2.2 电脑的主要外设构成

只有主机当然不能直接工作，外设也是需要配备的。

- 显示器：负责电脑输出的视频信号的显示。
- 键盘/鼠标：键盘和鼠标是最主要的输入设备，包括有线和无线两种。
- 耳麦：耳机和麦克风的混合，佩戴在头上，声音只能自己听到，有身临其境的感觉；还可以通过麦克风交流，非常适合直播和玩游戏使用。
- 摄像头：主要用于视频采集并输入到电脑中，一般用于直播、以及录制教程、主持等场合。
- 音箱：主要作用是提供电脑声音输出。
- 打印机：主要提供文字、图片等素材的纸质输出。打印机也在逐渐进入家庭，现在使用喷墨打印机，在家里就可以打印照片了。

操作技巧

其实，网络设备从一定层面上也属于外部组件。家庭常用的网络设备包括小型路由器、小型交换机、无线路由器、光纤猫等。企业级的网络设备更加专业和复杂，有兴趣的读者可以去了解一下。

1.3 电脑的软件系统

电脑只有硬件是无法工作的，还需要软件系统的指挥才可以发挥电脑性能。电脑的软件系统包括了操作系统、应用软件以及BIOS系统。

1.3.1 操作系统

操作系统虽然经常被提及，但有些用户可能对此还比较陌生。接下来介绍操作系统。

（1）操作系统概述

操作系统从逻辑层次上来划分，是位于用户使用的各种软件和硬件设备之间。向上为用户的各种应用程序提供接口及平台，向下控制计算机硬件，使用硬件完成各种指令、运算，以及在硬件与软件之间传输数据。没有操作系统，电脑就无法工作。常说的重装系统，就是由于各种因素，造成操作系统故障，从而必须要重新安装操作系统的过程。

（2）主流操作系统

电脑上经常使用的操作系统有Windows 10（图1-15），还有已经停止更新的Windows 7（图1-16）。

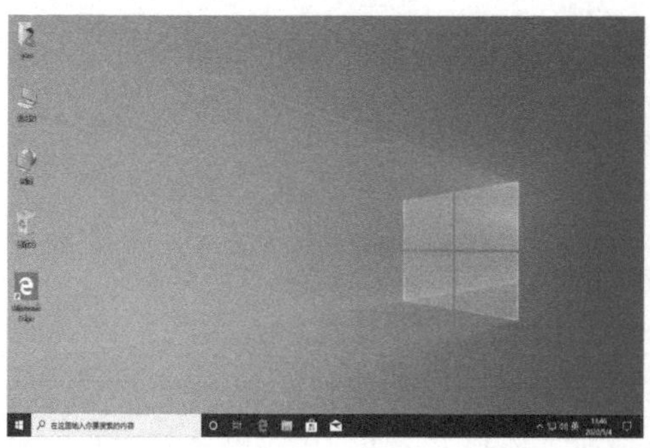

图1-15

图1-16

除了常见的Windows系统外，还有一类系统是以Linux为核心的Linux开发版系统，如Ubuntu系统（图1-17），以及专门服务于苹果的MAC OS系统（图1-18）。

图1-17

图1-18

操作技巧

上面介绍的都是桌面级别的系统，也就是普通用户使用的系统。除了这些外，还有一类特殊的系统，是专门用于服务器的系统，比如Windows的Server系列系统，如图1-19所示；以及Linux的服务器系统，如图1-20所示。有兴趣的读者可以安装服务器系统，来搭建一些网络服务，如Web服务器、DHCP服务器、文件服务器、域环境等。

图1-19

图1-20

1.3.2 应用软件

应用软件是运行在操作系统上，由用户安装的，专门用于特殊应用的一类软件，比如办公使用的Office系列软件，如图1-21所示；还有用于听歌的软件，如图1-22所示。其他常见的还有Photoshop、QQ、微信、迅雷、RAR压缩软件、CAD软等。

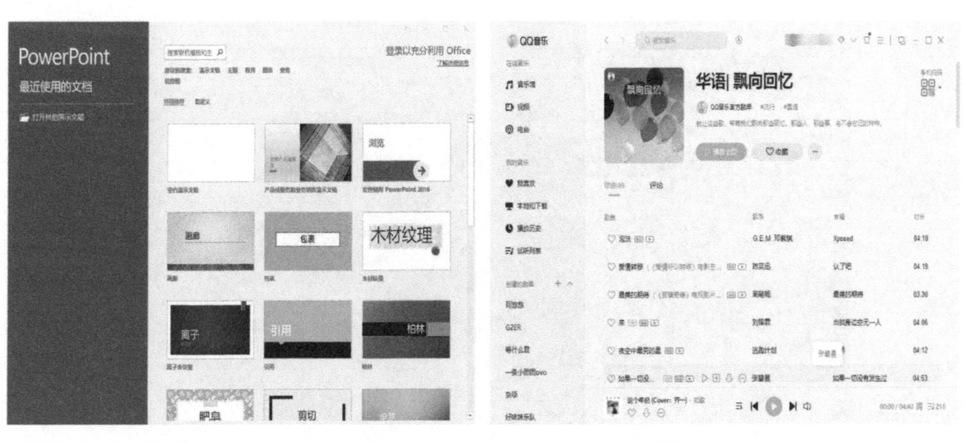

图1-21　　图1-22

操作技巧

操作系统和硬件之间，还有一类特殊的系统，叫做BIOS（基本输入输出系统）。BIOS随主板自带，提供最直接的硬件设置和控制，可以对硬件自检、设置硬件参数、设置启动顺序等。现在比较常见的是UEFI BIOS，具有可以使用鼠标操作的图形化BIOS界面。BIOS中还提供超频选项，使用起来非常方便。读者可以开机按DEL键进入BIOS看一下。

1.4 电脑软硬件信息查看

想了解电脑的配置情况及基础软件和硬件信息，可以通过多个途径进行查看。

1.4.1 使用BIOS查看

BIOS是专门管理硬件的地方，通过BIOS可以快速查看电脑硬件信息，如图1-23所示。

1.4.2 使用Windows系统软件查看

Windows中的“系统”可以查看到当前的系统版本、处理器及内存信息等，如图1-24所示。也可以到设备管理器中，查看当前电脑上的硬件设备信息，如图1-25所示。

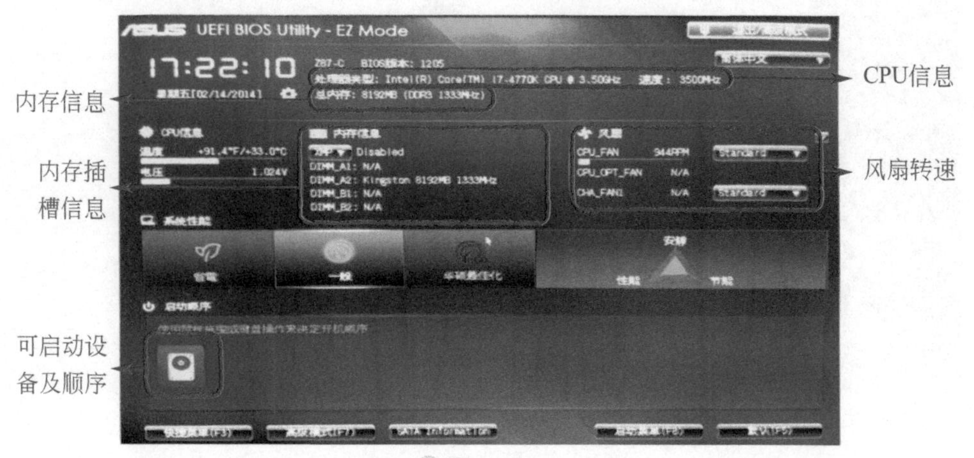

图1-23

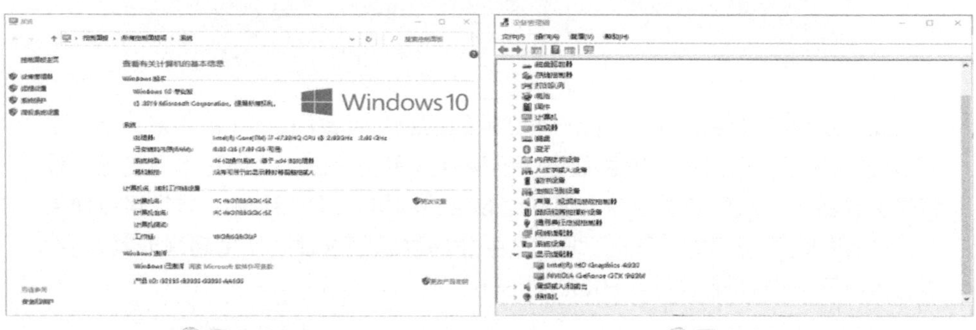

图1-24　　图1-25

1.4.3 使用第三方工具查看配置

无论是BIOS还是Windows自带的工具，在查看硬件信息时，总不那么全面。用户可以使用第三方专业工具，如CPU-Z、GPU-Z等，查看CPU或者显卡的参数。当然，用户也可以使用系统总览性软件查看系统信息，如在电脑管家的“工具箱”中，启动“硬件检测”功能，如图1-26所示，再来查看硬件信息，如图1-27所示。

图1-26　　图1-27

操作技巧

用户可以查看到操作系统的版本、类型等。如果要查看电脑中安装的软件，可以到Windows设置中的“应用管理”中查看并管理软件，如图1-28所示；或者到第三方软件的软件管理中查看软件信息，如图1-29所示。

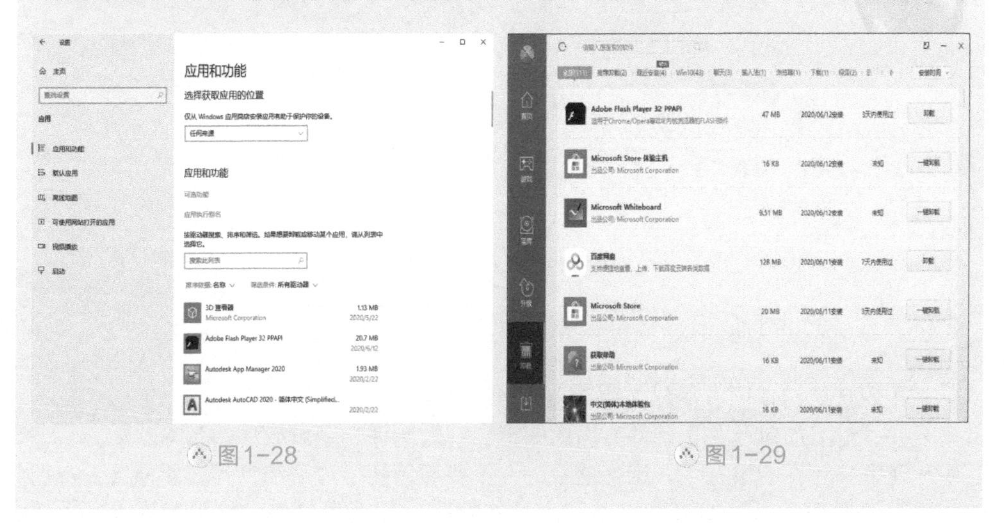

图1-28　　图1-29

1.5 电脑的选配过程

在了解电脑的组成、内外部设备后，用户可以上网查看主流的配置，然后根据实际情况模拟配置兼容机。在配置前，需要做一些必要的工作。

1.5.1 方案制订

在配置电脑前，需要先进行方案的制订，所以需要了解以下情况。

- 电脑的用途：老年人及普通办公场合，用入门级配置，核芯显卡即可；发烧友考虑CPU和显卡的性价比；专业人员需要专业级制图显卡。
- 资金情况：要考虑资金确定电脑档次，再根据资金，有目的地选择配件的档次。
- 硬件水平：主要是考虑选择渠道和配件的鉴定方面，建议选择大厂产品。

接下来需要制作配置清单。做好后，可进行比较也便于更换。网上有很多配置清单，用户可以先理解，然后自己制作。用户可以到“中关村在线”网站的“模拟攒机”板块来制作，并在线选择硬件，如图1-30所示。也可以参考其他的配置，如图1-31所示。

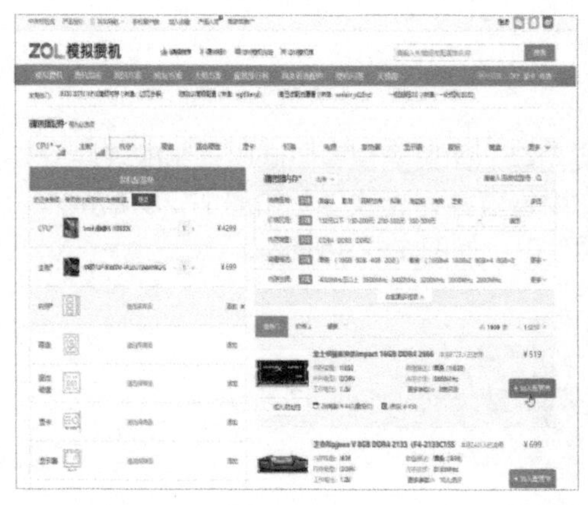
图1-30

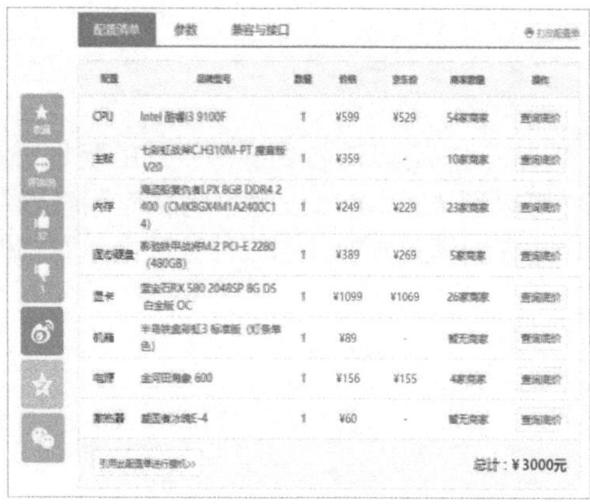

图1-31

1.5.2 选购原则

在配置选购清单时，尽量按照以下几点原则进行。

- 要尽量增加自己关于硬件方面的知识，观看测评，了解硬件的基本参数。
- 在资金允许的情况下，选择适合的，不要迷信任何攻略和推荐，要懂得去辨别。
- 在选择产品时，如果确定不了产品的好坏，那么看价格，如果价格差得太多，肯定有猫腻，这时必须小心。也可以选择一、二线品牌，起码出现问题，可以通过良好的售后解决。
- 一定要注意产品型号，因为某些产品，大型号相同，在小型号上会有很多差别，这是由一些功能所决定的。
- 售后的策略往往也会影响选择，现在各品牌在竞争中逐渐形成了差不多的售后策略。如果用户选购了一些比较偏门的厂商的产品，那么一定要谨慎了解产品的售后服务策略，尤其注意在购买后索要发票，以便出现问题后有效维权。

1.5.3 选购技巧

同样在选购时，还需掌握一些技巧，以防为后期带来不必要的麻烦。

- 要确定产品是否匹配，尤其是CPU和主板，这可以看针脚，不一样的针脚不能互插，用户需要特别注意。
- 要确定内存的频率是不是CPU支持的，可以超过CPU支持的频率，因为内存可以降频，但是如果达不到CPU支持的内存频率，就说明用户买错了，或者亏了。
- 要预防卖家以次充好。在实体店购买时，可以查看包装，最主要是查看型号，如果型号不对，坚决不能拆包。
- 预防二手件。观察包装，观察接口是不是有被使用的痕迹。一定要在正规经销商处购买。
- 硬盘方面，一定要认准硬盘的速度和协议，这需要用户先了解硬件的相关参数。

- 不要为了可有可无的功能去多花钱。比如普通用户使用CPU，就不要去考虑超频的问题，基本上睿频已经够用了，超频所带来的改变基本可以忽略。主板的某些功能，如果用不上，也不要去购买。

第2章 主要配件及其介绍

内容导读

上一章介绍了电脑内部的主要配件有哪些，有什么作用。但是该配件的档次如何，达到了什么程度，适不适合自己的需要，怎么样去选择？对于这些问题，就需要了解配件的一些硬件参数和含义，这样才能够在选择时，有的放矢。本章将针对这些问题进行详细介绍。学习完本章内容，相信读者对硬件会有进一步的了解。

学习要点

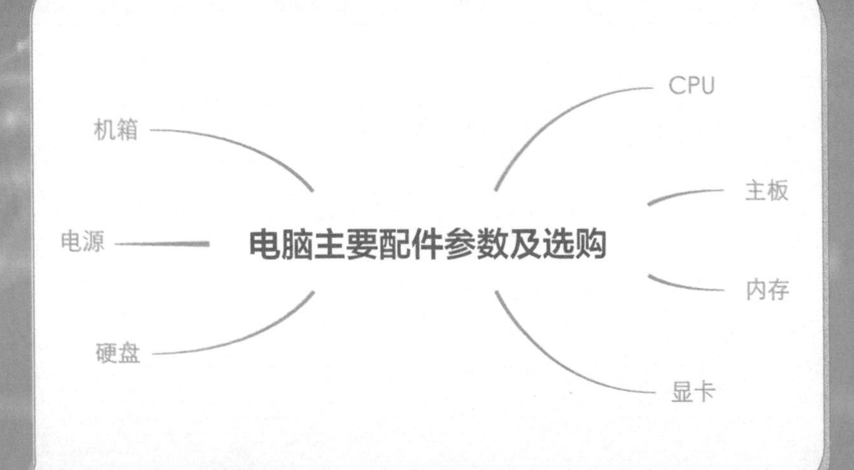

扫一扫 获取更多知识

2.1 CPU

2.1.1 CPU简介

CPU（Central Processing Unit），也叫中央处理器，属于整个电脑系统的运算核心和控制核心。CPU的快慢，直接关系到整个电脑的快慢，地位相当于大脑，同显卡一并，决定了电脑的档次。

2.1.2 CPU的主要厂商

CPU主要由半导体硅以及一些金属和化学原料制造而成。CPU的制造是一个极为精密复杂的过程，当今只有少数几家厂商具备研发和生产CPU的能力。

（1）Intel

英特尔是美国一家以研制CPU为主的公司，是全球最大的个人计算机零件和CPU制造商。Intel公司的CPU主要包括：服务器的至强（XEON）系列；物联网设备使用的Quark系列；手持设备等低功耗平台使用的凌动（ATOM）系列；入门级使用的赛扬（Celeron）处理器；中低需求的奔腾（Pentium）处理器，以及主流的酷睿（Core）系列处理器。而现在主流的酷睿处理器，发展到了第十代，主要由i3、i5、i7、i9系列产品组成，最具代表性的就是桌面电脑级别的I9 10900K，如图2-1所示。

图2-1

（2）AMD

美国AMD半导体公司专门为计算机、通信和消费电子行业设计和制造各种创新的微处理器（CPU、GPU、主板芯片组、电视卡芯片等），以及提供闪存和低功率处理器解决方案。

AMD公司主要产品包括服务器使用的EPYC（霄龙）、皓龙系列处理器，笔记本使用的特殊型号，台式机使用的FX系列、速龙系列、A系列、锐龙系列、线程撕裂者系列，以及商用PRO处理器系列等。其中，锐龙是桌面级别CPU的支柱系列，现在已经发展到第三代。和Intel酷睿的命名类似，AMD的锐龙系列也分为3、5、7、9以及高端的线程撕裂者系列，以便针对不同需求的客户群。

现在在桌面级别的电脑中，最具代表性的是锐龙9 3950X，如图2-2所示。

图2-2

2.1.3 CPU的主要参数

CPU的参数有很多，用户只需要了解一些常用的关键参数就可以了。

（1）频率

CPU的频率也就是CPU工作时的速度，一定程度上代表了CPU的性能指标。主频也叫时钟频率，单位是兆赫兹（MHz）或吉赫兹（GHz），用来表示CPU的运算、处理数据的速度。通常，主频越高，CPU处理数据的速度就越快。

CPU的主频=外频 × 倍频系数。外频是CPU的基准频率，单位是MHz。任务就是让电脑里的各个部件保持同步。一般常见的默认外频值只有100MHz。倍频是指CPU主频与外频之间的相对比例关系。在相同的外频下，倍频越高CPU的频率也越高。

（2）接口

CPU需要安装在主板的对应接口上才能正常工作。所以在组装电脑时，一定要看清CPU的接口，才能选择好对应的主板。早期的CPU的背部都是针，而现在都改到了主板上。比如I9-10900K CPU的接口是LGA 1200，说明该CPU对应的主板插槽上必须有1200针，才可以安装该CPU，使针和CPU上的触点一一对应。

（3）CPU缓存

CPU缓存位于CPU中，用于从内存中调取，并缓存CPU所需的超高速数据，一般有L1、L2、L3三级缓存。一般来说，缓存越大越好。

（4）动态加速技术

Intel称之为睿频技术，而AMD则称为Turbe CORE，也就是动态超频技术。就是临时自动调整CPU的频率以适应突然到来的大规模数据处理。注意：是临时，而后会自动将频率降回去，期间的增幅可以高达20%。

新手误区

睿频是临时的，可以在正常的散热条件下完成。超频是用户强制CPU所有内核运行在比额定频率高的频率上，是一个长时间的过程，就需要配置高性能的散热系统以及高功率的电源来满足长期稳定的高强度工作。

（5）CPU超线程技术

单CPU的提升已经到了一个瓶颈，所以CPU厂商提出了多核心。在多核心出现后，又发现CPU无法被充分利用，所以厂商开发出超线程技术，把两个逻辑内核模拟成两个物理芯片，让单个处理器都能使用线程级并行计算，进而兼容多线程操作系统和软件，减少了CPU的闲置时间，提高了CPU的运行效率。但是仍然有局限性。用户在选购时，可以根据日常的使用习惯和要求，选择多线程CPU或者是单线程更高单核主频的CPU。

（6）CPU虚拟化技术

CPU的虚拟化技术可以使单CPU模拟多CPU并行，允许一个平台同时运行多个操作系统，并且应用程序都可以在相互独立的空间内运行而互不影响，从而显著提高电脑的工作效率。如经常使用VMware和安卓模拟器都需要进到BIOS中开启虚拟化才可以使用。

2.1.4 CPU选购技巧

- CPU接口和主板一定要对应。
- 查看CPU上面的标签，以防止被更换。
- CPU和内存支持的频率一定要匹配，即使有差别也要内存频率高过CPU支持的频率。
- 散装和盒装从技术角度而言没区别，散装一般一年质保，盒装一般三年质保并配备散热器。如果用户安装独立散热器，可以选择散装。价钱方面也有差别。
- CPU的真伪鉴别：可以从编号、保修卡、封口标签、散热风扇等进行观察识别，也可以通过官网查询序列号，并使用CPU-Z查看CPU参数。CPU基本没有假的，只是怕被调包，使用了其他便宜的CPU。

操作技巧

CPU散热器的作用就是排掉CPU工作所散发的热量，在超频时尤为重要。CPU散热方式有风冷散热、热管散热以及水冷散热。风冷散热其实并不一定比水冷差，这是经常容易被误解的点。一般来说，普通散热器配合风冷散热即可，如图2-3所示。而功耗比较大的CPU，可以使用360冷排进行散热，如图2-4所示。

图2-3

图2-4

2.2 主板

2.2.1 主板的主要接口

主板是一个平台，就像交换机，提供各种接口，用来连接电脑内外部设备，所以主板的好坏，影响电脑的稳定性。下面介绍下主板的主要接口。

- CPU插槽：用于接驳CPU，安装CPU时，要注意CPU的方向及插槽的方向指示，如图2-5所示。
- 内存插槽：用来连接内存条，如图2-6所示，安装时，注意方向及防呆缺口位置。

图2-5

图2-6

- 显卡插槽：一般主板会根据版型和芯片组，提供多条PCI-E插槽，如图2-7所示。PCI-E×16，也就是那3条最长的插槽主要用于连接显卡，也可以连接其他转接设备，以使用PCI-E通道。PCI-E通道速度非常快，现在从主流的3.0标准正在向4.0标准过渡。PCI-E 3.0的传输频率为8GT/s，约是1GBps，那么，算上其编码效率、双工效率，实际带宽就是2GB/s。这就是×1，也就是1倍的速度，×4、×8、×16就是×1的4、8、16倍。那么显卡通常插在×16槽上，那么它的理论速度应该是32GB/s。而PCI-E 4.0，速度又是3.0的2倍，所以正好符合显卡大数据传输要求。
- M.2接口插槽：M.2接口一般位于PCI-E插槽中间，如图2-8所示，是Intel推出的一种替代MSATA的新接口规范，如果使用的是PCI-E×4接口规范，理论速度可达4GB/s。最常见的，就是M.2接口的固态硬盘了，如图2-9所示。
- SATA接口：现在使用的是SATA3标准的SATA接口，如图2-10所示，理论速度6Gbps，也就是大约600MB/s。通常说的SATA 6G，也就是指的这个。该接口可以连接SATA设备，一般就是机械硬盘，或者SATA接口固态硬盘。SATA接口有防呆设计，在连接时，注意防呆的形状，一般也不会插反。

图2-7

图2-8

图2-9

图2-10

● USB接口：USB接口主要为USB设备提供电力以及传输数据，已经从USB2.0发展到现在的USB3.0、USB3.1标准。USB2.0标准的接口和跳线如图2-11、图2-12所示，USB3.0的接口和跳线，如图2-13所示。

图2-11

图2-12

● 供电接口：包括了给主板及其他设备供电的24PIN供电接口，如图2-14所示；以及给CPU供电的接口，如图2-15所示。安装时，注意接口方向即可。

● 其他接口：包括CPU风扇接口，如图2-16所示。其他常见接口就是机箱前面板的音频接口，如图2-17所示；还有按钮及指示灯的跳线接口，如图2-18所示。

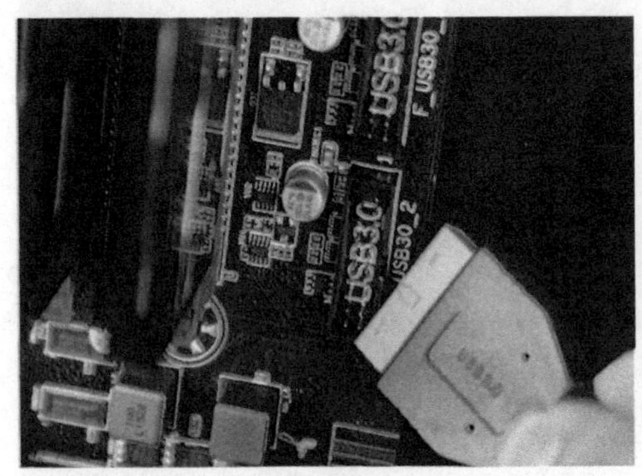

图2-13

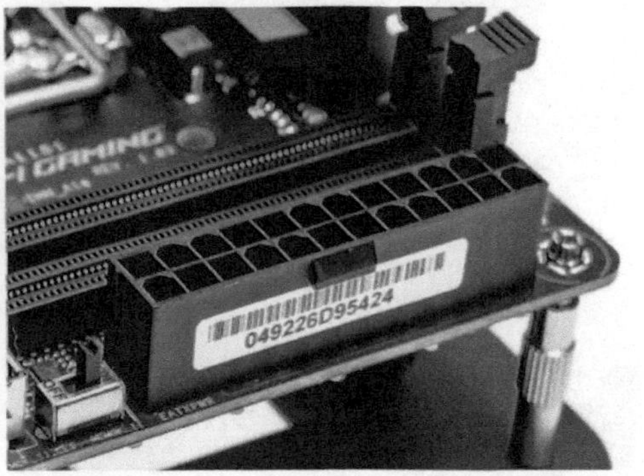

图2-14

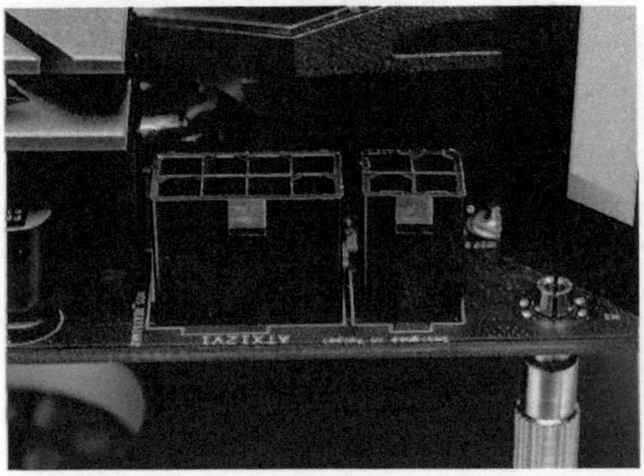

图2-15

图2-16

图2-17

图2-18

2.2.2 主板的主要参数和选购技巧

主板的参数也是选购需要注意的地方。

（1）CPU插槽及类型

这里一定要注意与CPU的针脚数相对应，可以参见该主板的支持范围，以及CPU的针脚数来确定是否合适。

（2）芯片组的选择

芯片组基本上决定了板子的性能和支持模式。比如最新的Intel 10代CPU，使用的是400系列芯片组。针对不同的用途，可以选择入门级的H410，主流的B460或H470，或者高端的Z490主板。不同的芯片组，提供了不同的附加功能，用户可以查看功能是否适合，是否需要，最后选择最符合要求的芯片组。

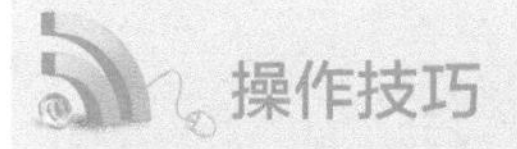

操作技巧

现在主流的Intel CPU的型号的后缀有不同含义，如K代表了可超频，X代表高性能，T代表低电压，F代表无核显。如果用户使用独立显卡的话，可以选择F的CPU。有时，后缀也带有2个字母，用户需要注意。

（3）版型和接口

用户的功能性要求较多，也就是接驳的设备较多，那么可以选择ATX型大主板。而需求量较少的入门级用户和普通用户，可以选择ATX大板，也可以选择M-ATX型紧凑板甚至Mini-ATX型迷你板。

这里的版型大小直接决定了主板提供的插槽数量，比如，用户需要安装4条内存，那就需要4条内存插槽；安装双显卡，那么就需要2个×16的PCI-E插槽；硬盘较多，那么就需要多个M.2接口来安装固态硬盘，或者需要多个SATA接口来安装SATA硬盘。总的来说，就需要选择大板子。

（4）内存支持要求

内存的频率和代数，除了取决于CPU外，也取决于主板提供的接口插槽，选择方法也非常简单。如果组建双通道的话，内存需要插在支持双通道的内存插槽中，一般而言，相同颜色的内存插槽算是一个双通道。

（5）用料和做工

选择大品牌，用料和做工还是有保障的。好的主板电路印刷十分清晰、漂亮。板子越厚往往说明用料越足。好的板子，PCB周围十分光滑。观察插槽、跳线部分是否坚固、稳定。

（6）主板主流厂商

主流品牌主板生产厂商有：技嘉、华硕、微星、精英、梅捷、映泰、Intel、磐英、华擎、丽台、捷波、七彩虹、昂达、翔升、双敏、富士康、映众等。

（7）选择小型号

现在的主板在命名上，除了前面说的，主要按芯片组来进行划分外，在某一大类中，还分成很多小的型号。这些从芯片组的角度来说，支持的CPU基本一致。但是，不同的系列卖点不同。如华硕TUF系列主板的特点是用料精心、稳定耐用，是最早敢质保5年的主板系列；华硕的ROG STRIX系列主板侧重游戏，定位为中高端产品。

2.3 内存

内存是电脑的主要的数据交换中心，其功能也直接影响了CPU的运算性能。现在已经发展到第四代，内存的外形基本未变，如图2-19所示。

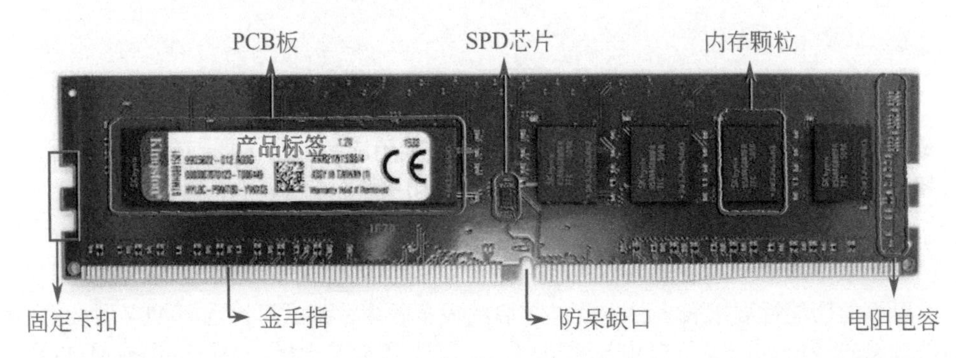

图2-19

2.3.1 内存的主要参数及挑选技巧

内存（Memory）也被称为内部存储器，其作用是暂时存放CPU中的运算数据，以及与硬盘等外部存储器交换数据，供CPU使用。准确地说，内存并不是与CPU直接通信，而是与CPU的高速缓存之间进行数据的交换。但通常情况下，默认是与CPU之间进行通信。

（1）内存代数

现在，主流内存是第4代内存，前面三代已经停产了，这里就不做介绍了。不同代数的内存是不能混用的，这点可以通过内存和内存插槽的防呆缺口的位置来确定，一般不会插错。

（2）内存的频率

DDR4 2666、DDR4 2400后面的2666和2400就是内存频率值。内存频率通常以MHz（兆赫兹）为单位来计量，内存频率在一定程度上决定了内存的实际性能，内存频率越高，说明该内存在正常工作下的速度越快。

当然，内存的频率也要参考CPU的支持情况而定，如图2-20所示，显示最大支持2933的内存。而现在主板都支持XMP自动超频，所以也要参考主板的支持情况，如图2-21所示。其中，（超频）指的就是开启XMP后，可以达到的频率范围。

图2-20

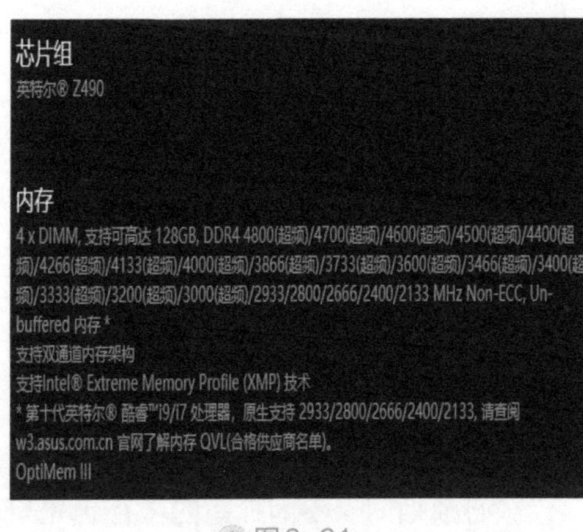

图2-21

操作技巧

XMP技术，就是Intel用在内存上的一种优化技术，可以自动超频。Intel会对内存做出认证，芯片组将会读取内存模块中的SPD，针对XMP规格做出针对性优化及自动超频。用户可以在主板中开启XMP支持，如图2-22所示。开启后如图2-23所示。

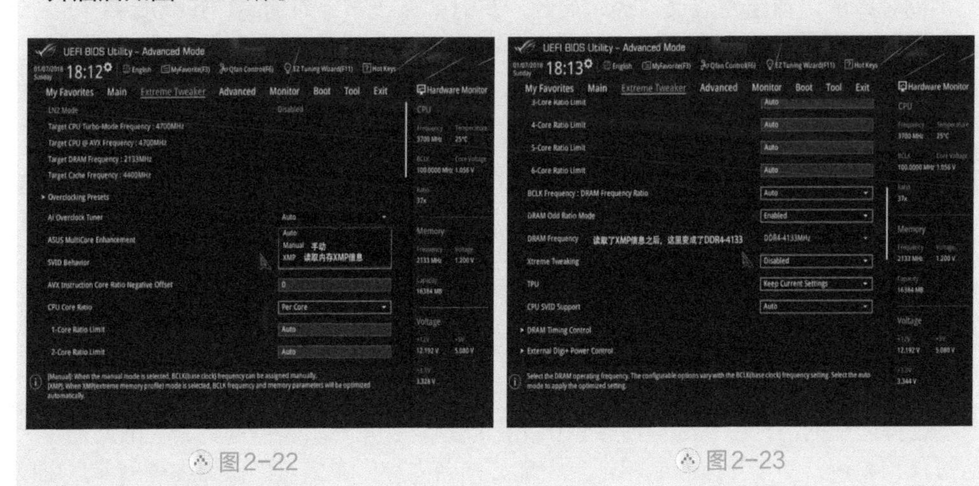

图2-22　　图2-23

（3）内存容量

现在主流的操作系统都是Windows 10，建议总容量8G起步，16G算是标准配置，在经费允许的情况下，还可以选择容量更大的。当然如果选择16G，建议使用双8G双通道方案；选32G，可以选择双16G内存方案，这样可以最大化提升内存的效率。

（4）双通道技术

在CPU芯片里放置两个内存控制器，这两个内存控制器可相互独立工作，每个控制器控制一个内存通道。相对于单条内存，这两个内存控制器通过CPU可分别寻址、读取数据，从而使内存的带宽增加一倍，数据存取速度也相应增加一倍（理论上）。在选择双通道内存或者是在原有基础上增加一根，以建设双通道的话，尽量选择相同品牌、相同规格的，也就是代数、频率、大小等参数相同的。

新手误区

不少人会问：不同的内存就不能组建双通道了吗？当然也是可以的，但是代数必须相同。不同厂家的内存也是可以的，不同容量的也可以，组成的叫非对称双通道。比如一个16G和一个4G的。那么组成后，16G中的4G和另一根4G为双通道，而余下的12G则是单通道。

那不同频率的呢？其实也是可以的。比如，机器上使用的是DDR4 2666内存，加了一个2400的内存，那么2666内存就降频为2400，然后和2400组成双通道，频率为2400。两根不同频率的内存同时使用时，一般高频的那根会降频成低频。

那么既然都可以，为什么还要强调最好一样呢？因为不同内存具有不同体质，有时就算是相同的内存都会产生问题，组建不了，不同厂商、不同容量、不同频率的内存组建双通道更是如此。有时就算是不组双通道，正常安装，也无法同时使用，这个主要就是兼容性的问题。

（5）查看内存

用户可以查看内存条上的标签，比如标签上是KAVR24N17S8/8，其中KAV代表金士顿经济型产品；R24代表内存频率是2400；N代表无缓冲DIMM台式机内存；17代表CL值为17；S8代表内存是单面，8颗内存颗粒；最后的8代表内存容量是8G。

开机后，可以使用“任务管理器”→“性能”中的“内存”查看当前内存的参数，如图2-24所示；或者使用第三方的CPU-Z查看内存参数，如图2-25所示。

（6）常见内存品牌

选择内存的话，尽量选择内存颗粒生产厂家或者知名组装厂商，它们的产品都会经过严格检测，质量可以得到保证。大部分知名内存厂家都可以做到终身固保，所以用户对售后不需要太过担心。在选择时，可以考虑以下生产厂商：金士顿Kingston，威刚ADATA，海盗船Corsair，三星SAMSUNG，宇瞻Apacer，芝奇G.SKILL，海力士Hynix，英瑞达Crucial，金邦GEIL等。

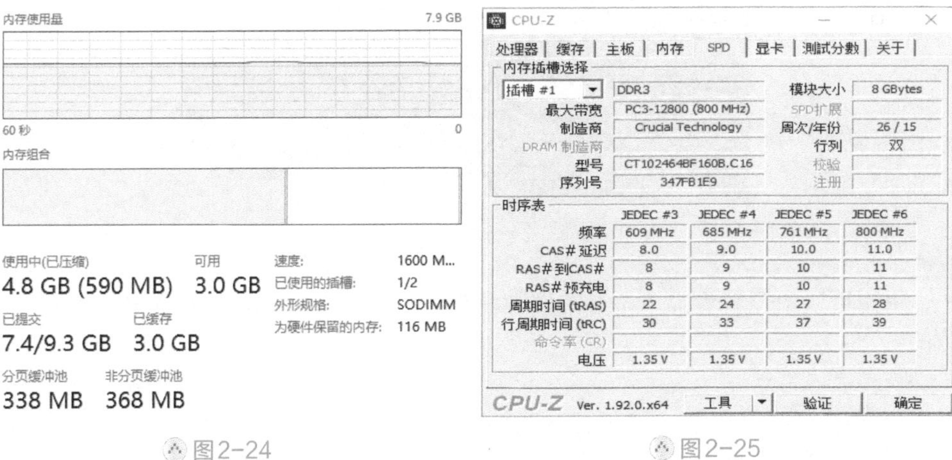

图2-24　　　　图2-25

2.3.2　主流内存条推荐

金士顿骇客神条FURY 8GB DDR4 2666 RGB内存，如图2-26所示，单条，8G容量，DDR4，主频为2666MHz，1.2V，自带RGB灯光。外面为散热鳍片。性能评分为12942，用户可以在选购时参考使用。

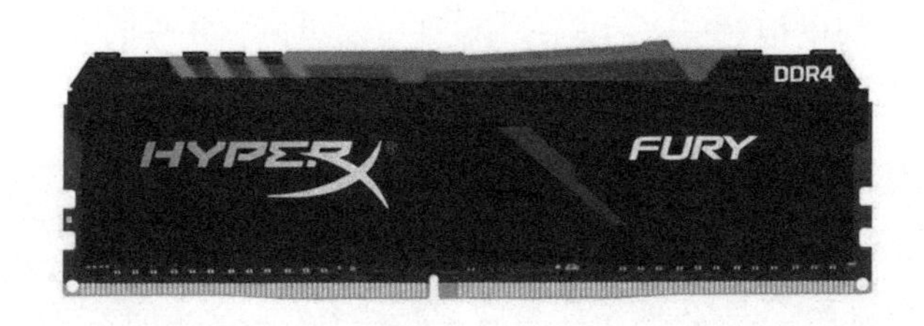

图2-26

2.4　显卡

显卡分为核显和独显，通常谈论的都是独立显卡。

2.4.1　显卡的组成

显卡（Video card，Graphics card）全称显示接口卡，又称显示适配器或者显示加速卡，是电脑最基本、最重要的配件之一，主要通过PCI-E接口和CPU进行通信，处理软件中的视频数据，并将处理好的视频数据，通过显卡对应的视频接口，将信号输出到显示器上。现在比较高端的显卡就是2080TI，如图2-27所示。

图2-27

用户可以上网查看显卡拆开的图片和视频，可以发现，显卡也是由很多部件组成的。

（1）显示芯片

也就是经常说的GPU，在显卡中的地位相当于CPU。它的性能好坏直接决定了显卡性能的好坏，它的主要任务就是处理系统输入的视频信息并对其进行构建、渲染等工作。

（2）显存

用于缓冲和存储图形处理过程中必需的纹理材质以及相当一部分图形操作指令。显存一般位于显示芯片的附近，如图2-28所示，根据不同的容量有不同的数量。

（3）供电

显卡核心周围，除了显存颗粒，就是供电模块了，如图2-29所示，作用就是在显卡满负荷运行时，提供相对稳定的电压，保证电流供应，不会因为显卡负荷大导致电压变化，影响供电稳定，影响显卡性能等。现在采用的都是多项供电。

图2-28

图2-29

现在的显卡也是用电大户，需要额外供电，如图2-30所示，一定要插上显卡供电。

（4）接口

显卡与主板PCI-E接口的部分叫金手指，如图2-31所示；还有对外输出接口，如图2-32～图2-34所示。其中，VGA接口基本已经淘汰，DVI接口在过渡时期，现在主流的都是DP及HDMI接口。通过对应数据线连接显示器相同接口即可显示。

图2-30

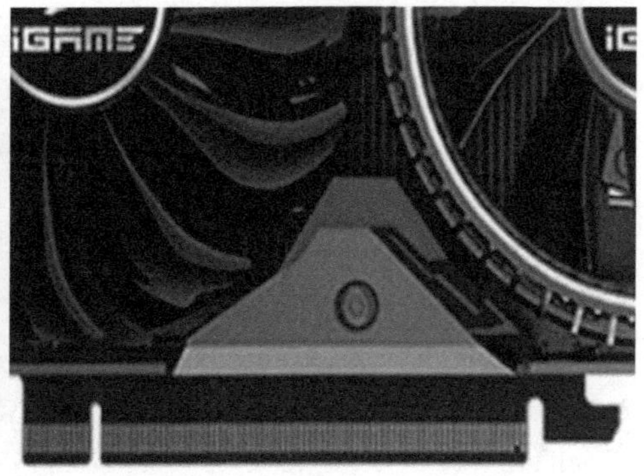

图2-31

图2-32

图2-33

图2-34

（5）散热系统

由那三个大风扇和后面的散热底座以及鳍片组成，用于显卡散热。

2.4.2 显卡主要参数及选购技巧

了解显卡的一些参数，对选购合适的显卡非常有帮助。

（1）显示芯片及核心频率

显示芯片的档次决定了显卡的档次。而显卡的核心频率就是显示芯片的运算速度。其工作频率在一定程度上可以反映出显示核心的性能，但显卡的性能是由核心频率、显存、像素管线、像素填充率等多方面的因素综合决定的，因此在显示核心不同的情况下，核心频率高并不代表此显卡性能强劲。在同样级别的芯片中，核心频率高的则性能要强一些，提高核心频率就是显卡超频的方法之一。

（2）显存频率

显存频率是指默认情况下，该显存在显卡上工作时的频率，以MHz（兆赫兹）为单位。显存频率一定程度上反映该显存的速度。显存频率随着显存的类型、性能的不同而不同。

（3）显存类型

和内存条的代数一样，显存颗粒也有划分，而且由于显存的特殊性，其工作频率更高，现在主流的显卡一般是GDDR5或者6代。

（4）显存位宽

显存位宽是显存在一个时钟周期内所能传送数据的位数，位数越大则瞬间所能传输的数据量越大，这是显存的重要参数之一。一般来说，显存位宽越高，性能越好，价格也就越高。现在主流的显存，位宽基本上在192bit、256bit或者是352bit。

（5）显卡接口

用户除了根据显卡参数选择显卡外，还要根据当前显示器或者准备新购买显示器所提供的接口，以及当前显卡的接口来综合考虑是否需要更换显示器或更换哪种显示器。当然，也可以通过转接模块来转换，如HDMI转VGA（图2-35）、DP转DVI（图2-36），来适应老显示器。当然，建议更换成最新显示器来提高工作效率，还可以享受更高的画质。

图2-35

图2-36

2.5 硬盘

硬盘是计算机主要的数据存储设备，机械硬盘由于速度问题，逐渐走到了瓶颈，从而出现了固态硬盘。那么，两者有什么区别？怎么选购硬盘？

2.5.1 机械硬盘与固态硬盘的区别

硬盘主要分为机械硬盘（图2-37）与固态硬盘（图2-38）。

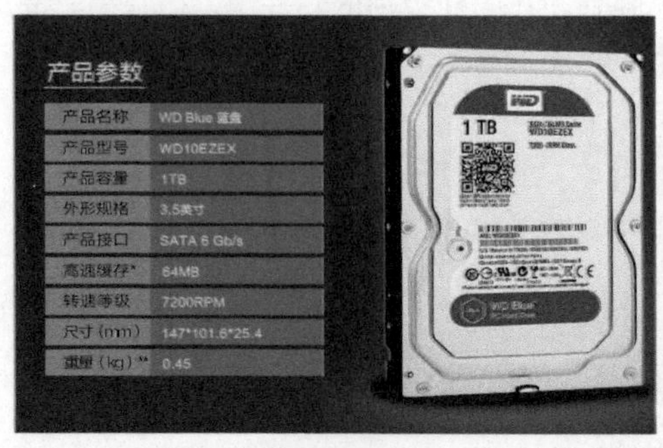

图2-37

图2-38

（1）机械硬盘分类及构造

用户通常能见到的机械硬盘，包括上面提到的3.5寸台式及笔记本使用的2.5寸硬盘。机械硬盘由一个或者多个铝制或玻璃制的碟片组成。这些碟片外覆盖有铁磁性材料。绝大多数硬盘都是固定硬盘，被永久性地密封固定在硬盘驱动器中。硬盘的反面安装有电路板，电路板上安装有贴片式元器件，主要负责控制盘片转动、磁头读写、硬盘与CPU通信。另外还配备有8M、16M、64M、128M缓存。硬盘内部有磁盘、磁头、盘片转轴及控制电机、磁头控制器、数据转换器、接口、缓存等几个部分。

新手误区

机械硬盘不是SATA3 6Gb/s的接口吗，怎么速度那么慢？SATA3接口速度最大可达6Gb/s换算为750MB/s。硬盘本身由于其转速、机械特性以及文件的非连续等关系，最大速度也就是200MB/s左右；否则，就没必要购买SATA3接口的固态硬盘了。

（2）固态硬盘分类及构造

固态硬盘分为2.5寸的SATA固态以及M.2接口的固态硬盘。固态硬盘内部是一块集成电路板，上面有闪存颗粒以及主控芯片。

（3）两者的主要区别

速度上，2.5寸的SATA固态硬盘读写速度能超过500MB/s，而M.2 NVME固态硬盘速度可以达到惊人的2200MB/s。

数据安全性上，机械硬盘在损坏后，数据恢复的成功率很高；而固态硬盘因为数据存储方式的不同，还有闪存芯片的特性，成功率低得多。

此外，机械硬盘在工作时，极易受到震动和撞击的影响，造成盘体受损，而固态硬盘因为没有机械部件，只要不受到严重挤压，一般没有问题。而且固态硬盘工作时，因为没有机械部件，也不会有声音，非常安静。

但是固态硬盘因为技术要求更高，在相同的容量下，价格是机械硬盘的2～3倍。所以建议普通用户可以选择固态+机械的组合，固态硬盘安装系统及软件，如果够大还可以安装游戏，机械硬盘专门用于存储数据，这是一个比较折中的方案。当然，随着固态硬盘的技术越来越成熟，价格也会越来越低，性价比越来越高。

2.5.2　机械硬盘的参数与选购技巧

虽然机械硬盘有很多弊端，但是考虑到性价比，仍然是现在主要的存储设备。

（1）容量

一般用户可以选择1T的硬盘，有特殊需要的用户，可以选择2T的硬盘。

新手误区

买的1T硬盘，为什么实际只有900多GB？这里涉及一个换算的问题。因为在电脑中存储时，采用的是1024换算机制，也就是1T=1024GB，1GB=1024MB。而硬盘生产商，在生产时，是安装1T=1000GB，1GB=1000MB，所以厂家所宣称的1T硬盘，到电脑上，大概有900多GB，而且硬盘也会保留一部分，用于特殊需要，尤其是固态硬盘。这样，除去盘体本身的影响，大约有930GB，如图2-39所示。所以固态硬盘才会出现120GB、250GB这样的容量。如果差得太多，就需要考虑是不是扩容盘或者硬盘有问题，用户可以联系售后或者自行测试。

图2-39

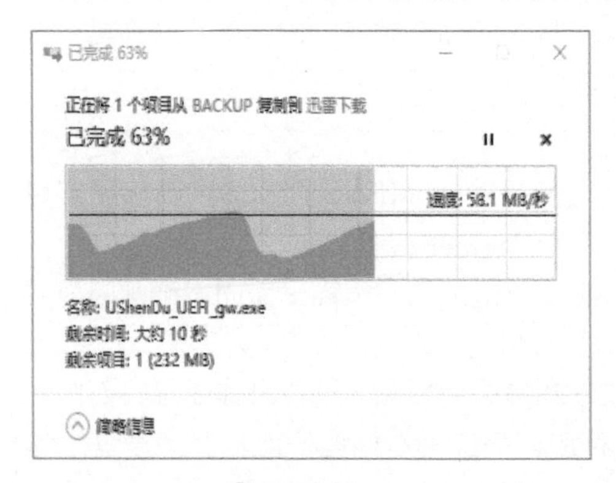

图2-40

（2）转速

也就是硬盘中的盘片在1分钟内旋转的圈数，旋转速度越快，查找数据就越快，传输速度就越高。普通家用型，一般有5400转、7200转等。服务器中的硬盘转速更快。

（3）传输速度

其实也不用多纠结，机械硬盘的速度几乎差不多，如7200转的机械硬盘，速度为90 ～ 190MB/s，而5400转的笔记本硬盘速度为50 ～ 90MB/s，如图2-40所示。

（4）缓存

由于硬盘的内部数据传输速度和外部数据传输速度不同，缓存在其中起到一个缓冲的作用。缓存的大小与速度是直接关系到硬盘传输速度的重要因素，能够大幅度地提高硬盘整体性能，所以缓存越大越好。

2.5.3 固态硬盘的参数与选购技巧

上面介绍了机械硬盘的参数和选购技巧，下面介绍下固态硬盘的参数及选购技巧。

（1）主控

主控就是主控芯片，主控芯片负责合理调配数据在各个闪存芯片上的负荷，让所有的闪存颗粒都在一定的负荷下正常工作，协调和维护不同区块颗粒的协作，减少单个芯片的过度磨损。主控的好坏直接关系到固态硬盘的质量和性能。

主控市场目前可以说被四大品牌垄断，分别是慧荣、群联、Marvell、三星，用户在其中选择即可。

（2）闪存颗粒

普通用户可以选择TLC及QLC类型的，而高端玩家可以选择MLC类型的。

（3）4K对齐

就是4K扇区对齐的意思。如果扇区未对齐，机械硬盘没有问题，固态硬盘可能会将本来一个扇区的文件写入两个扇区，这样会造成不必要的写入，影响固态硬盘的使用寿命。用户可以使用第三方软件来检查是否4K对齐，如图2-41所示。

（4）M.2固态的选购

M.2固态也分成SATA通道以及PCI-E通道。如果选择了SATA通道，那么基本上比SATA固态硬盘快1～2倍。而走PCI-E通道，并且支持NVME协议的M.2固态才是最好的选择，如图2-42所示。

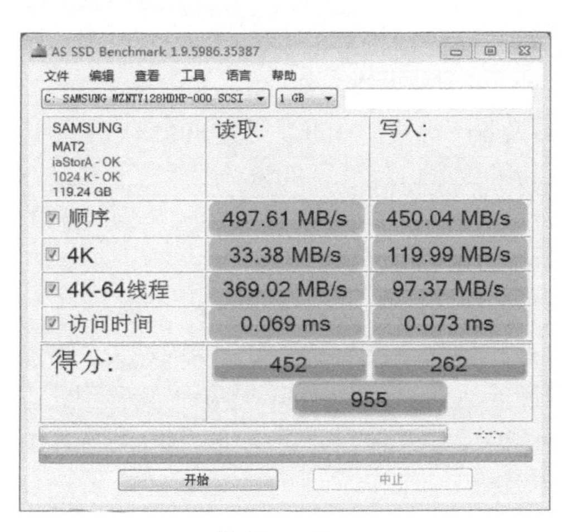

图2-41

图2-42

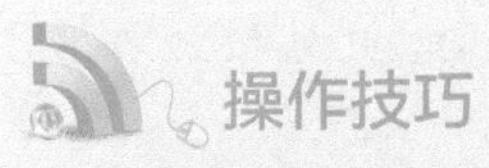

操作技巧

固态硬盘使用起来，基本上和普通的机械硬盘类似，但是有一些小技巧，可以提升固态硬盘的性能以及寿命。

开启trim功能，提高寿命；检查4K对齐，如果没有对齐，尽量重新分区；开启AHCI模式；关闭系统还原；关闭碎片整理及索引功能。

2.6 电源

电源本身并不能提升电脑性能，但是却是电脑稳定性的重要保障。

2.6.1 电源简介

电脑电源如图2-43所示，是把220V交流电转换成直流电，并专门为电脑配件，如CPU、主板、硬盘、内存条、显卡以及外部设备等供电的设备，是电脑各部件供电的枢纽。目前PC电源大都是开关型电源。

图2-43

2.6.2 电源主要参数及选购技巧

电源的参数有很多，下面以最主要的参数为例，向读者介绍选购技巧。

（1）认证系统与功率转换因数

通常讲的金牌、银牌、铜牌什么的，指的就是80PLUS认证，如图2-44所示。通常所说的金牌电源，是指通过了80PLUS金牌认证的高效率电源。通过80PLUS相关认证的电源，都可以在www.plugloadsolutions.com网站上查询到。

80PLUS认证标准，就是用来反映电源转换效率等级的标准。通过80PLUS金牌认证的电源，最高转换效率可突破90%，最低转换效率也超过了80%。虽然这个转换方式和测量方法仍然有局限性，不能说有认证的就是好电源，但是通过认证，说明电源的设计和用料绝对是合格的，也算是对电源质量有一定的保证。

（2）额定功率和峰值功率

额定功率是在正常情况下，电源长时间输出的功率，单位是W，功率越大，所能负载的就越多。峰值功率是电脑在短时间内所能达到的最大功率，一般为几秒到几十秒。在选购电源时，峰值功率其实没什么实际意义，因为电源不可能长时间工作在峰值功率上，其实和之前介绍的睿频有些类似。

一些厂商大肆以峰值功率作为宣传手段，误导消费者，购买了这样的电源可能会造成经常无故断电、死机等现象，严重时还可能烧毁硬件。所以，用户在选购时，一定要注意，盯紧额定功率。

图2-44

（3）静音与散热

功率转换时损失的那一部分功率就变成了热量，所以，电源风扇的作用就是将这部分热量散发出去，以保证电源的工作温度和稳定性。高转换率说明产生的多余热量少，风扇就可以慢点转，声音自然就小了。另外，静音电源内部还要使用高耐温值元器件，只有使用较高耐温值的元器件，电源才敢于无视稍高的温度，大胆把风扇转速放低，但这种做法会增加一定的成本。

我用了一个带大风扇的电源，怎么声音还那么响？散热得考虑功率转化以及电脑现在的功率，综合考虑其发热量。电源里的电源风扇只是解决了散热快慢的问题。当电源发热量太大，风扇就会一直高速运转，所以噪声就会存在。只有使用转换率高的电源，在电源负载不高的情况下，才有可能达到静音效果，这跟电源风扇的大小是没有关系的。

（4）电源功率的选择

默认情况下，电源功率应该考虑到计算机内外部所有用电设备的功率之和。电源功率要适当大于硬件设备的功率之和，也就是要略有富余，以便在某段时间功率较大的情况下，仍然能正常运行。用户可以到功率计算网站，选择配件后，查看应该选择的电源功率数，如图2-45所示是在航嘉官网的功率计算功能界面中，选择配件后智能计算得到的结果。这种配置下，选择500W的电源即可。其实最主要的用电大户就是CPU和显卡，尤其是显卡。

功率计算器

您选择的电脑配件的总功率为：446.24W

配件名	+12V Combine	+12V2	+5V	+3.3V	总功率
CPU	0.00	8.75	0.00	0.00	105
主板	2.50	0.00	0.00	0.00	30
内存	0.00	0.00	0.00	0.45	1.485
显卡	23.75	0.00	0.00	0.00	285
硬盘	0.35	0.00	0.00	0.00	4.2
CPU风扇	0.40	0.00	0.00	0.00	4.8
机箱风扇	0.25	0.00	0.00	0.00	12
USB移动设备	0.00	0.00	0.50	0.00	2.5
键盘	0.00	0.00	0.25	0.00	1.25

图2-45

2.7 机箱

机箱用于放置所有电脑内部组件，起到承托和保护作用。坚实的外壳保护着板卡、电源及存储设备，能防压、防冲击、防尘，并且还能发挥防电磁干扰、辐射的功能。

2.7.1 机箱的主要参数及选购

机箱的选择其实也有一定的技巧，下面介绍下机箱的主要参数及选购技巧。

（1）机箱材质

机箱的主机材质分为钢板、阳极铝、玻璃、亚克力板等，如图2-46所示的就是常见的亚克力材质机箱。

图2-46

如选择钢板机箱，应该使用耐按压镀锌钢板制造，并且钢板的厚度会在1mm以上，更好的机箱甚至使用1.3mm以上的钢板制造，钢板的品质是衡量机箱优劣的重要指标。

（2）机箱大小

机箱的大小主要取决于主板、显卡、散热器的大小以及内部设备的多少。普通用户选择了大主板，那么选择ATX机箱即可，如果使用了迷你主板，又没有大型显卡，或者使用了核显，那么可以选择MATX机箱，如图2-47所示。其他用户可以选择更小的ITX机箱，如图2-48所示。

图2-47

图2-48

（3）布局合理

好的机箱会预留多个3.5寸及2.5寸设备托架，以增加机箱的扩展性。另外，用户在选择机箱时，一定要注意所购买的显卡高度和CPU散热器或者冷排的位置和高度，经常会发生设备过大而无法装入机箱中的情况。

机箱的一个重要作用就是组建良好的风道，如图2-49所示，来提高机箱各组件的散热效率。优质机箱设计良好，通风流畅，散热良好，而且箱体宽大，前面板有足够多的通风孔，前后均留有机箱风扇安装位置，好的机箱也给背板走线预留了走线路径和穿插孔，如图2-50所示。

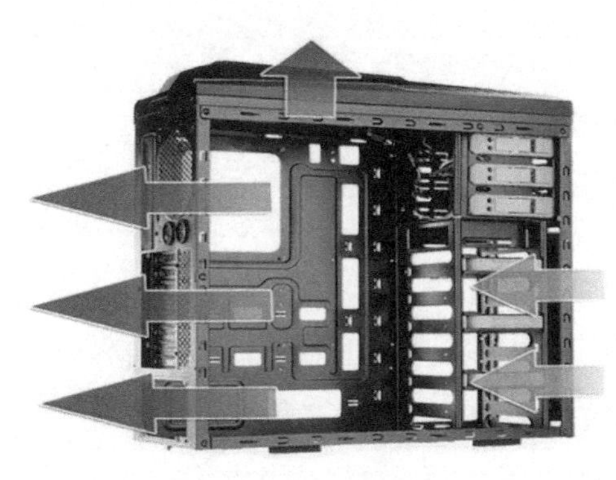

图2-49

图2-50

2.7.2 机箱的常见品牌

如果用户对于机箱不是很了解，那么尽量选择一些大品牌的产品，其机箱质量还是有保证的。机箱用不坏，但是一定要用好。

常见的机箱厂家有爱国者、航嘉、鑫谷、金河田、先马、Tt、长城等。

第3章 常用外设及选购

内容导读

从性能上来说，电脑主机的性能决定了电脑的档次；而从使用上来说，电脑外设才是用户接触最频繁、最常使用的设备。电脑外设也分成很多档次，用户可以通过外设的参数和功能来进行选择。本章将向读者介绍电脑常用外设，包括它们的参数以及选购的技巧。

学习要点

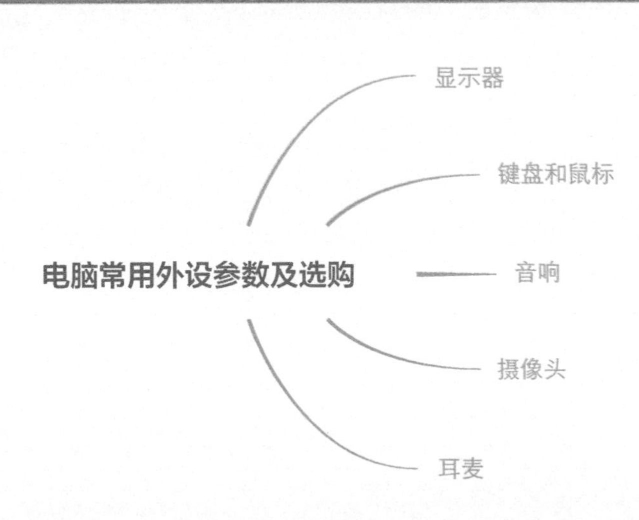

3.1 液晶显示器

液晶显示器是最常使用的电脑显示设备，显示器的好坏也关系到显示效果。

3.1.1 液晶显示器的参数及选购

液晶显示器需要根据其参数进行选择，那么有哪些参数呢?

（1）尺寸及比例

选购液晶显示器，首先要考虑显示器的大小。普通桌面电脑使用的显示器，已经从早期的19寸、22寸，发展为以24寸、27寸为主流。如果是经常观看电影，或者需要一屏多用的情况，可以选择32寸的显示器。当前主流的显示器比例都是16 ∶ 9，如图3-1所示。老式的显示器有4 ∶ 3，另外还有16 ∶ 10。

操作技巧

通常说的显示器的寸，是英寸的意思，1英寸等于2.54厘米。显示器的尺寸指的是屏幕对角线的长度，如图3-2所示。同一英寸的显示器，长宽比有可能不同。

图3-1

图3-2

（2）分辨率与点距

分辨率通常用水平像素点与垂直像素点的乘积来表示，像素数越多，其分辨率就越高。因此，分辨率通常是以像素数来计量的。通常说的2K显示器是指能够达到2560×1440分辨率的屏幕，比1080P屏幕清晰很多，显示效果也要好很多。4K即4096×2160的像素分辨率，它是2K投影机和高清电视分辨率的4倍，属于超高清分辨率。对普通用户而言，选择2K分辨率已经足够了。

点距是指屏幕上相邻两个同色像素单元之间的距离，即两个红色（或绿、蓝）像素单元之间的距离。点距影响着画面的精细程度。一般来说，点距越小，画面越精细，但字符也越细小；反之，点距越大，字体也越大，轮廓分明，越容易看清，但画面会显得粗糙。

（3）色彩与色域

现在的显示器介绍除了刷新率是个卖点，还有一个就是色域。大部分厂商生产出来的液晶显示器，每个基本色（R、G、B）达到6位，即64种表现度，那么每个独立的像素就有64×64×64=262144种色彩。

色域是指一台显示设备能够显示出的颜色的范围，也有几种不同的标准，如NTSC色域、RGB色域等，如图3-3所示，通常是以红、绿、蓝三原色中的某一个点组成一个三角形，看该显示设备能够显示的颜色数可以达到这个三角形的百分比。通常笔记本屏幕的色域是53%左右，普通台式显示器的色域在73%左右，专业的制图显示器的色域可以达到120%左右，人类的肉眼可以识别到400%～1000%的色域。

（4）显示器刷新率

显示器刷新率简单理解成显示器每秒钟刷新的次数。这有什么用？一般而言，在办公等静态应用中，没有明显的差别。但是在游戏，尤其是FPS游戏中，如图3-4所示，是非常重要的，此时刷新率越高，画面就越稳定、流畅，越能显示更多的画面和细节。现在一般显示器的刷新率在60Hz，而最近比较流行的144Hz显示器，可以达到很高的刷新程度。在专业级的FPS游戏中，只有大于100FPS，才能感觉非常连贯，所以要享受专业级别的感觉，可以选择144Hz的显示器。当然，这也需要显卡在输出时，每秒要达到更高的输出频率，而且要采用DP、HDMI线材才可以。现在还有165Hz及240Hz刷新率的显示器，用户需要综合考虑后选择显示器。

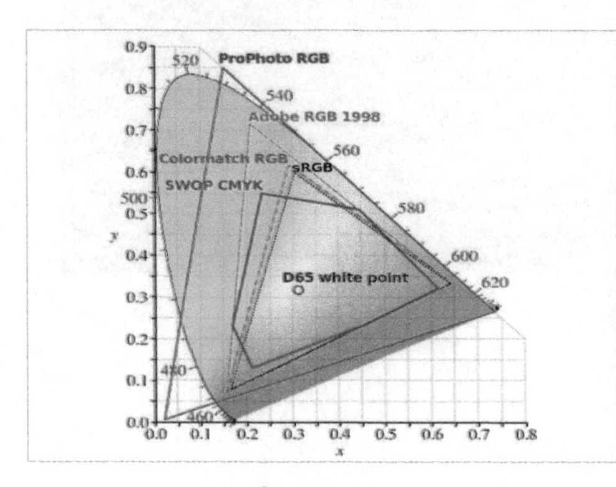

图3-3

图3-4

3.1.2 液晶显示器的连接

液晶显示器需要与显卡输出接口相对应。一般来说，现在购买的显示器，DP口和HDMI口都有，或至少有一个；至于DVI接口和VGA接口，有些有，有些没有。有些显示器还提供音频接口和USB接口，需要提前使用连接线连接显示器输入口，才能实现音频和USB接入功能。

连接起来非常简单，使用相同的连接线，连接显卡与显示器相同的接口即可。但需要注意：如果有独立显卡的话，切记千万不要连接到主板的显示接口上。

3.2 键盘鼠标

键盘和鼠标是电脑最基本的输入设备。本节将对键盘鼠标的选购以及使用方法进行介绍。

3.2.1 键盘的分类

键盘主要分为薄膜键盘和机械键盘两种类型，如图3-5、图3-6所示。

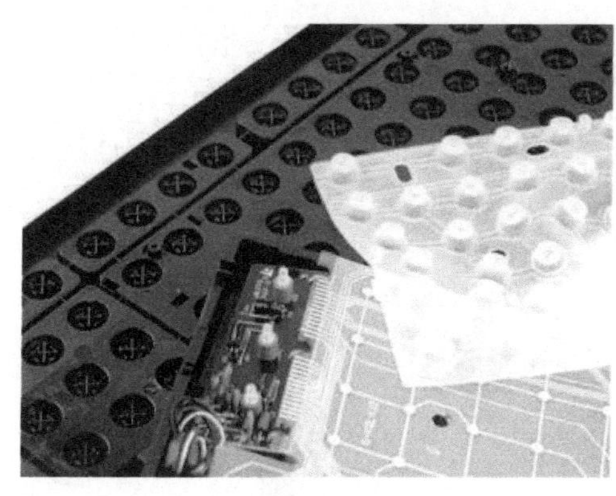

图3-5

图3-6

机械键盘每一颗按键都由一个单独的开关来控制闭合，这个开关也被称为“轴”。依照微动开关分类，机械键盘可分为茶轴、青轴、白轴、黑轴以及红轴。

3.2.2 鼠标的分类

根据传输方式不同，鼠标分为有线鼠标和无线鼠标两大类，如图3-7、图3-8所示。挑选时也主要根据传输方式进行选择。

图3-7

图3-8

3.2.3 键盘及鼠标的参数与选购

下面简单介绍下键盘与鼠标的主要参数与选购技巧。

（1）鼠标分辨率与采样率

分辨率，也叫DPI，指鼠标在每英寸所能识别的像素数，越高越精确。采样率，也叫CPI，表示鼠标每移动1英寸时，传感器接收的坐标数量。每秒钟移动采集的像素点越多，就代表鼠标的移动速度越快，相同时间移动的距离就越长。比如桌面上移动1英寸，低采样率的可能移动了5英寸，而高采样率的可以移动10英寸。鼠标的滚轮下方都有调节按钮可以调节。现在好多鼠标都将CPI用DPI来表示，用户需要知道它其实是CPI。

（2）多功能鼠标

专门为特殊需求的用户，尤其是游戏用户设计，提供多按键、可编程的功能。用户可以通过编程，实现一键多操作的目标，如图3-9所示。

（3）机械轴

Cherry MX机械轴如图3-10所示，被公认为是最经典的机械键盘开关，特殊的手感和黄金触点使其品质倍增。一般来说，游戏玩家：黑轴 > 茶轴 > 红轴 > 青轴；办公打字：青轴 > 红轴 > 茶轴 > 黑轴。用户可以根据需要进行挑选。

图3-9

图3-10

（4）多功能键盘

随着科技的进步，又推出了RGB背光键盘（图3-11）、防水键盘、人体工程学键盘等，用户可以根据需求进行选择。

3.2.4 键盘及鼠标的连接

现在键盘和鼠标基本上都是USB接口，如图3-12所示；也有少量的PS2接口，如图3-13所示。将其连接到主板后部接口，如图3-14所示，需要看清PS2接口插针的方向，以防插弯；USB接口的，连接到主板的USB接口即可。

更多关于键盘的使用方法及细节，请查阅14.1节。

图3-11

图3-12

图3-13

图3-14

3.3 音箱的选购

音箱是电脑的主要声音输出设备，挑选音箱需要结合一些特殊的参数。

3.3.1 音箱的主要参数和选购

音箱的主要参数有以下几种，用户在挑选时需要注意。

（1）声道

一般来说，电脑使用的都是2.1声道有源音箱，也就是需要音源，2个扬声器加1个低音炮的组合，如图3-15所示；也有2个音箱，音箱上都带有低音炮的2.0音箱。当然，用户如果资金充足，也可以选择更加专业的5.1声道或7.1声道音箱，如图3-16所示，再配合功放及调音台设备，达到更高级别的享受。

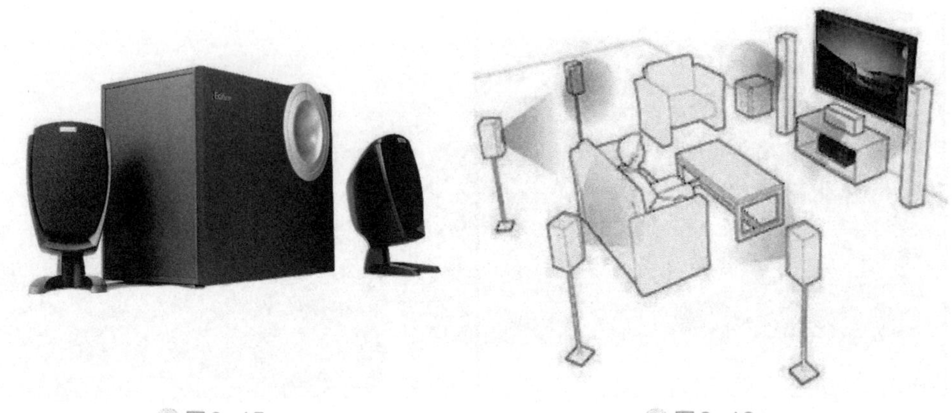

图3-15　图3-16

（2）连接、控制及U盘读取功能

默认情况下，音箱与电脑是使用音频线进行连接的，并使用音箱上的调节旋钮进行调节。随着科技的发展，现在的音箱已经出现了线控及遥控器控制，如图3-17所示，还有蓝牙或者无线连接。除了可以连接电脑外，还可以配合手机或者其他具有蓝牙传输或者无线传输的设备进行无线连接，这样增加了音箱的使用范围以及功能。

另外现在有些音箱还可以连接音频线，用于专业外放；或者带有USB接口或SD卡接口，直接播放U盘或SD卡中的音乐文件，如图3-18所示。

图3-17

图3-18

（3）数字音频

电脑和音箱的连接，一般使用的是普通音频线，传输的是模拟信号。如果用户想要享受到高保真的数字音效，需要查看电脑上以及音箱上是否有数字信号接口，一般为同轴电缆接口，使用同轴线连接，如图3-19所示。如果有光纤接口，需要使用专门的光纤线进行连接，如图3-20所示。

（4）其他专业参数

音箱的专业参数很多，普通用户了解即可。抗阻：一般有4Ω、6Ω、8Ω，普通

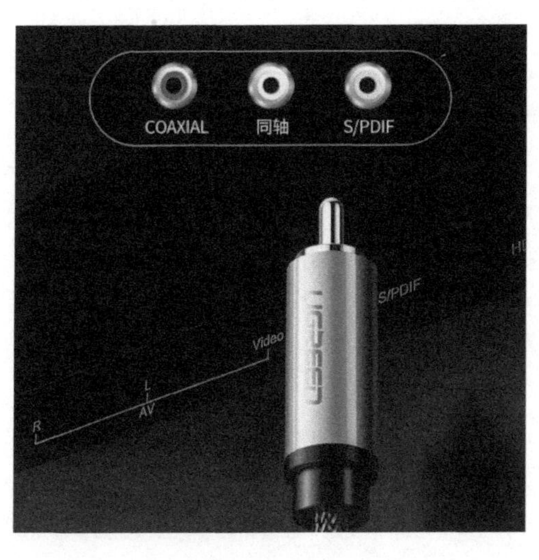

图3-19

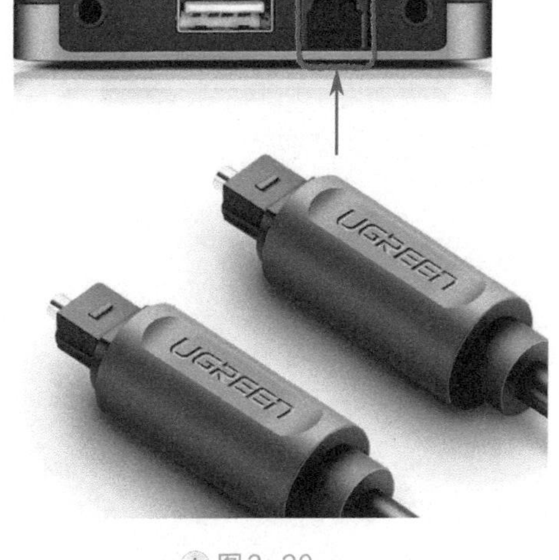

图3-20

用户达到8Ω即可。灵敏度：声音大小，90dB的足以满足家用需求。有效频率范围：人耳能听到的声音范围为20Hz～20kHz，选购时，范围越宽说明越好。信噪比：一般不应低于70dB，高保真的信噪比应达到110dB以上。失真：2.0的音箱失真度应该在1%以下，X.1系列的可以在5%以下。输出功率：音箱发出的最大声强。

3.3.2　音箱的连接

上面介绍了音箱的数字接口连接，下面介绍下音箱的普通连接方法。

在电脑的后部，电脑主板会提供各种接口，其中，五颜六色的圆形形状的接口就是音频的声音接口。它们的主要作用如图3-21所示。

2.1音响线接入绿色孔，另一端接入音箱线路输入中，麦克风接入粉色孔即可。至于音箱，将音箱自带的左右声道音频线接入卫星音箱线，如图3-22所示，然后打开电源即可。当然，接口的功能可以在操作系统的音频管理软件中重新定义。

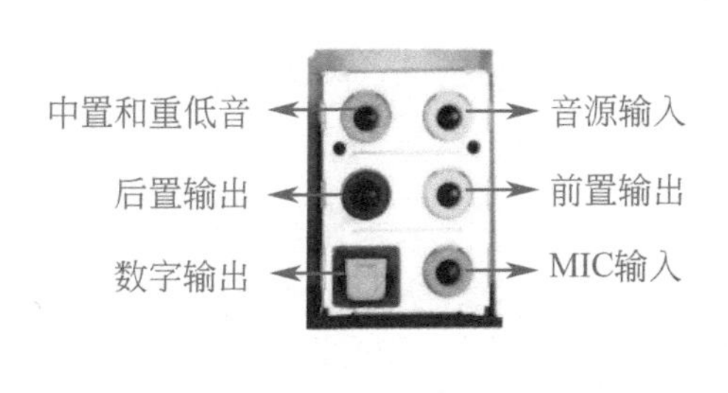

图3-21

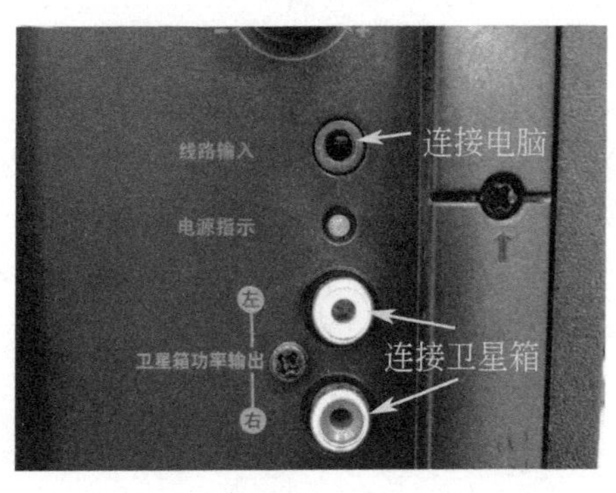

图3-22

3.4 摄像头

摄像头是用于电脑视频输入的设备，属于专业级网络直播必备设备。下面介绍下摄像头的参数及选购技巧。

3.4.1 摄像头的主要参数和选购

在挑选摄像头时，需要了解以下这些参数。

（1）分辨率

一般情况下，需要选择720P及以上分辨率，也就是1280×720的，才能保证录制的画面是高清。有条件的选择1080P摄像头。老式的摄像头大约有30万像素，现在的720P大约有100万像素，而1080P大约有200万像素。拍摄时，能达到30FPS即可。

新手误区

200万像素太低了，500万像素的不好吗？有些摄像头宣称达到了500万像素，并以此为噱头。需要注意的是，这里的500万，并不是硬件传感器的500万像素，而是在硬件传感器基础上，使用软件插入像素值进行增强，达到500万像素。软件插值对实际的图像改善不是很大。而真实的硬件传感器如果是720P或者1080P级别的，效果会好很多，而如果不良商家使用几十万像素的硬件，虚拟出500万像素，那么拍出来的照片将非常模糊。在选购时，一定要注意硬件级别能达到多少。

（2）感光芯片

一般使用CMOS感光即可。用户也可以通过测评网站来了解感光芯片。

（3）对焦方式

现在有固定焦距、手动调焦（图3-23）以及自动调焦几种，用户可以根据使用环境进行选择。自动对焦可以在移动、离摄像头很近等情况下，依然保持视频清晰。

（4）视野

也就是摄像头可以拍摄的范围，从45度到100多度都有，如图3-24所示，具体选择，根据用户的拍摄范围而定。

（5）拾音器功能

现在很多摄像头都带有类似麦克风的功能，可以收集声音，方便视频通话，一般录音范围在1.5～2米。

图3-23

图3-24

（6）其他选购技巧

注意摄像头的线长，如果不够，需要购买延长线。注意是否是免驱，现在大多数就是免驱动安装，即插即用。固定方式也要考虑是否和使用场景一致。

3.4.2　摄像头的连接

摄像头的连接口一般都是USB接口，接入到电脑中的USB接口中即可。因为不需要安装驱动，只要打开对应的视频应用，即可使用。

3.4.3　监控摄像头特点及常见产品

上面介绍的都是电脑摄像头，还有一类摄像头就是监控摄像头，这里介绍的是家庭用户使用的监控摄像头。这种摄像头，可以连接网络，使用手机观看，可以拍摄视频画面，并进行录像，还有红外夜视功能，非常适合家庭安防使用。下面介绍下该类摄像头的产品及功能特点。

（1）小米智能摄像机云台版Pro

该产品如图3-25所示，具有300万像素值，F1.4大光圈6P镜头，优质成像体验；增强红外夜视，双麦克风降噪，双向通话更清晰；支持手机、平板、电视远程查看，AI人形侦测，AI人脸识别，360°云台全景视角，一键物理遮蔽，更加安全；双频Wi-Fi连接，更加快速；采用H.265编码，观看时更流畅，节约带宽和时间；可以本地存储、NAS存储以及云存储；安装管理非常方便。

（2）萤石星光夜视版C6CN互联网摄像机

该产品如图3-26所示，搭载Sony星光级传感器，采用真实宽动态技术；水平旋转角度340°，垂直旋转角度120°；智能人形检测，追踪跟拍；双LED灯，10米红外夜视；H.265编码技术，高效存储；双向语音沟通；个性语音迎客防盗；可以和其他智能设备联动；同步记录，安全存储，多重保障；安装灵活，联网控制设置方便，支持多终端查看。

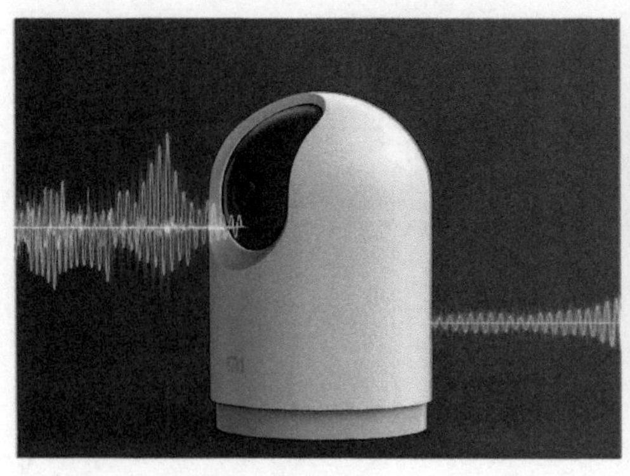

图3-25

图3-26

3.5 耳麦

由于音箱的声音是公开的，容易打扰到别人。在游戏时，听声辨位有些困难。有这些烦恼的用户，就需要配备一款耳麦。

3.5.1 耳麦的主要参数与选购

耳麦现在已经是比较成熟的产品了，从早期的双声道加麦克风的简单产品，发展成带有自带网卡自动降噪、线控调节等多功能的产品。

（1）频响、阻抗、灵敏度

和音箱的主要参数一样，只不过耳麦的功率不需要那么大，但频响也需要在20～20000Hz，范围越宽越好；灵敏度需要在100dB/mW以上，一些常见耳机甚至可以到120dB/mW以上；阻抗范围24Ω或者32Ω即可。

（2）虚拟环绕声

其实就是上面说的7.1声道的实现方法。通过专业的环绕软件，如图3-27所示，配合头戴式耳机，即可实现在FPS游戏时，获取到精准的声音定位，来判断方向。

（3）佩戴舒适度

这一点因人而异，如重量合适，并带有镜架通道、头梁衬垫、适度的夹紧力，都能提高舒适度，如图3-28所示。耳机材质也很重要，亲肤型的是首选。

（4）麦克风

耳麦的另一个好处就是带有麦克风，无感使用，可以和队友轻松交流。麦克风的清晰度非常重要。一般专业麦克风更容易捕获嘴部附近的声音，更加清晰，且能有效抑制背部和侧面的背景噪声。有些耳机上有麦克风静音按钮以及音量调节旋钮，如图3-29所示；或者集成在了线控上，如图3-30所示。

图3-27

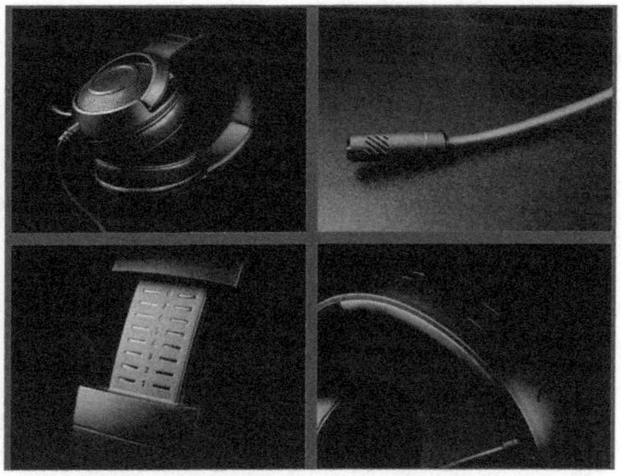

图3-28

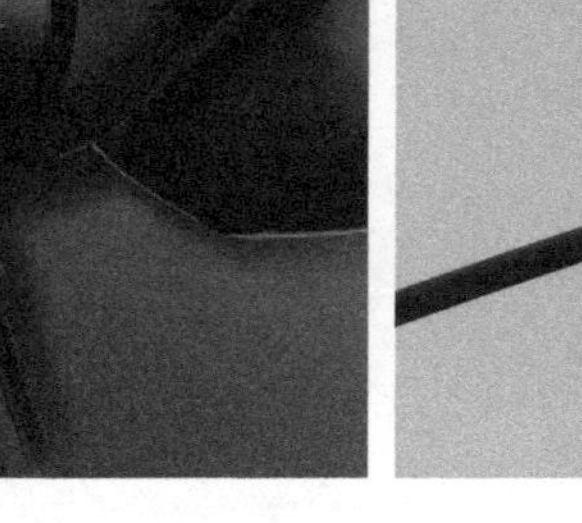

图3-29

图3-30

（5）USB声卡

一些耳机是直接连接到电脑前面板的音频和麦克风接口，而有一些是使用了独立的USB声卡，通过USB传输数字信号，相当于独立声卡，非常专业，建议用户选择，如图3-31所示。

（6）震动单元

现在的耳机除了声音外，还具有震动功能，如图3-32所示。让用户可以更加沉浸在虚拟环境中，享受到游戏和音乐的乐趣。

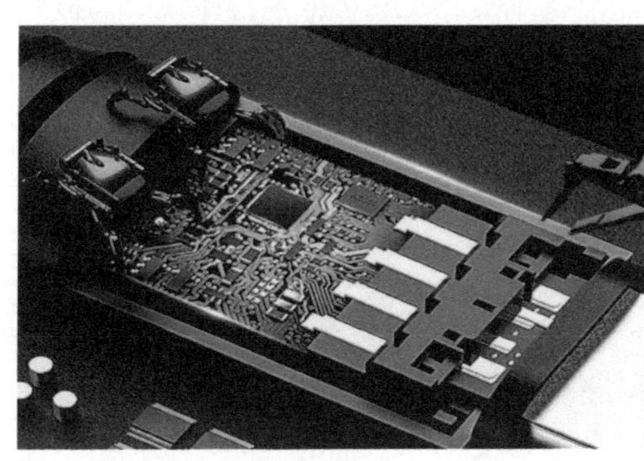

图3-31

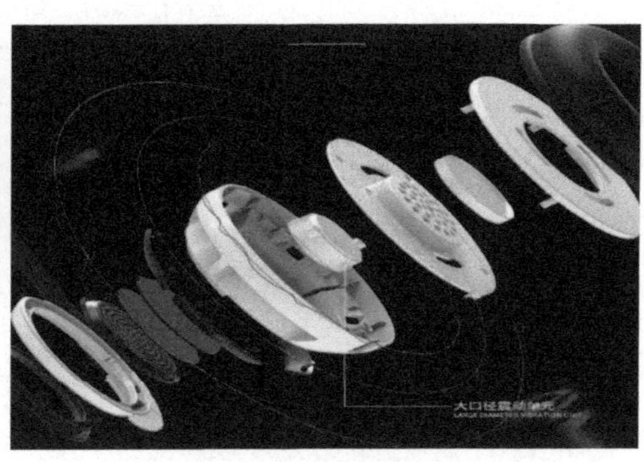

图3-32

3.5.2 耳麦的连接

耳麦如果是分成耳机及麦克风线路，直接连到前面板或后面板的音频和MIC接口即可，如图3-33所示。

耳麦如果是USB声卡的形式，需要将耳机及麦克风线路连接到声卡的音频和MAC口，再将声卡连接到电脑的USB接口中即可，如图3-34所示。

图3-33

图3-34

3.6 打印机

打印机也是电脑的主要输出设备，负责将文字、图片等打印到纸张上。现在出现的3D打印，就是打印技术的一个最新应用。

3.6.1 打印机的分类

打印机按照打印原理不同，可以分为以下几类。

（1）针式打印机

针式打印机之所以在很长的一段时间内能流行不衰，与它极低的打印成本、良好的易用性以及单据打印的特殊用途是分不开的，如图3-35所示。

（2）喷墨打印机

彩色喷墨打印机因其有着良好的打印效果与较低价位的优点而占领了广阔的中低端市场。此外，喷墨打印机还具有更为灵活的纸张处理能力，在打印介质的选择上，喷墨打印机也具有一定的优势：既可以打印信封、信纸等普通介质，也可以打印各种胶片、照片纸、光盘封面、卷纸、T恤转印纸等特殊介质，喷墨打印机现在非常便宜，但是因为墨盒的关系，使用成本较高，适合家庭及小型办公使用。

现在的喷墨打印机，和激光打印机一样，还兼具复印和扫描的功能，也就是一体机，如图3-36所示。

图3-35

图3-36

（3）激光打印机

分为彩色激光打印和黑白激光打印，普通办公室使用的都是黑白激光打印机，如图3-37所示。它的打印原理是利用光栅图像处理器产生位图，然后将其转换为电信号等一系列的脉冲送往激光发射器，并控制激光的发射。与此同时，反射光束被接收的感光鼓所感光。激光发射时就产生一个点，激光不发射时就是空白，这样就在接收器上印出一行点来。然后接收器转动一小段固定的距离继续重复上述操作。当纸张经过感光鼓时，鼓上的着色剂就会转移到纸上，印成了页面的位图。最后当纸张经过一对加热辊后，着色剂被加热熔化，固定在了纸上，就完成打印的全过程，这整个过程准确而且高效。激光打印机性价比高，一次投资稍大，但使用成本较低。

图3-37

3.6.2　打印机常见参数及选购

根据工作需求，需要注意以下打印机的常见参数。

（1）打印幅面

就是能打多大的，普通公司一般A4即可，专业的公司可以选择A3、A2等幅面的打印机。

（2）打印速度

一般指每分钟多少页。如果大批量打印，这个参数就非常重要，而普通用户，可以不将其作为选择必备参数，基本上速度还是可以接受的。

（3）打印耗材

这需要根据用户选择的打印机、打印的使用率以及成本考虑，按照耗材比重，选择对应的打印机。

（4）分辨率

激光机器一般为600DPI（点每英寸），增强型一般为1200DPI；喷墨机器一般从1000DPI到增强型的5000DPI；针式机器一般为300DPI。

（5）其他功能

现在一体式的打印机已经成为了标配，很多还集合了Wi-fi网络连接模块，支持网络打印，以及身份证的双面打印、缩小复印等功能，用户可以根据实际情况进行选择。

3.6.3 打印机的连接

对于无线打印机，只要装好无线客户端，就可以连接到打印机了。对于有线打印机，连接电源后，将数据线连接到电脑的USB接口即可，如图3-38、图3-39所示。

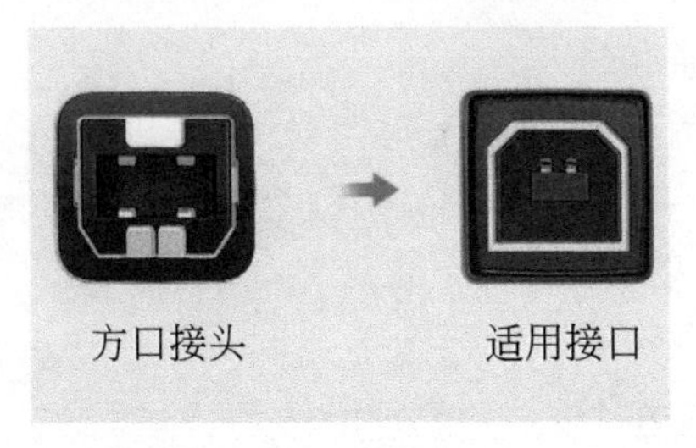

图3-38 打印机连接口

图3-39 打印机数据线

第4章 装机必备的应用程序

内容导读

电脑组装好后，并不能马上使用，必须安装驱动以及对应的应用软件。那么在电脑上怎么安装及卸载软件？怎么安装驱动以及常用的应用程序？这些应用程序都是做什么用的？本章将向读者介绍这些知识。

学习要点

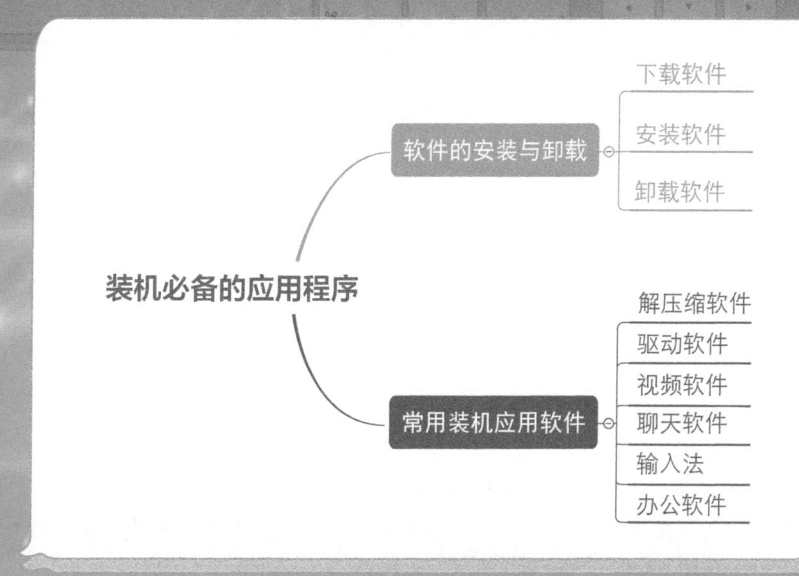

4.1 软件的安装与卸载

在使用一些常规软件之前，用户先要安装这些软件才行。本节将以QQ软件为例，来介绍软件的安装与卸载操作。

4.1.1 下载应用软件

在安装QQ软件前，必须要下载QQ软件安装包。软件安装包可以到官方网站下载，也可以去安全的第三方软件平台下载，还可以使用第三方提供的管理软件进行下载。

打开浏览器，百度“QQ官网”或者直接进入QQ官网“im.qq.com”，单击“立即下载”按钮，打开下载界面，找到下载位置，再次单击“立即下载”按钮。此时会在Edge浏览器的下方，出现下载提示，单击“保存”后的“更多”按钮，选择“另存为”选项，如图4-1所示。

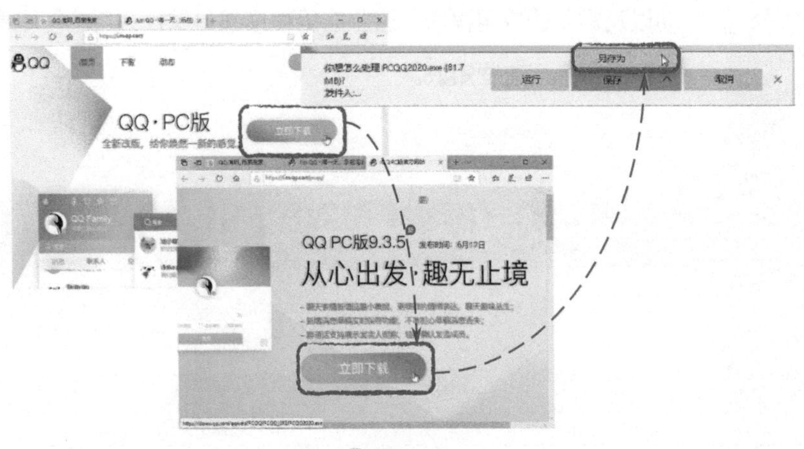

图4-1

在弹出的“另存为”对话框中，选择保存的位置，单击“保存”按钮即可开始下载。下载过程中，请不要关闭浏览器，否则下载会中断。

操作技巧

在下载时，浏览器都会弹出提示，其中“运行”选项，是将软件作为临时文件下载，不会显示出来。下次如果还要用的话，就不方便。另外，直接单击“保存”会保存到用户的“下载”文件夹中。所以为了更方便地找到，一般使用“另存为”选项，直接保存到所选目录中，比如桌面（其实桌面就是一个目录）。

4.1.2 安装应用软件

下载好软件后，可以到对应的文件夹中查看安装文件。下面将介绍如何安装QQ软件。

双击安装软件图标，启动安装程序。在“用户帐户控制”界面，单击“是”按钮。在安装主界面中，单击“自定义选项”链接按钮，在打开的安装界面中，设置好安装路径，这里将“C”改成“D”，其他路径不变。单击“立即安装”按钮，启动安装，如图4-2所示。

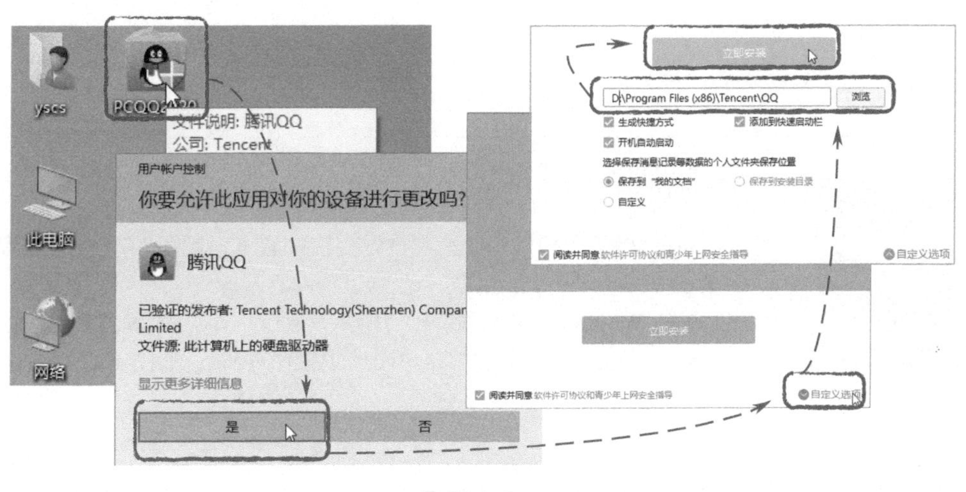

图4-2

稍等片刻，软件安装完毕，单击“完成安装”按钮，此时QQ会运行，并弹出登录主界面，如图4-3所示。至此，QQ软件安装完毕。

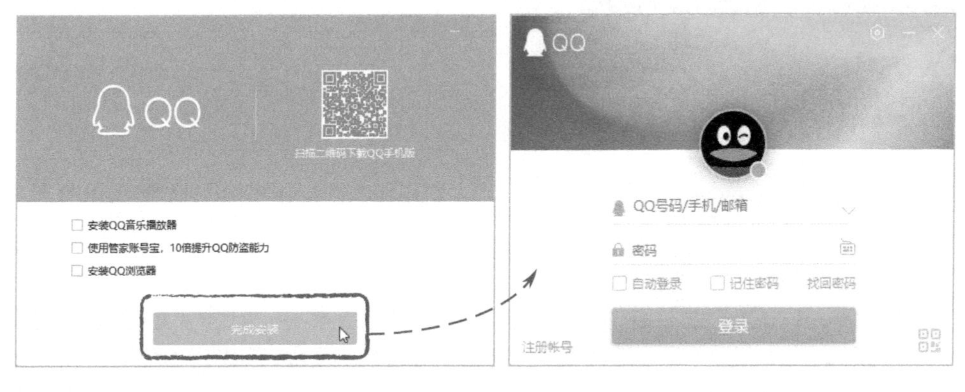

图4-3

新手误区

在查找安装软件时，建议用户去官方网站进行下载。因为有些网站为了盈利，会在下载页面中添加虚假连接，用户下载运行后，电脑可能会中病毒。

在安装时，也会产生同样的问题，如果都使用默认安装，一方面会造成系统盘空间越来越小；另一方面，有些软件会在安装开始或者安装结束界面，默认勾选下载其他软件。这就要求用户必须小心，尽量使用自定义安装，修改安装路径，并且取消勾选安装其他软件。这样才能让系统一直处在良好的运行环境中。

扫一扫 看视频

4.1.3 卸载应用软件

如果软件不适用，或者需要更换软件版本，则可对软件进行卸载操作。

进入Windows 10系统的“开始”菜单，单击“设置”按钮。在“Windows设置”界面中，单击“应用”按钮，如图4-4所示。

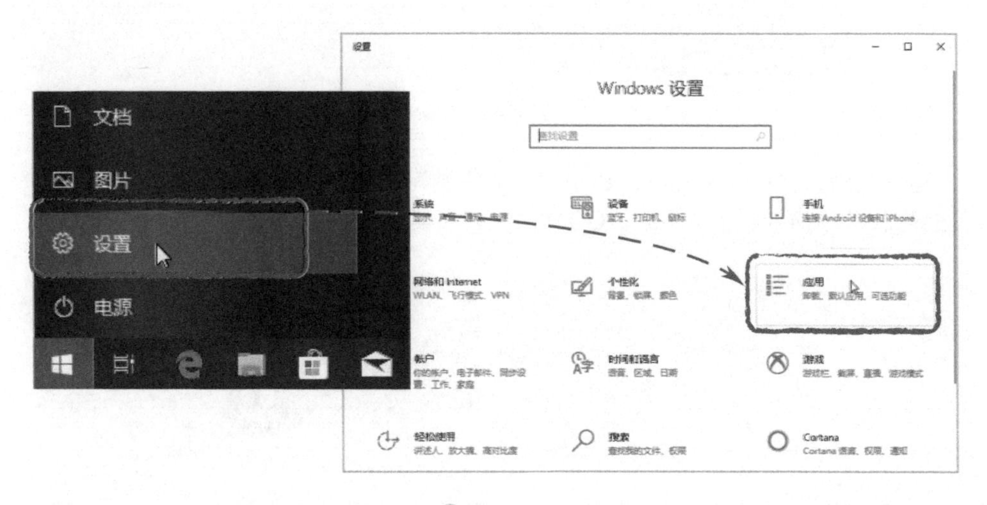

图4-4

在“应用和功能”界面中找到并选择“腾讯QQ”软件，在弹出的菜单中单击“卸载”按钮，并在弹出的确认信息中，单击“卸载”按钮，如图4-5所示。如果弹出“用户帐户控制”，单击“是”按钮即可。此时，卸载工具会自动查找QQ的卸载配置，并自动进行卸载与删除，完成后，弹出成功提示，单击“确定”按钮，完成卸载。

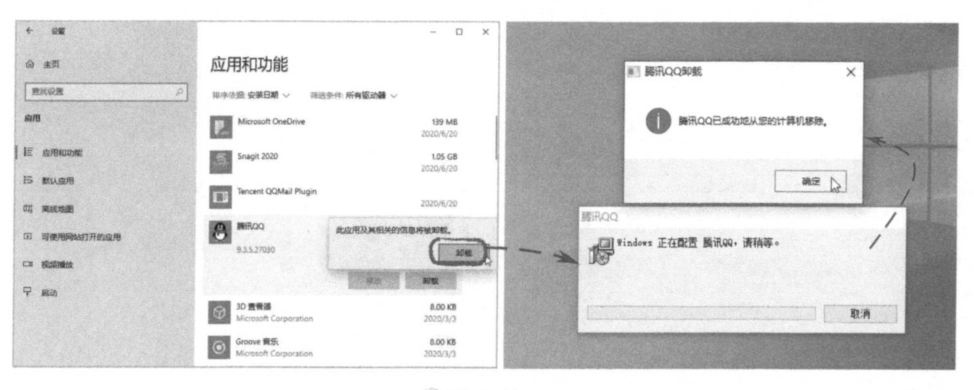

图4-5

新手误区

有很多新手用户，将桌面上的快捷键删除掉，以为就是卸载软件了。这种快捷键可以通过源文件反复创建，并不会影响软件本身。而删除软件文件夹的方法也并不可取，绿色软件或者说不用安装的软件可以直接删除，但是通过安装程序安装的软件，会产生很多和系统文件挂钩的DLL文件及其他文件。删除了文件还会在系统中产生残留，甚至会报错，有时根本删除不了。所以最稳妥的方法，是使用系统或者软件的卸载功能进行卸载。

4.2 压缩/解压缩工具

解压缩工具指通过一定算法，将文件或程序进行压缩，以减小文件体积，方便发送和保存。在使用前，先进行解压，再对文件进行处理。经常使用的压缩/解压缩工具为WinRAR，用户可以到其官网下载和安装。

4.2.1 解压缩文件

用得最多的还是将下载好的压缩文件进行解压操作。下载好压缩文件后，双击该压缩文件，启动WinRAR工具，可以查看压缩文件内容，如图4-6所示。

关闭程序，在压缩文件上，单击鼠标右键，如果压缩文件中有目录，则在打开的快捷列表中选择“解压到当前文件夹”选项，如图4-7所示。如果没有目录，而是文件列表，则选择“解压到解压演示\”，这样就会新建一个文件夹，将解压后的文件放置在里面，否则可能会解压得整个桌面都是文件，后续处理起来非常麻烦。

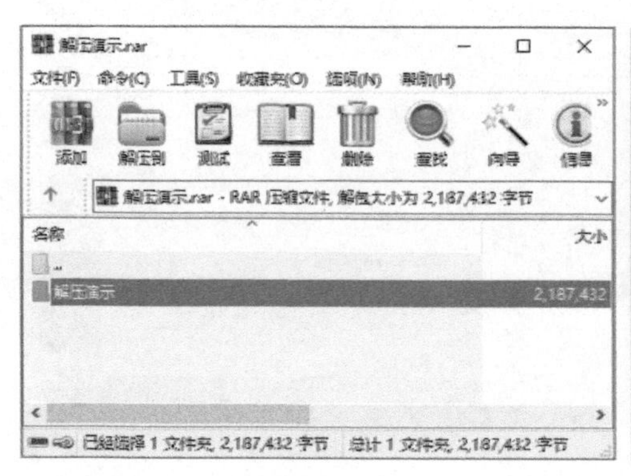

图4-6

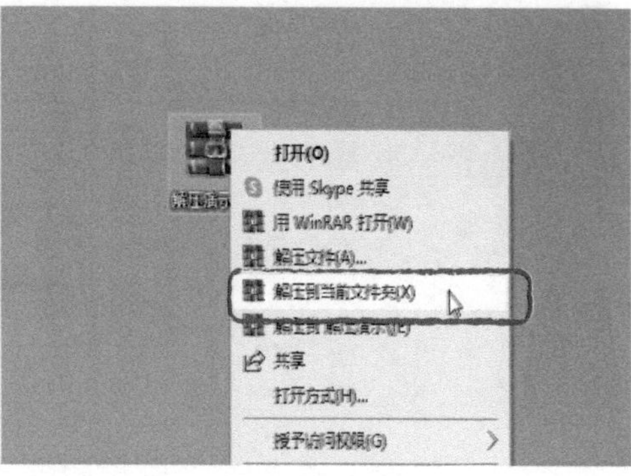

图4-7

4.2.2 压缩文件

扫一扫 看视频

将需要压缩的文件，放置在同一个文件夹中。单击鼠标右键，从中选择“添加到解压演示.rar”选项，如图4-8所示，稍等片刻，即可完成压缩。

用户也可以选择“添加到压缩文件”选项，打开“压缩文件名和参数”对话框。在此可以设置压缩后的文件名、分卷压缩，还可以设置解压密码，以增加文件的安全性，如图4-9所示。

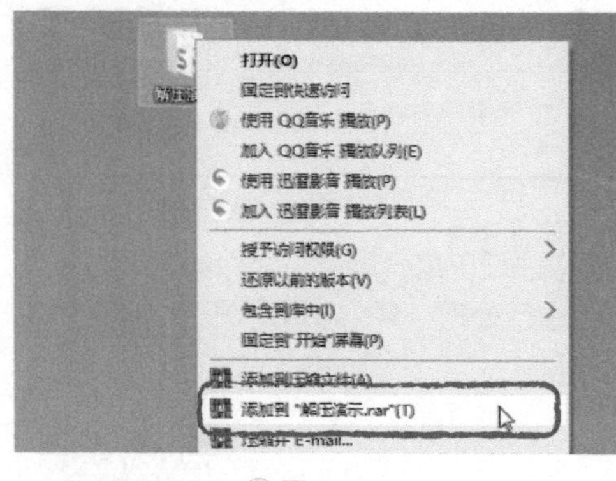

图4-8

图4-9

4.3 驱动工具

驱动是操作系统和硬件之间的重要软件，只有通过驱动，才能控制硬件。经常使用的驱动安装软件就是驱动精灵。它是一款集驱动管理和硬件检测于一体的驱动工具。安装好后，启动该软件，可以检测并一键安装所有的驱动，如图4-10所示；还可以备份还原驱动，如图4-11所示。建议安装驱动精灵网卡版，可以在网卡出现问题的情况下，自动给网卡安装万能驱动。

图4-10

图4-11

关于驱动精灵的详细使用方法，将在8.2节中进行介绍。

4.4 视频工具

在线观看视频非常简单，但是有些功能，如下载视频、观看视频加速，还是需要使用客户端。下面介绍两款常用的视频播放器。

4.4.1 爱奇艺

利用爱奇艺播放器的客户端，除了可以观看视频外，还可以享受新用户免广告、加速视频缓冲、4K画质等，如图4-12所示。

爱奇艺还提供下载功能，可以下载到本地观看视频，如图4-13所示。

图4-12

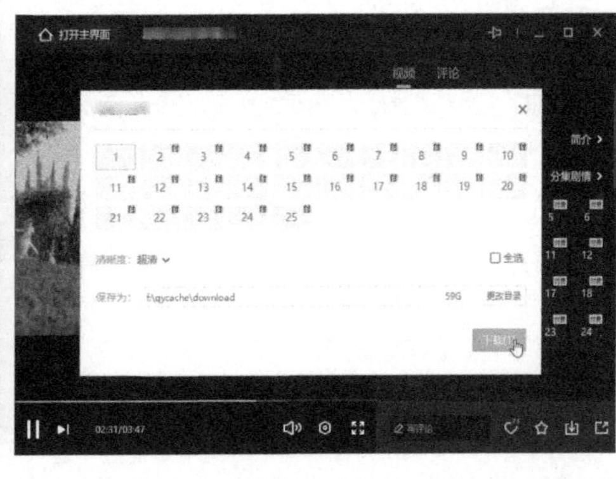

图4-13

4.4.2 腾讯视频

腾讯视频是腾讯公司开发的专门用来观看视频资源的播放器。它是集热播影视、综艺娱乐、体育赛事、新闻资讯等为一体的综合视频内容平台。另外腾讯视频客户端还可以观看本地视频，非常方便。

打开腾讯客户端，就可以观看视频了，如图4-14所示；还可以根据类型查找想看的视频，如图4-15所示。

图4-14

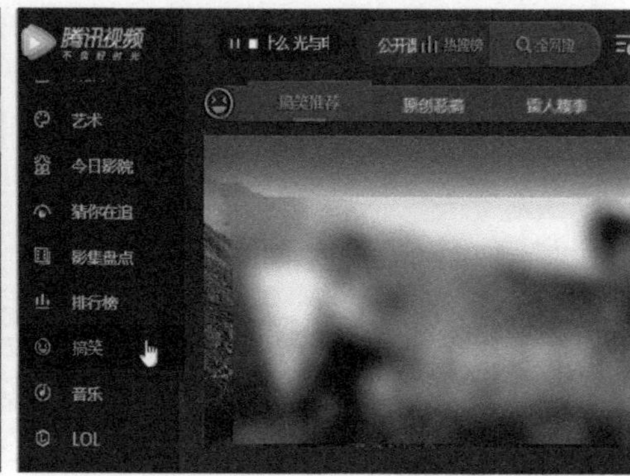

图4-15

关于腾讯视频工具的使用，可查阅13.4节的内容。

4.5 聊天工具

聊天工具也就是通常说的网络通讯工具，最常使用的就是QQ和微信了。当然，在电脑上也有QQ和微信的客户端软件，用户可以下载安装后使用。

4.5.1 QQ

现在的QQ功能非常强大，除了具有在线聊天、视频通话、点对点断点续传文件、共享文件、网络硬盘、自定义面板、QQ邮箱等多种功能外，还可与多种通讯终端相连。如图4-16所示的是使用QQ的聊天功能发送GIF动图。

关于QQ的使用方法，将在12.1节中着重进行介绍。

4.5.2 微信

微信出现是从手机端开始的，因为使用限制，腾讯又开发了网页端和电脑端。电脑端除了可以接收、发送信息外，还可以进行消息的备份和还原。电脑端也就是PC

端的微信，如图4-17所示。

关于微信电脑端的使用，可以在12.2节中详细了解。

图4-16　　图4-17

4.6 输入法

虽然微软已经将微软拼音输入法进行了多次调整和升级，但使用起来仍然不方便。下面介绍几款常用的输入法工具。

4.6.1 搜狗输入法

搜狗输入法是搜狗（Sogou）公司于2006年6月推出的一款汉字输入法工具。搜狗输入法是第一款为互联网而生的输入法，它将互联网变成了一个巨大的“活”词库，反应速度快，智能联想更加符合用户需要。如图4-18所示的是搜狗输入法的使用界面。

关于搜狗输入法的更多介绍，请查看14.3节。

4.6.2 QQ输入法

QQ拼音输入法速度快、占用系统资源小，能够减少损耗，达到最优的性能。QQ输入法与QQ系列软件联动，并可同步词库及设置，将输入法做到越用越好用的程度。另外，和QQ输入法的手机端一样，QQ输入法还支持表情输入功能，如图4-19所示。QQ输入法还有一个优点是没有广告，并且在手机客户端还支持魔音、文字转语音等功能。

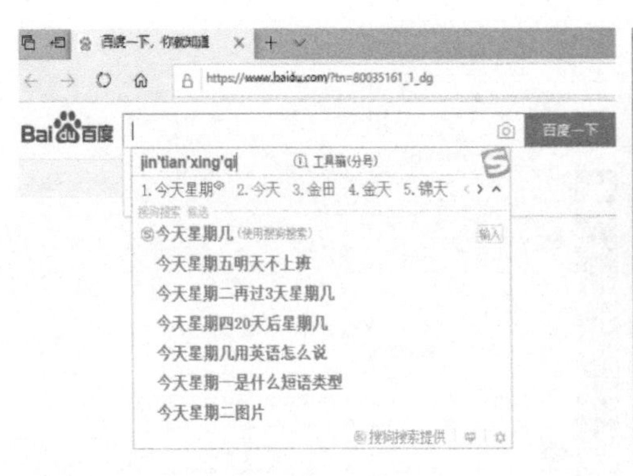

图4-18

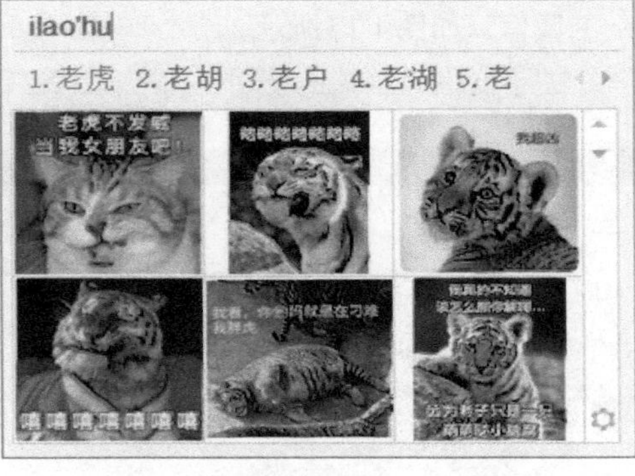

图4-19

4.6.3 五笔输入法

五笔字型输入法是国内广泛使用的一种中文输入法。它采用字根输入方法，具有符合汉字书写习惯、重码少、录入速度快和不受方言限制等优点。该输入法的特点如下。

- 效率高：由于它是一种按字形来设计的编码方法，平均每输入10000个汉字，才有1～2个字需要挑选。
- 通用性好：学会了五笔字型输入法，无论在何处只要有电脑即可输入汉字。
- 应用范围广：五笔输入法不受场合、时间、方言及多音字的影响。
- 重码率低：对拼音输入法来说，重码率非常高，即使拼音输入法支持词组输入也避免不了这个问题。而五笔输入法的特点就是重码率低，只要输入正确，一般不会出现重码，在学习和工作中有很大的优势。
- 既能输入单字，又能输入词汇：无论多复杂的汉字最多只打4个键。而且字与词汇之间不要任何附加操作。

关于五笔输入法的详细功能，将在第14.4节中全面介绍。

4.7 办公软件

办公软件种类很多。下面介绍一些常用的办公软件，有需要的用户可以在装机后安装使用。

4.7.1 Office系列软件

Office系列软件主要包括Microsoft公司开发的办公软件套装和金山公司开发的WPS Office软件。

前者常用组件有Word、Excel、PowerPoint等，如图4-20所示。后者集成了文字、表格、演示、脑图、流程图以及PDF阅读等多种功能，如图4-21所示。

图4-20　　　　图4-21

关于WPS的具体操作方法及案例，将在第15～17章着重介绍。

4.7.2　Photoshop图像处理软件

Adobe Photoshop（简称PS）是由Adobe公司开发和发行的图像处理软件。PS有很多功能，在图像、图形、文字、视频、出版等各方面都有涉及，PS的主界面如图4-22所示。

4.7.3　PDF阅读器

PDF文件格式可以将文字、字型、格式、颜色及独立于设备和分辨率的图形图像等封装在一个文件中。常用的PDF软件是金山PDF阅读器，如图4-23所示。

图4-22　　　　图4-23

关于PDF的详细使用方法，将在第18章中着重介绍。

4.7.4 看图软件

ABC看图软件支持69种图片格式，除了JPG、PNG等主流图片格式外，还支持RAW、PSD等图片格式。另外，还可以批量管理图片，如图4-24所示。

4.7.5 投屏软件

投屏软件可以将电脑、电视、手机联系起来，互相投递当前显示的画面，该功能在文案展示、电视电话会议、产品介绍等场合非常实用。经常使用的软件是乐播投屏，如图4-25所示。乐播投屏是一款连接移动设备（手机、平板电脑等）与大屏终端（电视、盒子、投影、VR等智能设备）的多屏互动工具，实现移动设备的内容无线投送到电视、盒子、投影等功能。

图4-24

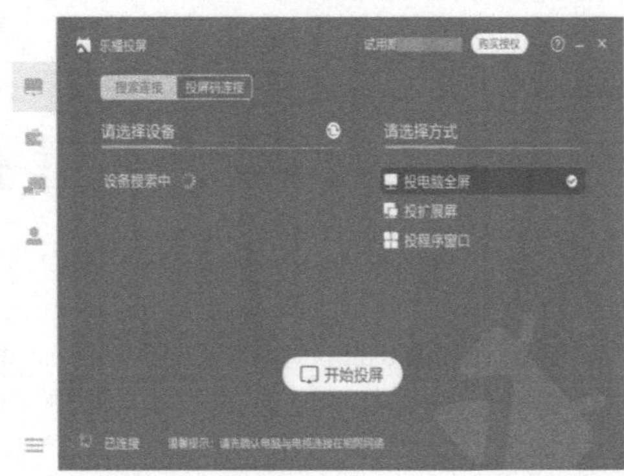

图4-25

日 常
维护篇

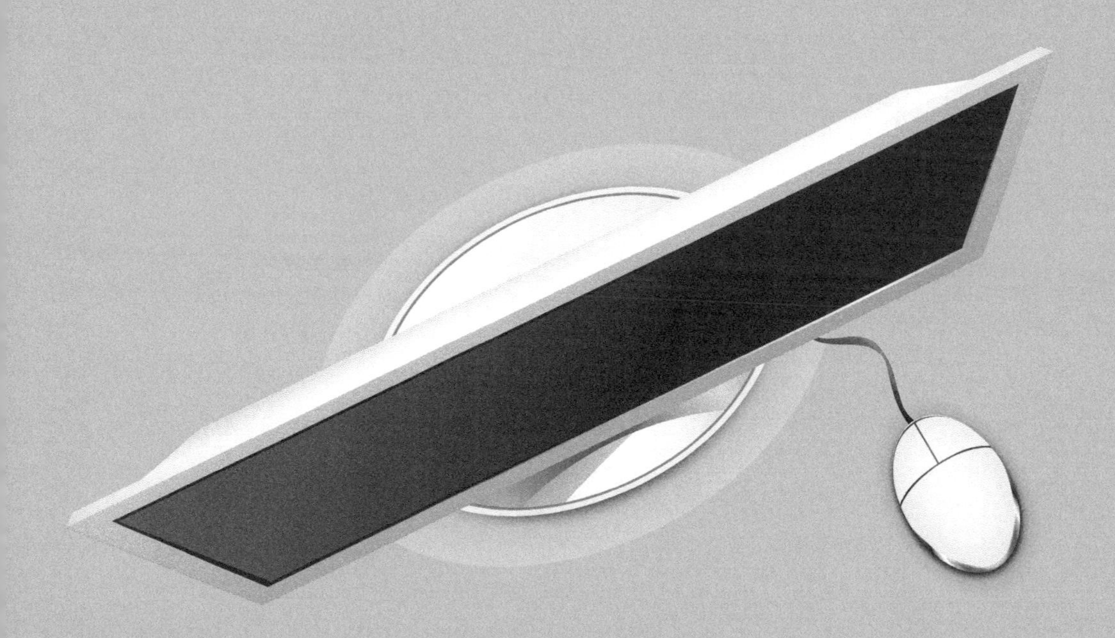

第5章 Windows10入门必学

内容导读

电脑组装好以后，需要安装操作系统。最常见的操作系统就是Windows7及Windows10。而Windows7已经在2020年停止了更新，所以出于安全性考虑以及从安装的便利性而言，新装电脑或者近几年的电脑，建议安装Windows10。本章将着重介绍Windows10的安装步骤以及安装后的基本设置。

学习要点

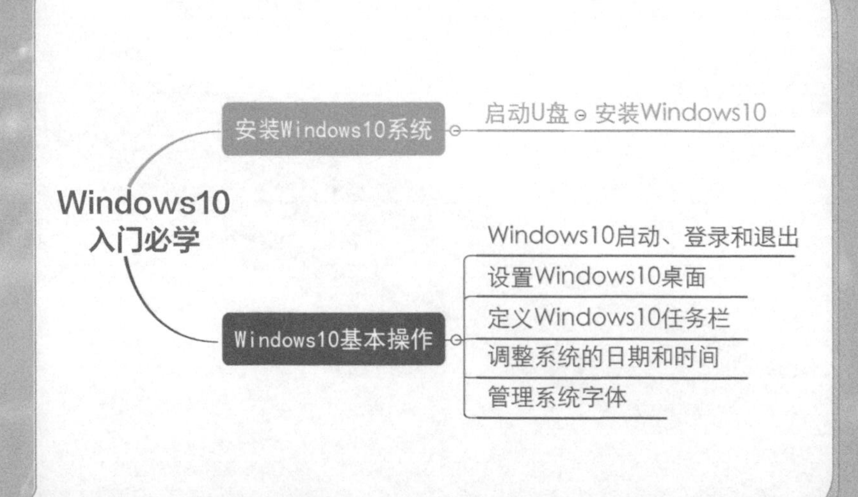

5.1 Windows10的安装

在安装Windows10前，用户需要制作一个电脑的启动U盘，用来启动电脑，并加载PE系统。

5.1.1 使用U深度制作启动U盘

制作启动U盘，就是要将PE环境放在U盘中，并制作为开机启动模式。PE是Windows的最小运行环境，被提取出来后，加入第三方常用的工具软件，然后加上系统引导，就变成可以启动电脑进入到PE环境的启动U盘了。

网上有很多制作工具，常用的有老毛桃、微PE、U深度等。用户可以选择一款，下载安装后，进行启动U盘制作。下面以U深度为例，介绍下启动U盘的制作。

从百度里搜索“U深度官网”进入官网后，下载“增强版”进行安装。完毕后，插入U盘，然后打开软件。在主界面中，选择“高级设置”选项，如图5-1所示。用户可以自定义菜单界面以及取消广告赞助，如图5-2所示。

图5-1

图5-2

保存后，返回到主界面，单击“开始制作”按钮，启动制作。制作过程中，会格式化U盘并写入PE及启动数据，如图5-3所示。用户需要备份U盘资料。完成后，就可以使用该U盘启动电脑安装系统了。在开机时，按F11或F12快捷键，进入启动设备选择界面，就可以选择并进入U盘系统，如图5-4所示。

图5-3

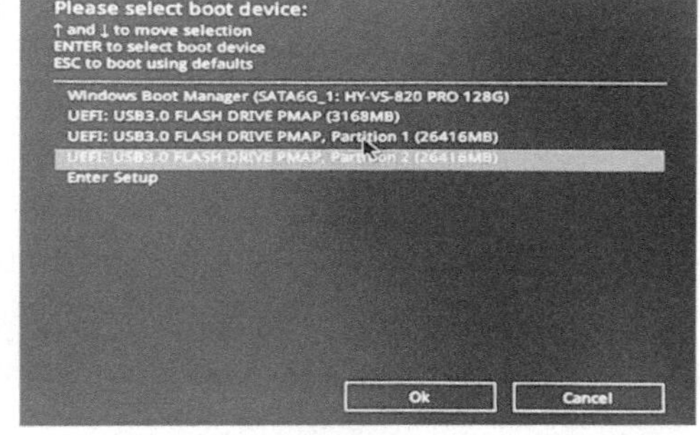

图5-4

5.1.2 使用虚拟光驱安装原版Windows10

首先，用户需要下载原版的操作系统镜像文件，保存到U盘上；然后用U盘启动电脑即可开始安装。

启动U深度PE桌面，然后启动虚拟光驱软件，如图5-5所示。加载之前下载的操作系统镜像文件，然后到“计算机”中，双击虚拟光驱，启动安装程序，如图5-6所示。

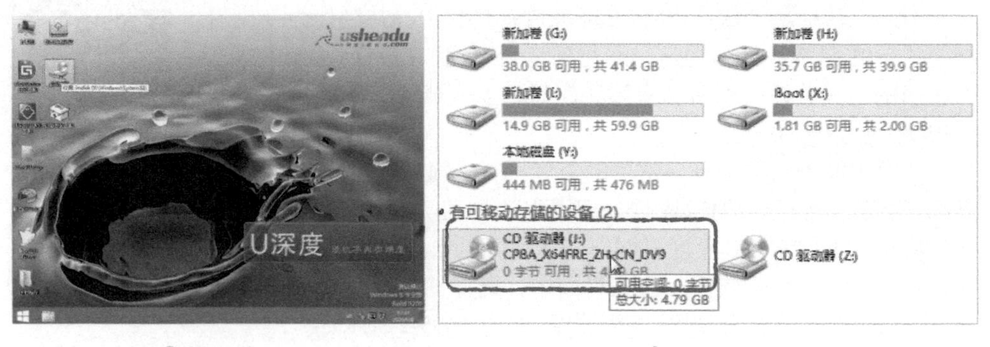

图5-5　　图5-6

Windows的安装过程还是比较简单的。在安装界面，开始安装，选择好语言等项后，进入到版本选择界面，用户根据情况，选择需要的版本，这里选择专业工作站版，单击“下一步”按钮，如图5-7所示。同意协议后，在安装类型中，单击“自定义：仅安装Windows（高级）”选项，如图5-8所示。

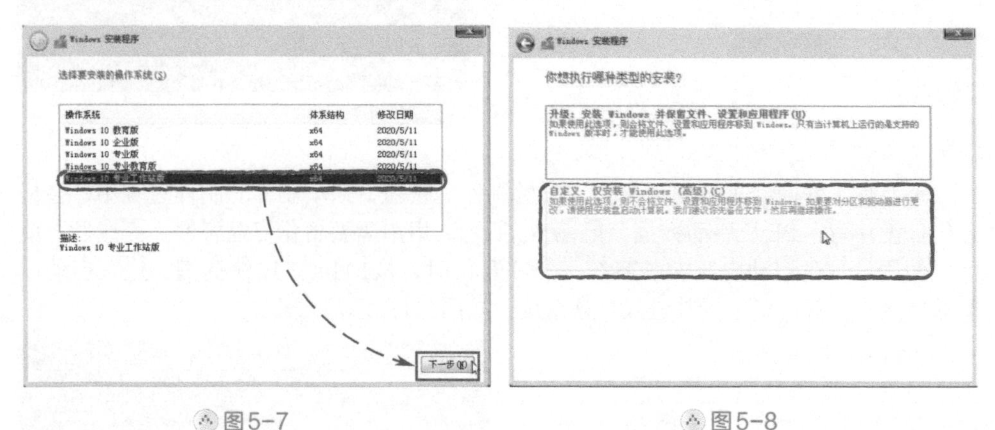

图5-7　　图5-8

选择需要安装的磁盘，这里的磁盘并未分区，选中该硬盘后单击“新建”按钮，设置系统盘分区的大小，这里设置为50000MB。如果是固态硬盘，建议分配100G给系统分区。单击“应用”按钮，如图5-9所示。

安装程序会自动创建启动分区和MSR分区。接着将其他分区也建立完毕，选中刚才建立的需安装操作系统的分区，单击“下一步”按钮，如图5-10所示。

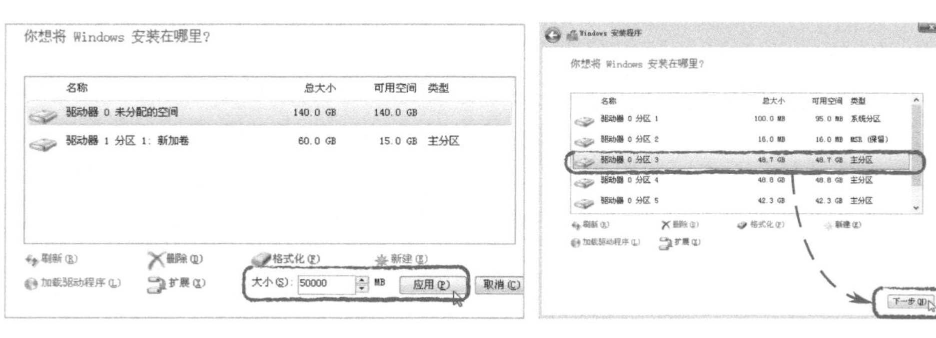

图5-9　　图5-10

系统进行文件复制，安装功能等；然后重启进入第二阶段的安装过程，安装设备等，如图5-11所示；系统再次重启，进入第三阶段安装及配置界面，将“区域设置”及“键盘布局”保持默认即可。在登录方式中，可以登录Microsoft帐号，或者单击“脱机帐户”按钮，如图5-12所示。

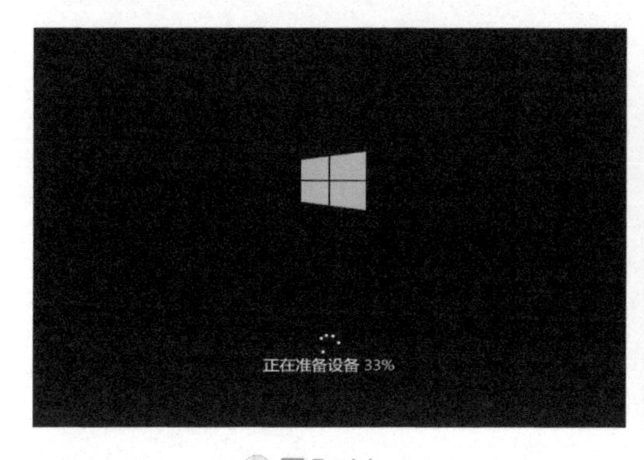

图5-11

图5-12

单击左下角的“有限体验”后，进入用户名和密码设置界面，设置帐户和密码。如果是用户自己的机器，可以不用输入密码，开机直接进入桌面。如果是公用计算机，可以设置密码，以便提高电脑安全性，如图5-13所示。其他的界面，保持默认设置即可。设置完毕后，计算机自动进入桌面环境，如图5-14所示，至此系统安装完成。

图5-13

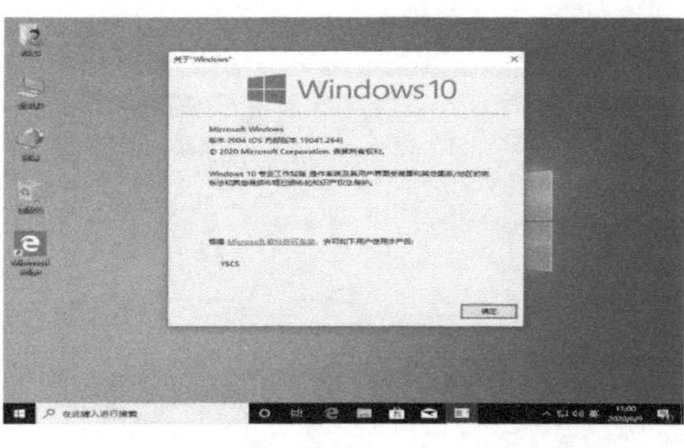

图5-14

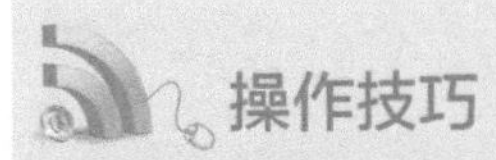

操作技巧

上面介绍的是正常的系统安装方法。其他的方法还有使用第三方工具安装原版及GHOST系统，使用专业工具安装，不使用工具安装等。如果用户对于安装系统感兴趣，可以关注德胜学堂www.dssf007.com，学习系统安装的其他方法。

5.2 Windows10的基本操作

下面将介绍Windows10的启动、登录微软帐号以及退出的操作。

5.2.1 启动Windows10

图5-15

图5-16

电脑在关机状态下，在机箱上找到并按下电源键可启动电脑。主板BIOS启动自检，确定硬件没有问题后，将控制权交给EFI，选择启动的设备，将权限交给启动管理器，然后会读取Winloader，加载系统内核，开始启动操作系统，如图5-15所示。如果设置了密码，会进入到锁屏界面中，如图5-16所示。

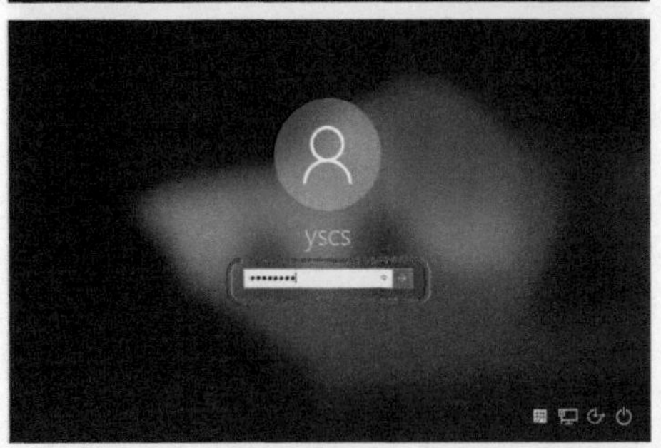

图5-17

按任意键，会弹出密码输入界面，在此输入密码，如图5-17所示，登录到桌面环境。若没有设密码，则可直接登录到桌面。

5.2.2 登录Windows10

设置了帐户密码后，可以使用帐户密码登录Win10。下面介绍如何使用微软帐户登录系统。

在安装时，如果联网，则注册并使用帐户登录。如果已经使用本地帐户登录，则进入“更改帐户设置”界面，单击“改用Microsoft帐户登录”链接按钮，在打开的“Microsoft帐户”界面中单击“创建一个”链接，如图5-18所示。在打开的界面中根据提示创建帐户，如图5-19所示。

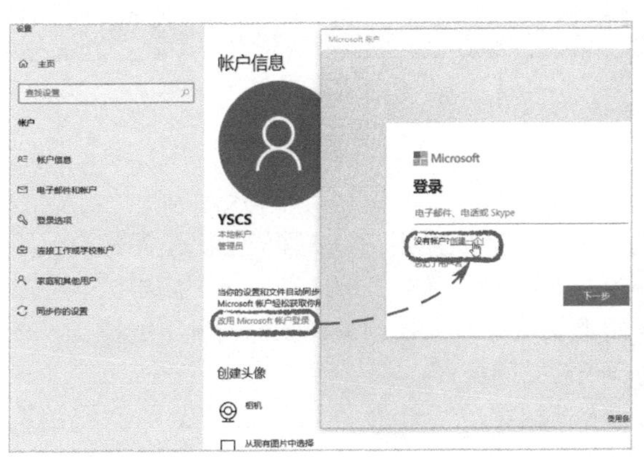

图5-18

图5-19

返回到登录界面，输入刚才创建的帐号及密码，单击“登录”按钮，如图5-20所示。系统会让用户输入当前用户的密码，如果没有，单击“下一步”跳过即可。完成后，会自动切换到该账户，如图5-21所示。下次登录时，在登录界面可以使用微软帐号进行登录了，如图5-22所示。

更改设置后，还可在帐户设置界面中，改用本地帐户登录，验证微软帐户后，就可以注销，并启动本地帐户登录，如图5-23所示。

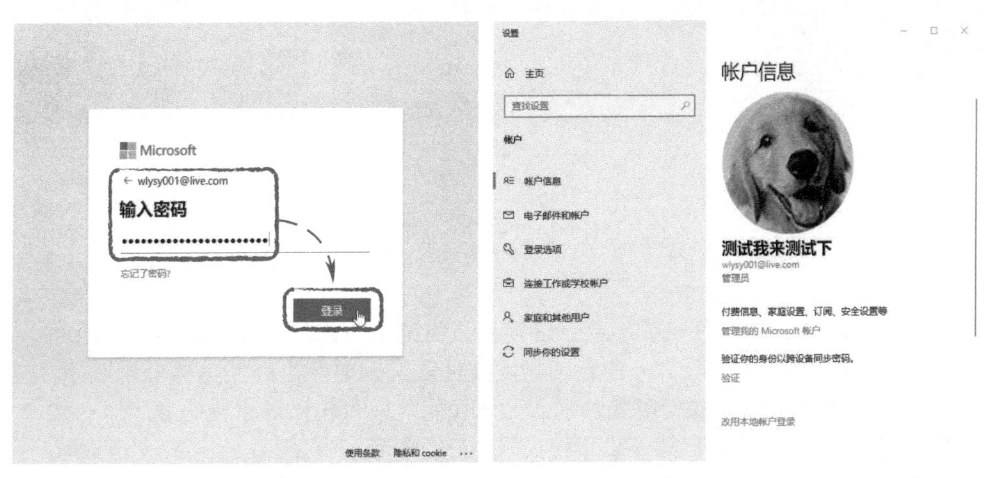

图5-20 图5-21

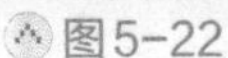
图5-22

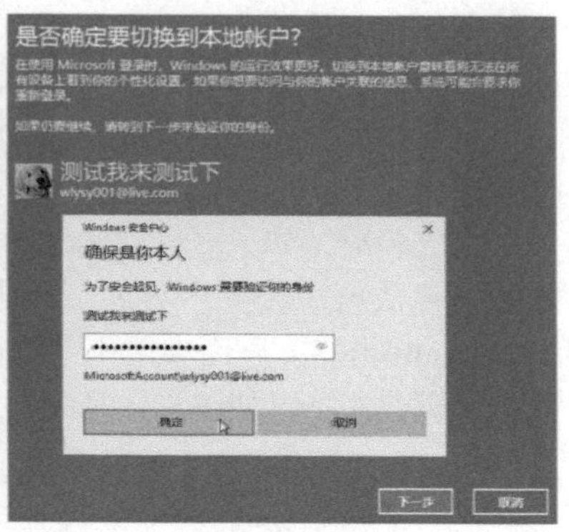

图5-23

5.2.3 退出Windows10

退出操作包含关机、注销、睡眠、锁定以及切换用户这5种类型。一般来说，不会通过按机箱的电源键来关闭电脑。当然，可以设置关机键的功能来关闭电脑。在默认情况下，长按关机按钮可以强行切断电脑电源，但是这是在特殊情况下的操作。普通用户可以使用下面介绍的方法，进行正常关闭操作。

在桌面上，按键盘的【Win】键进入开始菜单，单击“电源”按钮，在弹出的选项中，选择“关机”选项，即可关闭电脑，如图5-24所示；“重启”选项则可重启电脑；“睡眠”选项则可让电脑进入睡眠状态。

系统正在关闭电脑，此时电脑会注销帐户，关闭所有的进程，关机并切断电源，如图5-25所示。另外，在开始菜单中，单击用户帐户头像，还可以执行锁定帐户、注销帐户以及更改帐户设置，如图5-26所示。

图5-24

图5-25

图5-26

操作技巧

重启就是关机并开机的结合。注销就是将当前帐户的当前状态清空，返回到登录时的界面。在解决一些无法删除文件等问题时，可以注销再登录删除。用户临时有事，可以锁定电脑，别人无法使用，只有输入登录密码才可以。睡眠指硬盘、显卡、CPU等停止工作，只为内存供电，保存当前工作并处于低功耗状态。此时不可以断掉电源，当有鼠标键盘动作时即可正常工作。

5.3 Windows10桌面

下面介绍下Windows10的桌面环境设置，其中包括桌面图标的设置、窗口颜色及外观的设置以及屏幕保护程序的设置。

扫一扫 看视频

5.3.1 显示默认桌面图标

默认情况下，系统安装后，桌面中仅显示回收站图标，那么如何显示常见的其他图标呢？具体操作如下。

在桌面上单击鼠标右键，选择“个性化”选项，在“设置”界面中选择“桌面图标设置”链接选项，在弹出的“桌面图标设置”对话框中，勾选需要显示的图标，单击“确定”按钮，完成桌面图标的添加操作，如图5-27所示。

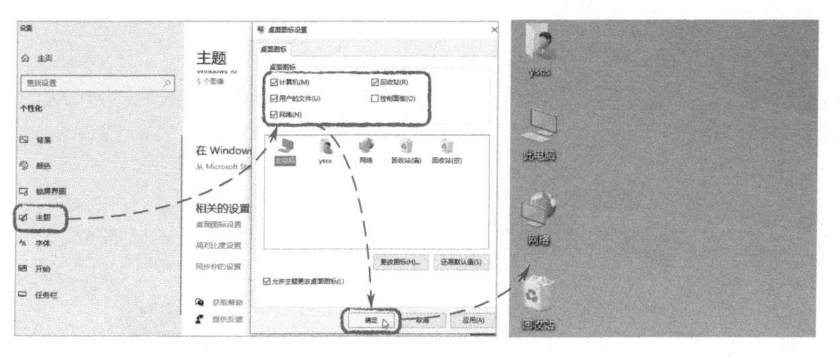

图5-27

5.3.2 设置桌面背景

Windows10默认桌面背景为蓝色，用户可以手动设置桌面背景。在桌面上单击鼠标右键，选择“个性化”选项，在“设置”界面中选择满意的桌面背景图即可完成桌面背景的更换操作，如图5-28所示。

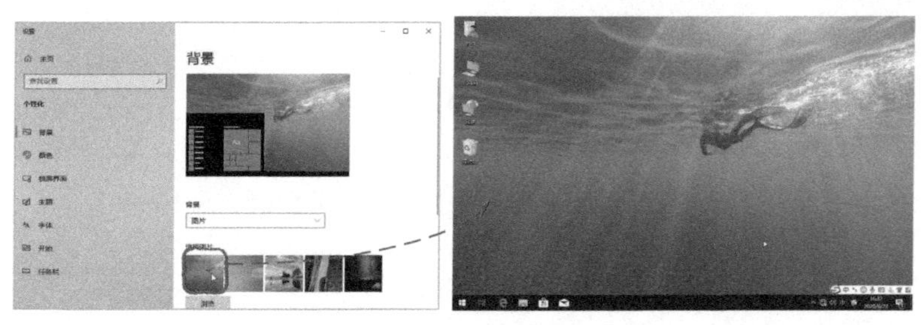

图5-28

5.3.3 设置窗口颜色和外观

除了更改桌面背景外，桌面窗口颜色和外观也可以更改。

右击桌面，选择“个性化”选项，在“设置”界面中选择“颜色”链接选项，从中可以设置窗口颜色模式、透明效果、主题色以及应用范围，如图5-29所示。

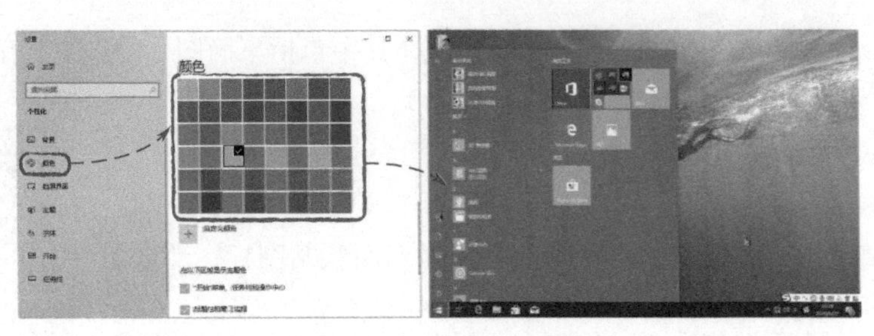

图5-29

5.3.4 设置屏幕保护程序

屏幕保护程序在用户不使用电脑时启动，以防止其他人查看。同样右击桌面，选择“个性化”选项，在“设置”界面的“锁屏界面”界面中，选择并启动“屏幕保护程序设置”链接选项，在打开的“屏幕保护设置”对话框中，设置屏保样式及时间即可，如图5-30所示。

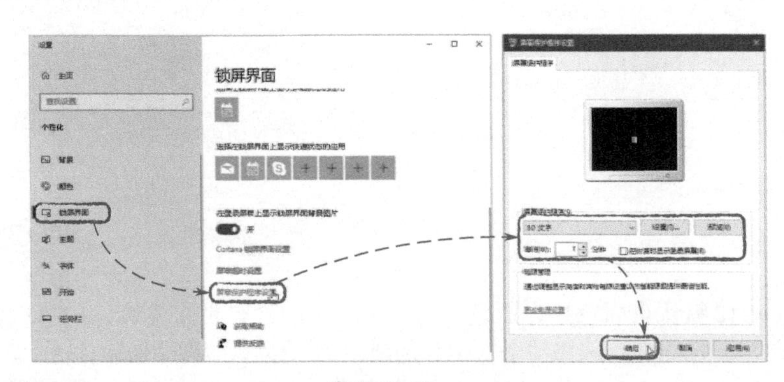

图5-30

5.4 Windows10任务栏自定义

除了桌面、开始菜单、窗口外，任务栏也可自定义功能，下面介绍具体步骤。

5.4.1 改变任务栏的位置

任务栏默认在界面最下方，用户可右击鼠标，在快捷列表中选择“解锁任务栏”选项，然后拖动任务栏到任意位置以及改变任务栏大小。位置调整好后，右击任务栏，在打开的快捷列表中选择“锁定任务栏”选项即可锁定任务栏，如图5-31所示。

5.4.2 添加快捷方式

如果某些软件的使用频率很高，可以将该软件的快捷方式添加至任务栏，以便快速调用。右击要添加的软件快捷方式图标，在快捷列表中选择“固定到任务栏”选项，即可完成添加操作，如图5-32所示。

图5-31

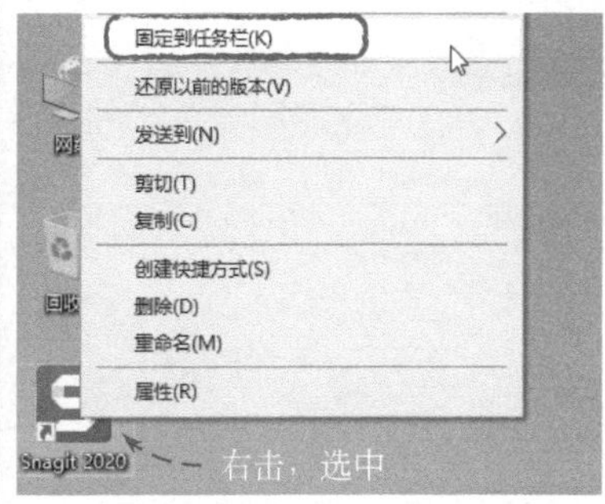

图5-32

5.4.3 自定义任务栏通知图标

任务栏通知图标除了显示正在运行的各种程序外，还能直观地反映出声音、时间、网络等系统功能的状态，此外还会显示一些程序的推送信息。用户可以通过相关设置来改变这些功能的显示。

在右下角的时间和日期上单击鼠标右键选择“自定义通知图标”选项，然后在“通知和操作”设置界面中设置允许推送的软件即可，如图5-33所示。

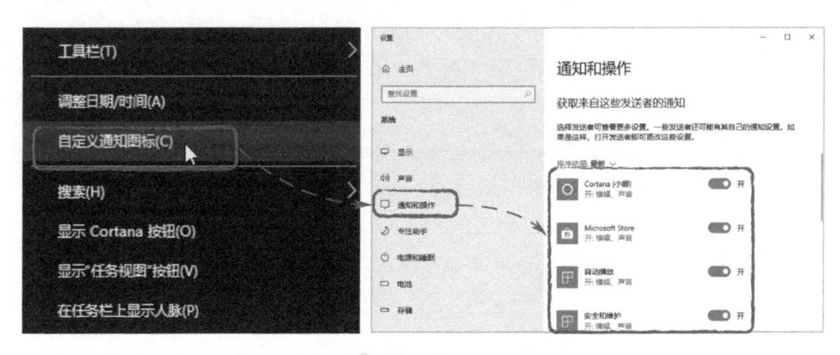

图5-33

5.5 日期和时间的调整

在操作过程中若发现系统的日期和时间有误，用户是可以对其进行设置的。本节将介绍如何对系统日期和时间进行设置。

5.5.1 设置系统日期和时间

扫一扫 看视频

系统日期和时间的设置比较简单。右击日期和时间，在快捷列表中选择“调整日期/时间”选项，在“日期和时间”界面中关闭“自动设置时间”功能，在“手动设置日期和时间”选项下方单击“更改”按钮，可以手动调整，在打开的“更改日期和时间”对话框中调整好当前的日期和时间，单击“更改”按钮即可，如图5-34所示。

如果开启“自动设置时间”功能，在“同步时钟”选项下单击“立即同步”按钮，系统会与授时器的时间同步，如图5-35所示。

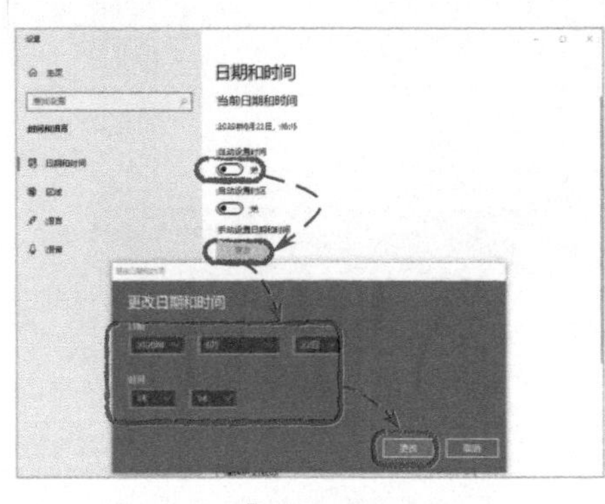

图5-34

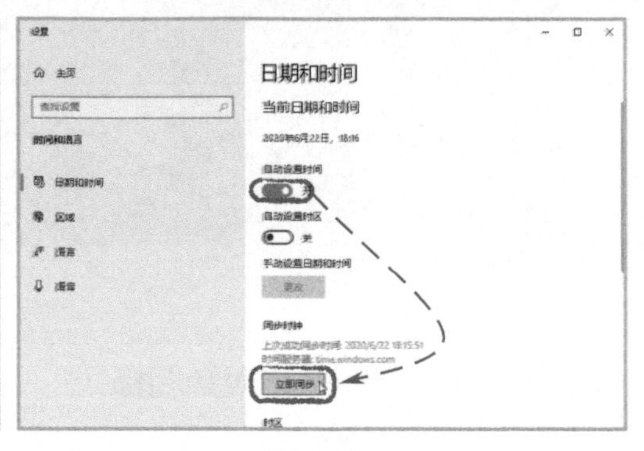

图5-35

5.5.2 添加附加时钟

扫一扫 看视频

添加附加时钟主要为了方便用户了解世界其他城市当前的时间。在“日期和时间”设置界面中选择“添加不同时区的时钟”链接项，在弹出的“日期和时间”对话框中，勾选“显示此时钟”复选框，选择需要显示的城市，单击“确定”按钮即可，返回到桌面中，将鼠标移到界面右下角，可以显示刚才设置的时间，如图5-36所示。

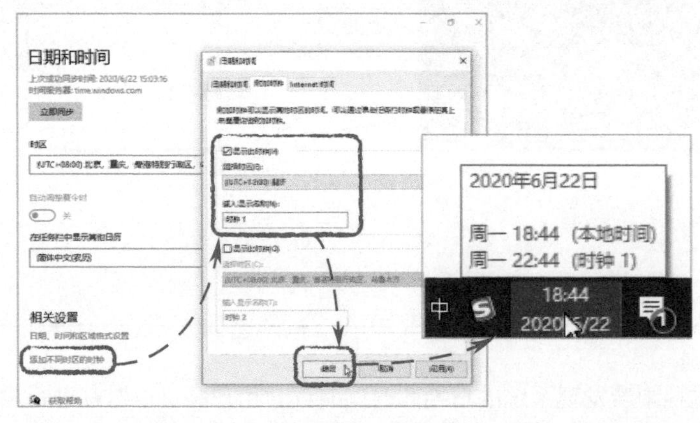

图5-36

5.6 系统字体的管理

系统字体是指系统中的文字，按照某种标准和算法，显示成某一特定格式给用户观看。与手机字体一样，系统字体也可以自定义，可以将系统字体更改为用户喜欢的字体。本节将介绍系统字体的设置操作。

5.6.1 调整字体大小

在Windows10中使用搜索功能，找到“放大文本大小”功能并启动。在弹出的“显示”界面的“放大文本”选项下，拖动缩放滑块，调整显示比例，单击“应用”按钮即可，如图5-37所示。稍等片刻，可以查看到此时系统的文字已放大显示。

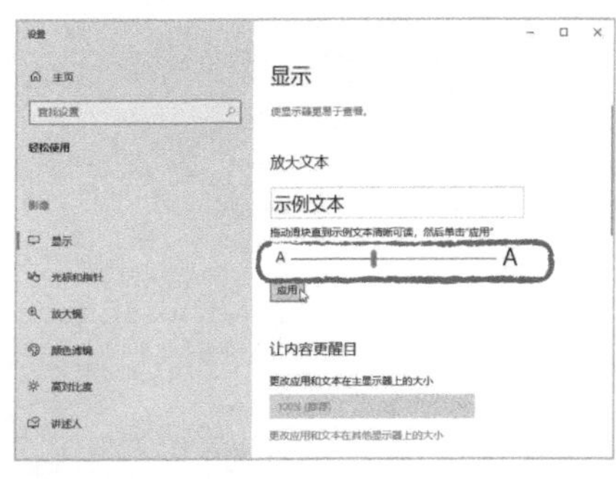

图5-37

5.6.2 添加与删除字体

在操作过程中，用户可以手动下载一些字体，并将其添加到系统字库中，以便日后使用。

下载好字体后，搜索并进入到“字体设置”界面中，将下载好的字体，拖入到该界面的虚线范围中即可完成添加操作，如图5-38所示。

若想删除多余的字体，可在系统字体库中单击所需字体，进入该字体界面，单击“卸载”按钮即可，如图5-39所示。

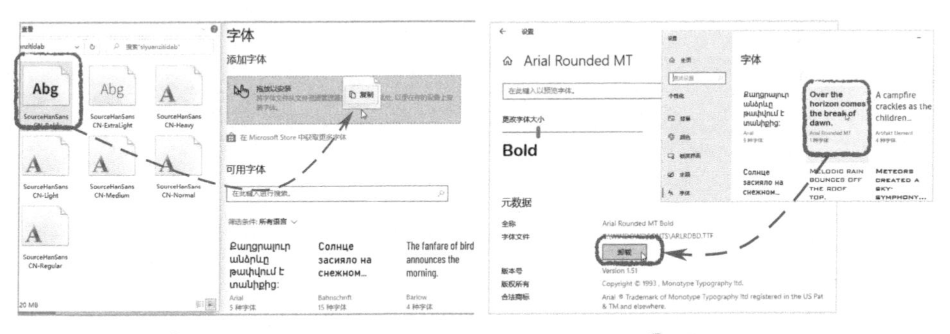

图5-38　　图5-39

5.6.3 筛选字体与应用商店下载字体

如果用户安装的字体过多，可以在“字体”界面中，通过筛选功能来查找需要的字体，也可以直接从微软应用商店下载字体。

在“字体界面”中通过关键字查找字体，也可以通过该字体所属语言来查找字体，如图5-40所示。

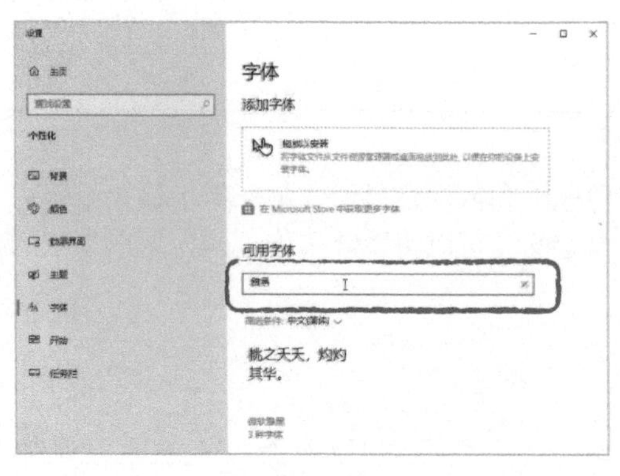

图5-40

图5-41

在界面中启动“在Microsoft Store中获取更多字体”功能，可以查看到商店的字体。选择字体后，单击“获取”按钮，即可下载对应的字体，如图5-41所示。

操作技巧

有时查找不到某功能或者软件的情况下，可在开始菜单中输入需要搜索的内容或者关键字，Windows 10就会将所有的结果展示出来。在“设置”界面中，也可以对功能进行快速查找与搜索。

第6章 文件与文件夹的管理

内容导读

在日常办公中，用户接触到的文件通常为文档、表格、演示文稿、图片等，而文件夹是用来协助用户管理计算机文件的，每一个文件夹对应一块磁盘空间，它提供了指向对应空间的地址，文件夹没有扩展名。本章将对文件和文件夹的一些基础操作进行介绍，例如文件与文件夹的查看、选择、隐藏等。

学习要点

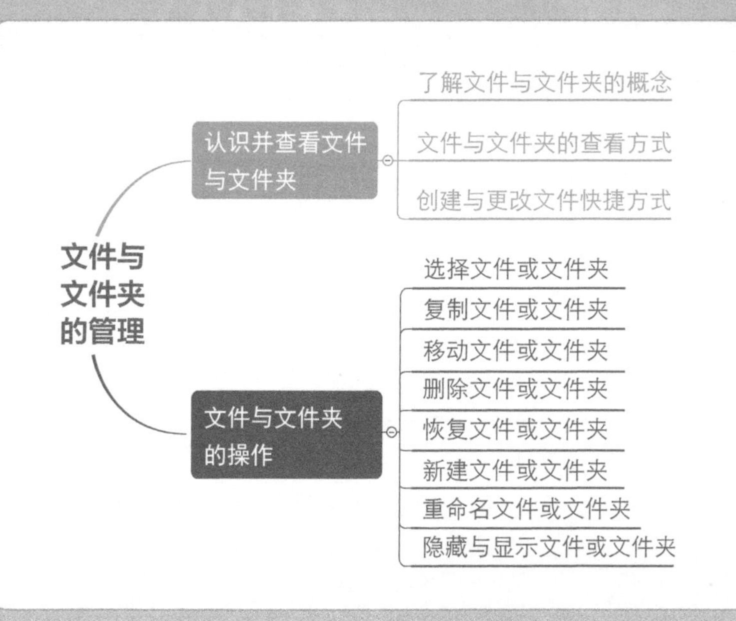

6.1 认识文件与文件夹

文件与文件夹是Windows系统的数据管理的两种方式，文件通常存储在文件夹中，但文件夹不能存储在文件中。

6.1.1 文件与文件夹

用户在使用计算机时，会接触到各种数据信息，这些可以被读取和存储的信息是以文件的形式存储在计算机硬盘中。而文件夹起到对文件的分类保存功能。下面就对文件和文件夹的概念进行简单介绍。

（1）文件

操作系统中的文件指在计算机中存储的各种数据，这些数据以二进制数据存储在磁盘上，以文档、照片、歌曲、电影等形式在计算机中出现，如图6-1所示。

（2）文件夹

数目庞大的文件会使查找和操作变得复杂。文件夹的作用就是对文件进行分类归档处理，文件夹在计算机中以目录树的形式展现，如图6-2所示。

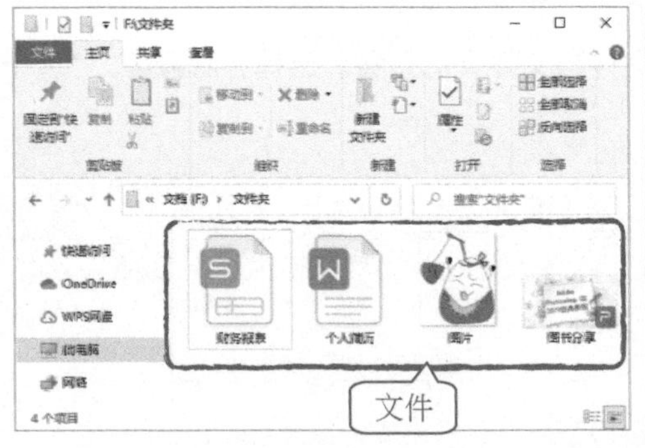

图6-1

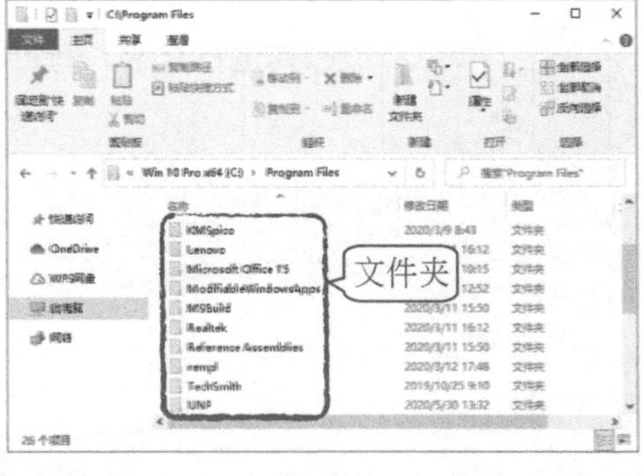

图6-2

6.1.2 文件名与扩展名

为了标识出不同的文件，系统会使用文件名与扩展名的组合方式来实现。默认情况下，系统会隐藏扩展名，而以文件名的方式展现，如图6-3所示。

如果想要显示文件扩展名，则可以选择所需文件，并在菜单栏中勾选“文件扩展名”复选框即可，如图6-4所示。

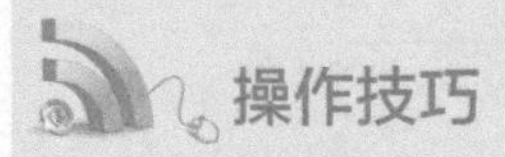

操作技巧

常用的文件扩展名及对应的应用程序有：*.sys为系统文件；*.exe为可

执行程序；*.rar为WinRAR压缩文件；*.jpg为压缩图像文件；*.txt为文本文件；*.docx为Word文档文件；*.xlsx为Excel电子表格文件；*.pptx为演示文稿文件；*.mp3为音频文件；*.html为网页文档文件等。

图6-3　　图6-4

（1）文件名

文件名是自动生成或者用户自定义的用于标识当前文件的名称。下面是Windows文件命名的几项规则，用户在创建文件时必须注意。

- 文件名最多可使用255个字符。
- 文件名中除开头外都可以有空格。
- 在文件名中不能包含以下符号：\、/、:、*、“、？、<、>、|。
- 文件名不区分大小写，如SPEAK同SpEaK被认为是同一个文件。
- 在同一文件夹中不能有相同的文件名。
- 由系统保留的设备名字不能用作文件名，如AUX、COM1、LPT2等。

（2）文件扩展名

文件扩展名是Windows用来识别文件的方式。扩展名用来辨别文件属于哪种格式，通过什么程序进行操作。

需要注意的是，如果扩展名修改不当，系统有可能无法识别该文件，或者无法实现打开操作。所以出于安全考虑系统默认隐藏了扩展名。在修改扩展名时，系统也会给出警告处理，如图6-5所示。

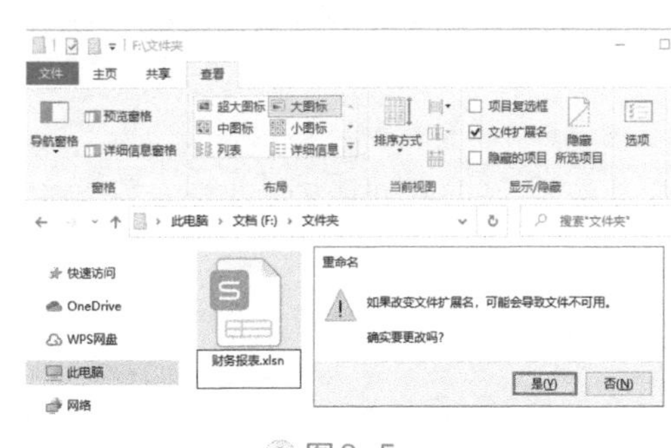

图6-5

6.2 查看文件与文件夹

操作系统提供了多种浏览文件与文件夹的方式，使用资源管理器可进行查看，并且可以使用多种排列方式，方便查看。

6.2.1 浏览文件与文件夹

通过资源管理器的导航窗格和主界面，可以直接访问硬盘上的文件和文件夹。

在桌面上双击“此电脑”图标，在“此电脑”界面，双击“音乐”，在弹出的“音乐”窗口中可以浏览磁盘上的文件，如图6-6所示。在左侧导航窗格中，可以看到大部分系统默认目录，在“此电脑”的地址栏中，单击任意目录右侧的黑色下拉箭头，可以直接跳转到对应的文件夹，如图6-7所示。

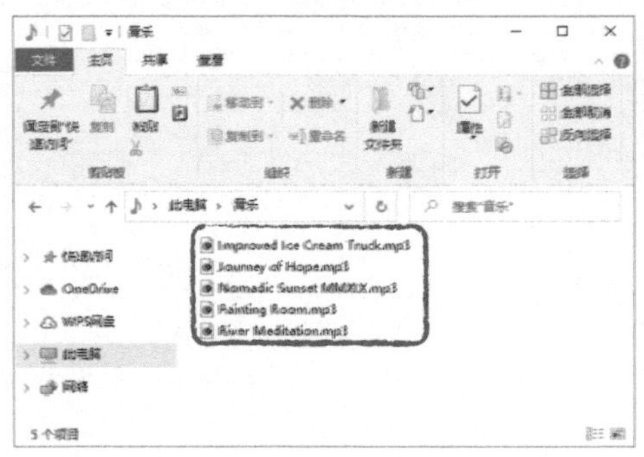

图6-6

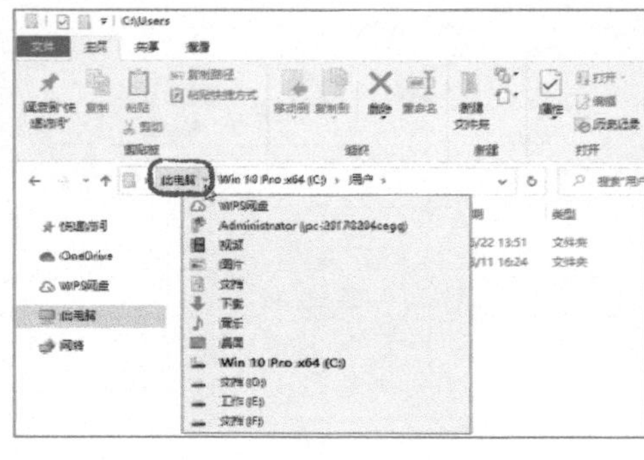

图6-7

6.2.2 更改文件或文件夹的查看方式

Windows系统提供了多种查看文件或文件夹的方式，除了更改图标大小外，还可使用“列表”“详细信息”“平铺”“内容”等方式进行查看。

（1）右键查看法

在文件视图主页面中，单击鼠标右键，在弹出的快捷方式中选择“查看”选项下的任意一种方式，如图6-8所示。

（2）功能区查看法

在“查看”选项卡的“布局”选项组中选择合适的查看方式，如图6-9所示。

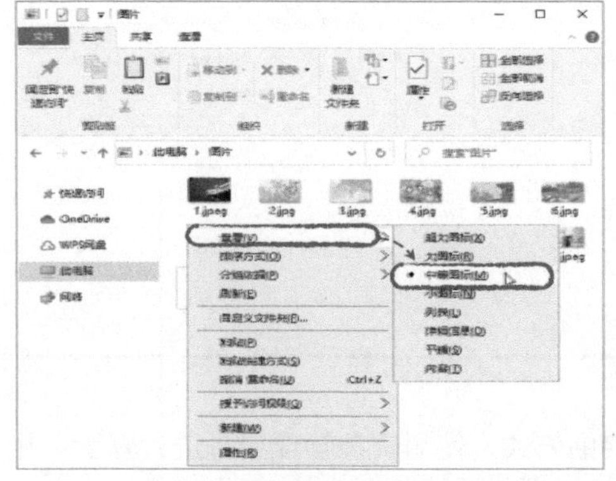

图6-8

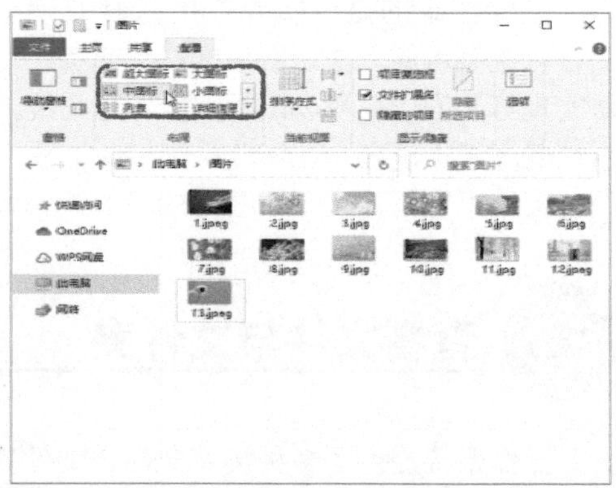

图6-9

6.3 设置快捷方式图标

程序在安装完后，会在桌面上生成快捷方式图标，双击就可以运行程序，十分方便。同样，文件和文件夹也可以采用这种方法在桌面上生成快捷方式。

6.3.1 创建文件快捷方式

将文件的快捷方式发送到桌面上，使用起来相当方便快捷。选中需要的文件或文件夹，单击鼠标右键，在弹出的快捷菜单中选择“发送到>桌面快捷方式”选项。此时，桌面上将出现此文件的快捷方式，双击该文件即可进行浏览操作，如图6-10所示。

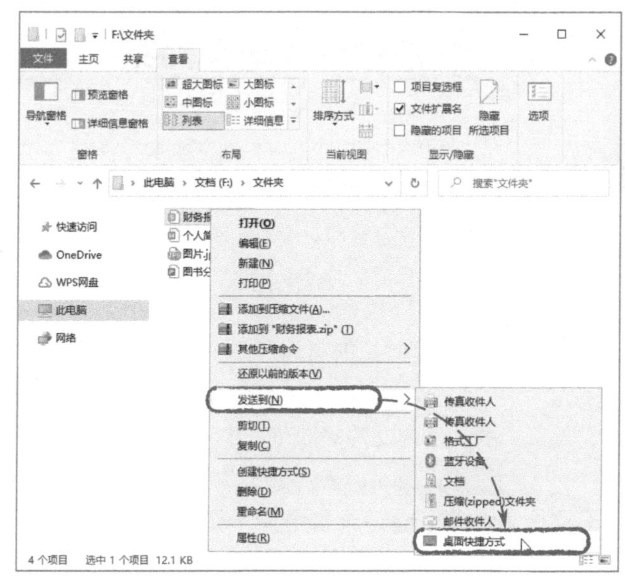

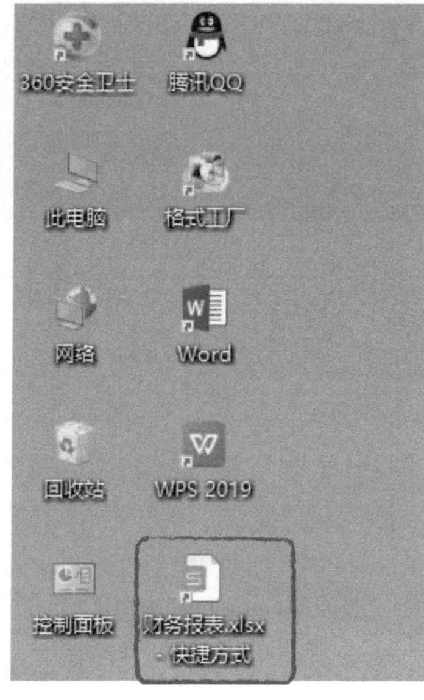

图6-10

6.3.2 更换快捷方式图标

对于桌面上的快捷方式，如果想要更换其图标，可右击该图标，从弹出快捷菜单中选择“属性”选项，在弹出的“属性”对话框中单击“更改图标”按钮，在“更改图标”对话框中选择需要更换的新图标，选中后单击“确定”按钮即可。此时，桌面上将会显示新图标，如图6-11所示。

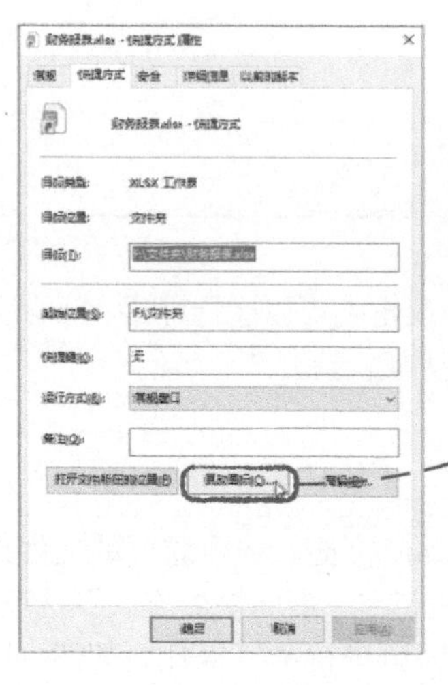
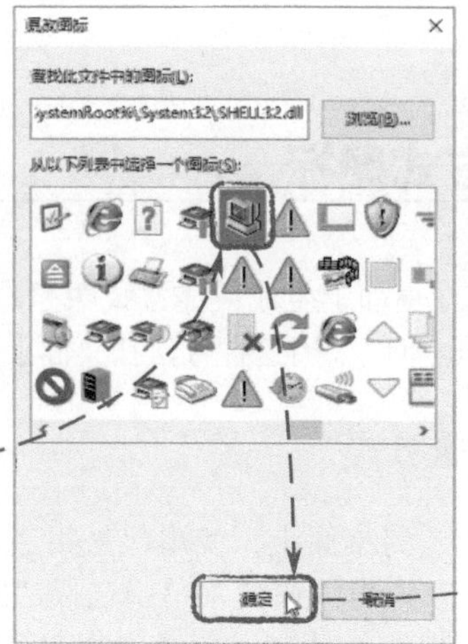

图6-11

扫一扫 看视频

扫一扫 看视频

6.4 操作文件与文件夹

本节将对文件与文件夹的基本操作进行介绍，包括选择、新建、删除、重命名等。

6.4.1 选择文件或文件夹

在对文件或文件夹进行复制、移动、删除等操作前，需要先选中文件或者文件夹。下面介绍文件与文件夹的选取，两者的选取过程是相同的。

（1）选择单独的文件或文件夹

打开需要选取的位置后，单击需要选择的文件或文件夹即可选中，如图6-12所示。

（2）选择连续的文件或文件夹

先使用鼠标选择首个文件，再按住【Shift】键，单击最后一个文件即可，如图6-13所示。

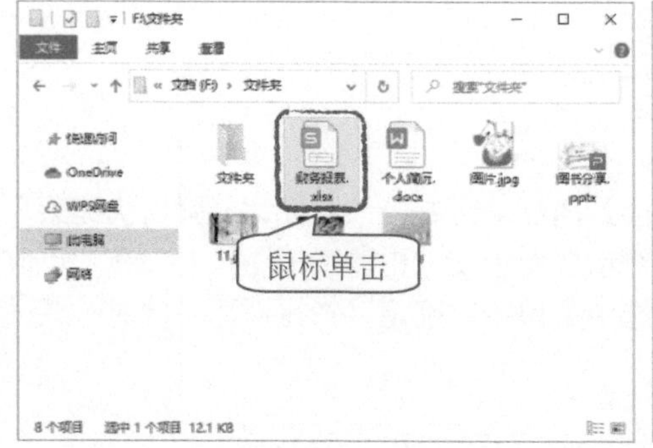

图6-12

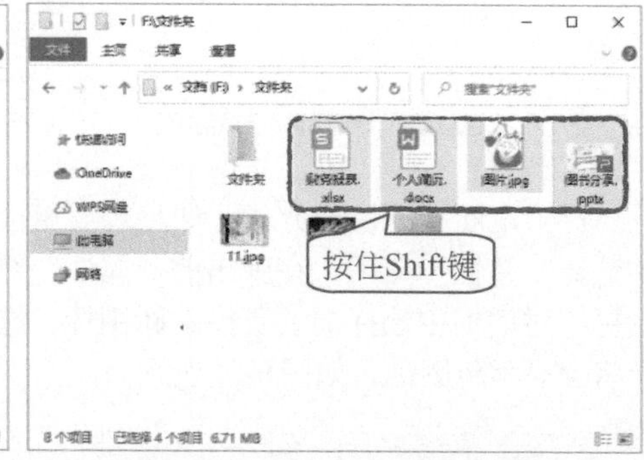

图6-13

（3）选择不相邻的文件或文件夹

按住【Ctrl】键不放，单击需要的文件或文件夹即可，如图6-14所示。

（4）全选文件或文件夹

按住鼠标左键不放，拖拽光标，将所有文件或文件夹都框选在内，松开鼠标左键即可全部选中。除此之外，使用【Ctrl+A】组合键能快速进行全选操作。另外，在菜单栏的“主页”选项卡中，也包含“全部选择”按钮，如图6-15所示。

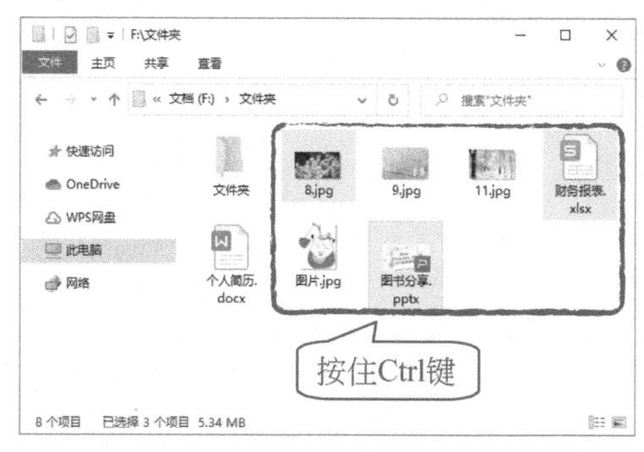

图6-14

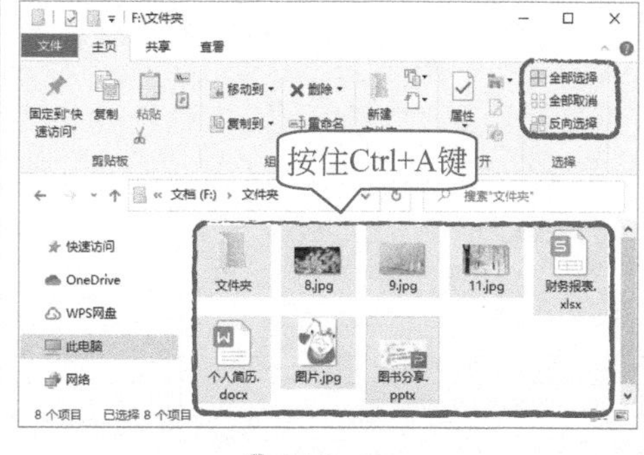

图6-15

6.4.2 复制文件或文件夹

复制与移动最大的区别是复制可以保留原文件夹中的文件，所以系统中存在此文件的两个副本，类似于备份的作用。选中需要复制的文件或文件夹，单击右键，选择“复制”选项，如图6-16所示；或者使用【Ctrl+C】组合键进行复制。在目标文件夹中右击鼠标，在弹出的快捷菜单中选择“粘贴”选项；或者使用【Ctrl+V】组合键执行“粘贴”操作，如图6-17所示。

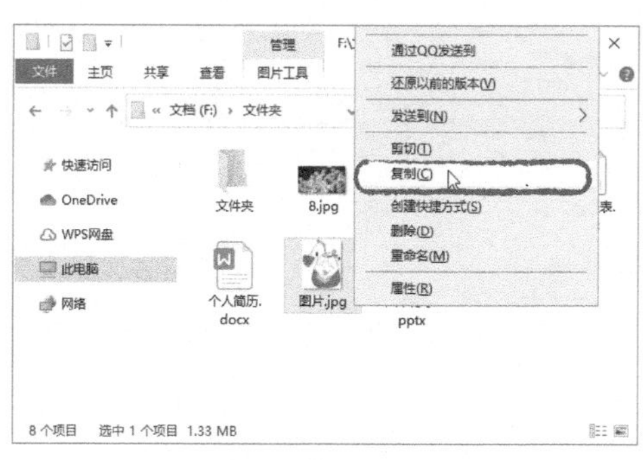

图6-16

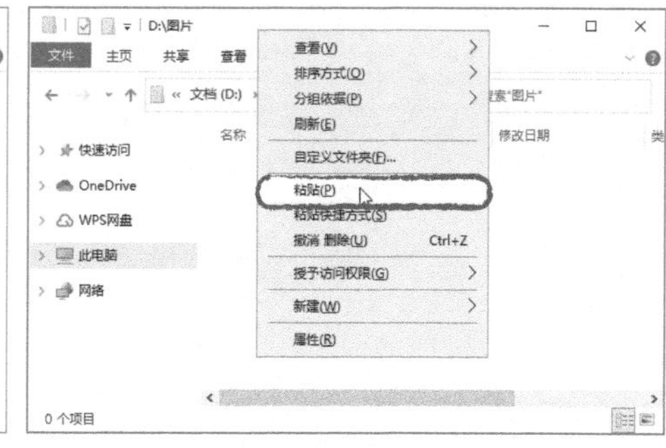

图6-17

6.4.3 移动文件或文件夹

将原文件或文件夹移动到新位置的操作叫做移动。移动最主要的特点是唯一性，即文件移动过后，原文件或文件夹不复存在了。选择需要移动的文件或文件夹，按住鼠标左键进行拖动，到达新位置后松开鼠标即可，如图6-18所示。双击打开“图片”文件夹，可以看到移动的图片在此显示，如图6-19所示。

图6-18　　图6-19

新手误区

使用鼠标拖拽移动这种方法适合在同一路径下移动，如果需要将文件或文件夹移动到不同路径下的位置，则可以使用【Ctrl+X】和【Ctrl+V】组合键。

6.4.4 删除文件或文件夹

整理文件或文件夹时，如果发现有多余的文件或文件夹，可对其进行删除操作。文件和文件夹的删除方法相同。在需要进行删除的文件夹上单击鼠标右键，选择“删除”选项，如图6-20所示；或者选中文件后，在“主页”选项卡中单击“删除”按钮，如图6-21所示。

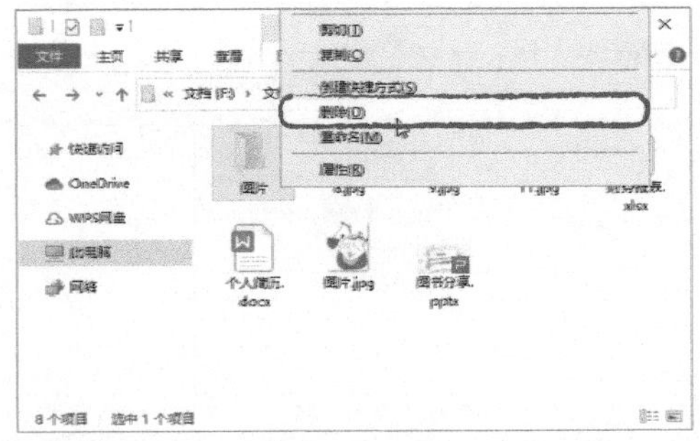

图6-20

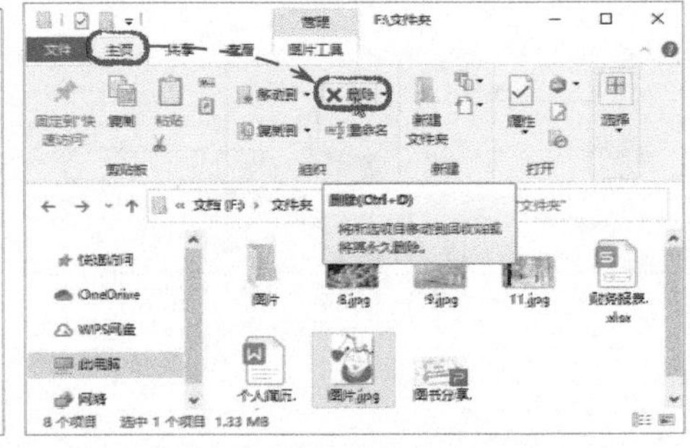

图6-21

操作技巧

直接选中文件并拖动到“回收站”图标上也可删除文件，还可以使用功能键区的【Delete】键执行删除操作。

6.4.5　恢复文件或文件夹

如果发现误删除操作，可以使用恢复功能。在桌面上双击“回收站”图标，如图6-22所示。如果回收站中有文件存在，“回收站图标”会呈现出装有文件的状态。打开“回收站”窗口，右击需要恢复的文件或文件夹，在快捷列表中选择“还原”选项，如图6-23所示，即可恢复该文件。

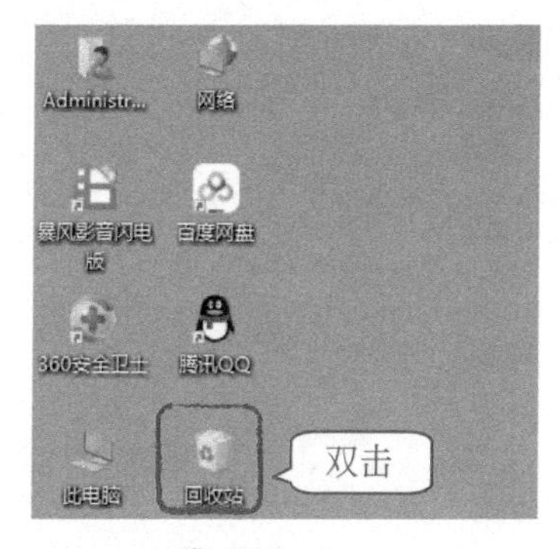

图6-22

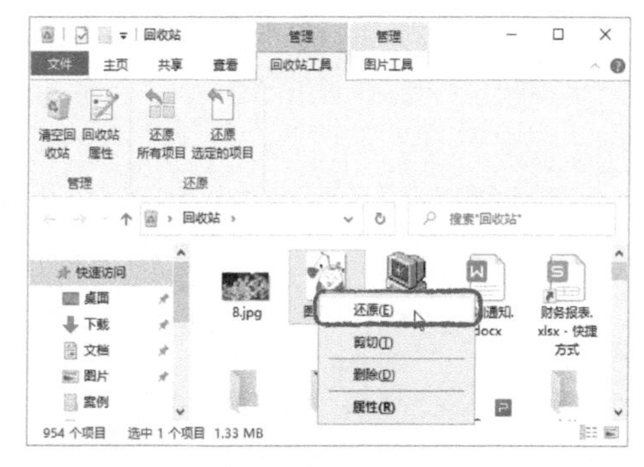

图6-23

6.4.6　新建文件或文件夹

除了系统自带或自动创建的文件或文件夹外，用户可以通过建立文件夹的方式将文件进行分类操作。在桌面或任意目录下，单击鼠标右键选择“新建”选项，在下级菜单中选择“文本文档”选项，即可新建一个“新建文本文档.txt”文件，如图6-24所示。此时文件名为编辑状态，输入文件名即可。

此外，单击鼠标右键，在弹出的菜单中选择“新建>文件夹”选项，即可新建一个文件夹，文件夹名称为可编辑状态，如图6-25所示。输入文件夹名称后，单击任意位置即可。

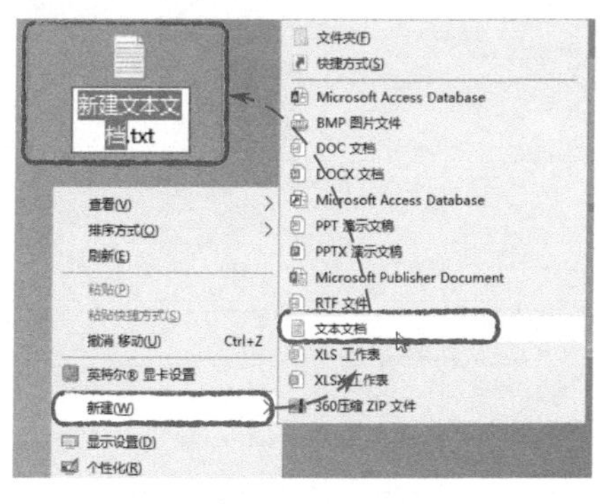

图6-24

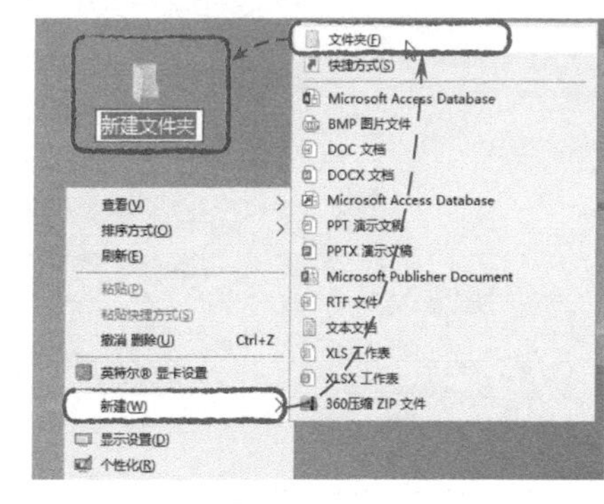

图6-25

6.4.7　重命名文件或文件夹

如果对文件名或者文件夹名不满意，可以进行重命名操作。文件和文件夹的重命名方法相同。右击需修改文件名的文件，在快捷菜单中选择“重命名”选项，如图6-26所示。此时，文件名变为编辑状态，输入文件名即可。

此外，用户也可以单击菜单栏中的“主页”选项卡，在列表中单击“重命名”按钮，如图6-27所示，重新输入文件名即可。

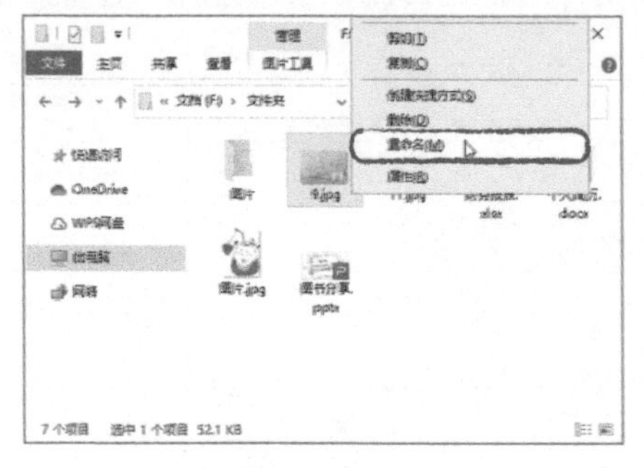

图6-26

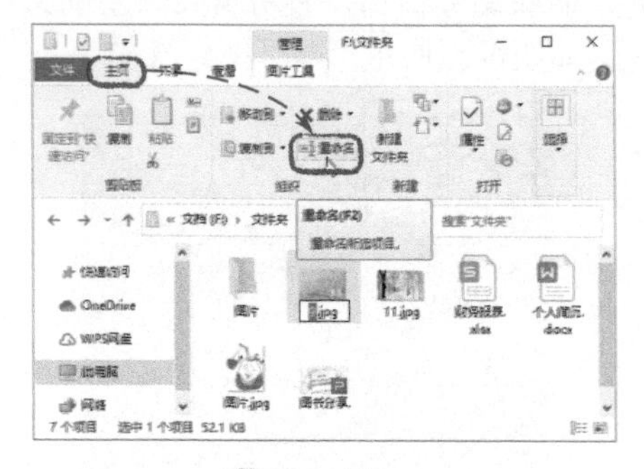

图6-27

扫一扫 看视频

6.5 隐藏/显示文件或文件夹

为了保护个人隐私或重要文件，用户可以将文件或文件夹进行隐藏，当需要查看时再将其显示出来。

6.5.1 隐藏文件或文件夹

隐藏文件和文件夹的操作方法相同。右击所需的文件夹，在弹出的快捷方式中选择“属性”选项，如图6-28所示。在弹出的“属性”对话框中，勾选“隐藏”复选框，单击“确定”按钮。系统会弹出“确认属性更改”对话框，从中根据需要选择应用方式，完成后单击“确定”按钮即可，如图6-29所示。

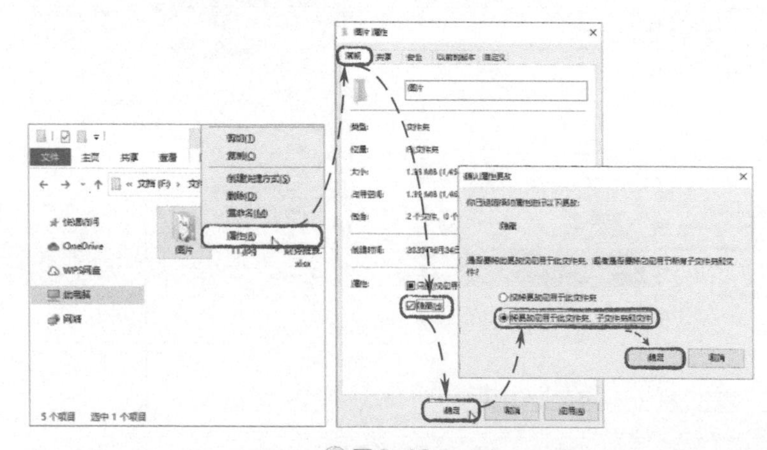

图6-28

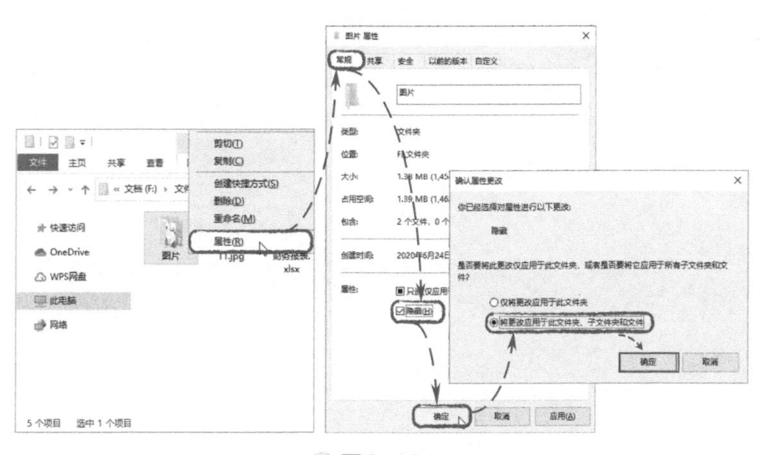

图6-29

6.5.2 显示隐藏文件或文件夹

如果用户需要将隐藏的文件或文件夹显示出来，则在被隐藏的目录中选择“查看”选项卡，并勾选“隐藏的项目”复选框，即可显示隐藏文件夹，如图6-30所示。

启动该文件夹的“属性”对话框，取消“隐藏”复选框的勾选，单击“确定”按钮后系统会弹出“确认属性更改”对话框，单击“确定”按钮即可，如图6-31所示。

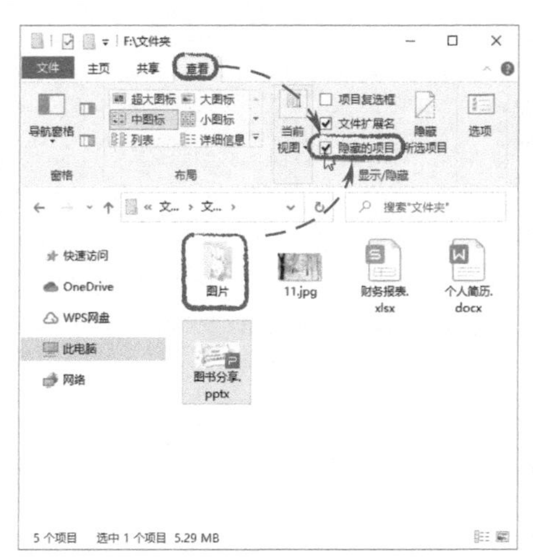

图6-30

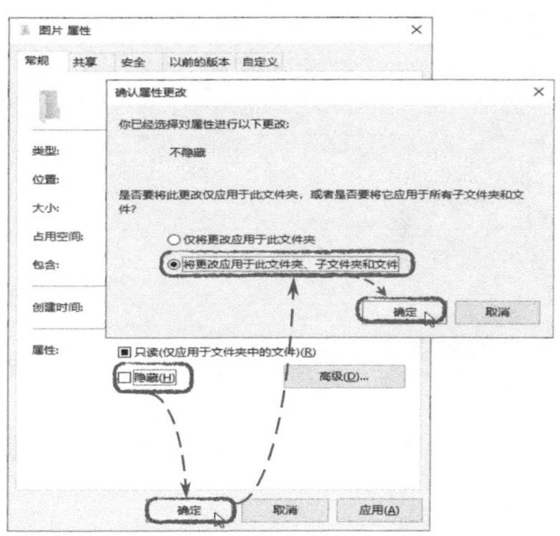

图6-31

第7章 熟悉系统自带的附件

用户在使用电脑时，可以借助系统自带的附件程序来完成一些任务，比如计算器、截图工具、写字板、画图工具等。很多用户会忽略这些功能或是找不到这些附件，甚至是不会使用这些附件。那么本章就来解决这个问题，本章将详细讲解Win10系统的附件应用方法与技巧。

学习要点

7.1 计算器

Windows 10操作系统自带的计算器不仅提供了常规运算，而且还有更为强大的科学计算功能，完全可以满足不同用户的各种计算需求。

7.1.1 计算器类型

Windows 10中的计算器提供了日常计算、单位换算、统计计算、日期计算等功能。计算器的类型大致可以分为以下几种。

（1）标准型

默认的计算器模式就是标准型计算器，如图7-1所示。标准型计算器提供了简单的加减乘除运算功能，使用方便，大部分用户使用的都是该类型。

（2）科学型

科学型计算器包含了许多标准计算器没有的功能，如积分微分、线性统计、解简单多元方程、solve、函数列表等。科学型计算器支持显示24位数字，支持运算优先选择模式、进制转换功能、标准数学函数、百分比计算、方根计算、对数、次方、记忆等功能，如图7-2所示。

（3）程序员

程序员计算器是辅助编程使用的，最主要的功能是2/8/10/16进制之间的转换以及与或非模等操作，只支持整型，不支持浮点数，如图7-3所示。

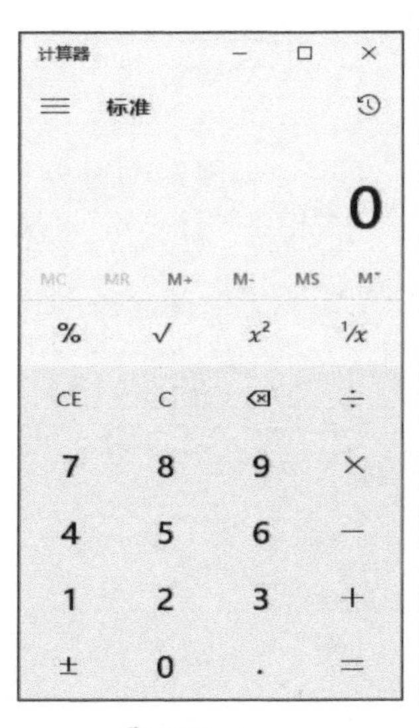

图7-1

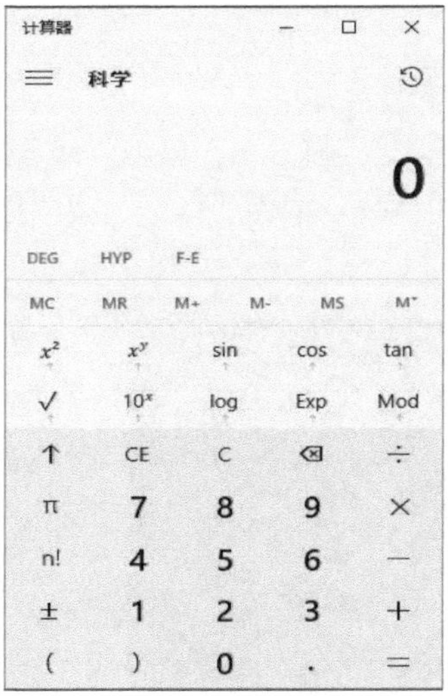

图7-2

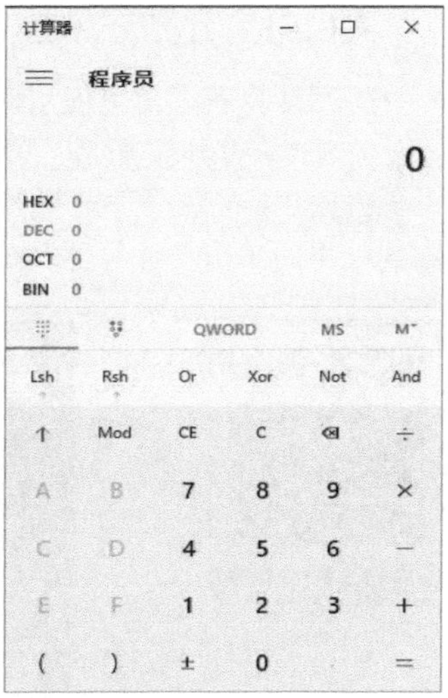

图7-3

（4）其他类型

除了普通类型的计算器外，Windows 10还提供了时间计算器，如图7-4所示，各种单位转换计算器等，这些都是运用在比较专业的领域。

各种计算器的转换方法为，单击计算器中的“≡”按钮，在展开的列表中选择需要使用的计算器类型，如图7-5所示。

图7-4

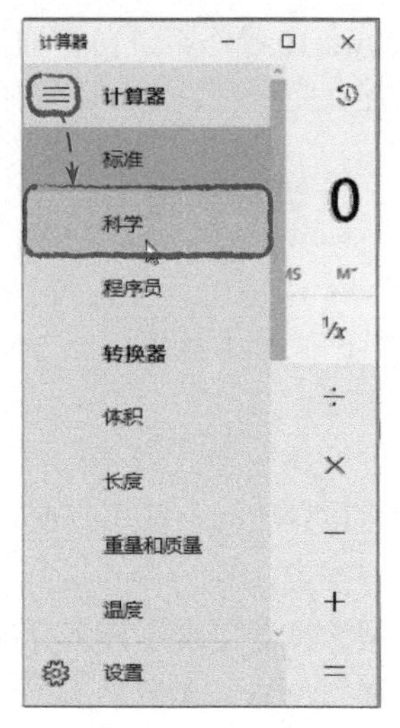

图7-5

7.1.2 计算器的使用

了解计算器的类型后，下面来学习一下计算器的使用方法。

7.1.2.1 打开计算器

打开计算器通常可使用以下两种方法。

方法1：打开“开始”菜单，找到J分组，单击“计算器”即可，如图7-6所示。

方法2：右击“开始”菜单图标，选择“搜索”选项，输入关键字“计算器”，搜索到结果后单击“计算器”选项即可，如图7-7所示。

图7-6

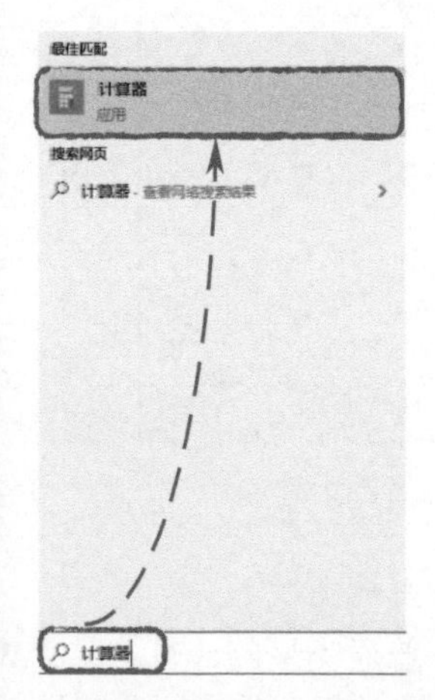

图7-7

7.1.2.2　使用计算器

（1）四则运算

掌握四则混合运算是使用计算器最基本的要求。下面以计算“42×6÷2+5–3”为例进行介绍。

使用鼠标或者键盘，输入“42”，如图7-8所示。接着依次单击“×”“6”“÷”“2”“+”“5”“–”“3”，如图7-9所示，最后单击“=”，计算器中即可显示最终的计算结果，如图7-10所示。

图7-8 　　图7-9 　　图7-10

（2）立方运算

使用科学计算器能够实现更复杂的计算，下面以计算4的立方为例介绍。

打开科学计算器界面，输入4，接着单击“x^y”按钮，如图7-11所示。继续输入3，最后按“=”即可得出结果64，如图7-12所示。

（3）进制转换

了解计算机的用户都知道，计算机是使用二进制来进行运算的。那么如何读懂简单的二进制所代表的十进制数值呢？其实用户可以使用计算器的进制转换功能来计算，例如计算512代表的二进制数值。

打开程序员计算器，输入数值“521”，随后计算器将计算出各种进制的数值，其中就包括二进制数，如图7-13所示。

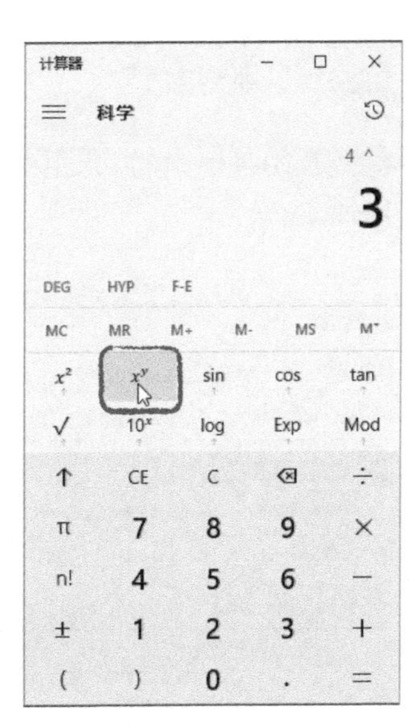

图7-11

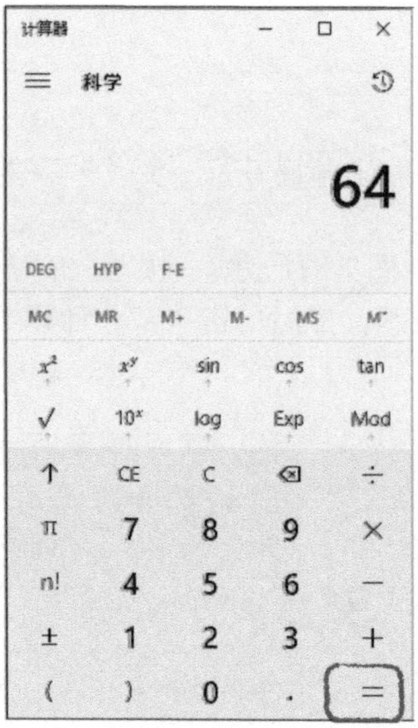

图7-12

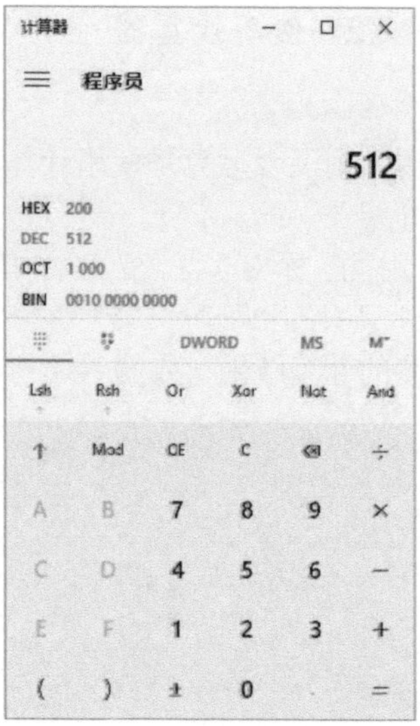

图7-13

 7.2 截图工具

计算机系统自带的截图工具，可以帮助用户快速截取屏幕内容，非常实用。虽然网上有很多第三方截图软件，但是需要下载，比较麻烦。虽然QQ和微信也有截图功能，但每次都要登录，有时候也不太方便。下面将介绍Windows10自带截图工具的使用方法。

7.2.1 新建截图

从开始菜单中的J分组中找到“截图工具”选项，单击即可启动截图工具，如图7-14所示。

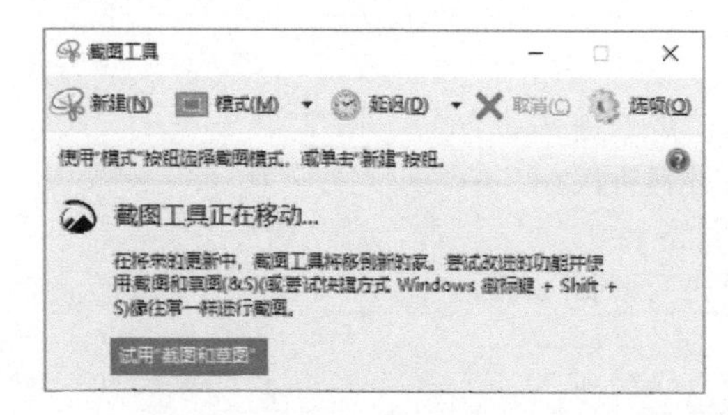

图7-14

（1）任意格式截图

任意格式截图即根据需要截出任意形状的图案。打开截图工具，单击“模式”下拉按钮，从展开的列表中选择“任意格式截图”选项，如图7-15所示。整个屏幕随即变灰，此时光标会变成剪刀的形状，拖动鼠标，围绕要截图的区域画线，松开鼠标后系统会弹出“截图工具”窗口，截取下来的图案即显示在该窗口中，如图7-16所示。

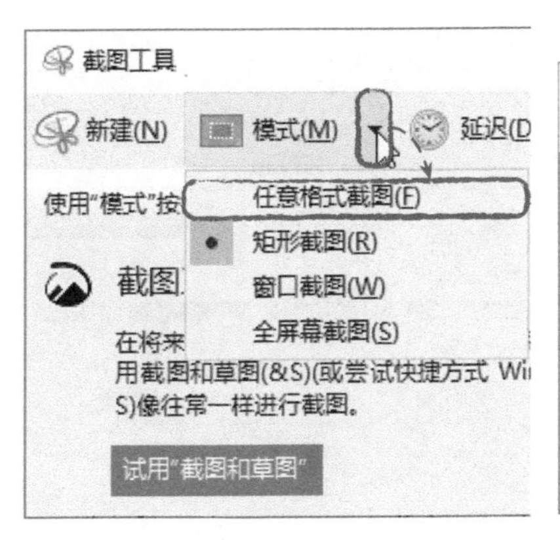

图7-15

图7-16

操作技巧

截图后若对所截取的图像不满意，可以在截图工具窗口中单击“新建”按钮，重新截图，如图7-17所示。

图7-17

（2）矩形截图

矩形截图即截图的形状是矩形。打开截图工具，单击“模式”下拉按钮，选择“矩形截图”选项，此时光标会变成十字形状，按住鼠标左键拖动鼠标，选择要截取的矩形区域，如图7-18所示。松开鼠标该矩形区域即被截取出来，如图7-19所示。

图7-18

图7-19

（3）窗口截图

窗口截图即截取屏幕上的完整窗口，打开截图工具，单击“模式”下拉按钮，从列表中选择“窗口截图”选项，进入截图模式后，将光标移动到需要截取的窗口上方，如图7-20所示。单击鼠标，即可截取该窗口，如图7-21所示。

图7-20

图7-21

（4）全屏截图

该截图方式将会截取整个电脑屏幕。打开截图工具，单击“模式”下拉按钮，从列表中选择“全屏幕截图”选项，即可自动截取整个屏幕，如图7-22所示。

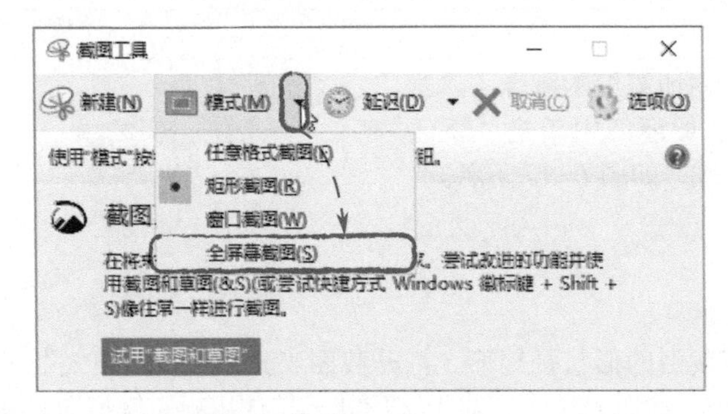

图7-22

7.2.2 保存截图

截图成功后可以直接从“截图工具”窗口中复制图片【Ctrl+C】，然后将其粘贴到需要的位置【Ctrl+V】，或者将图片保存到计算机中的指定位置。保存图片的方法如下：在“截图工具”窗口中单击“保存截图”按钮，如图7-23所示。随后弹出“另存为”对话框，设置好图片的名称和保存位置，单击“保存”按钮即可保存该图片。

图7-23

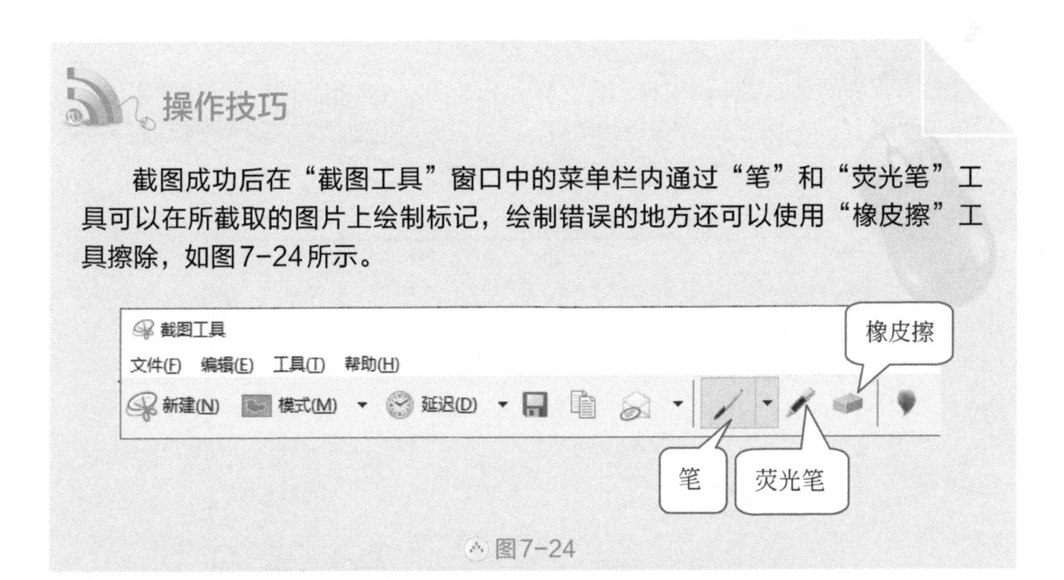

操作技巧
截图成功后在“截图工具”窗口中的菜单栏内通过“笔”和“荧光笔”工具可以在所截取的图片上绘制标记，绘制错误的地方还可以使用“橡皮擦”工具擦除，如图7-24所示。
截图工具
文件(F) 编辑(E) 工具(T) 帮助(H)
新建(N) 模式(M) 延迟(D)
橡皮擦
笔
荧光笔

图7-24

7.3 写字板

写字板是系统自带的文字编辑和排版工具。在没有安装文字处理软件时，用户可以利用它进行简单的文字处理工作。

在任务栏左侧单击“🔍”图标，在搜索框中输入“写字板”，从匹配到的选项中单击“写字板”选项即可打开写字板窗口。

7.3.1 认识写字板

在使用写字板前，首先来熟悉一下写字板的界面，如图7-25所示。

（1）标题栏

标题栏位于窗口的最上方，主要用于显示文档的名称等信息。其中，左侧为快速访问工具栏，右侧为窗口控制按钮。

（2）功能区

标题栏的下方为功能区，它由许多按钮和选项组成，用户可以通过切换选项卡来查看并使用所有功能。

（3）标尺

在功能区的下方是水平标尺，它不仅用于显示和编辑文本的宽度，还用于设置段落的缩进量。标尺的默认单位为厘米。若当前写字板没有显示标尺，可在“查看”选项卡下的“显示或隐藏”组中勾选“标尺”复选框。

（4）文档编辑区

标尺下方大范围的空白部分便是文档编辑区，主要用于文本的输入、编辑与显示。

（5）缩放工具

窗口右下方的是缩放比例工具，其主要用于调节文档编辑区的大小。用户不但可以通过单击“缩小”与“放大”按钮进行调整，还可以通过拖动“缩放”滑块来进行调整。

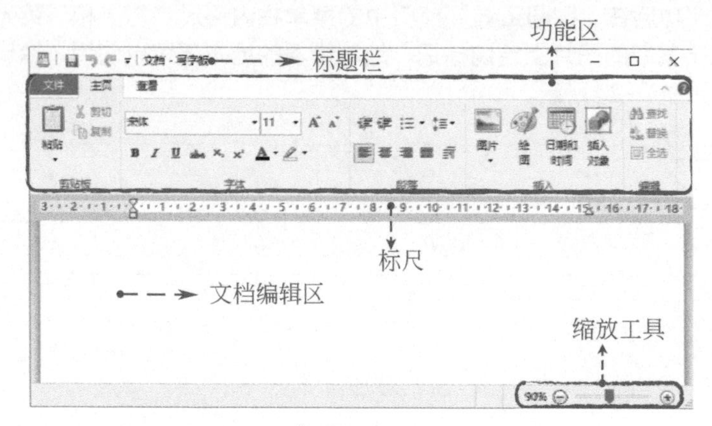

图7-25

7.3.2 输入文本

对写字板的界面有了一定了解后便可使用写字板编辑内容了，打开写字板后编辑区中会有一个闪动的光标，调整好输入法，直接输入内容，输入错别字时，可按【Backspace】键删除，按【Enter】键可切换到下一行，如图7-26所示。继续向下输入，直至将所有内容输入完毕，如图7-27所示。

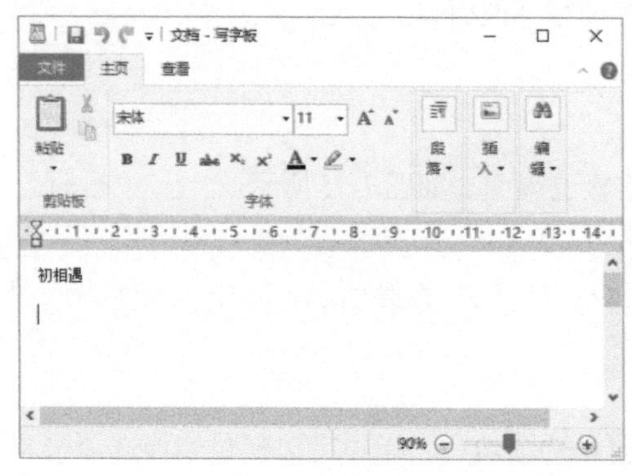

图7-26

图7-27

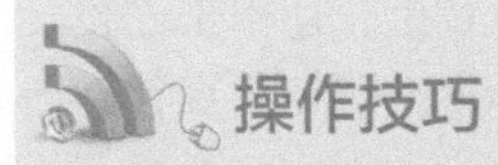

操作技巧

写字板提供了自动换行功能，当输入到行末端时，会自动切换到下一行开头。

7.3.3　编辑文本

输入文本后为了让内容看起来更美观，可以对文本进行适当编辑。将光标定位在第一行的最后，按【Enter】键，增加一个空行，输入作者信息，如图7-28所示。按【Ctrl+A】组合键，选中所有文本，在“字体”选项卡中设置字体为“楷体”，字号为“12”，如图7-29所示。选中标题，在“字体”选项卡中设置字号为“24”，设置“加粗”效果，设置“土红”色的字体颜色，如图7-30所示。

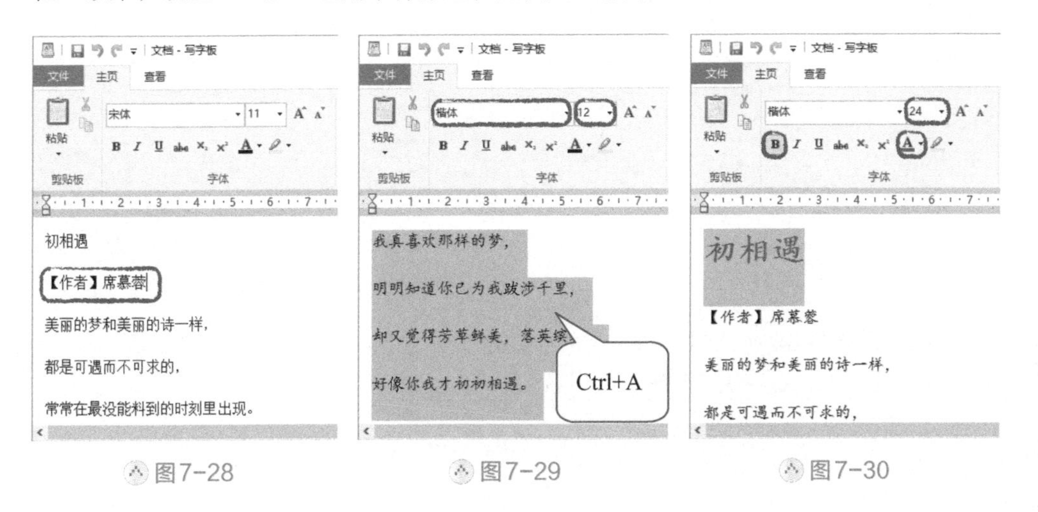

图7-28　　图7-29　　图7-30

再次选中所有文本，在“段落”选项卡中单击“行距”下拉按钮，选择“1.15”选项，如图7-31所示。保持所有文本为选中状态，在“段落”组中单击“居中”按钮，将所有内容居中显示，如图7-32所示。

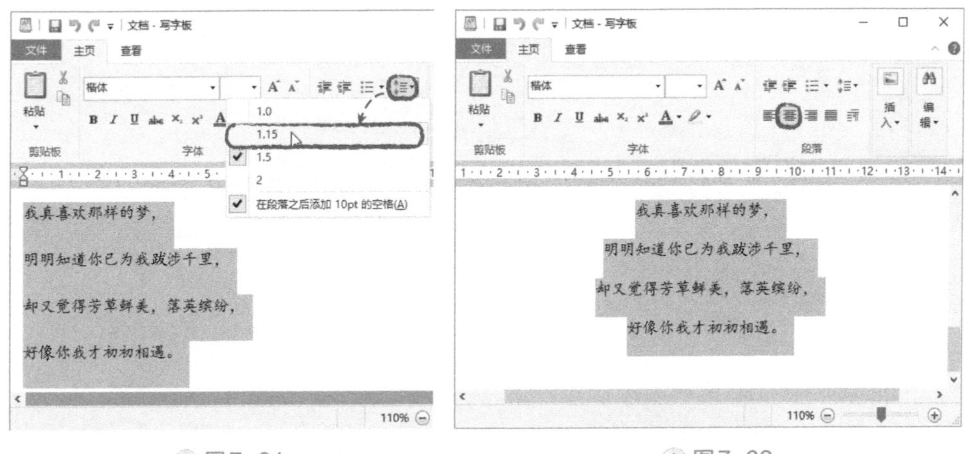

图7-31　　图7-32

7.3.4　在文档中插入图片

文档中不仅可以输入文字还可以插入图片，图片可以对文档起到美化和修饰的作用，插入图片的方法如下。

将光标定位在标题的最后一个字后面，按【Enter】键增加一行，如图7-33所示。在“插入”组中单击“插入图片”按钮，如图7-33所示。打开“选择图片”对话框，选择需要使用的图片，单击“打开”按钮，如图7-34所示。

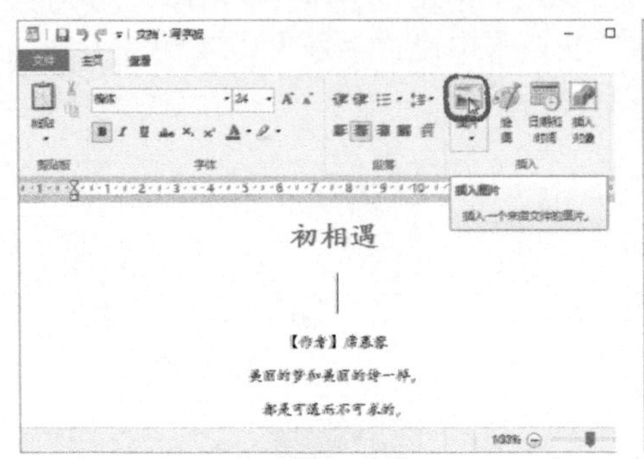

图7-33

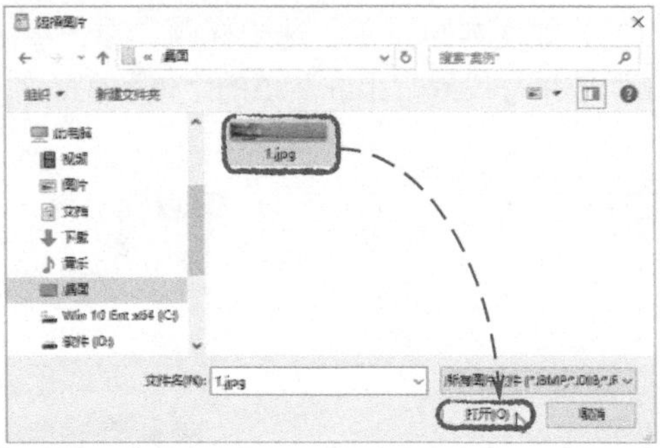

图7-34

所选图片随即被插入到文档中光标所在位置，如图7-35所示。此时图片下方有一个空行，按【Delete】键可将该空行删除。

图7-35

插入文档中的图片只能做简单编辑，在图片上方单击，图片周围会出现8个控制点，将光标放在任意控制点上，当光标变成双向箭头时按住鼠标左键拖动，可调整图片的大小，如图7-36所示。

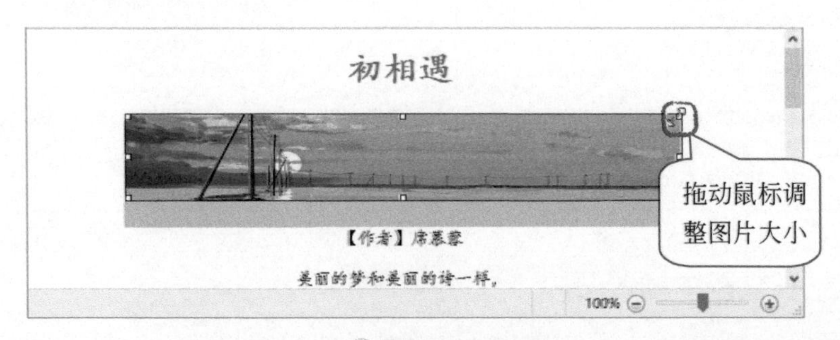

图7-36

在写字板中，使用鼠标拖动图片四个边上的控制点会改变图片纵横比，导致图片变形，所以用户最好拖动图片四个角上的控制点来调整大小。

经过简单编辑后文档最终的效果如图7-37所示。

初相遇

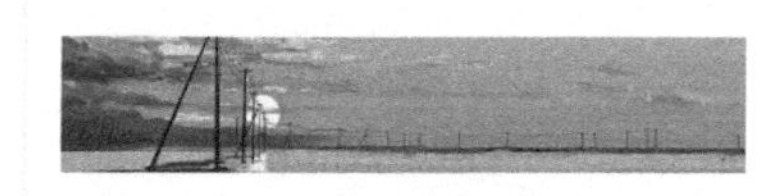

【作者】席慕蓉

美丽的梦和美丽的诗一样，

都是可遇而不可求的，

常常在最没能料到的时刻里出现。

我喜欢那样的梦，

在梦里，一切都可以重新开始，

一切都可以慢慢解释，

心里甚至还能感觉到，

所有被浪费的时光

竟然都能重回时的狂喜与感激。

胸怀中满溢着幸福，

只因你就在我眼前，

对我微笑，一如当年。

我真喜欢那样的梦，

明明知道你已为我跋涉千里，

却又觉得芳草鲜美，落英缤纷，

好像你我才初初相遇。

用“写字板”工具排版出来的效果还不错吧，完全不输专业的文字排版软件！

图7-37

7.3.5 保存与关闭文档

文档编辑完成后需要对其进行保存，若不保存就强行关闭，那么编辑好的内容将会丢失，无法找回。下面介绍如何保存文档。

单击“文件”按钮，在展开的列表中选择“保存”选项，如图7-38所示。若该文档是第一次执行保存操作，则系统会弹出“另存为”对话框，选择好保存位置，输入文件名，单击“保存”按钮即可保存文档，如图7-39所示。

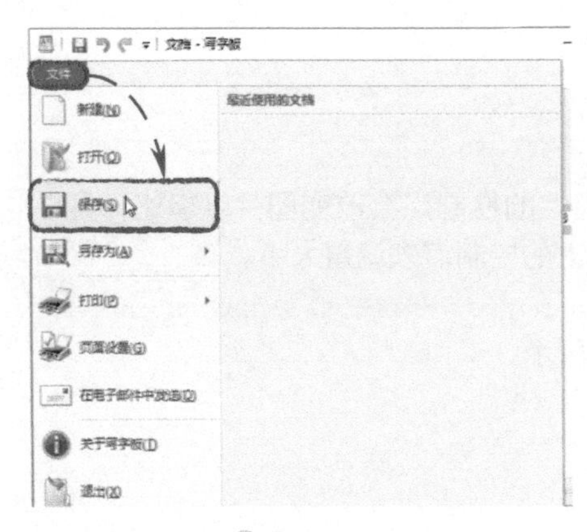

图7-38　　图7-39

操作技巧

保存写字板文档时，可以将保存类型设置成（.docx）格式，这样，所保存的文件便可使用WPS文字、Word等文字编辑软件打开，如图7-40所示。

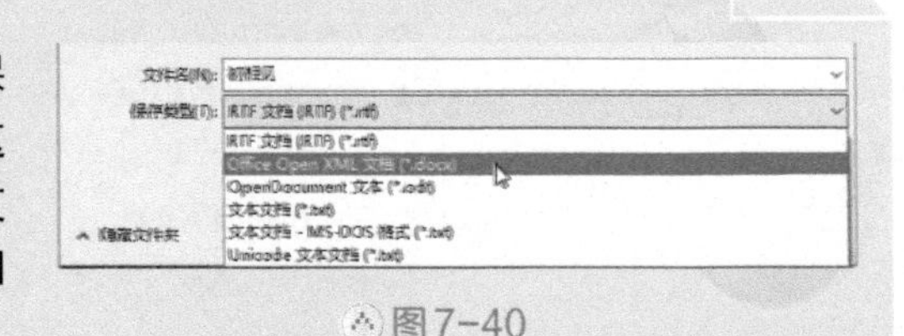

图7-40

7.4 画图程序

系统自带的画图程序可以对图形、图像文件进行绘制和编辑。打开方法同写字板一样。

7.4.1 认识“画图”窗口

“画图”程序的主界面包括标题栏、功能区、绘图区、状态栏等几个主要部分，如图7-41所示，下面将分别介绍。

（1）标题栏

标题栏位于操作界面的最上方，主要用于显示文档的标题。左端为快速访问按钮区，右端为窗口控制按钮区。

（2）功能区

功能区包含主页和查看两个选项卡，各选项卡包含了很多功能按钮，通过这些按钮可以在绘图过程中执行高级操作。

（3）绘图区

绘图区是用于编辑图形的空白区域，也是画图程序中最主要的组成部分。

（4）状态栏

状态栏用于显示图像的属性信息，如当前光标的坐标信息、画布的尺寸信息等。状态栏的最右端是缩放滚动条。

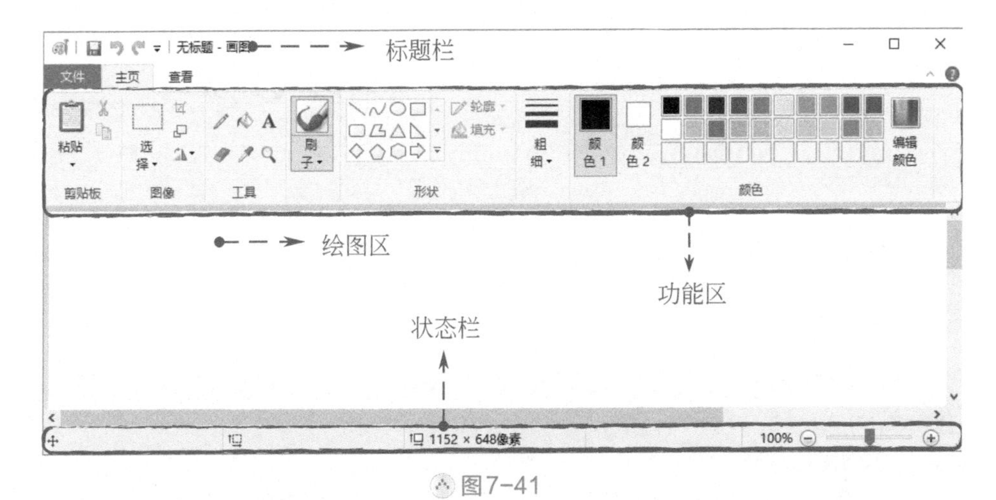

图7-41

7.4.2 绘制基本图形

接下来详细介绍如何利用画图工具绘制各种图形。

（1）绘制线条

绘制线条的步骤比较简单，其具体操作如下。

单击“粗细”下拉按钮，从下拉列标中选择适当粗细的线条，如图7-42所示。在“颜色”组中单击需要的颜色可将线条设置成相应颜色，在绘图区中按住鼠标左键，拖动鼠标即可绘制任意线条，如图7-43所示。

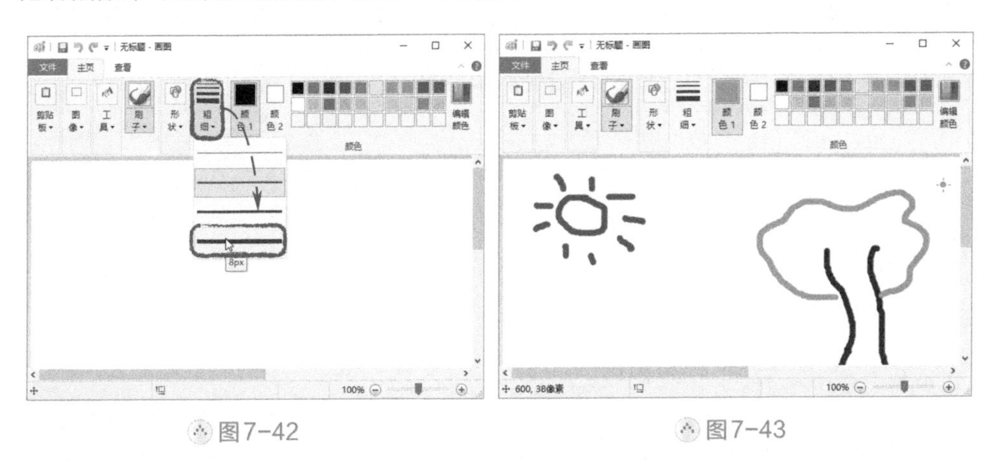

图7-42　　图7-43

用户也可以使用“刷子”工具绘制更个性的线条图形。在绘制时，只需选择合适的笔刷样式即可，如图7-44所示。

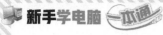

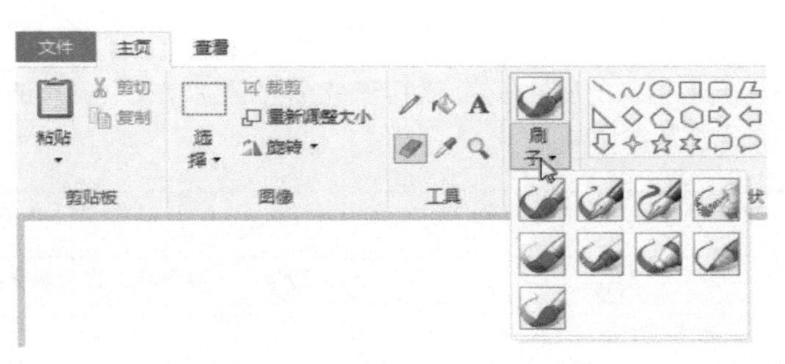

图7-44

画错的线条可按【Ctrl+Z】撤销，或在工具组中选择“橡皮擦”工具擦除。

（2）绘制内置形状

画图工具包含了一些内置形状，下面介绍内置形状的绘制方法。

在“形状”组中单击需要绘制的形状按钮，在“颜色”组中选择一个满意的颜色，将光标移动到绘图区。按住鼠标左键，拖动鼠标，即可绘制出相应形状。在绘制的时候若按住【Shift】不放，绘制出的形状则可以保持纵横比，例如绘制出等边三角形、正圆形、正五角星等，如图7-45所示。

在形状组中选择“多边形”按钮还可以绘制出任意多边形，例如，先使用任意多边形绘制出一个皇冠轮廓，然后绘制正圆进行装饰，如图7-46所示。

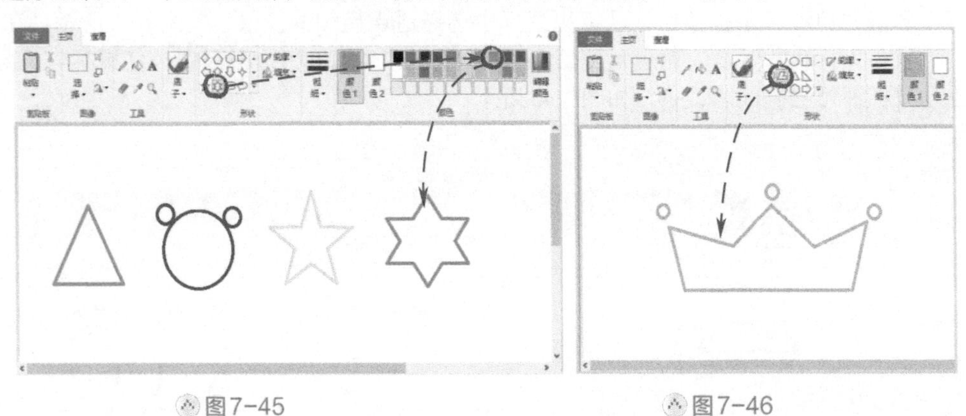

图7-45　　图7-46

7.4.3 编辑图片

除了图形的绘制工作，“画图”还提供了比较常用的图片编辑功能。编辑之前，首先要打开图片文件。

7.4.3.1　打开图片

在计算机中找到需要在画图工具中打开的图片，在图片上方右击，选择“编辑”选项，如图7-47所示。该图片随即在绘图工具中打开，如图7-48所示。

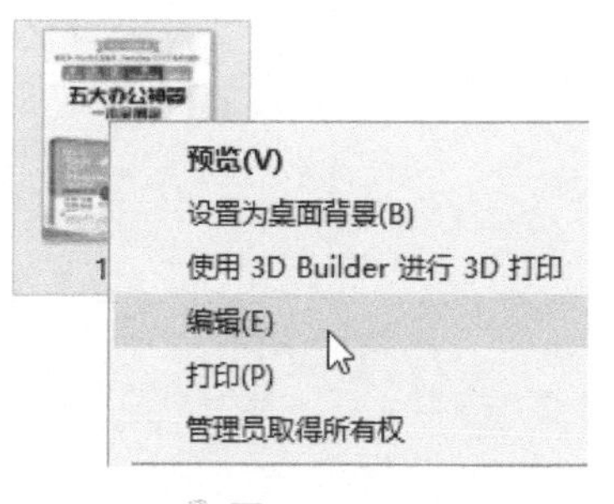

图7-47

图7-48

7.4.3.2　编辑图片

（1）从图片中间截取图像

在“图像”组中单击“选择”下拉按钮，选择“矩形选择”选项，如图7-49所示。将光标移动到绘图区，按住鼠标左键，拖动鼠标，绘制一个矩形区域，随后将光标放在该矩形区域上方，拖动鼠标可将该矩形区域裁剪出来，如图7-50所示。按【Ctrl+C】组合键复制裁剪出的图片，可将该图片粘贴到其他需要的位置。

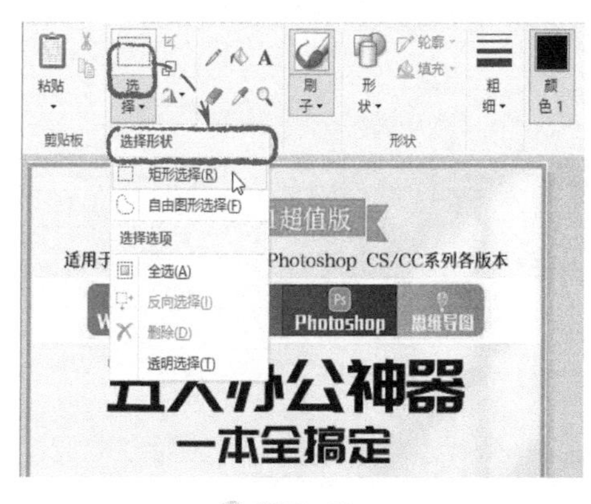

图7-49

图7-50

（2）裁剪图片

再次选择“矩形选择”选项，在图片中绘制矩形，绘制完成后在“图像”组中单击“裁剪”按钮，如图7-51所示。矩形以外的部分随即被裁剪掉，如图7-52所示。

图7-51

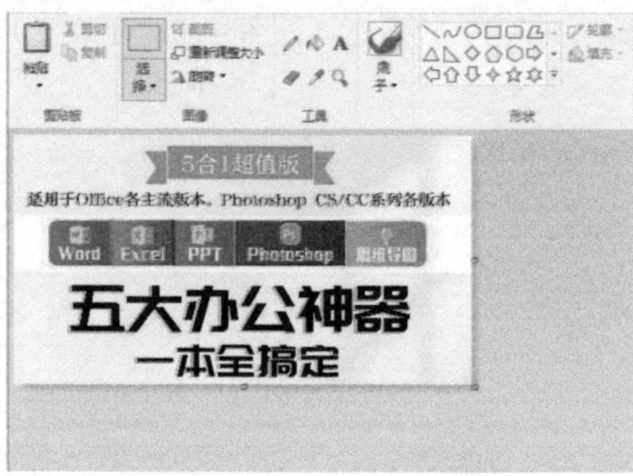

图7-52

第8章 系统的维护与优化

内容导读

系统用久了，难免会产生各种各样的小状况，尤其是系统产生的垃圾文件，会造成系统卡顿和性能降低。这时就需采取一些方法，来对磁盘垃圾进行清理和对系统进行优化，从而提高系统性能。如何查看当前系统属性，如何对驱动进行维护，以及如何对内存进行优化等内容，将在本章中进行详细介绍。

学习要点

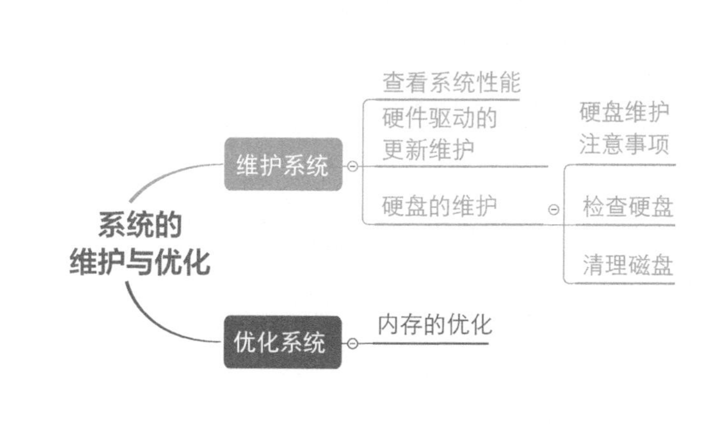

8.1 查看系统性能

在以前的系统中，用户可以通过资源监视器查看硬件性能和当前使用情况。在Windows10中可以通过“性能”功能来查看硬件使用情况。

8.1.1 使用“性能”功能查看硬件参数及使用状态

在任务栏单击鼠标右键，选择“任务管理器”选项，在弹出的界面中，可以查看到当前的系统进程、应用记录、启动项、用户、信息以及当前运行的服务。切换到“性能”选项卡，即可查看当前的系统各硬件，如图8-1所示。

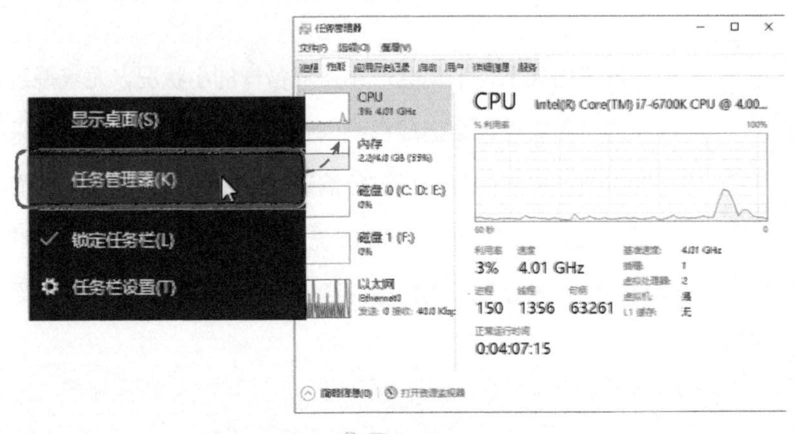

图8-1

这里会显示CPU信息，用户可以查看到当前的CPU型号、使用情况、利用率、速度、进程数、线程数、运行时间、插槽、虚拟情况、缓存信息等。

左侧的波形图为硬件使用情况。切换选项，可以查看内存、磁盘、以太网以及显卡的详细参数，如图8-2、图8-3所示。

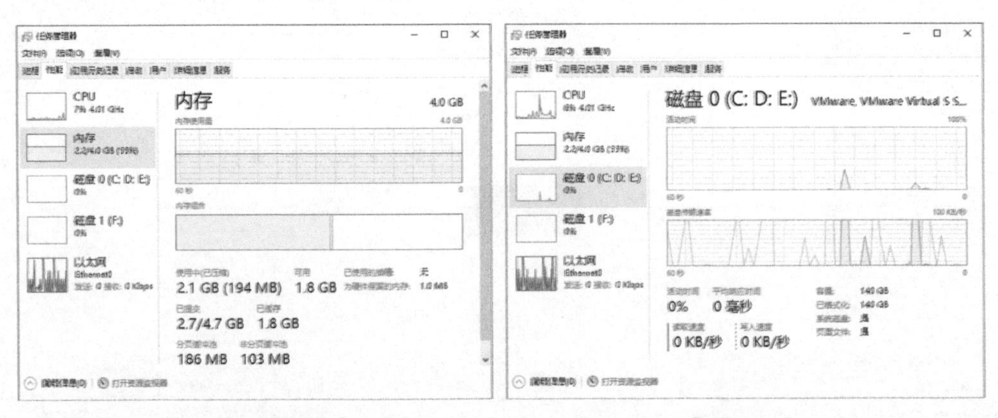

图8-2　　图8-3

操作技巧

开机启动项目虽然可以帮助用户开机启动一些必需项目，但是很多都是自己强制开机启动的。所以，用户可以使用第三方工具，或者直接在“启动”选项卡中将开机启动项目禁用掉，如图8-4所示。

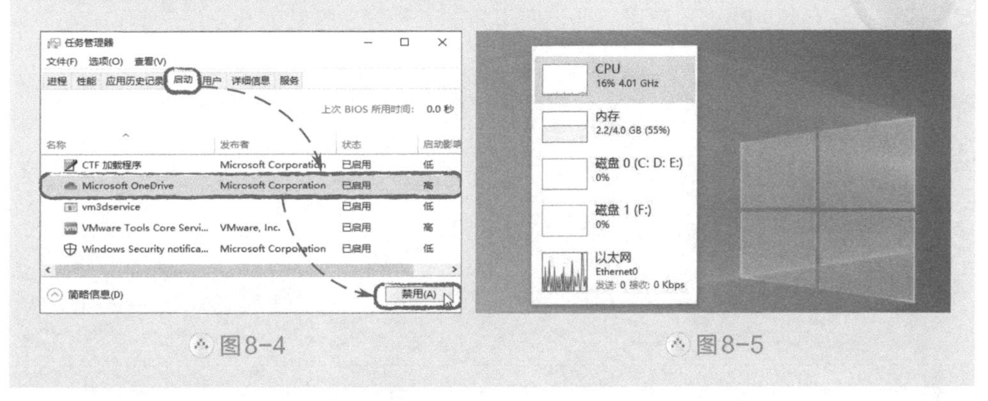

图8-4　　图8-5

双击左侧的监控项目，其“性能”会自动缩小，并显示在最前。让用户可以随时查看到当前的硬件使用状态，如图8-5所示。

8.1.2　使用Xbox应用实时监控系统性能

扫一扫 看视频

Windows10自带了一款非常好用的监控软件，就是Xbox应用，其中包括录屏和截屏功能。但这项功能本来是为了截取Xbox One串流画面，因此对于显卡有一定的要求。下面介绍下具体使用方法。

使用【Win+G】组合键可以快速调出该功能。此时界面会变成灰色，这时可以看到其中的功能组件包括四大块。因为主要是服务于Xbox游戏，所以有捕获、音频设置以及性能监测。我们需要使用的是性能监测功能，所以可以拖动“性能”的标题栏到桌面的合适位置，如图8-6所示。

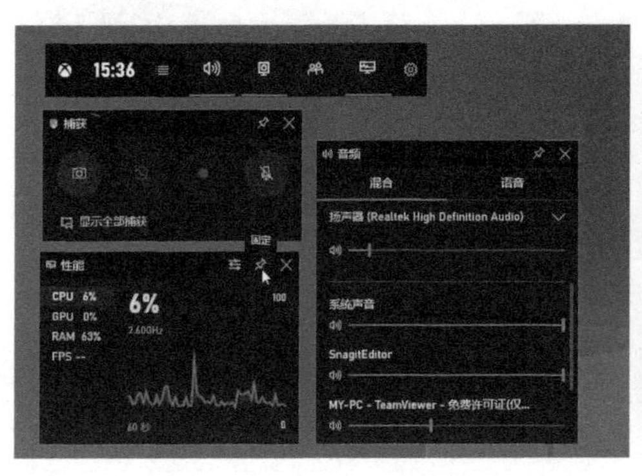

图8-6

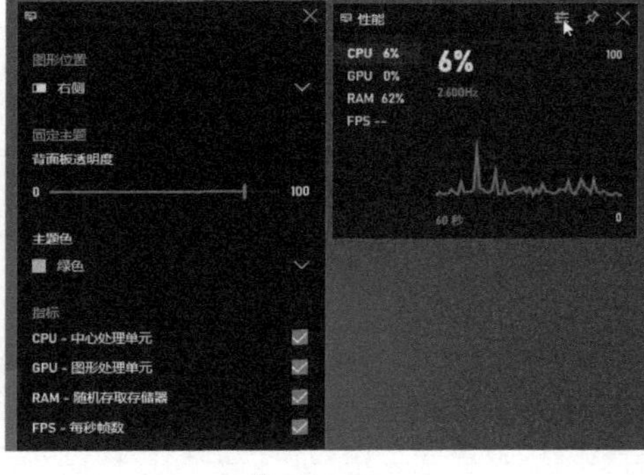

图8-7

当移动到合适位置后，松开鼠标即可。单击“性能”按钮，打开监控选项，在此可以设置颜色、透明度、位置和监控内容等，如图8-7所示。

默认情况下，启动游戏后，这些功能才能始终显示。如果用户需要一直显示，则单击“固定”按钮，返回到桌面，此时该功能将会始终显示在固定位置上，如图8-8所示。这里可以直接查看到CPU、GPU、内存的利用率以及波形图。由于没有运行游戏，所以无法显示FPS。用户可以通过右下角的“精简”按钮来显示缩略图。

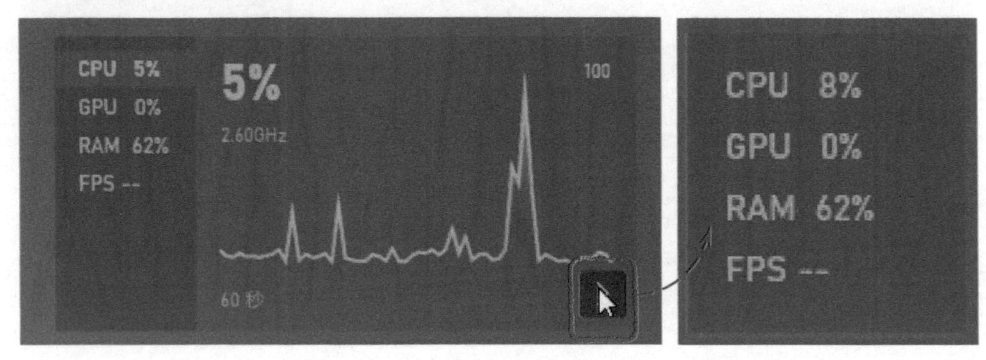

图8-8

以上介绍的这些硬件检测及监测软件是系统自带的，使用起来非常方便，但并不是最好的。因为很多硬件信息这里查看不到，也有很多方面监测不了，那么经常使用的专业级工具有哪些?

如果要进行整体监测，那么可以使用AIDA64，如图8-9所示。如果要对某部件进行监测，可以使用CPU-Z、GPU-Z等。

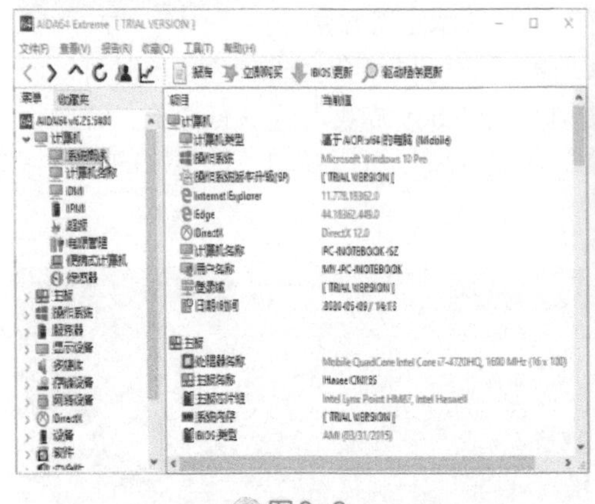

图8-9

图8-10

针对游戏，可以使用专业级别的，如微星的Afterburner，也就是常说的微星小飞机，如图8-10所示。其实它是个超频软件，监测的作用是在游戏屏幕上提供系统性能的实时信息显示，用户可以密切关注超频设置对游戏的影响。

8.2 硬件驱动维护

在之前的章节中已经介绍了硬件驱动的作用，那么硬件驱动如何下载、安装、更新、卸载呢？下面将进行详细介绍。

8.2.1 使用系统自带工具进行驱动维护

从Windows7开始，Windows系统的Update已经可以自动识别、下载各种硬件驱动了，非常方便。建议经常添加硬件、使用新硬件的用户可以开启Windows Update功能，来获取更新的硬件驱动。

右击“此电脑”图标，从中选择“管理”选项，在弹出的界面中，选择左侧的“设备管理器”选项，可以查看到当前系统中的所有设备信息以及对应的驱动信息。如果某硬件有问题，会在硬件图标上显示黄色三角叹号标记。在该硬件上，单击鼠标右键，选择“属性”选项，如图8-11所示。

在弹出的“属性”界面中单击“驱动程序”选项卡，可以查看到当前的驱动信息、日期、版本等。如需更新驱动，单击“更新驱动程序”按钮，如图8-12所示。

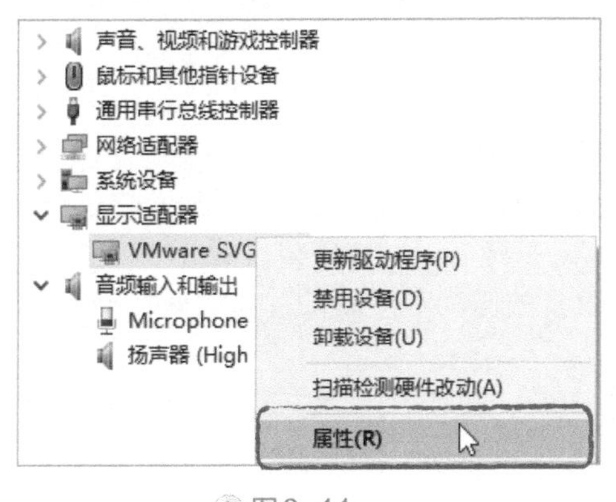

图8-11

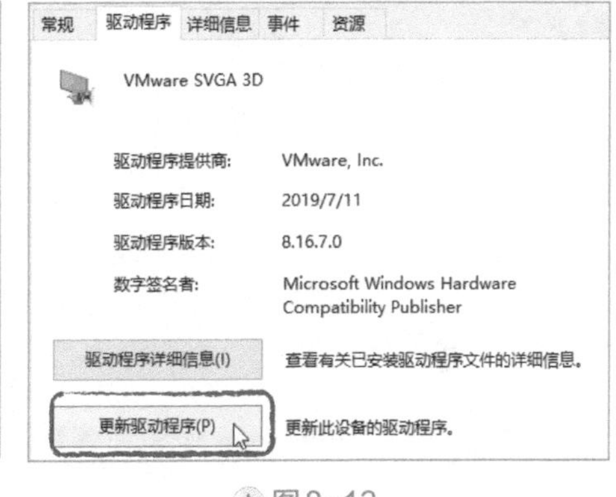

图8-12

在弹出的更新界面中，单击“自动搜索更新的驱动程序软件”按钮，即可查找并更新驱动，如图8-13、图8-14所示。

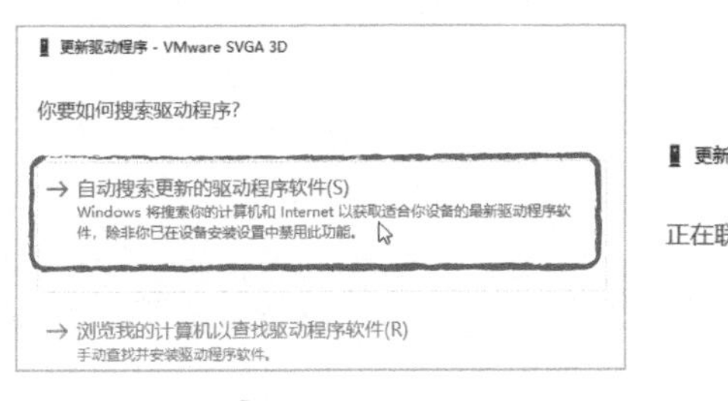

图8-13

更新驱动程序 - VMware SVGA 3D

正在联机搜索驱动程序...

图8-14

操作技巧

在搜索驱动功能中，可以自动查找计算机和网络的驱动。但是如果用户下载了非安装的驱动，可以使用“浏览我的计算机以查找驱动程序软件”功能，来搜索某特定文件夹并安装驱动，或者手动设置硬件驱动，如图8-15、图8-16所示。

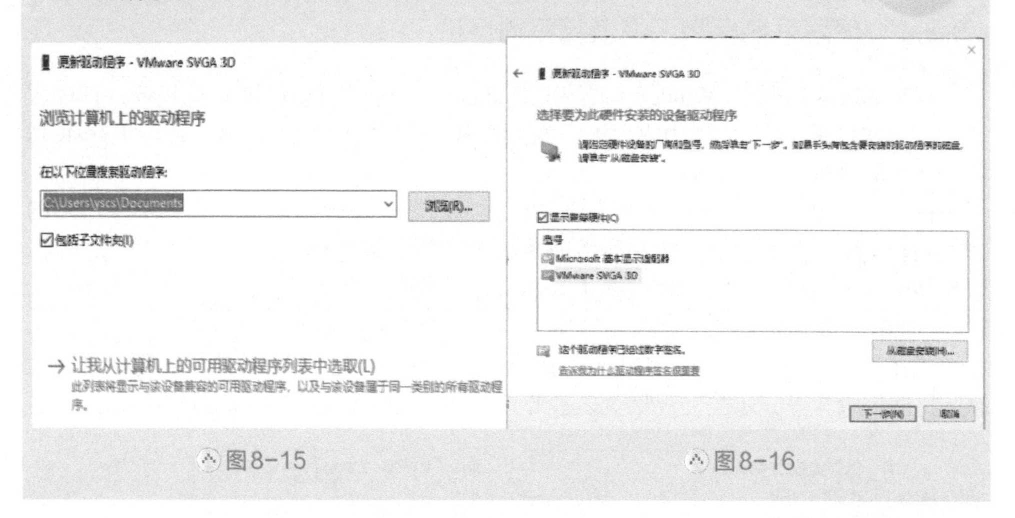

图8-15　　图8-16

如果不使用该硬件，可以单击“禁用设备”按钮。如果当前的驱动经常出错，或者有问题，可以在这里单击“回退驱动程序”按钮，返回到上一个安装的驱动状态。如果设备驱动有问题，可以先卸载设备和驱动，然后再进行安装。单击“卸载设备”按钮，在打开的对话框中，勾选“删除此设备的驱动程序软件”复选框，单击“卸载”按钮，如图8-17所示。

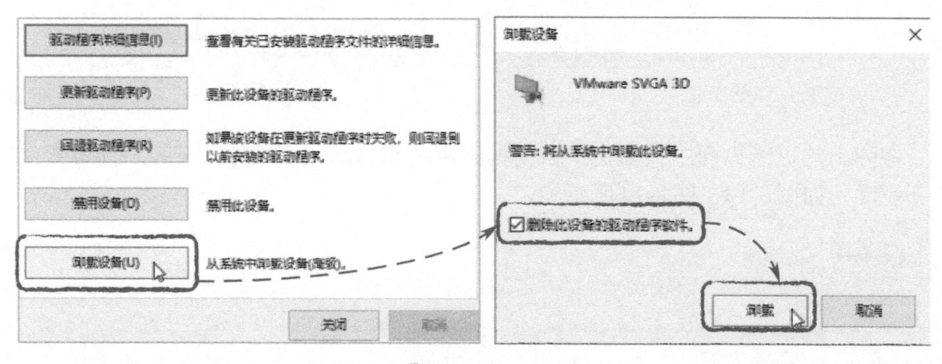

图8-17

卸载完毕后，在“设备管理器”中重新搜索硬件，如图8-18所示。扫描到硬件后，会自动查找并安装驱动。如果仍然不行，则需手动安装驱动，或者更新驱动。如果是驱动问题，那么此时所选的显卡会恢复正常工作，如图8-19所示。

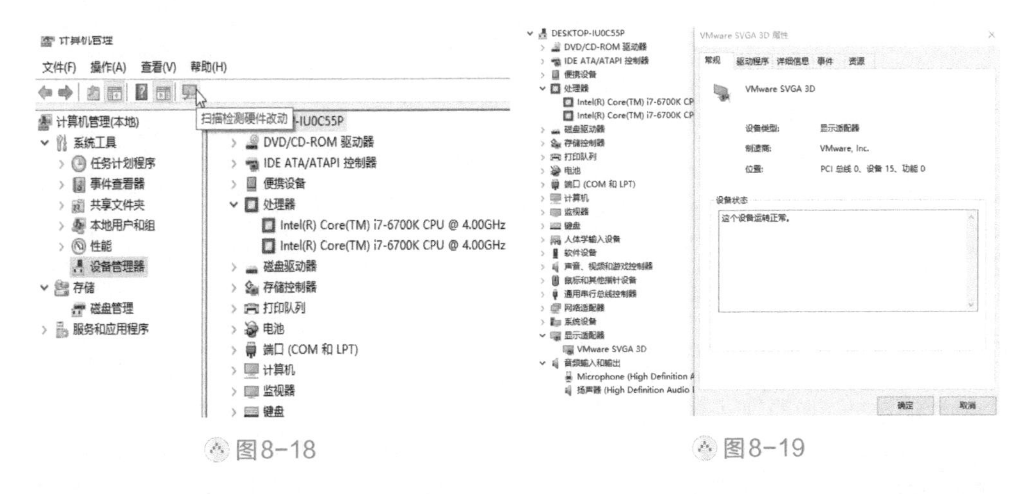

图8-18　　图8-19

8.2.2　使用第三方软件管理驱动程序

这里介绍的第三方软件是驱动精灵。在之前的章节中已经简单介绍了其主要功能，下面将详细介绍如何使用驱动精灵来安装及管理驱动。

下载并安装好驱动精灵后，启动该软件，单击“立即检测”按钮，系统会自动进行检测。检测完毕后，切换到“驱动管理”选项卡，如果发现有未安装驱动的设备，或者有升级的设备，则会做出提示。在此选择需要安装驱动的硬件，单击“一键安装”按钮，将会自动下载并安装驱动，如图8-20所示。

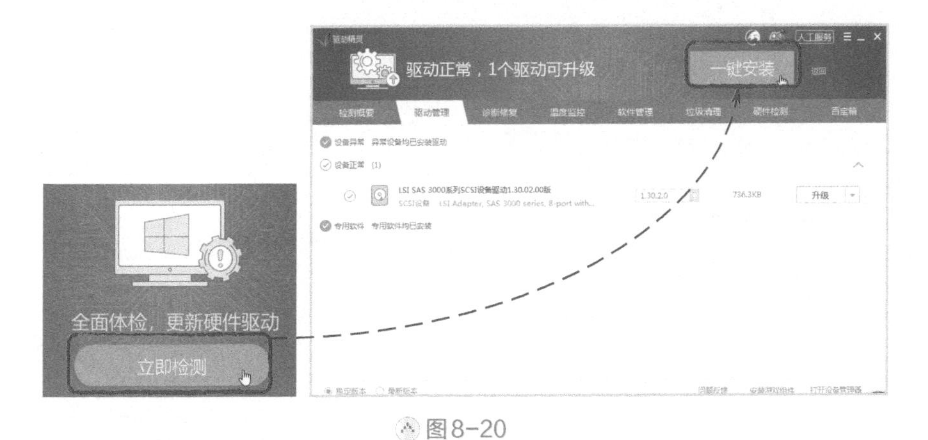

图8-20

在驱动精灵中，还可以查看当前硬件安装的驱动。如果驱动比较稳定且没有问题，可以备份当前驱动以便在出现问题后可以还原。单击对应驱动的下拉按钮，选择“备份”选项，如图8-21所示。在打开的新界面中，勾选需要备份的驱动程序，单击“一键备份”即可备份所选硬件的驱动程序，如图8-22所示。

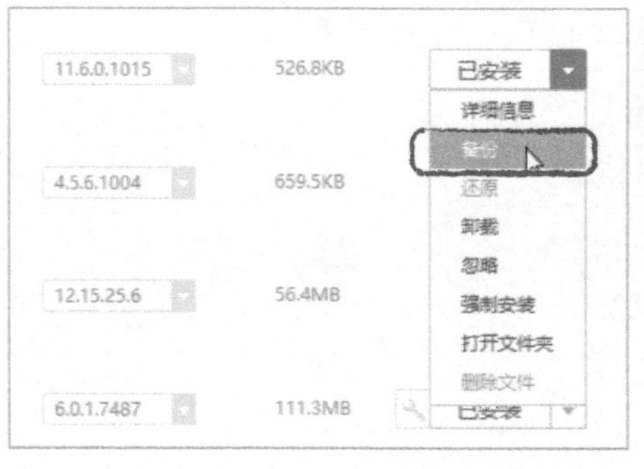

图8-21

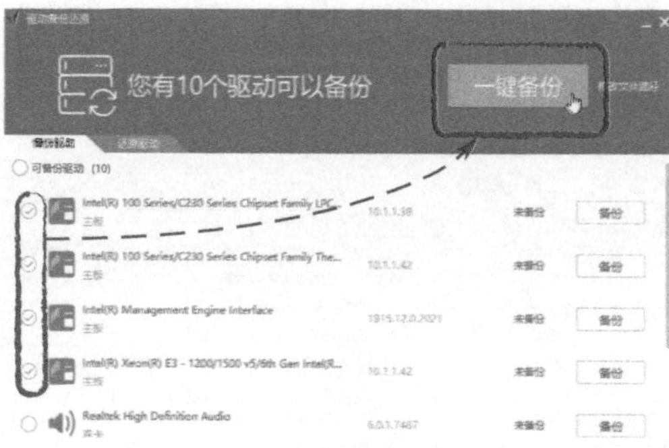

图8-22

备份完成后，如果重装系统或者新驱动有问题，则可以将备份的驱动进行还原。启动驱动精灵，切换到“驱动管理”选项卡，选择所需硬件后，单击其下拉按钮，选择“还原”选项，如图8-23所示。在“还原驱动”界面中，选择已经备份且需还原的驱动，单击“一键还原”按钮即可，如图8-24所示。另外，驱动精灵还可以查看驱动详细信息，卸载当前驱动，强制安装驱动。

图8-23

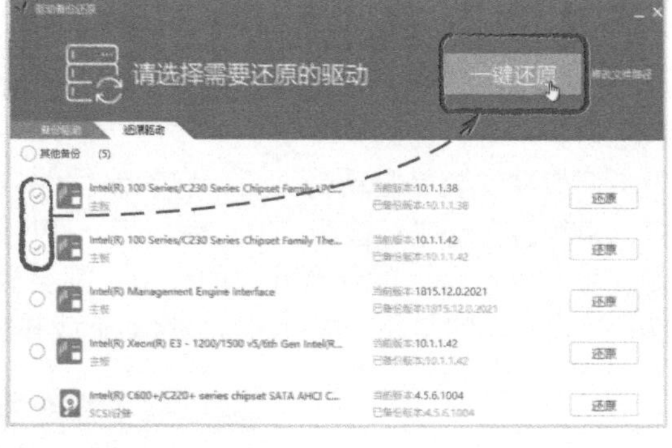

图8-24

8.3 硬盘维护与优化

硬盘是电脑的主要外部存储设备，用于存储数据。现在的硬盘分为两类：一类是机械硬盘，另一类是固态硬盘。在硬件章节中已经介绍了这两种硬盘。本节将对硬盘的维护与优化等知识进行讲解。

8.3.1 硬盘维护注意事项

硬盘性能的高低直接影响电脑的速度。除了坏道等物理损坏外，磁盘碎片以及垃圾文件等也直接影响着磁盘的性能。但这仅针对机械硬盘而言，固态硬盘一般不这么维护。

8.3.1.1　机械硬盘使用及维护注意事项

日常使用机械硬盘时需要注意以下事项，才能延长硬盘使用寿命，提高硬盘工作效率。

（1）不要在震动的环境中使用机械硬盘

传统机械硬盘最大的弱点就是其机械结构。在震动的环境中，容易使磁头在高速运动的盘体上产生直接碰撞，造成坏道。尤其在硬盘读写过程中的震动，最容易产生该问题。

（2）养成正确关机的习惯

工作时的突然断电，容易造成磁头不能正确复位，划伤盘体表面。

（3）保持环境清洁

虽然硬盘是全封闭的，但实际上，硬盘使用超精过滤纸与外界通风，所以环境的潮湿程度、散热的好坏都直接影响着硬盘的寿命。

（4）硬盘维修

硬盘属于消耗品，产生太多坏道会直接让硬盘报废。其他的故障也要让专业维修人员进行修理，千万不可打开硬盘自行维修。硬盘有价，数据无价，一定要及时做好数据的备份工作。

（5）定期检查磁盘及清理磁盘碎片

逻辑错误和大量碎片会直接降低硬盘的工作效率，一定要定期按照专业的方法进行维护。

（6）避免频繁格式化硬盘

硬盘的格式化也会降低磁盘的寿命，所以在使用时，不要频繁地格式化硬盘以及使用Ghost程序。

8.3.1.2　固态硬盘使用及维护注意事项

固态硬盘由于其非机械结构，工作起来不像机械硬盘那样娇贵，但是固态硬盘在设置和使用时，需要注意其他一些关键点。

（1）开启AHCI

优化SSD的第一步首先就是要确保磁盘读写模式为AHCI，不过对于如今的电脑来说，基本都已经是Windows 7或Windows 10系统，只要按照正常流程安装系统，磁盘模式一般会自动设置为AHCI，打开设备管理器查看即可，如图8-25所示。

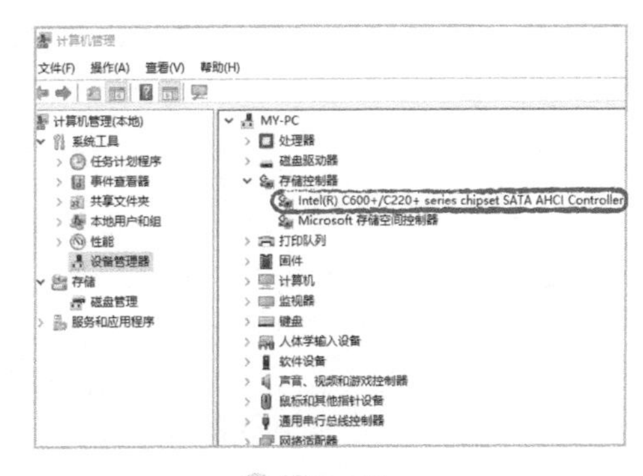

图8-25

（2）开启Trim功能

简单来说，Trim主要是优化固态硬盘，解决SSD使用后的降速与寿命的问题，通过准备数据块进行重用来提高SSD

效率的功能。

在机械硬盘上，写入数据时，Windows会通知硬盘先将以前的数据擦除，再将新的数据写入磁盘中。而在删除数据时，Windows只会在此处做个标记，说明这里应该是没有东西了，等到要写入数据时再来真正删除，并且做标记这个动作会保留在磁盘缓存中，等到磁盘空闲时再执行。这样一来，磁盘需要更多的时间来执行以上操作，速度当然会慢下来。

而当Windows识别到SSD并确认SSD支持Trim后，在删除数据时，就不需要向硬盘通知删除指令，只使用Volume Bitmap来记住这里的数据已经删除。Volume Bitmap只是一个磁盘快照，其建立速度比直接读写硬盘去标记删除区域要快得多。这一步就可以省下许多时间。此外，写入数据的时候，由于NAND闪存保存数据是纯粹的数字形式，因此可以直接根据Volume Bitmap的情况，向快照中已删除的区块写入新的数据，而不用花时间去擦除原本的数据。

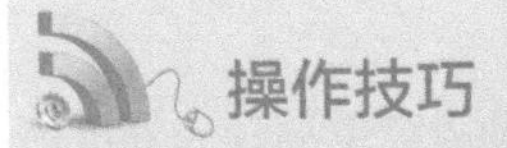

操作技巧

在命令提示符中，输入命令“fsutil behavior query disabledeletenotify”，如果出现查询结构是0，如图8-26所示，那么就已经开启了；如果是1，那么就未启用。用户可以输入命令“fsutil behavior set disabledelete nofify 0”，执行后，重启电脑即可。

图8-26

（3）检查4K对齐

4K对齐就是符合“4K扇区”定义格式化过的硬盘，并且按照“4K扇区”的规则写入数据。而NTFS成为了标准的硬盘文件系统，其文件系统的默认分配单元大小（簇）也是4096字节，为了使簇与扇区相对应，即使物理硬盘分区与计算机使用的逻辑分区对齐，保证硬盘读写效率，就有了“4K对齐”的概念。

可以使用软件AS SSD Benchmark来检测，开启软件后，可以查看当前的状态，用户可以检测下硬盘速度，不检测也没关系，如果在左上角出现“XXXXX-OK”字样，如图8-27所示，说明已经4K对齐。不同的硬盘可能出现不同的数值，但只要是绿色字体OK状态即可，否则就是红色字体BAD状态。

（4）关闭系统还原功能

系统还原会影响到SSD或者Trim的正常操作，进而影响SSD的读写能力。关闭后如图8-28所示。

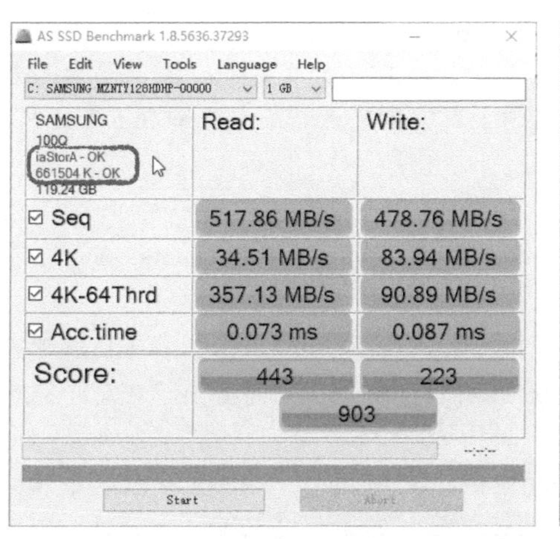

图8-27

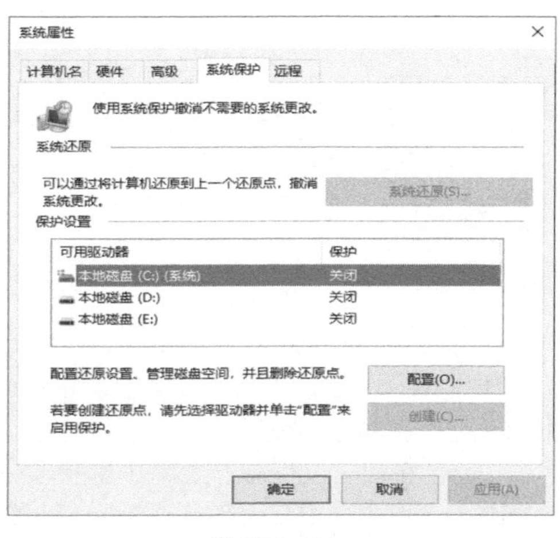

图8-28

（5）关闭碎片整理计划

磁盘碎片整理的工作机制是重新将存储在磁盘中的文件按照一定的顺序重新读写一遍并整理，这对于把擦写次数视为生命的固态硬盘而言，无异于自取灭亡。固态硬盘的闪存存储特性决定了其擦写次数是有限的，一旦超过限额，磁盘将无法写入成为废盘。因而，固态硬盘进行磁盘碎片整理实在是一种近乎“自杀”的行为。在对应分区的属性中，启动“磁盘碎片整理程序”，然后就可以对固态硬盘关闭自动整理计划任务了，如图8-29所示。

图8-29

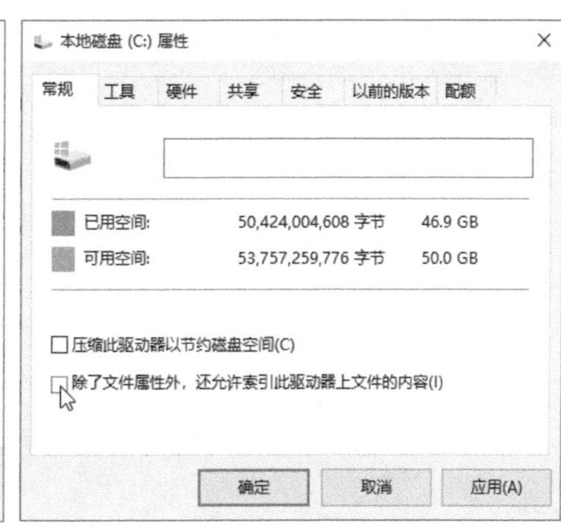

图8-30

（6）关闭磁盘索引功能

平时的搜索并不很多时，完全可以关闭索引来让系统临时搜索，这样能大大延长固态硬盘的寿命。凭借SSD硬盘的高随机读取性能，临时搜索并不会比索引慢多少，但对于SSD的寿命维护却大有好处。可以在磁盘属性中将其关闭掉，如图8-30所示。

8.3.2 检查硬盘

扫一扫 看视频

新硬盘除了分区外，检查磁盘也是十分必要的。检查磁盘主要是从物理角度检查，以及使用工具检查是否有错误，是否工作正常，是否有坏道，速度是否正常。

（1）普通检查

在使用系统的检查前，使用最普通的方法也可以判断硬盘是否健康。

- 正常的机械硬盘在使用过程中没有异常响动，或者有轻微非连续的磁头寻轨声音都属于正常现象。如果有连续的“咔咔”声或者其他响动，则需要引起注意了，有可能硬盘机械部分出现了异常。
- 硬盘在使用过程中产生的热量并不是特别高，大约20℃，即使机箱散热不佳或者在夏天环境中，也仅30℃左右，用手可以直接触摸。如果超过50℃，十分烫手，那么硬盘也有可能出现了异常。
- 如果硬盘总是在开机时出现找不到硬盘或者自检后进不了系统，要从BIOS中或者硬盘的分区表中查找问题。
- 如果自检通过，但是总是扫描，启动慢、蓝屏或者运行时自动假死，就要从坏道、硬盘固件以及电源方面进行判断了。

（2）使用系统自带工具检查

Windows10自带的磁盘检查程序可以检查磁盘中是否存在逻辑错误，并且在检查到逻辑错误后对错误进行修复。下面介绍磁盘检查的使用方法。

在“此电脑”中找到需要检查的驱动器，单击鼠标右键，选择“属性”选项，在打开的“属性”对话框中，选择“工具”选项卡，单击“检查”按钮，如图8-31所示。系统弹出提示，单击“扫描驱动器”按钮，系统开始执行错误检查。如果没有问题，则会弹出提示信息，单击“关闭”按钮即可，如图8-32所示。如果发现问题，可以按照提示进行修复即可，非常方便。

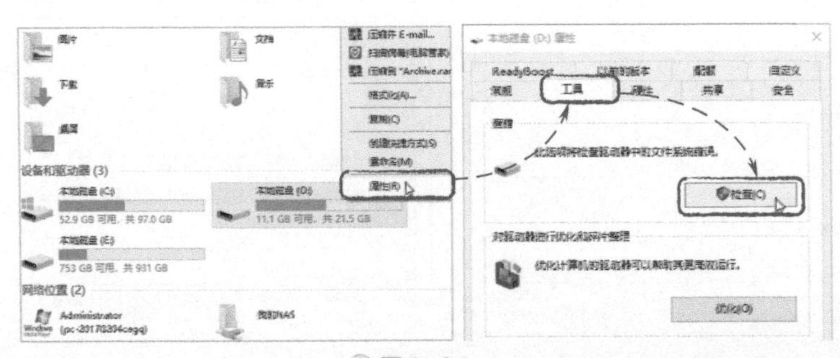

图8-31

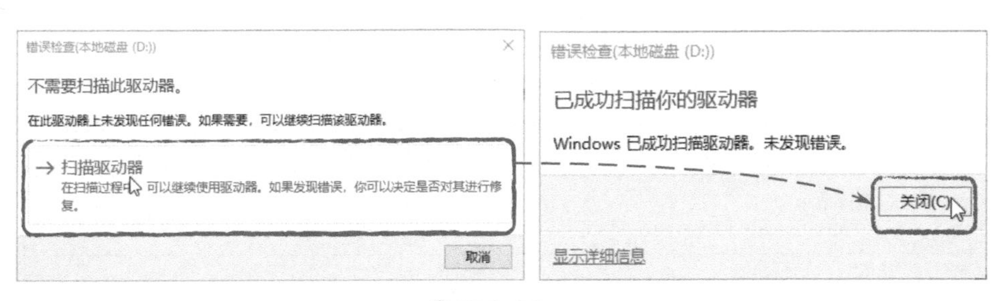

图8-32

（3）使用第三方工具进行磁盘检查

系统自带的磁盘检查软件功能较少，一般使用第三方软件进行检查。根据不同的情况，可以使用不同的软件进行检查。

查看磁盘状态有很多工具，常用的就是CrystalDiskInfo工具。CrystalDiskInfo硬盘检测工具通过读取S.M.A.R.T了解硬盘健康状况。打开它，用户就可以迅速读到本机硬盘的详细信息，包括接口、转速、温度、使用时间等。CrystalDiskInfo还会根据S.M.A.R.T的评分做出评估，当硬盘快要损坏时还会发出警报，支持简体中文，如图8-33所示。其中比较重要的是通电次数和通电时间。用户在新购买的硬盘上检测时，该数值一般都不大。

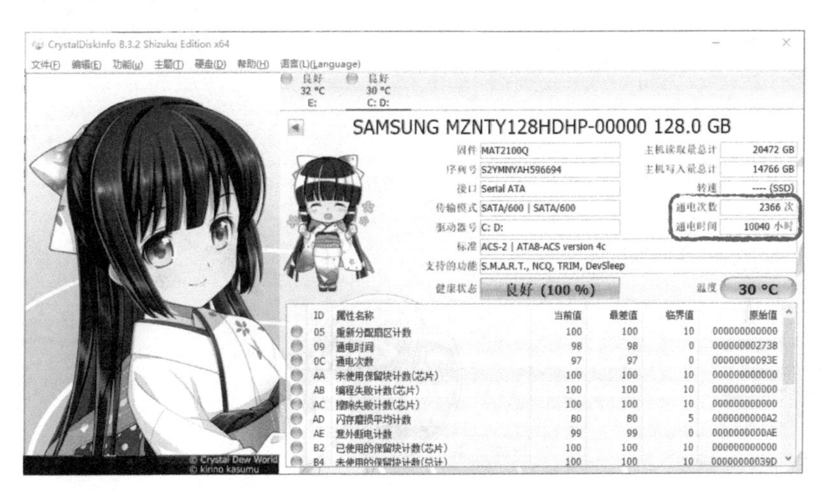

图8-33

读写检测主要用来测试硬盘的速度。读写检测的软件很多，各有千秋，常用于固态硬盘检测的软件是Asssdbenchmark。它可以测试连续读写、4KB随机读写和响应时间的表现，并给出一个综合评分。下载并打开软件后，可以查看当前分区所在磁盘的状态，用户可以通过单击“C：”下拉按钮，来选择需要进行测试的固态硬盘，如图8-34所示。

如果开始进行测试，那么单击下方的“Start”按钮，开始进行读写测试，测试完成后，如图8-35所示。其中测试的各项，从上往下，依次为：顺序读写SEQ、4K随机读写、64线程4K读写、寻道时间以及测试分数。

机械硬盘长时间使用或在恶劣环境下使用，会产生坏道，从而造成数据的丢失或者读写错误。那么如何检测硬盘坏块或者坏道呢？一般经常使用一款叫做HD Tune Pro的软件。启动该软件，选择需要查看的硬盘后，默认进入信息界面，其中包括硬盘的温度、硬盘详细信息、支持的特性、固件版本、传输标准、序列号、容量等信息，如图8-36所示。

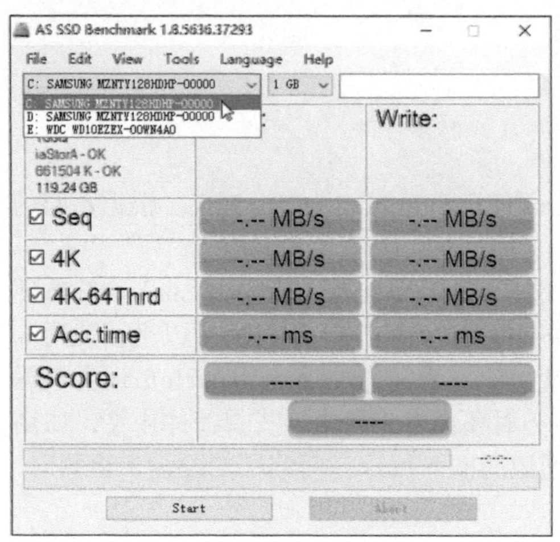

图8-34

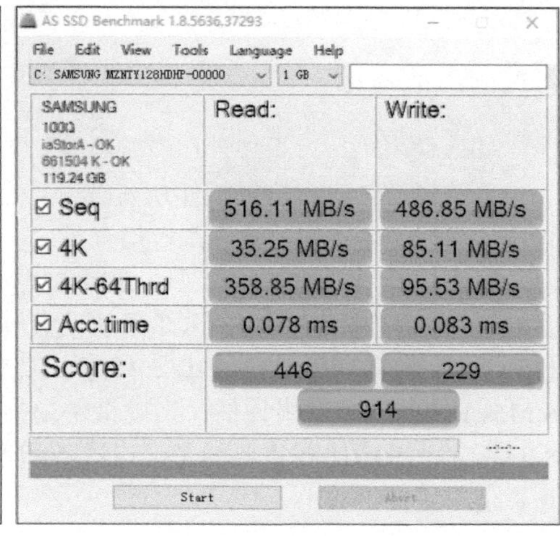

图8-35

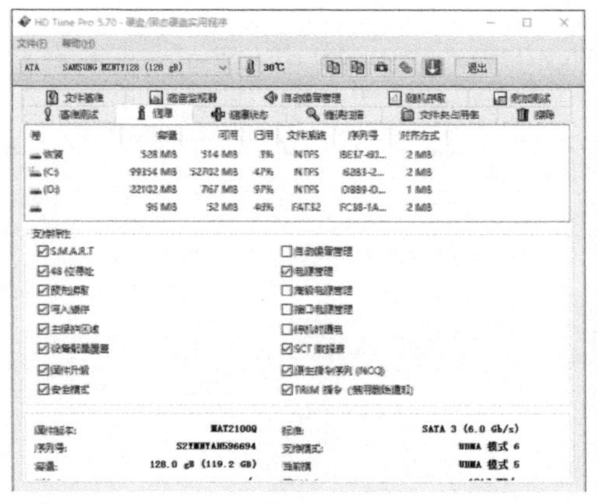

图8-36

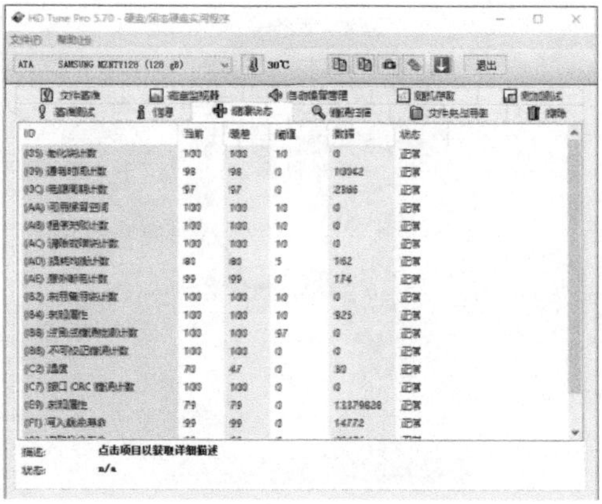

图8-37

在该界面中“健康状态”选项卡，则可以查看硬盘的S.M.A.R.T信息，如图8-37所示。选择“错误扫描”选项卡，则可选择开始及结束的位置，以及是否进行快速扫描。一般默认即可，单击“开始”按钮，如图8-38所示。勾选“快速扫描”复选框，软件开始对硬盘进行扫描。此时会显示块的好坏和进度。用户可以根据颜色判断是否有坏块，如图8-39所示，从而决定是低格（低级格式化）屏蔽坏道还是购买新硬盘。

建议在产生坏道时，要考虑备份数据。因为坏道是可以增加的，所以在出现物理坏道或者坏块后，应尽早更换硬盘，毕竟数据无价。

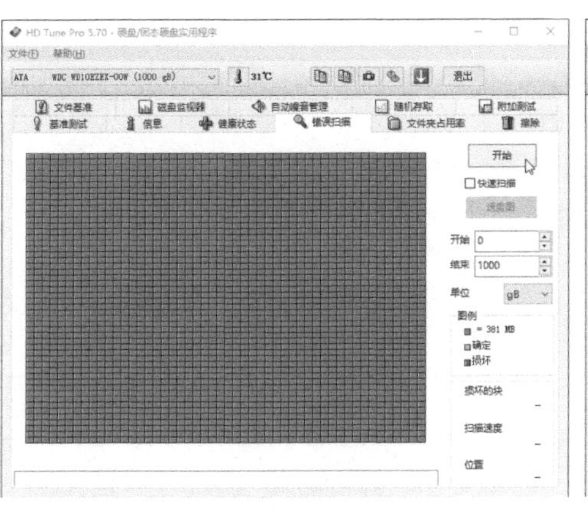

图8-38

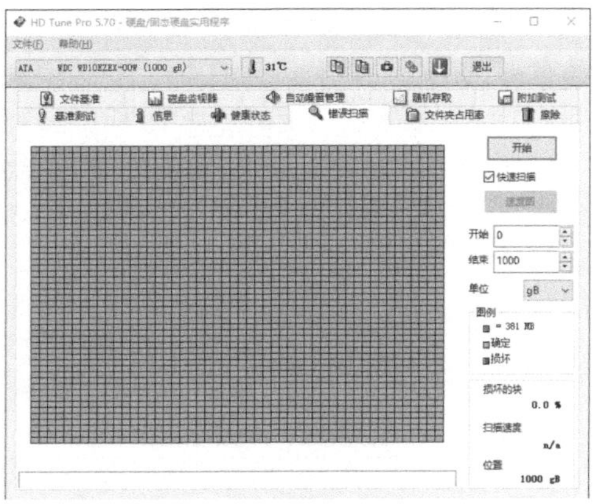

图8-39

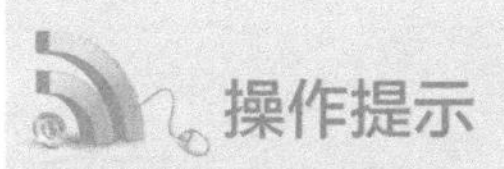

操作提示

逻辑坏道是由于在使用硬盘时误操作，或者使用软件不当等造成的，是可以通过格式化或者磁盘逻辑错误检查进行修复的，如图8-40所示。而物理坏道是因为在使用硬盘或者移动硬盘时，磁头与盘片摩擦，造成了物理的损坏。物理的损坏会随着使用扩散到整块盘片，一般使用低格，如图8-41所示，将坏道、坏块位置进行屏蔽，让磁头不再读写，延缓其扩展。当然，这只是杯水车薪的做法。在坏道出现时，就要考虑备份数据，尽早更换硬盘了。

物理坏道一般出现在机械硬盘上，逻辑坏道在机械硬盘和固态硬盘上都可能存在。

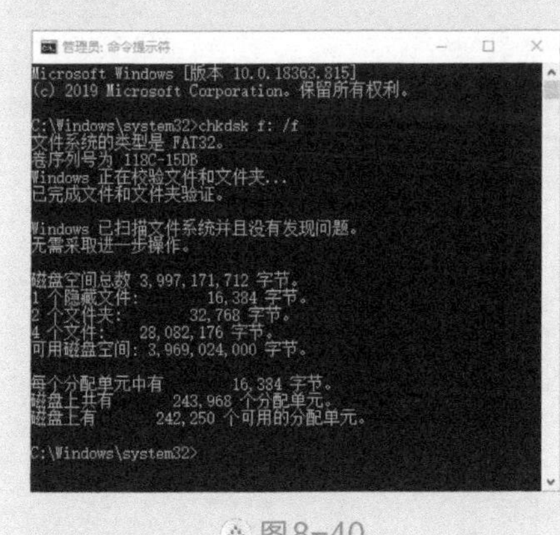

图8-40

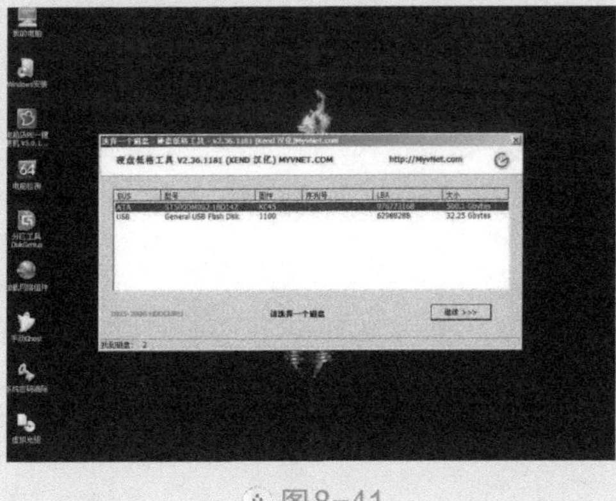

图8-41

8.3.3　磁盘清理

一旦使用磁盘，在系统及软件运行时就会产生很多临时文件，有些临时文件默认在关闭电脑时自动被系统删除，但是有些软件产生的临时文件没有清除机制，会在磁盘上一直存在，影响系统的运行并占用磁盘的存储空间，就需要用户手动进行磁盘清理。下面介绍系统自带的磁盘清理功能的使用方法。

进入“此电脑”，在需要清理的硬盘分区上单击鼠标右键，选择“属性”选项，在“属性”对话框中，单击“磁盘清理”按钮，如图8-42所示。

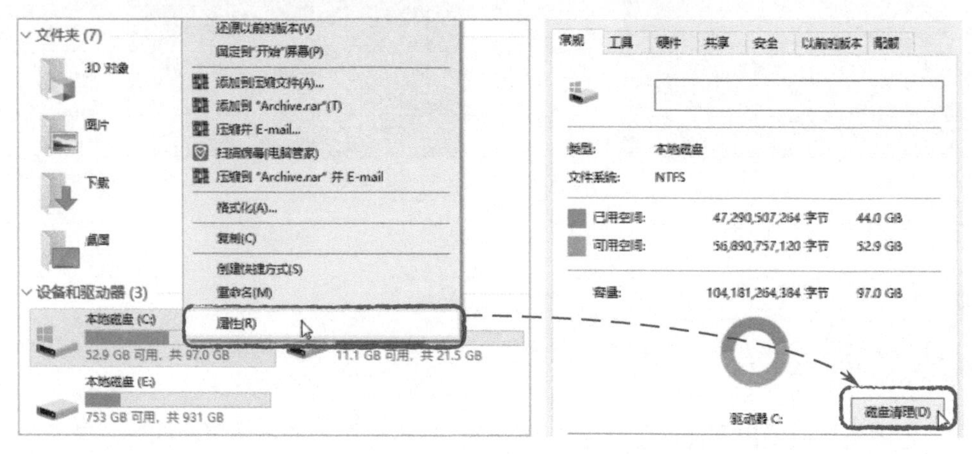

图8-42

扫描完成后，会显示出可以清理的无用文件。勾选需要清理的文件，单击“确定”按钮，如图8-43所示。系统弹出确认提示，单击“删除文件”按钮，如图8-44所示。

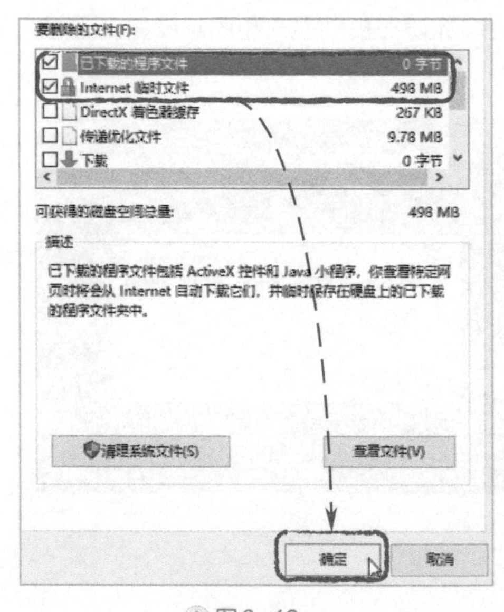

图8-43

图8-44

磁盘会自动进行清理，如图8-45所示。完成后将返回“属性”界面。

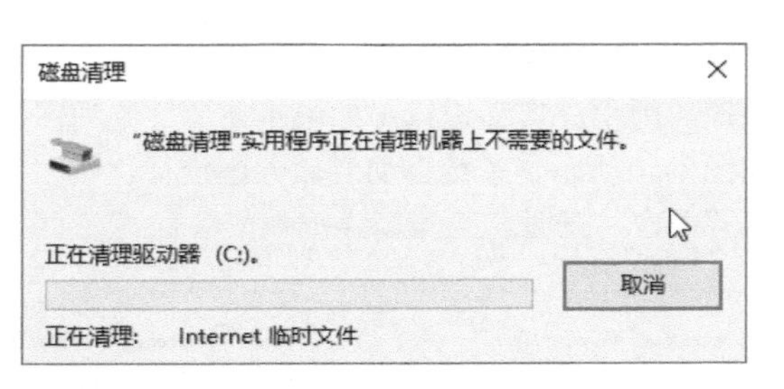

图8-45

如果要清理系统文件包括控件及Java程序，那么在扫描界面中单击“清理系统文件”按钮，如图8-46所示。系统就会自动清理这些程序。在其后打开的界面中选择“其他选项”选项卡，单击“清理”按钮，可以启动程序卸载功能。还可单击“系统还原和卷影复制”下的“清理”按钮，从中删除掉还原点的存储，如图8-47所示。

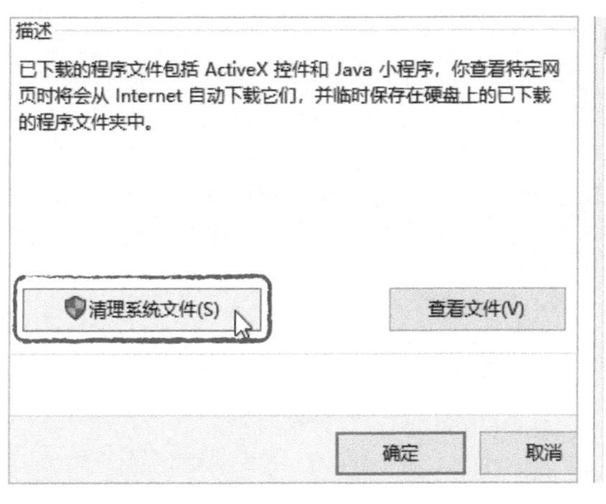

图8-46

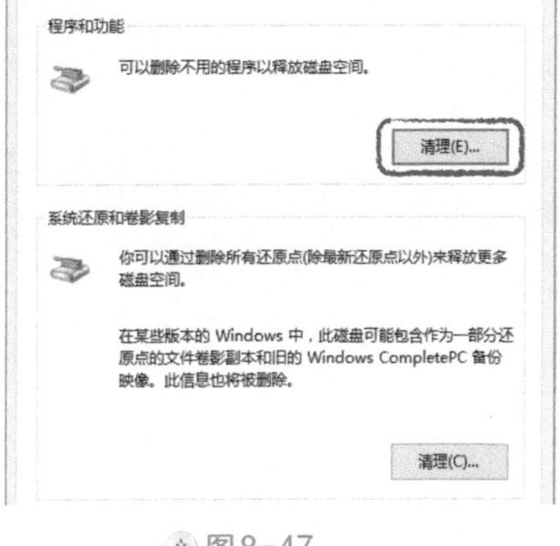

图8-47

8.3.4 磁盘碎片整理

长时间使用电脑，会在磁盘中产生很多磁盘碎片，从而降低计算机运行速度，磁盘碎片整理可以重新排列碎片，使磁盘可以更加高效地工作。下面就介绍如何使用自带的驱动器优化来进行磁盘碎片清理。注意：这里针对的是机械硬盘，固态硬盘不需要这么做。

打开“此电脑”，启动机械硬盘分区的“属性”界面，在“工具”选项卡中，单击“优化”按钮，如图8-48所示。在“优化驱动器”界面中，列出了所有分区信息，选中需要进行磁盘碎片整理的分

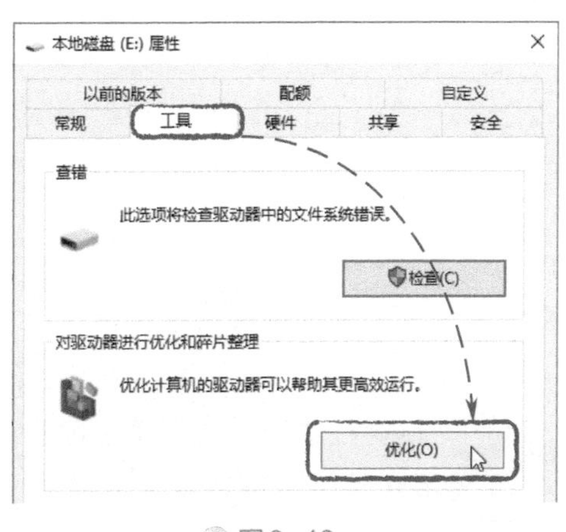

图8-48

区，单击“分析”按钮，如图8-49所示。

如果需要碎片整理，则程序自动进行；如果不需要，则返回到该界面中。用户单击“优化”按钮，如图8-50所示，系统自动对该分区进行优化，并可以查看到优化的进度，可以随时单击“停止”按钮。

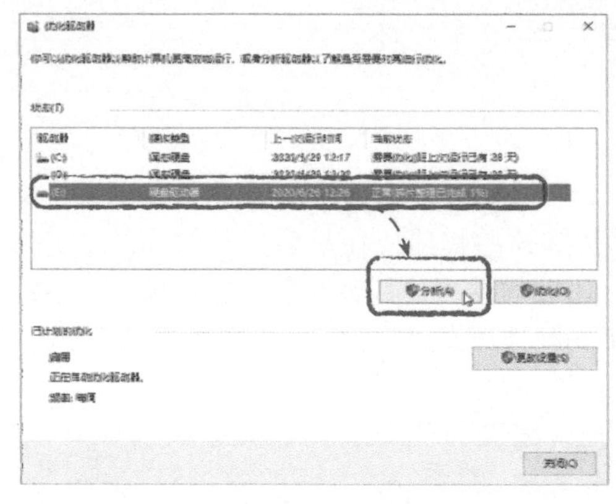

图8-49

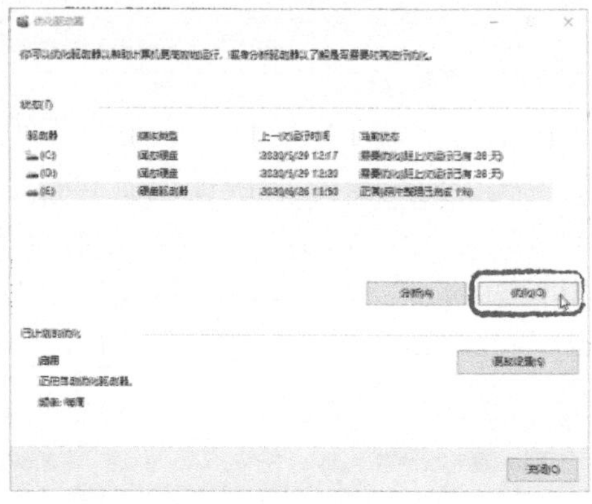

图8-50

系统进行了多次分析及优化后，自动完成。用户可以在“更改设置”中，设置自动优化频率，如图8-51所示，以及选择需要进行优化的分区选项，如图8-52所示。

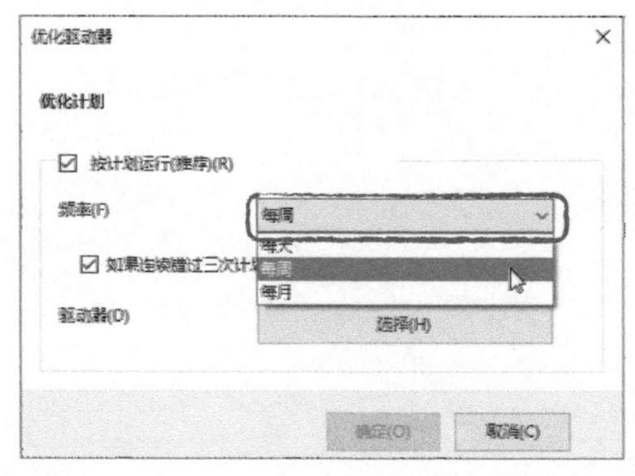

图8-51

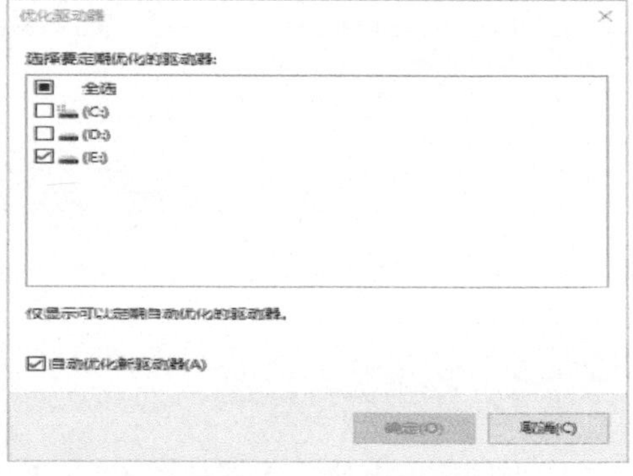

图8-52

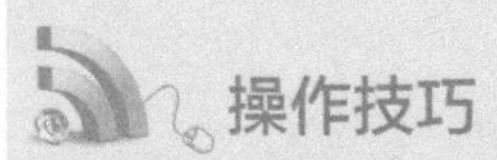

其实磁盘碎片应该称为文件碎片，因为文件不是连续地保存在磁盘连续的簇中，而是被分散保存到整个磁盘的不同地方，当应用程序所需的物理内存不足时，一般操作系统会在硬盘中产生临时交换文件，将该文件所占用的硬盘空间虚拟成内存。虚拟内存管理程序会对硬盘频繁读写，产生大量的碎片，这是产生硬盘碎片的主要原因。其他如IE浏览器浏览信息时生成的临时文件或目录也会造成系统中形成大量的碎片。

8.3.5 启用磁盘写入缓存

启用磁盘写入缓存功能，可以提高硬盘的读写速度。下面介绍具体设置过程。

右击“此电脑”图标，从中选择“管理”选项，在“计算机管理”中，选择“设备管理器”选项，如图8-53所示。

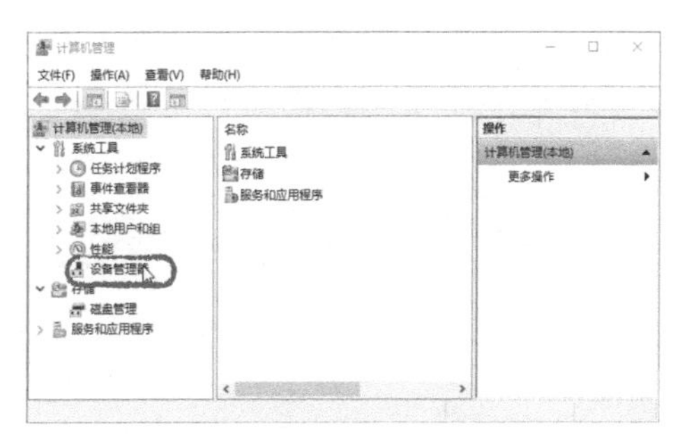

图8-53

在“设备管理器”界面中展开“磁盘驱动器”项，并在对应的磁盘上，单击鼠标右键，选择“属性”选项。在“策略”选项卡中，勾选“启用设备上的写入缓存”复选框，如图8-54所示。单击“确定”返回后，在其他驱动器上也做相同的操作即可。另外，在“详细信息”选项卡，还可以查看到硬件的一些属性信息和值，如图8-55所示。

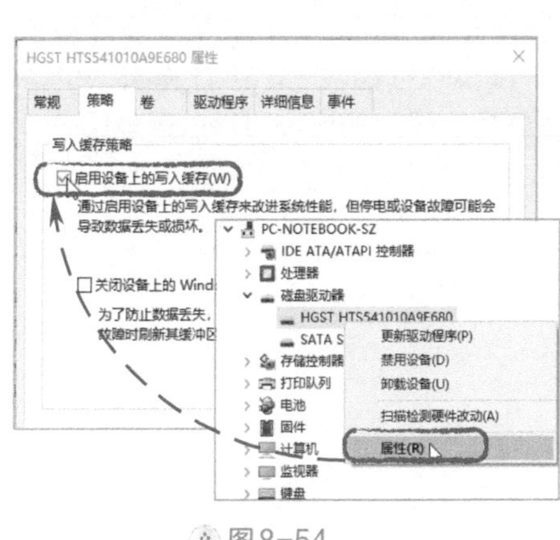

图8-54

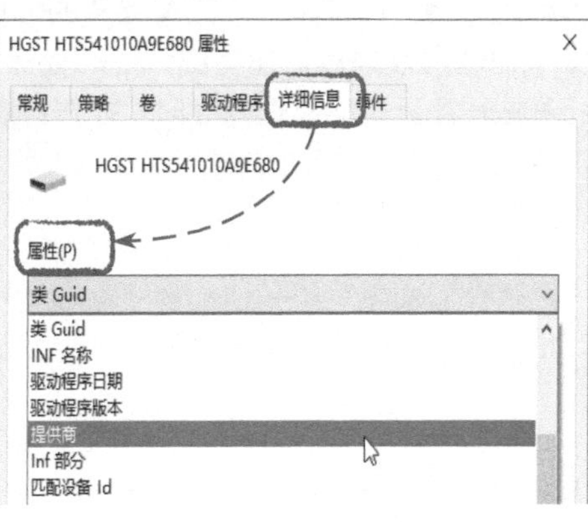

图8-55

8.4 内存优化和配置

内存的相关知识在之前章节已做简单介绍。下面将主要介绍设置电脑虚拟内存以及内存的检测与诊断。

8.4.1 设置虚拟内存

适当设置虚拟内存，可以提高电脑的运行速度。下面介绍具体的设置方法。

右击“此电脑”图标，选择“属性”选项，在“系统”界面中，单击“高级系统设置”链接，如图8-56所示。

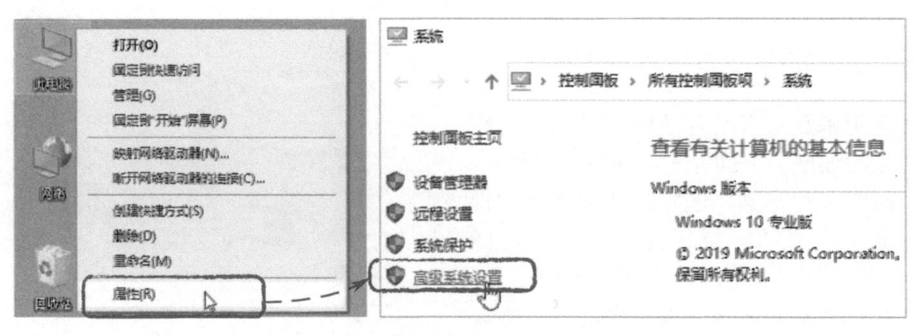

图8-56

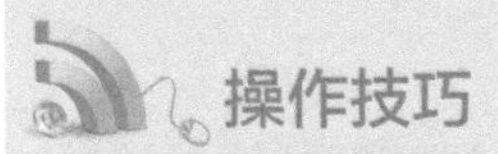

操作技巧

虚拟内存是计算机系统内存管理的一种技术。它使得应用程序认为它拥有连续的可用的内存（一个连续完整的地址空间），而实际上，它通常是被分隔成多个物理内存碎片，还有部分暂时存储在外部磁盘存储器上，当计算机缺少运行某些程序所需的物理内存时，操作系统会使用硬盘上的虚拟内存进行替代。

切换到“高级”选项卡，在“性能”功能中，单击“设置”按钮，如图8-57所示。在“性能选项”中，切换到“高级”选项卡，在“虚拟内存”功能中，单击“更改”按钮，如图8-58所示。

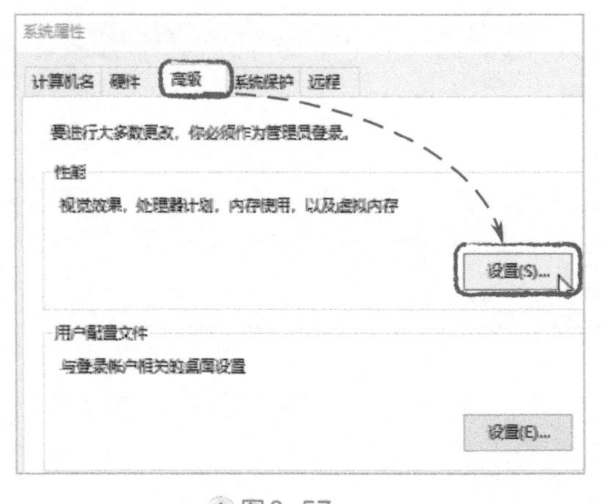

图8-57

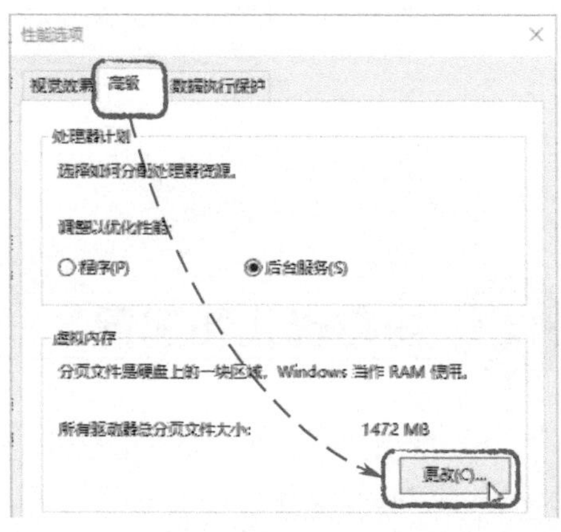

图8-58

在“虚拟内存”中，默认是自动分配，取消自动管理，选择需要设置虚拟内存的分区，一般是系统分区，选择“自定义大小”，输入最小以及最大值，单击“设置”按钮，如图8-59所示。单击“确定”按钮，会提示需要重启电脑，单击“确定”按钮，重启即可，如图8-60所示。

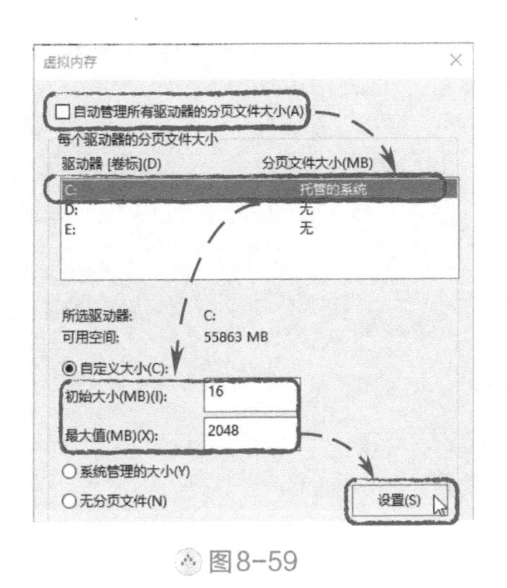

图8-59

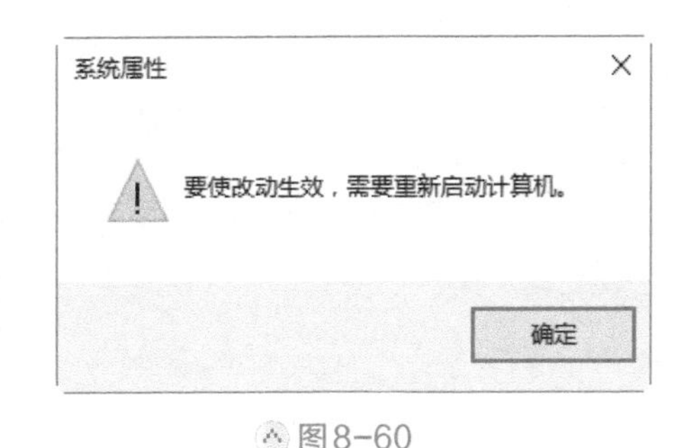

图8-60

8.4.2 内存诊断工具

在Windows10中，可以使用系统自带的诊断程序进行内存的诊断，十分方便。

打开“开始”菜单，输入“内存”，单击搜索出来的“Windows内存诊断”图标，如图8-61所示。因为内存诊断一般是在不使用的情况下进行，所以这里选择“立即重新启动并检查问题”选项，如图8-62所示。其他的情况可以选择“下次启动计算机时检查问题”选项。

图8-61

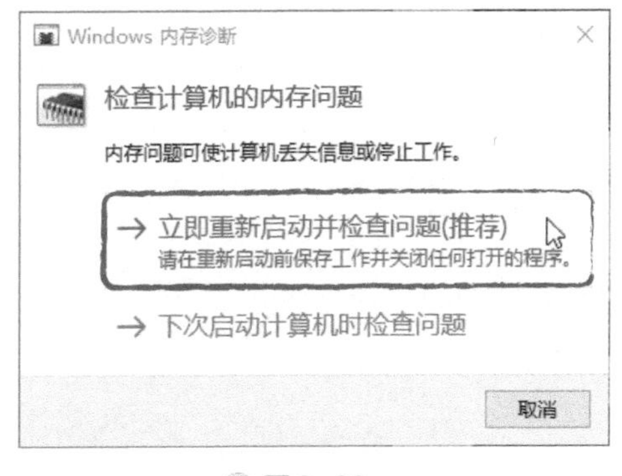

图8-62

系统检查完成，如果未发现错误，会自动重新启动计算机；如果报错，需要检查内存条。使用橡皮擦拭内存金手指，并用干净的小刷子清洁内存插槽，如果仍有错误，需要到专业维修处维修。

用户也可以使用第三方的内存检测工具来进行检测，常用的是MEMTEST86。用户下载制作工具，写入U盘中，如图8-63所示。重启电脑，用U盘启动，进入内存检测中，如图8-64所示。可以在这里查看硬件参数，启动内存检测。测试完成后，如果有问题，软件会发出警告信息。

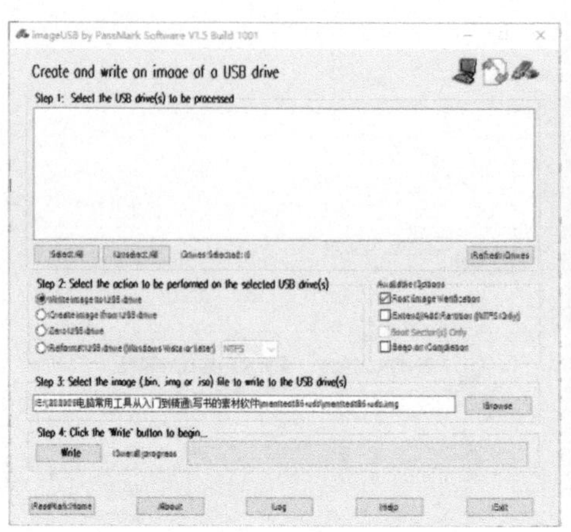
imageUSB by PassMark Software V1.5 Build 1001
Create and write an image of a USB drive
Step 1: Select the USB drive(s) to be processed
Select All
Unselect All
Refresh Drives
Step 2: Select the action to be performed on the selected USB drive(s)
Step 3: Select the image (.bin, .img or .iso) file to write to the USB drive(s)
Browse
Step 4: Click the 'Write' button to begin...
Write
About
Log
Help
Exit
图8-63

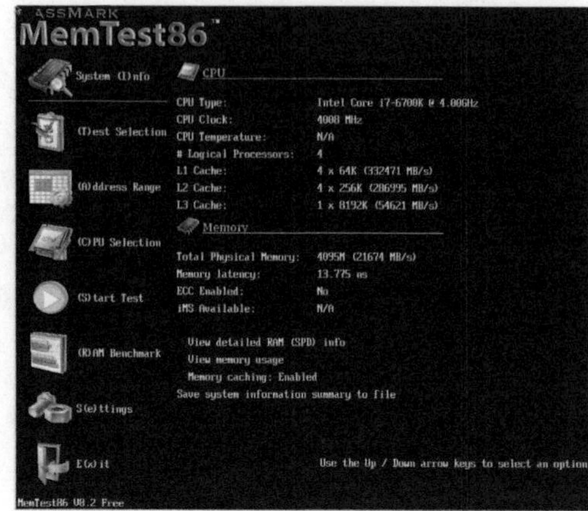
MemTest86
System (I)nfo
(T)est Selection
(A)ddress Range
(C)PU Selection
(S)tart Test
(R)AM Benchmark
S(e)ttings
E(x)it
CPU
CPU Type: Intel Core i7-6700K @ 4.00GHz
CPU Clock: 4008 MHz
CPU Temperature: N/A
Logical Processors: 4
L1 Cache: 4 x 64K (332471 MB/s)
L2 Cache: 4 x 256K (286995 MB/s)
L3 Cache: 1 x 8192K (54621 MB/s)
Memory
Total Physical Memory: 4095M (21674 MB/s)
Memory latency: 13.775 ns
ECC Enabled: No
iMS Available: N/A
View detailed RAM (SPD) info
View memory usage
Memory caching: Enabled
Save system information summary to file
Use the Up / Down arrow keys to select an option
MemTest86 V8.2 Free
图8-64

第9章 系统的安全与管理

内容导读

Windows系统在经历了多次更替后，其安全性也不断提高。Windows有很多安全策略以及安全设置，而且使用Windows更新功能，给系统打上安全补丁也是系统安全的一部分，所以建议用户不要禁用Windows更新。本章将介绍Windows更新服务，Windows自带的防火墙设置以及常用杀毒软件的使用。除此之外，针对Windows的管理功能，还会介绍任务管理器及系统高级管理功能。

学习要点

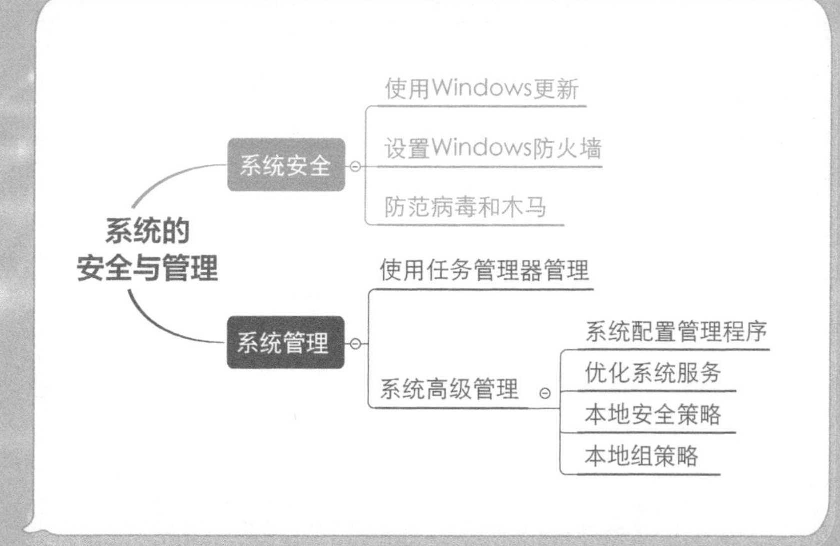

9.1 认识控制面板

Windows10中设置功能虽然非常强大，但会让人感觉有点乱，查找一个功能需要很久，而且会出现一些不知道用法的功能。从界面上来说，控制面板相对比较直观、整洁。下面将带领用户认识一下Windows的控制面板。

打开“开始”菜单，直接输入“控制面板”，在搜索结果中单击“打开”按钮即可启动控制面板，如图9-1所示。

图9-1

控制面板包含很多功能项目，单击即可启动对应的功能界面，而不用去考虑冗长的Windows10系统功能设置。而且对于老用户来说，这些功能界面非常熟悉，如图9-2、图9-3所示。

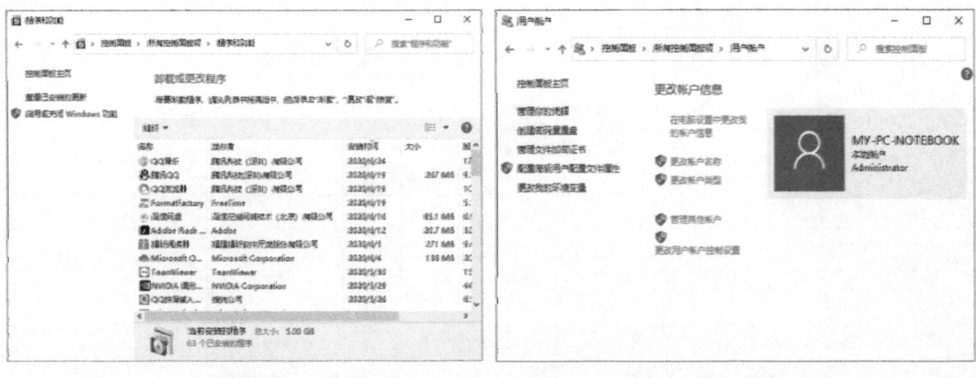

图9-2　　图9-3

9.2 使用Windows更新功能

Windows Update在Windows10中叫做Windows更新，其功能是一样的。下面介绍Windows更新的使用方法。

9.2.1 使用Windows更新

Windows更新用来为Windows操作系统软件和基于Windows的硬件提供更新程序。它可以解决已知的问题并可帮助修补已知的安全漏洞。

从Windows7开始，Windows Update也可以进行设备的驱动识别、下载、安装。从此，除了极其特殊的设备外，所有普通设备都真正做到了即插即用。

在“开始”菜单中，单击“设置”按钮，在启动的“Windows设置”界面中，单击“更新和安全”按钮。在Windows更新中会显示当前操作系统是否是最新版本，同时还会显示上次的检查时间等，如图9-4所示。

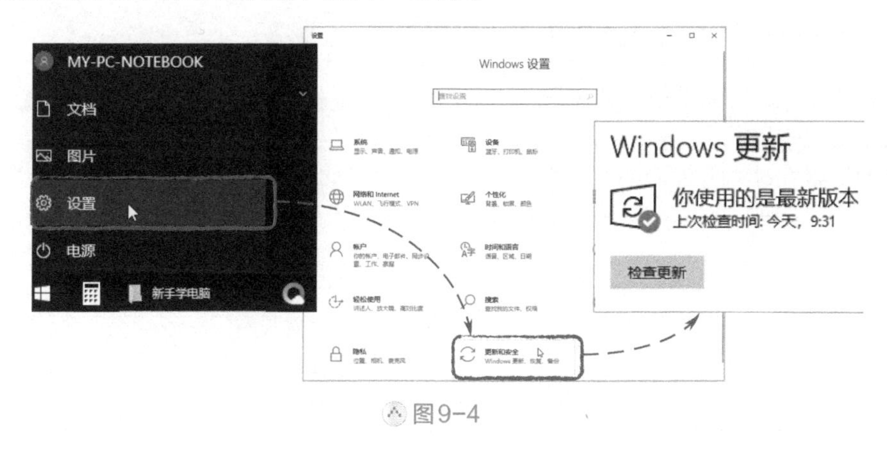

图9-4

如果需要更新，Windows会自动连到服务器，下载更新文件，并进行更新的安装，如图9-5所示。下载安装完毕后，计算机会要求重启，单击“立即重新启动”按钮，如图9-6所示。

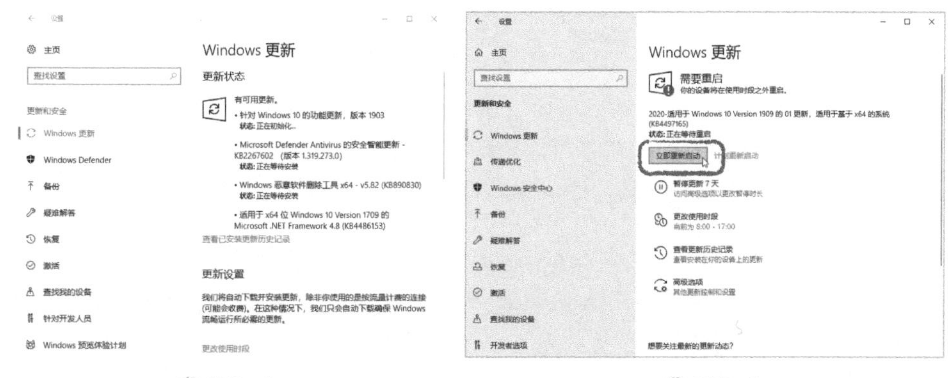

图9-5　　图9-6

系统会在重启过程中配置并安装更新，如图9-7所示。如果没有显示有更新，可以单击“检查更新”按钮，手动进行更新检查，如图9-8所示。

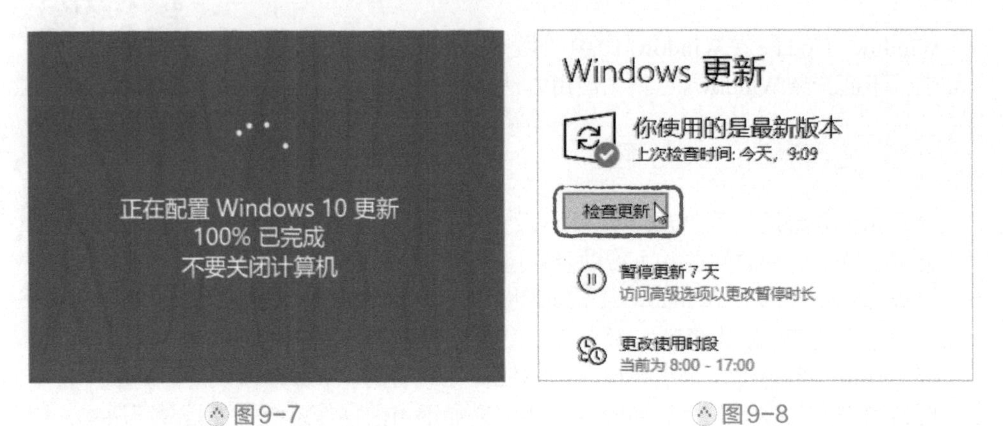

图9-7　　图9-8

9.2.2 设置Windows更新

Windows更新的设置主要包括暂停更新、设置更新时间、高级更新选项设置以及查看更新记录等。

如果要暂时关闭“Windows更新”，可以在“Windows更新”界面中，单击“暂停更新7天”按钮，如图9-9所示。此时Windows更新被暂时关闭，并弹出提示信息。

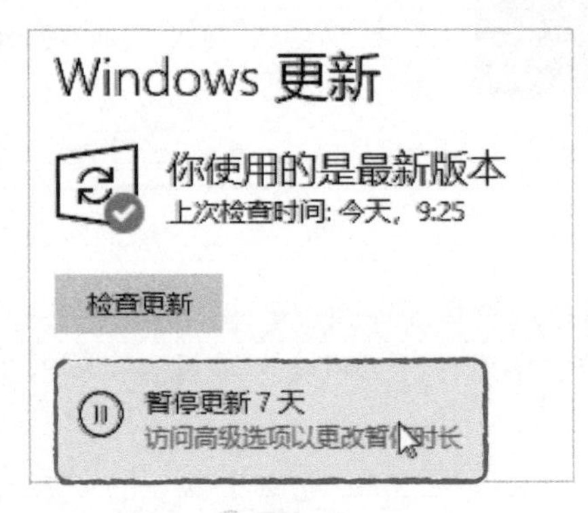

图9-9

如果要继续更新，可以在该界面中，单击“继续更新”按钮，如图9-10所示。

单击“更改使用时段”按钮，可以启动“更改使用时段”对话框，可以开启自动调整，或者单击“更改”按钮，更改更新时间段，以防止打扰到正常的工作，如图9-11所示。

在“Windows更新”界面中，单击“查看更新记录”按钮，如图9-12所示。在弹出的界面中，可以查看到所有安装的驱动，以及安装是否成功。在更新中包括了“质量更新”“驱动程序更新”“定义更新”以及“其他更新”四个板块。对于安全的更新，可以单击对应的更新名称，在打开的浏览器中，查看该更新的说明。

图9-10

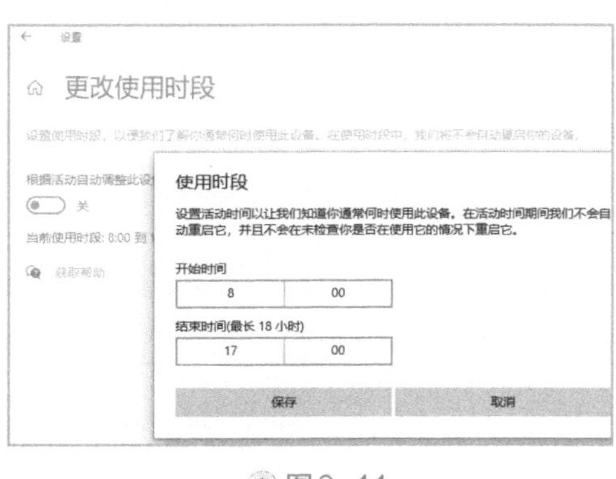

图9-11

如果要卸载更新，可以在该界面单击“卸载更新”链接，如图9-13所示。

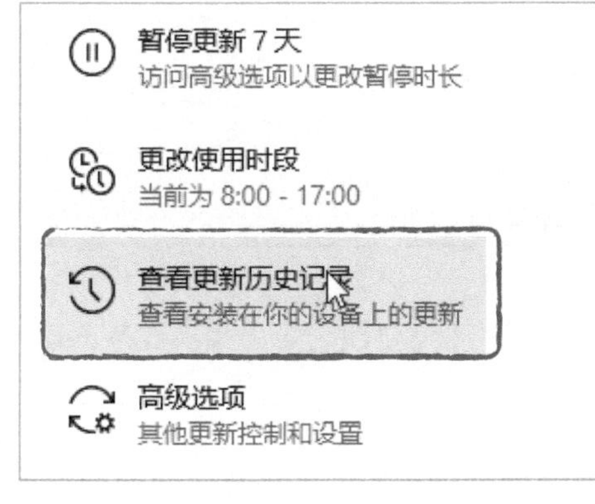

图9-12

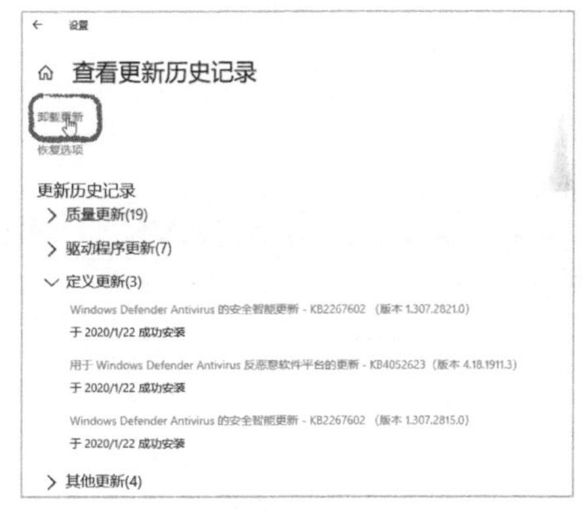

图9-13

在弹出的卸载界面中，选择需要卸载的更新选项，单击“卸载”按钮，即可卸载，如图9-14所示。单击“高级选项”按钮，启动“高级选项”界面，将设置保持默认即可，如图9-15所示。

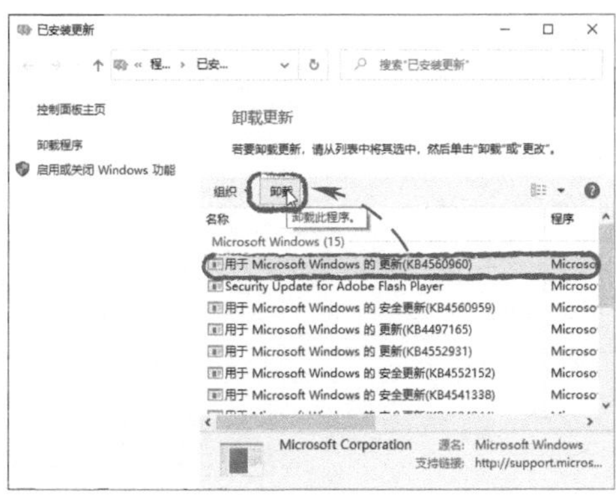

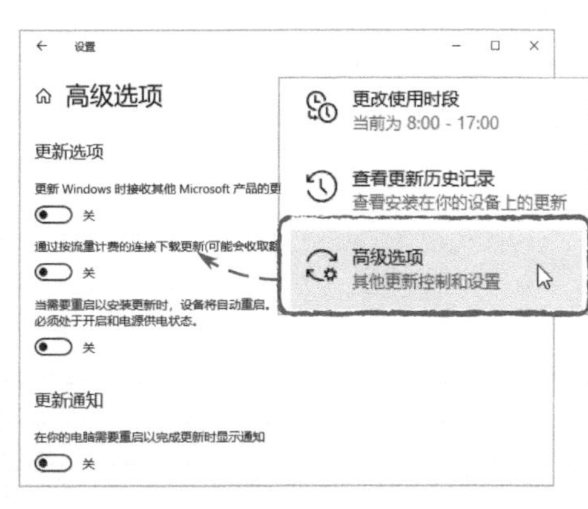

图9-14　　图9-15

在“暂停更新”选项组中，可以设置暂停时间，还可以设置安装的延后时间，如图9-16所示。

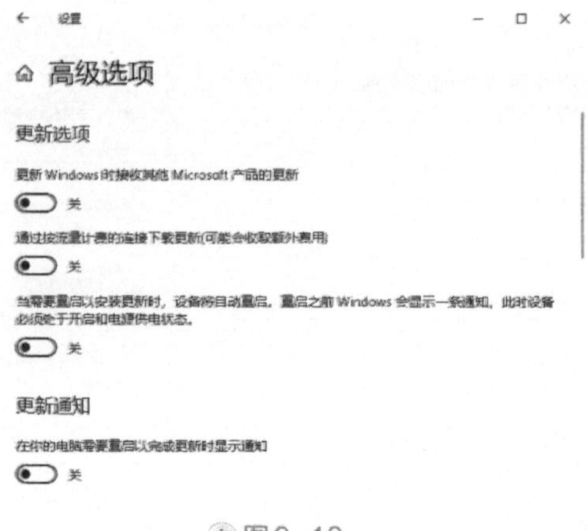

图9-16

9.3 设置Windows10防火墙

为了保障系统安全性，除了使用杀毒软件外，还需要使用防火墙。在Windows 7及以后的版本中，系统自带了防火墙功能，非常好用。

9.3.1 防火墙的启动和关闭

Windows10的防火墙可以手动启动和关闭，下面介绍设置方法。

使用【Win+I】组合键，启动“Windows设置”界面，单击“更新和安全”按钮，在“更新和安全”界面中，选择“Windows安全中心”选项，在右侧的“保护区域”选项组中，选择“防火墙和网络保护”选项，如图9-17所示。

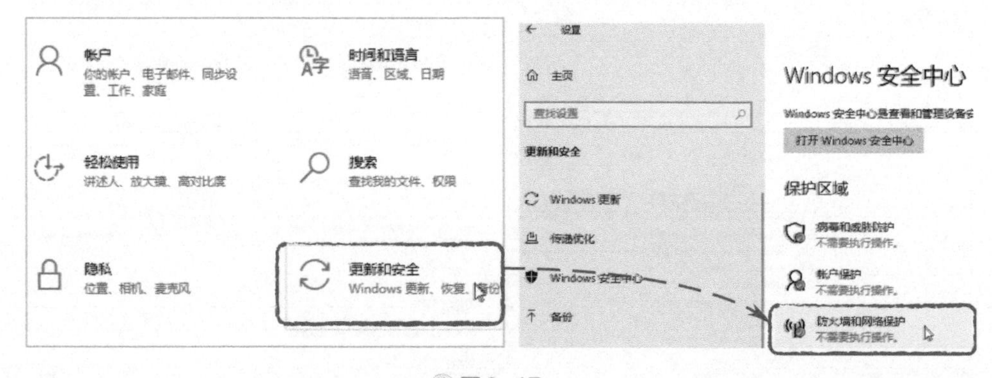

图9-17

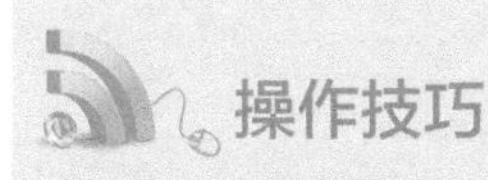

操作技巧

所谓防火墙指的是由软件和硬件设备组合而成，在内部网和外部网之间、专用网与公共网之间的连接点上构造的保护屏障，从而保护内部网免受非法用户的侵入。专业级防火墙主要由服务访问规则、验证工具、包过滤和应用网关四个部分组成。计算机中的防火墙就是一个位于计算机和它所连接的网络之间的软件或硬件，该计算机流入流出的所有网络通信和数据包均要经过此防火墙。

系统防火墙的主要作用是管理计算机内部程序联网以及防止外部网络攻击用户计算机。虽然有很多第三方防火墙软件，但Windows10集成的防火墙在全面性以及专业性方面丝毫不会逊色于其他的专业防火墙软件。

Windows默认给不同的网络使用不同的防火墙，这里根据域环境、专用网络和共有网络有3个防火墙，默认都是启动的。以现在使用中的“专用网络”为例，单击该名称，如图9-18所示。在打开的界面中，可查看到当前的网络连接。这里单击防火墙的“开”按钮，可以关闭该网络的防火墙，如图9-19所示。如果是关闭状态，再次单击该按钮，可以再次打开该防火墙。其他防火墙的设置也是这样。

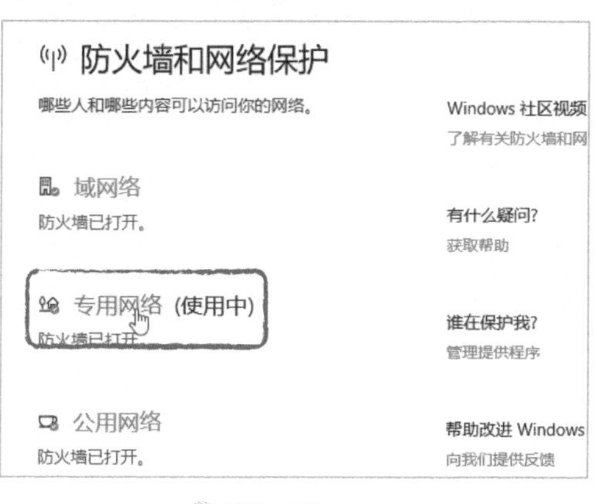

图9-18

图9-19

9.3.2　防火墙程序访问设置

防火墙之所以能够防御威胁，其实是使用其中的访问规则，按照规则对网络实现控制，以达到隔绝威胁的目的。那么防火墙如何设置访问规则呢?

首先启动“防火墙和网络保护”界面，单击“允许应用通过防火墙”链接，如图9-20所示。在启动后的“允许的应用”界面中，可在主窗口看到很多程序，其右侧有对应的网络访问控制复选框，包括了“专用”及“公用”两个防火墙。此时是不能控制的，需要单击“更改设置”按钮，如图9-21所示。

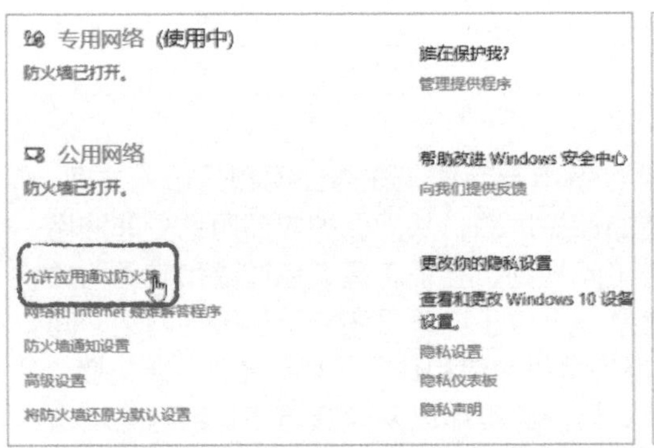

图9-20

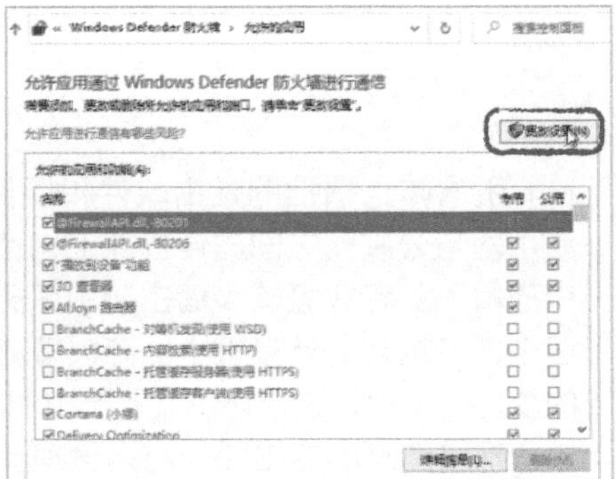

图9-21

用户可以向下翻页，查找需要控制的应用程序，比如可以找到“3D查看器”，取消勾选当前“专用”网络的允许访问，如图9-22所示。单击“确定”按钮，此时再启动3D查看器，就可看到该程序已经无法访问网络了，如图9-23所示。

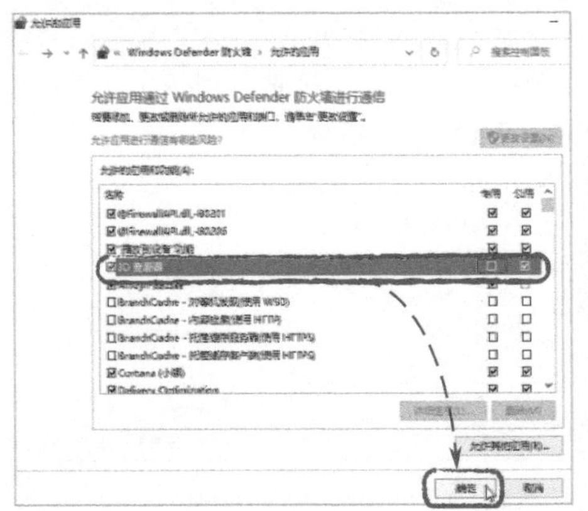

图9-22

图9-23

操作技巧

在“传入连接”中有个复选框可以组织所有传入连接。勾选了该选项后，像PING等主动传入的功能就被禁止了，在一定程度上，也提高了安全性，但是可能会对部分软件造成影响。用户可以开启后进行测试即可。

9.3.3 防火墙高级访问规则设置

除了简单的访问规则外，Windows10中也集成了企业级的路由器访问设置。可进行出入站规则的制定。下面以常用的出站规则为例介绍其设置方法。

启动到“Windows安全中心”界面中，选择并启动“高级设置”选项，如图9-24

所示，在随后弹出的帐户控制中，单击“是”按钮，如图9-25所示。

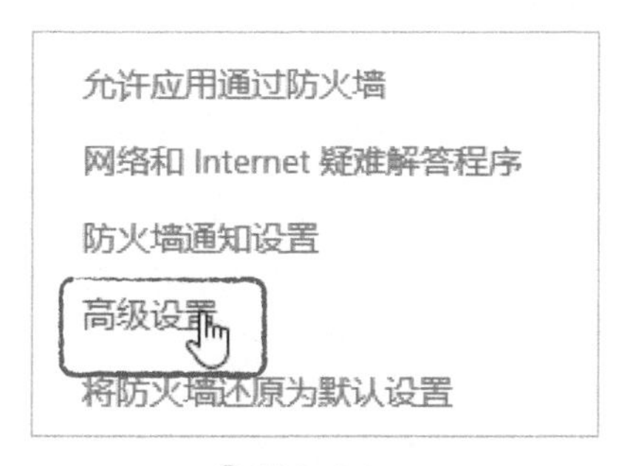

图9-24

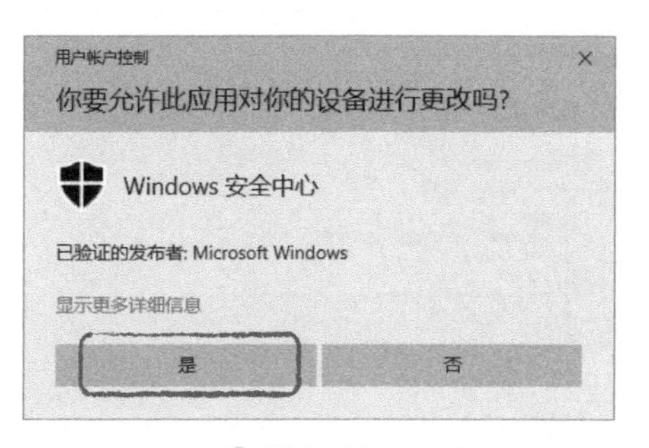

图9-25

在“高级安全Windows Defender防火墙”界面中，选择左侧的“出站规则”选项，并单击其右侧“操作”列表中的“新建规则”按钮，如图9-26所示。打开“新建出站规则向导”界面，在此可以控制程序、端口、预定义或者自定义的规则。这里以QQ为例，测试下规则。选择“程序”，单击“下一步”按钮，如图9-27所示。

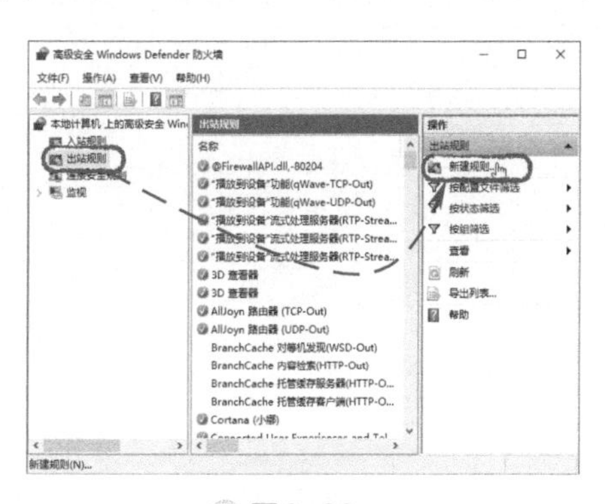

图9-26

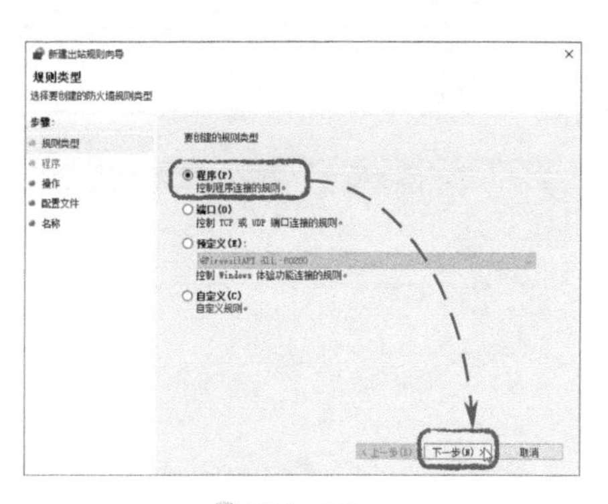

图9-27

选择QQ程序所在路径后，单击“下一步”按钮，如图9-28所示。在下一步向导界面中，选择“阻止连接”，单击“下一步”按钮，如图9-29所示。

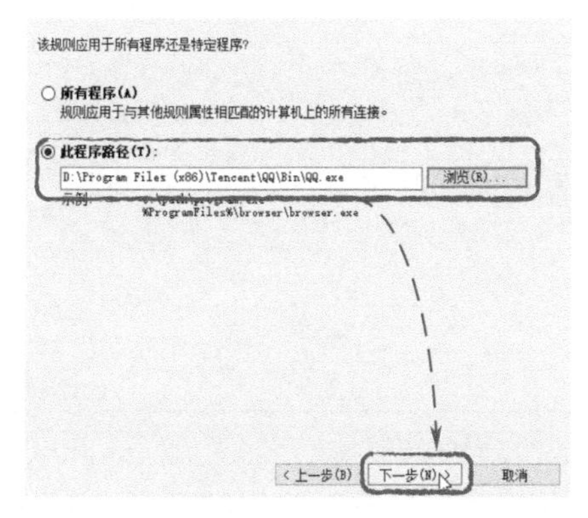

图9-28

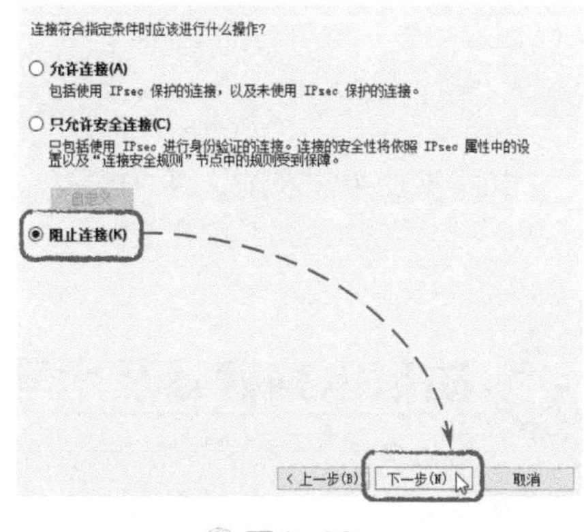

图9-29

在“何时应用该规则”向导界面中，勾选所有网络，单击“下一步”按钮，如图9-30所示。设置名称及描述，单击“完成”按钮，如图9-31所示。

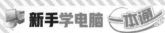

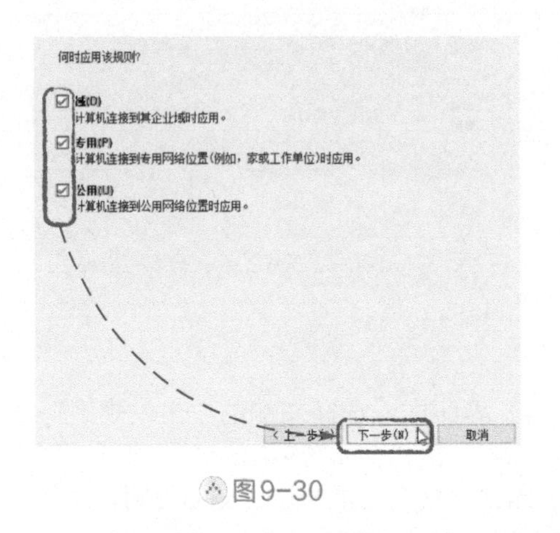

图9-30

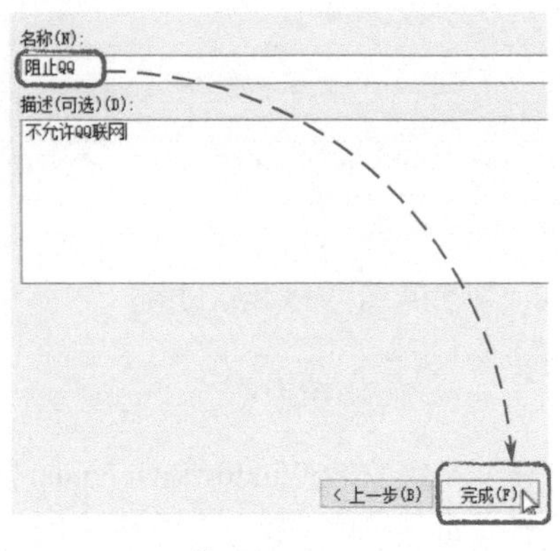

图9-31

此时在中间的“出站规则”中可以查看到该规则。双击即可查看规则以及修改规则，如图9-32所示。启动QQ后，输入用户名和密码，可以看到QQ已经不能联网了，如图9-33所示。

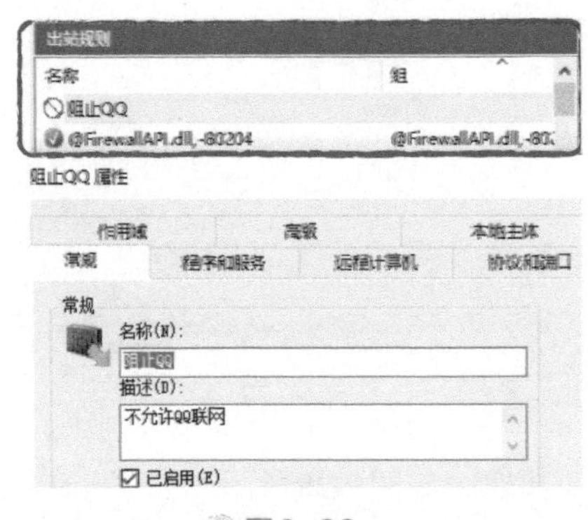

图9-32

图9-33

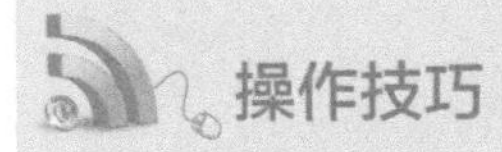

操作技巧

如果不使用该规则，可以删除。如果仅某段时间不使用，可禁用该规则。

9.4 防范电脑病毒及木马

现在电脑的主要威胁基本来自于网络，而病毒及木马是主要的形式。下面将介绍病毒、木马的一些知识，以及杀毒防御软件的使用方法。

9.4.1 病毒和木马简介

从本质上讲，病毒和木马都是人为编写的恶意程序。病毒和木马是两种不同的概念。简单说，病毒是以破坏系统为目的，而木马是以窃取用户资料并获利为目的。两者的界线现在已经越来越不明显了。

（1）病毒

计算机病毒在指编制者在计算机程序中插入的破坏计算机功能或者数据的，影响计算机使用并且能够自我复制的一组计算机指令或者程序代码。与医学上的“病毒”不同，计算机病毒不是天然存在的，是某些人利用计算机软件和硬件所固有的脆弱性编制的一组指令集或程序代码。它能通过某种途径潜伏在计算机的存储介质里，当达到某种条件时被激活，通过修改其他程序的方法将恶意代码或程序放入其他程序中，从而感染这些程序。如前些年比较肆虐的“熊猫烧香”，是病毒的典型代表。

（2）木马

木马这个名字来源于古希腊传说，即代指“特洛伊木马”。它是指通过一段特定的程序来控制另一台计算机。

木马通常有两个可执行程序：一个是客户端，即控制端；另一个是服务端，即被控制端。植入被种者电脑的是“服务器”部分。被种者的电脑就会有一个或几个端口被打开，使黑客可以利用这些打开的端口进入电脑系统，安全和个人隐私也就全无保障了。木马的设计者为了防止木马被发现而采用多种手段隐藏木马。木马的服务一旦运行并被控制端连接，控制端将享有服务端的大部分操作权限，例如给计算机增加口令，浏览、移动、复制、删除文件，修改注册表，更改计算机配置等。

现在的主流木马程序主要用来盗取用户有价值的游戏账号、银行账号、隐私等，从而获取经济利益。

9.4.2 火绒安全软件的使用

火绒安全软件是一款杀防一体的安全软件，分个人产品和企业产品，拥有全新的界面、丰富的功能和完美的体验。特别针对国内安全趋势，自主研发高性能病毒通杀引擎，由前瑞星核心研发成员打造。火绒的主要特色就是简单易用，一键安装，大众用户即可获得安全防护。编写规则，分析病毒，电脑极客也能玩转其中。其主要优势如下。

- 干净：无任何具有广告推广性质的弹窗和捆绑等打扰用户的行为。
- 简单：一键下载，安装后使用默认配置即可获得安全防护。
- 轻巧：占用资源少，不影响日常办公、游戏。
- 易用：产品性能经历数次优化，兼容性好，运行流畅。

（1）火绒的下载与安装

用户可以到火绒官网进行软件的下载，如图9-34所示。下载完毕后，按照正常安装软件的方法安装即可，如图9-35所示。

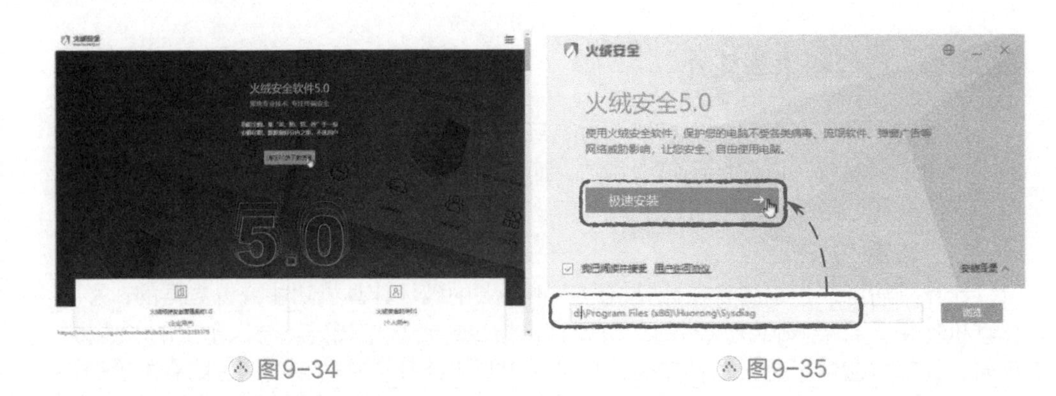

图9-34　　图9-35

（2）使用火绒软件杀毒

火绒安全软件的最主要作用就是防毒杀毒，所以下面介绍下如何使用该软件进行杀毒。

启动软件后，在主界面中，单击“病毒查杀”按钮，如图9-36所示。在弹出的界面中，单击“全盘查杀”按钮，如图9-37所示。

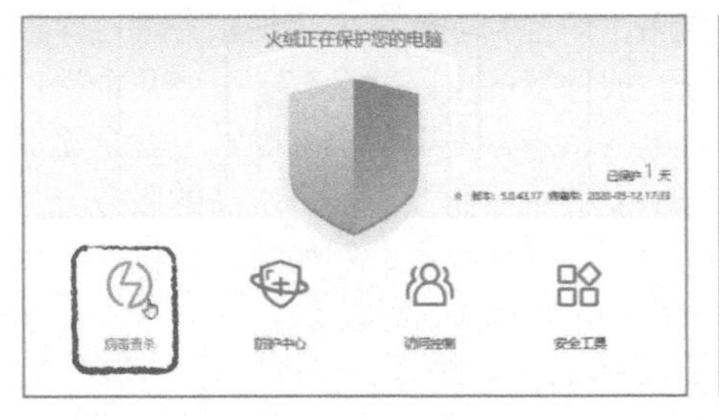

图9-36

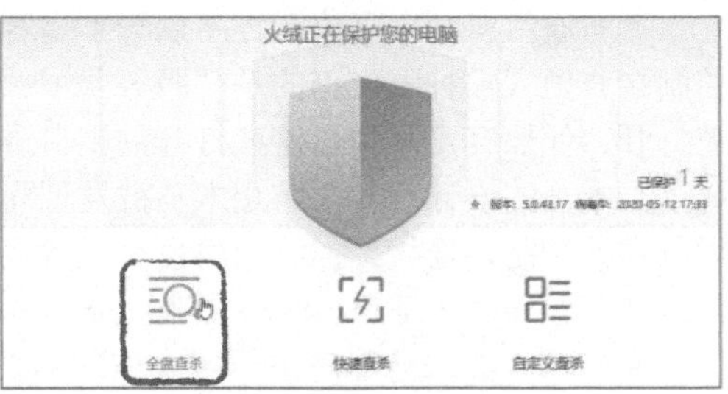

图9-37

操作技巧

一般杀毒都有全盘、快速和自定义。快速查杀是查杀一些电脑关键区域，一般是系统的一些工作区。这样，保证电脑正常运作，没有病毒侵扰。快速查杀可以在有需要的时候启动。全盘查杀主要针对电脑中所有文件进行查杀，比较费时间，建议定期做下全盘查杀即可。自定义查杀，可以根据实际情况，选择一些经常下载的目录进行查杀，如图9-38所示。其实，最常用的就是在需要杀毒的文件夹或者文件上，单击鼠标右键，选择“使用火绒安全进行杀毒”，如图9-39所示。

全盘查杀会对引导区、系统进程、启动项、驱动、组件、关键位置以及本地磁盘文件，进行文件和病毒库的对比工作，也就是进行杀毒操作，如图9-40所示。

图9-38　　图9-39

如果实行无人值守杀毒，可勾选“查杀完成后自动关机”复选框。在杀毒过程中，可随时停止。杀毒完毕后，有病毒则会提示，并放入隔离区。没有发现病毒木马，则弹出完成提示，单击“完成”按钮完成杀毒，如图9-41所示。

图9-40　　图9-41

（3）设置安全防护

火绒除了杀毒，还可以防毒，实时监控正在使用的文件安全性以及用户操作。

在主界面中，启动“防护中心”功能，在弹出的防护中心选项中，可以设置对应的监控项目，在“病毒防护”选项中，有文件监控、恶意行为、U盘保护、下载保护、邮件监控、Web扫描，如图9-42所示。

图9-42　　图9-43

“系统防护”主要针对系统，包括加固软件安装拦截、摄像头保护、浏览器保护、联网控制等，如图9-43所示。“网络防护”主要针对网络中的网络入侵、对外攻击、僵尸网络、远程登录、Web服务保护以及恶意网址拦截。“高级防护”主要针对高级用户。单击后面的启动按钮，即可启动该功能。如果需要详细设置，则单击对应的选项名字。

（4）其他设置

除了杀毒和防御外，火绒还提供了访问控制以及各种安全工具，如图9-44、图9-45所示。

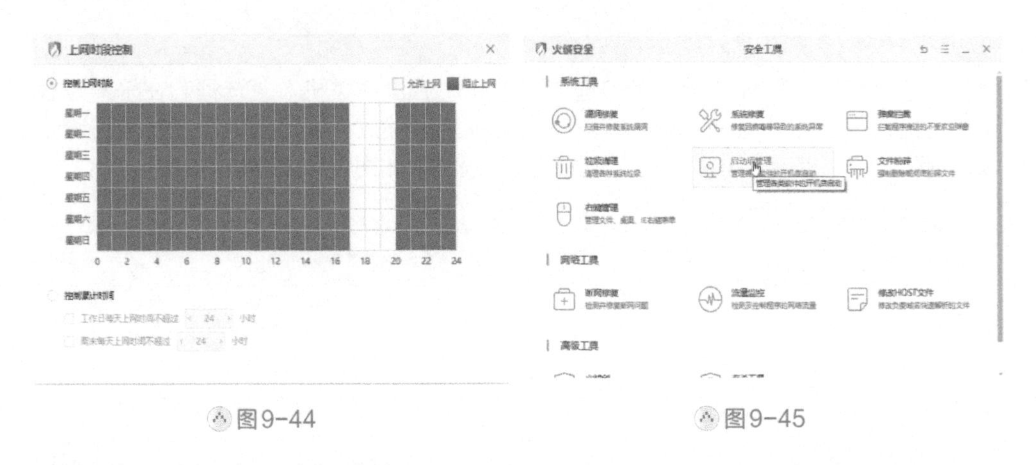

图9-44　　图9-45

9.5 使用任务管理器

扫一扫 看视频

任务管理器提供了有关计算机性能的信息，并显示了计算机上所运行的程序和进程的详细信息。如果连接到网络，那么还可以查看网络状态并了解网络是如何工作的。在Windows10中任务管理器还提供了管理启动项的功能，它是维护计算机的主要手段之一。下面针对任务管理器的具体功能进行介绍。

9.5.1 进程管理

Windows将每个程序看作一个或者一组进程。首先介绍下Windows10任务管理器的进程管理功能，使用【Shift+Ctrl+Esc】组合键可以快速调出任务管理器。

在“进程”选项卡中，可以查看到当前运行的应用信息以及后台进程信息，包括CPU的利用率、内存的使用率、磁盘及网络的使用情况。在进程上单击鼠标右键，可以结束进程，如图9-46所示。

除了结束进程，用户可以打开该应用的位置，也可以查看常见信息。在任务管理器中还可以启动程序，如图9-47所示。

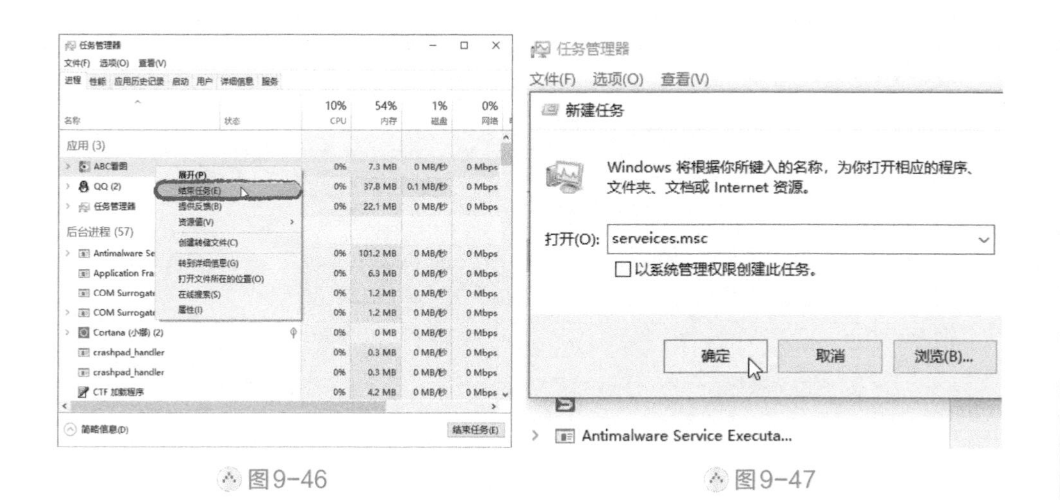

图9-46　　　　图9-47

9.5.2 性能管理

性能选项卡的功能在之前的章节已做过介绍。它可以查看到CPU、内存、磁盘、网络、显卡等硬件信息，如图9-48所示；还可以将界面简洁化，用来实时监控硬件的使用情况，如图9-49所示。

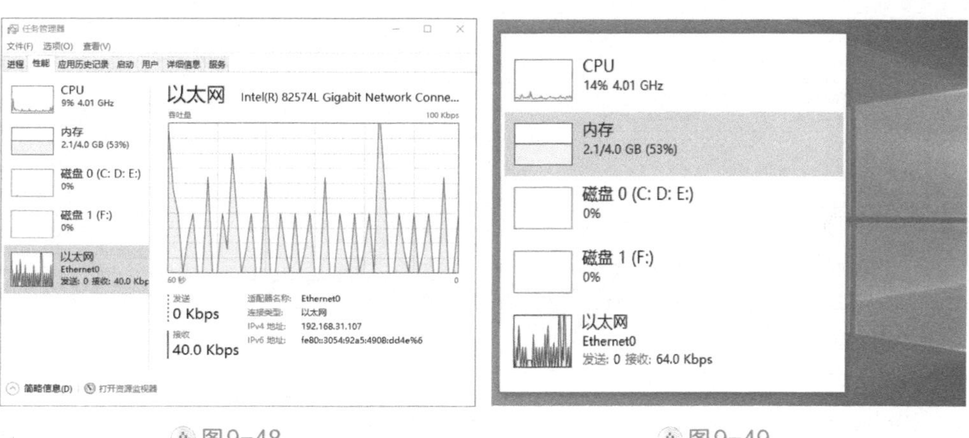

图9-48　　　　图9-49

9.5.3 应用历史记录

历史记录的作用是查看各应用程序的使用记录和总消耗记录。在平板电脑等移动设备上用户监控程序对资源的消耗。在应用程序上右击鼠标，选择“切换到”选项，可直接启动该程序，如图9-50所示。为了保护隐私，用户可以选择“删除使用情况历史记录”选项删除记录，如图9-51所示。

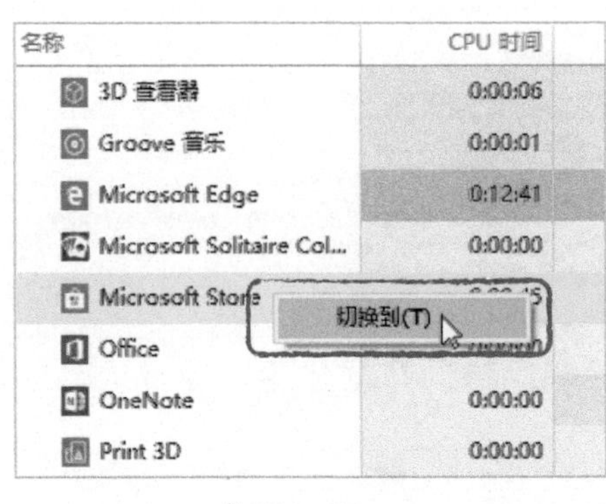

图9-50

图9-51

9.5.4 启动管理

在启动管理中显示了当前系统启动时，除了操作系统外还启动了哪些程序。若启动速度慢，可以在对应的启动项上单击鼠标右键，选择“禁用”选项，不让该程序开机加载，如图9-52所示。

Windows10是一个多用户系统，通过“用户”选项卡可以管理其他用户运行的任务。选择用户后，可以直接切换到对应用户登录界面，或者注销当前用户，如图9-53所示。

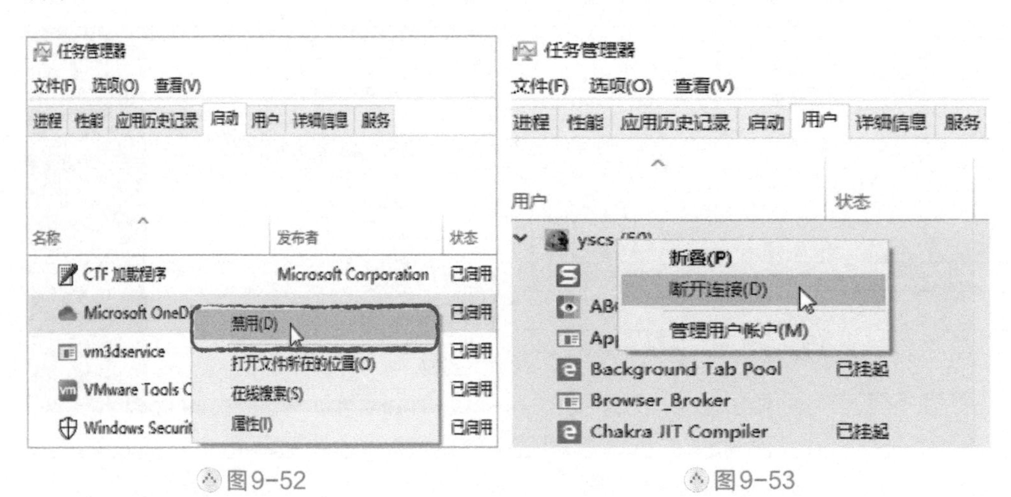

图9-52

图9-53

9.5.5 其他任务管理

在“详细信息”选项卡中可以查看到更加详细的进程信息，并且可以实现更专业的操作，如图9-54所示。在“服务”选项卡中，可以对系统服务进行启动、停止等操作，如图9-55所示。

图9-54　　图9-55

9.6 系统高级管理

系统配置管理工具是专门用来设置系统的工具，它可以优化服务、管理启动内容等。此外，还可以通过本地安全策略和本地组策略进行高级管理。

9.6.1 系统配置管理程序

系统配置实用程序（msconfig）可以管理启动方式，管理系统服务，查看启动信息等。下面着重介绍具体的应用和设置步骤。

使用【Win+R】组合键启动“运行”界面，输入“msconfig”后单击“确定”按钮，如图9-56所示，接下来会弹出工具主界面，如图9-57所示。

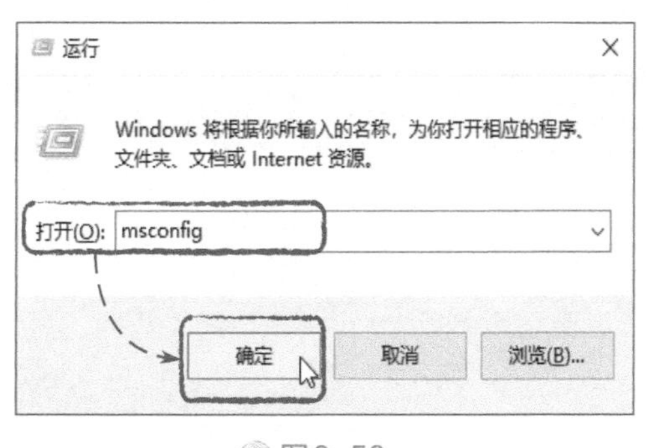

图9-56

图9-57

在该界面中有3种启动方式，分别为正常启动、诊断启动和选择性启动。其中正常启动为默认的设置，正常开机并加载所有驱动和服务；诊断启动：启动时只加载必需的硬件驱动和系统服务，类似于安全模式；选择性启动：由用户设定开机时加载的程序和服务。

在“引导”选项卡中，可以设置系统的配置选项和高级调试设置，如图9-58所示，如果安装了双系统或多系统，可以设置默认进入的系统以及菜单等候时间等，适合高级用户使用。

在“服务”选项卡中，设置开机后启用或禁用哪些服务。由于服务包括系统服务和用户自己的服务，所以尽量不要禁用系统服务。用户最好勾选“隐藏所有Microsoft服务”，只列出用户的服务。在用户的服务中，如果要禁用服务，可以取消选中服务前的复选框；如果要启用，选中复选框即可，如图9-59所示。完成后单击“确定”按钮。

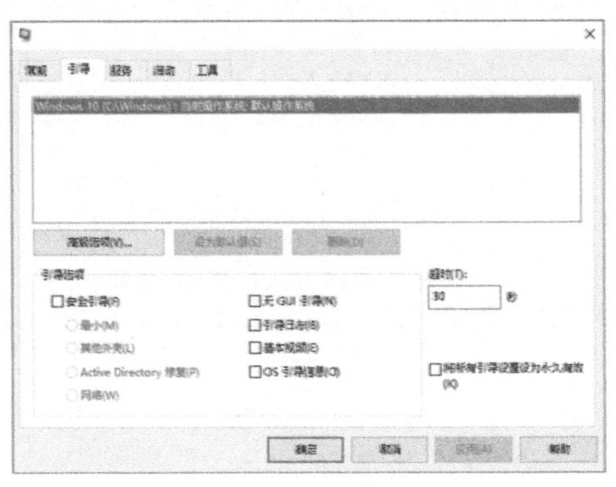

图9-58

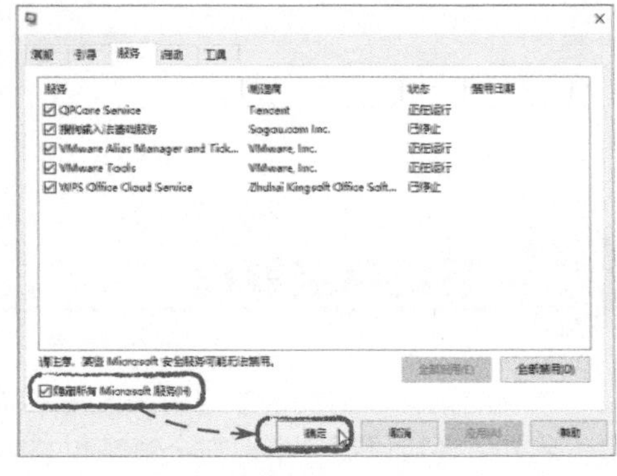

图9-59

在“启动”选项卡中单击“打开任务管理器”按钮，可打开任务管理器，在此可使用任务管理器来管理启动项，如图9-60所示。

在“工具”选项卡中，列出了系统中的许多常用工具软件。选中后单击“启动”按钮，即可启动相应的系统工具，如图9-61所示。在“选中的命令”路径文本框中，可以查看到程序的位置信息。

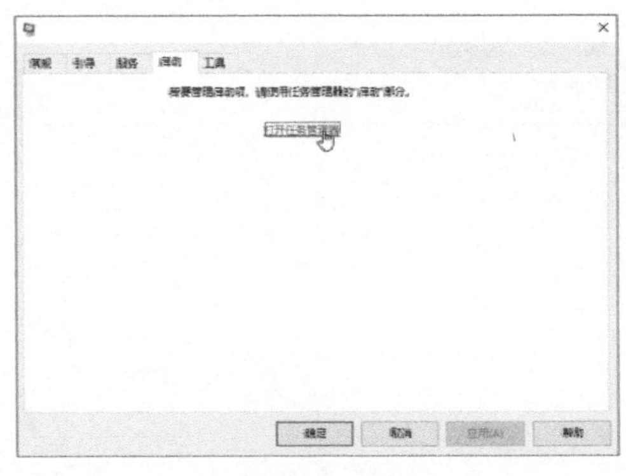

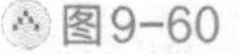

图9-60

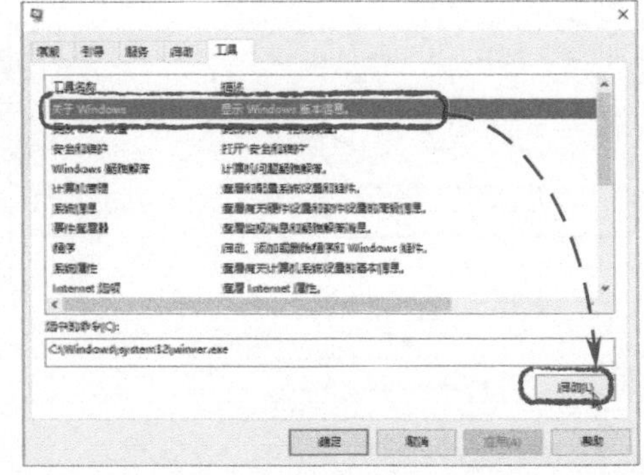

图9-61

9.6.2 优化系统服务

计算机服务是一种应用程序类型，它在后台运行。服务应用程序通常可以在本地和通过网络为用户提供一些功能，例如客户端/服务器应用程序、Web服务器、数据库服务器以及其他基于服务器的应用程序。

在控制面板中单击“管理工具”链接按钮，如图9-62所示。在列表中找到并双击“服务”按钮，如图9-63所示。

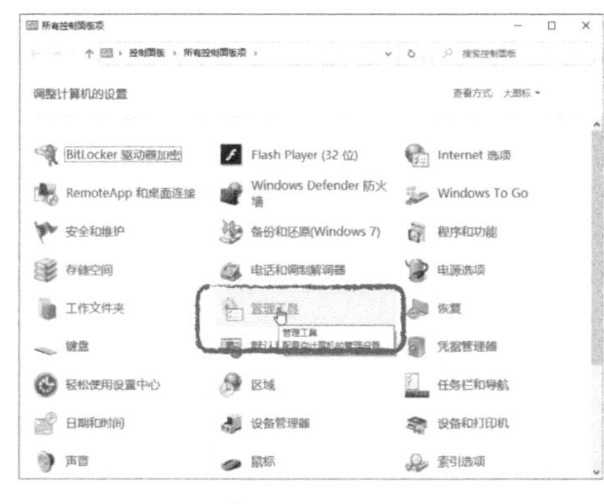

图9-62

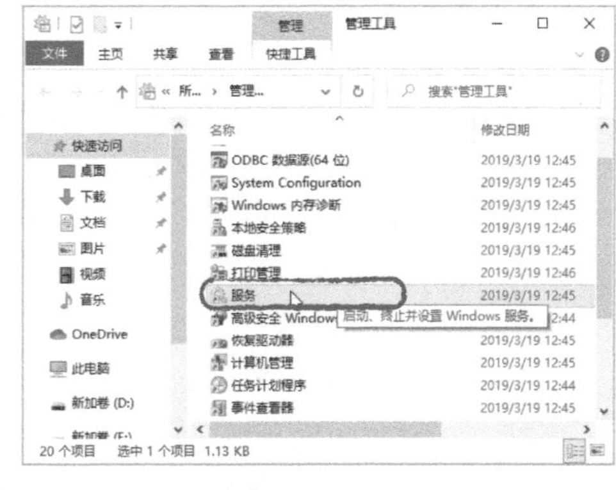

图9-63

比如在服务界面中找到并打开“Windows Update”选项，如图9-64所示。其默认启动类型是“手动”，用户可以更改其启动模式，如图9-65所示。

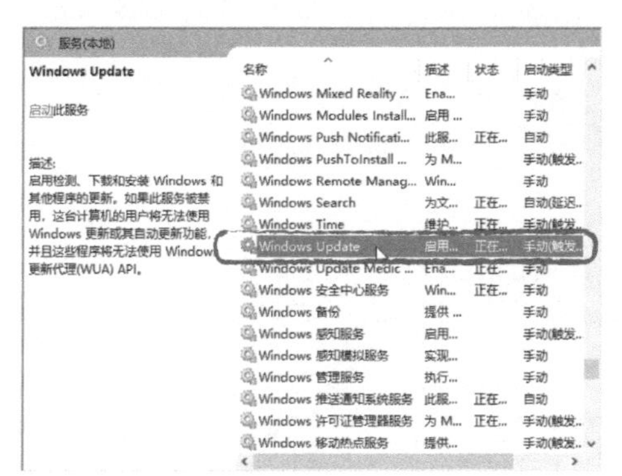

图9-64

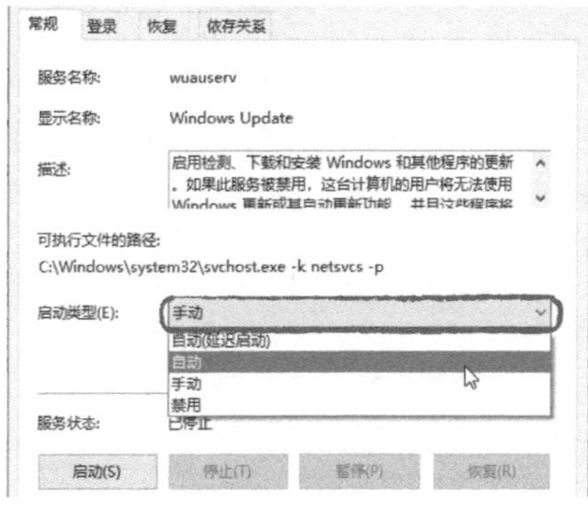

图9-65

操作技巧

“手动”指必须用户自行启动，关机重启后不自动运行；“自动”指开机后，服务自动运行；“禁用”表示该服务禁止使用，必须管理员解禁后才能使用。“延时启动”指在进入系统多少时间后启动该服务。如果“启动”是灰色不可操作状态，此时的启动类型有可能是“禁用”。首先应将启动类型调节为其他方式，如“自动”，单击“应用”按钮后，按钮变为可操作状态，即可启动。

如果当前需要启动服务，则单击“启动”按钮，“停止”和“暂停”按钮也是一样的操作，都是立即生效。启动类型则是指下次启动后，该服务的默认状态。

通过关闭一些不使用的服务，可以加快系统的速度。但是，用户一定要谨慎操作。因为结束的服务有可能关系到其他服务的启动，直接影响到系统的安全和稳定性。下面罗列了一些不常用的安全服务，用户可关闭它们来提升系统的性能。

- IP Helper：如果用户的网络协议不是IPV6，建议关闭此服务。
- IPsec Policy Agent：使用和管理IP安全策略，建议普通用户关闭。
- System Event Notification Service：记录系统事件，建议普通用户关闭。
- Print Spooler：如果用户不使用打印机，建议关闭此服务。
- Windows Image Acquisition（WIA）：如果不使用扫描仪和数码相机，建议关闭此服务。
- Windows Error Reporting Service：当系统发生错误时提交错误报告，建议关闭此服务。

9.6.3 本地安全策略

高级用户可以通过设置本地安全策略来设置所有与安全有关的策略，如“帐户策略”“本地策略”“高级安全Windows防火墙”以及“密钥”等。下面将简单介绍本地安全策略的查看、设置等操作。

首先进入“管理工具”界面中，双击启动“本地安全策略”，如图9-66所示。弹出“本地安全策略”主界面，在左侧目录中依次展开“帐户策略>密码策略”，选择“密码最长使用期限”选项，如图9-67所示。

图9-66

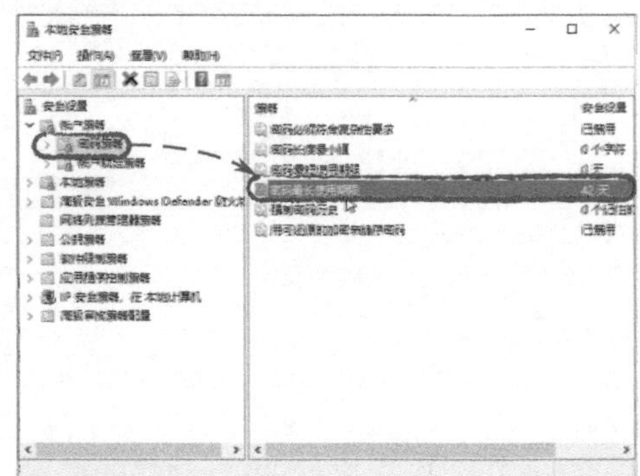

图9-67

双击该选项可以设置密码过期时间。切换到“说明”选项卡中可以查看该项的说明，如图9-68所示。切换到“本地安全设置”选项卡，设置过期时间，如图9-69所示。单击“确定”按钮，完成密码时间的设置。

这样就可以保证密码的安全了。其他的密码策略有：启动复杂性要求以及密码长度最小值，如图9-70、图9-71所示。

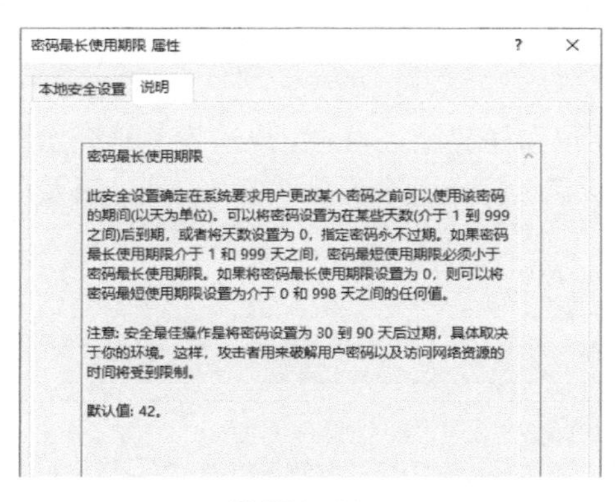

图9-68

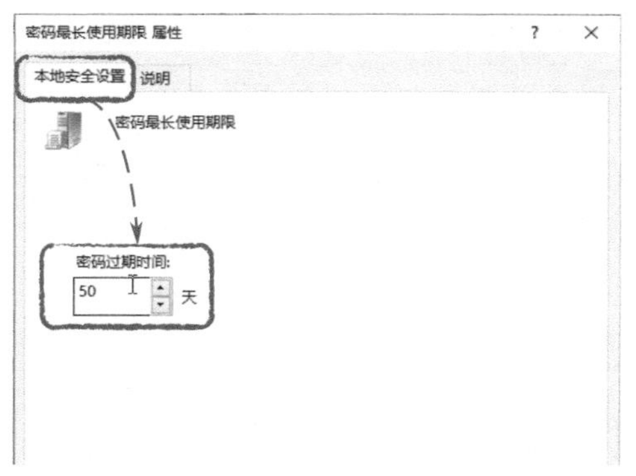

图9-69

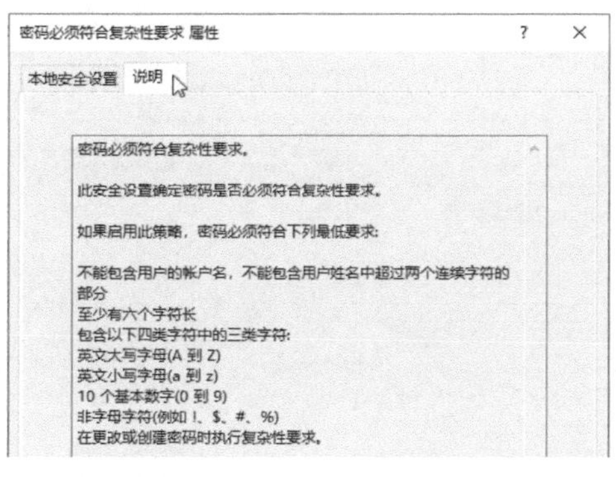

图9-70

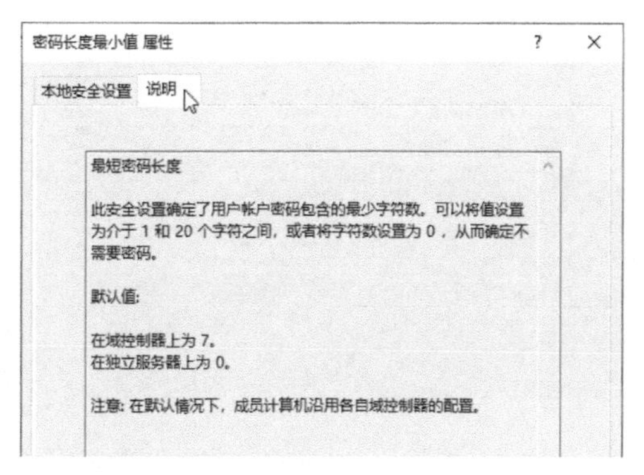

图9-71

9.6.4　本地组策略

通过对本地组策略的设置，可以对系统中几乎所有软硬件实施管理，全面提升系统安全性。

首先使用【Win+R】组合键，在“运行”中，输入“gpedit.msc”，单击“确定”按钮，如图9-72所示。

在“本地组策略编辑器”中，共分为“计算机配置”和“用户配置”两项，如图9-73所示。计算机配置针对某台计算机生效，不考虑是谁在使用这台计算机；用户配

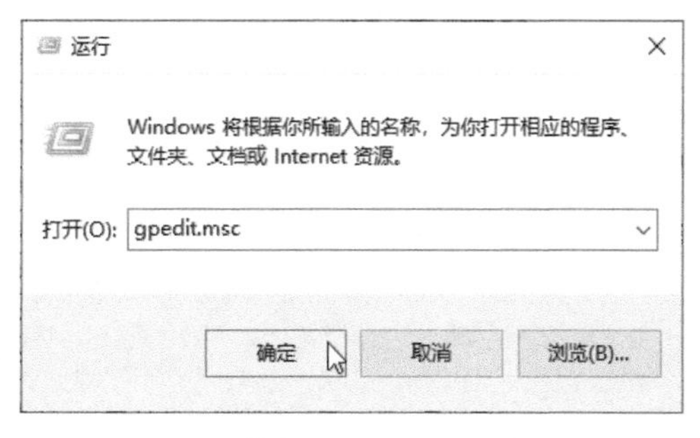

图9-72

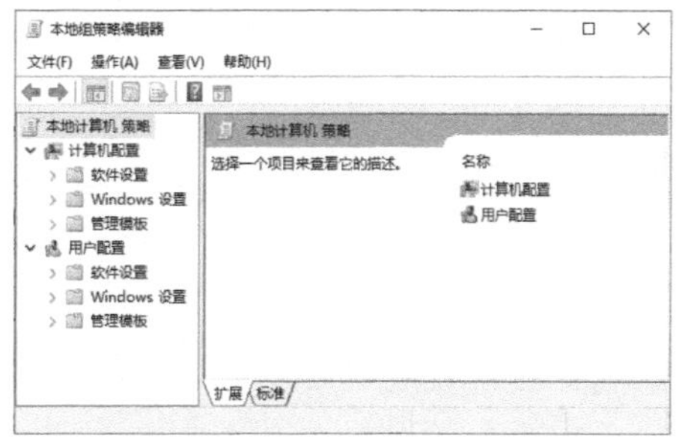

图9-73

置针对当前登录的用户生效，如果用户配置和计算机配置有冲突，一般以计算机配置优先。

比如，在“用户配置>管理模板>开始菜单和任务栏”中，可以设置关于开始菜单和任务栏的设置，如图9-74所示。用户可以启动任意一个配置来查看说明，以及启动该功能配置，如图9-75所示。

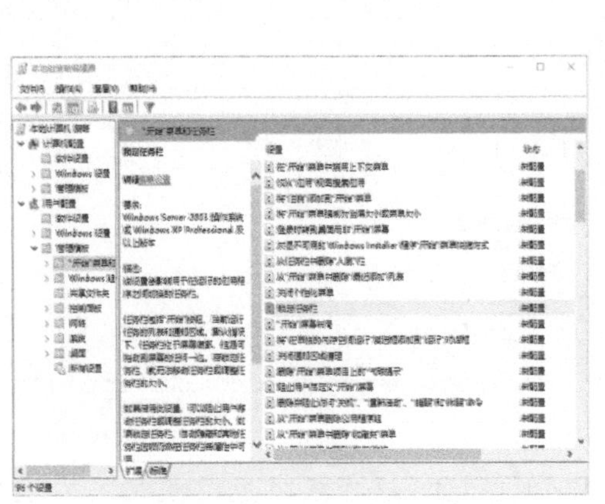

图9-74

图9-75

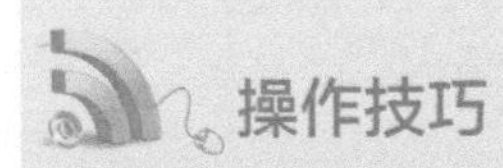

操作技巧

本地组策略编辑器的功能十分强大，可以设置“开始菜单和任务栏”“Windows组件”“共享文件夹”“控制面板”“网络”“系统”“桌面”以及“所有设置”等功能设置。用户在这里设置后，即可实现对应的功能。相比于第三方安全软件，本地组策略编辑器的功能更加强大和完善，缺点就是不容易查找，而且更改后，需要用户牢记，以免影响功能的正常使用。

上网体验篇

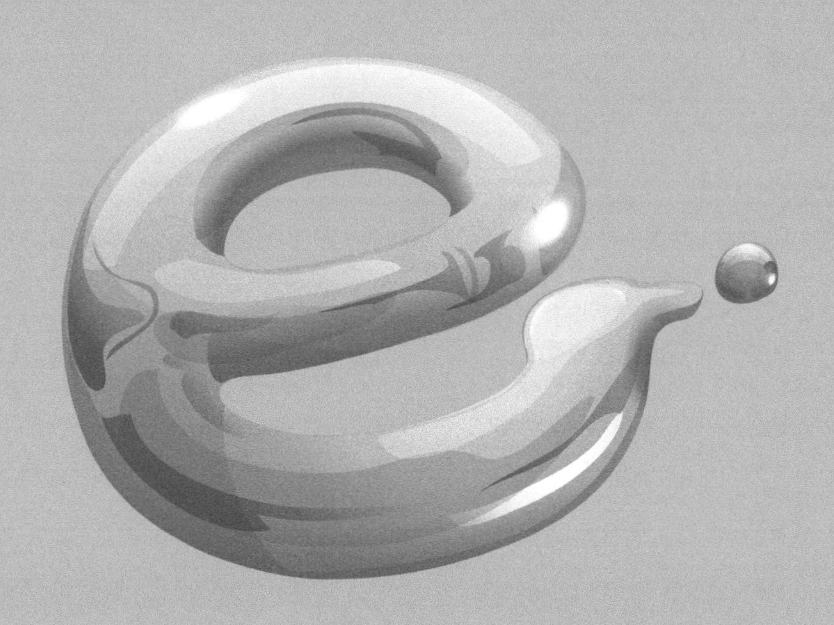

第10章 互联网的连接与使用

内容导读

随着互联网基础设施的完善和发展，电脑的应用也从简单的单机扩展到依附于互联网的更丰富的功能。本章将向读者介绍互联网的连接与基本使用。

学习要点

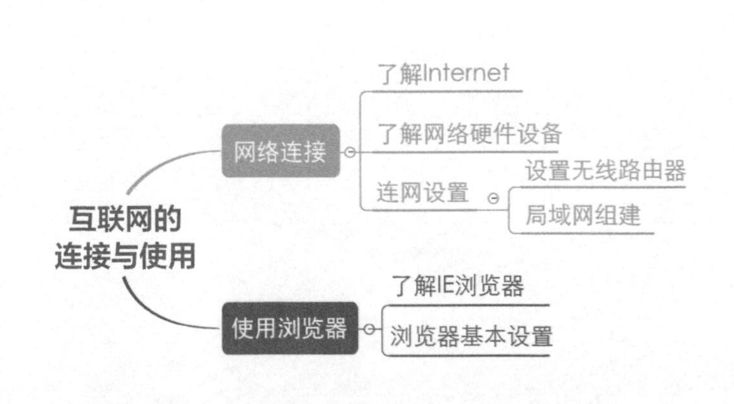

10.1 Internet简介

日常生活中我们经常听说Internet，那么Internet到底是什么？它与日常使用的网络，包括局域网，有什么区别呢？本节将针对这两个问题来进行解答。

10.1.1 什么是Internet

Internet即因特网，也就是人们常说的互联网，是将不同城市甚至是不同国家的网络串联整合的庞大网络，这些网络以一组通用的协议相联，形成逻辑上的单一巨大国际网络，从而实现资源的共享。其实就是很多电脑、服务器、终端组成的局域网，通过各种网络设备和运营商，将全球的网络连接起来，组成最大的网络，就叫做Internet。

10.1.2 如何接入Internet

每个国家都有网络运营商，专门用于处理网络的接入、互联、转发、故障排除、运行维护、设备升级等。所以要接入Internet，需要自己购买上网设备，然后与运营商联系，将网线、光纤等接入家中，就可以连接到Internet了。

关于用户需要准备的设备将在下节介绍。下面介绍几种常见接入方式。

（1）ADSL接入方式

ADSL即非对称数字用户线路，因具有下行速率高、频带宽、性能优等特点而深受广大用户的喜爱，成为继Modem、ISDN之后的一种更快捷、更高效的接入方式。

该接入方式可以利用ADSL Modem，通过现有固定电话网的电缆资源，可以在不影响正常电话通信的情况下，通过一条电话线，同时实现电话通信、数据业务互不干扰。要使用ADSL方式上网，用户只需从电信部门办理ADSL上网业务，并选择相应的消费方式即可，非常方便。但是带宽较低，而且现在一般家庭已经基本没人使用固定电话了。

（2）PAN接入方式

小区宽带，LAN方式接入，利用以太网技术，早期使用光纤到楼或者到单元，然后使用双绞线入户。现在都改成了光纤入户的模式。如果用户所在的小区已经安装了小区专线，就可以使用这种上网方式。

（3）PON（光纤）接入方式

与ADSL相比，光纤宽带拥有更高的上行和下行速度，可实现高速上网体验。光纤是宽带网络中多种传输媒介中最理想的一种，它的特点是传输容量大、传输质量好、损耗小、中继距离长等。该接入方式适合已做好或便于综合布线及系统集成的住宅与商务楼宇等。

（4）DDN专线接入

DDN数字数据网是利用光纤、微波、卫星等数字传输通道和数字交叉复用节点组成的数据传输网，具有传输质量好、速率高、网络时延小等特点，适合于计算机主机之间、局域网之间、计算机主机与远程终端之间的大容量、多媒体、中高速通信的需要。该接入方式安全性和保密较高，便于企业在互联网上建立网站、树立企业形象、服务广大客户。

（5）无线接入

无线技术是有线接入技术的一种延伸，使用无线收发技术来传输数据。既可达到建设计算机网络系统的目的，又可让设备自由安排和移动。在公共开放场所或者企业内部，无线网络一般会作为已存在的有线网络的一个补充方式。网络终端通过无线技术即可接入到Internet中。

10.1.3 家庭常用网络硬件设备

家庭网络主要由电脑、手机等终端以及各种网络设备组成，那么这些网络设备的功能是什么呢?

（1）光猫

准确地说，光猫是运营商的设备，如图10-1所示，由运营商向网络设备厂商定制，集成了很多功能。它的主要作用是将数字信号转换为光信号发送出去，或者将接收到的光信号转换成数字信号。而现在的光猫，也分为只具有转换功能的光猫，以及带有无线功能、路由器功能的无线光纤猫。一些运营商还将端口分类，有些接口只能给IPTV使用等。但是大部分光纤猫仅作为普通光猫使用，而将无线功能和其他功能都屏蔽了。

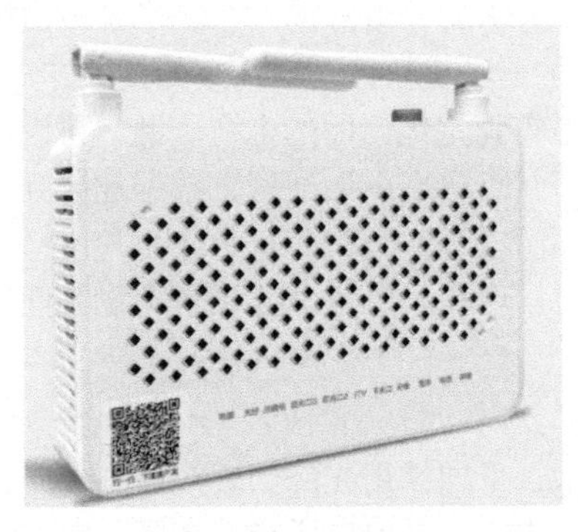

图10-1

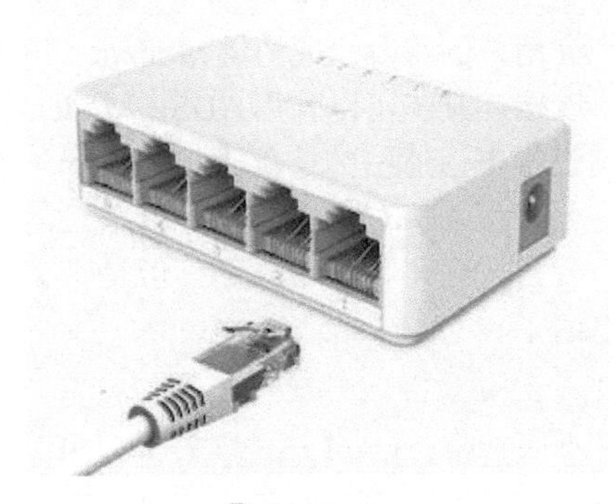

图10-2

（2）无线路由器

家庭中一般没有那么多有线连接，所以多口交换机基本用不到，如图10-2所示。而普通路由器，如图10-3所示，因为不带无线功能，也逐渐淘汰。现在家庭最常使用的就是无线路由器，如图10-4所示。

（3）网线

网线是连接网络设备的，用于在网络设备之间传输数据使用的介质。现在基本从超5类起步，6类如图10-5所示，超6类如图10-6所示，成为现在家庭组网布线所必选的网线类型。

图10-3

图10-4

图10-5

图10-6

（4）应用终端

包括使用网络的各种设备，如有线连接的电脑、摄像机等，无线连接的手机、笔记本电脑、无线音箱、智能电视、智能终端等。

新手误区

无线挺好，为什么还要有线？这要根据网络应用来说。普通的视频、聊天等网络应用，是无所谓的。但一些对网络环境要求更高，如要求低掉包率、低延时的游戏等应用来说必须要有线网络。

10.2 网络连接

用户在运营商办理了上网业务后，运营商会给用户提供用于上网验证的上网账号和密码，当运营商工作人员将光纤接入用户家中后，会帮助用户安装好光猫。

扫一扫 看视频

10.2.1 PPPoE拨号上网

用户用网线将光猫与自己的上网设备相连接，就可以通过PPPoE

验证，从而开始“冲浪”之旅。网线连接电脑，电脑启动PPPoE进行验证即可。

首先还是需要用网线连接光猫的LAN口和电脑的网口，启动电脑后，单击右下角的网络图标，选择“网络和Internet设置”选项，如图10-7所示。由于笔者电脑已经连上网，所以这里只介绍设置方法。在“设置”界面中，选择“拨号”选项，单击右侧的“设置新连接”链接，如图10-8所示。

图10-7

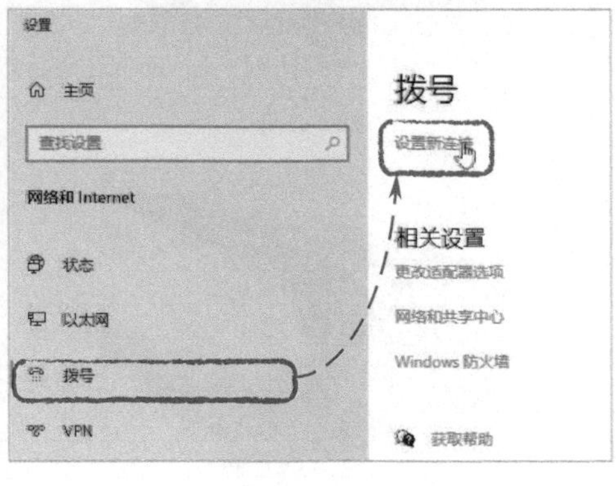

图10-8

操作技巧

PPPoE，以太网上的点对点协议，是将点对点协议（PPP）封装在以太网（Ethernet）框架中的一种网络隧道协议。由于协议中集成PPP协议，所以能实现传统以太网不能提供的身份验证、加密以及压缩等功能。

选择“连接到Internet”选项，单击“下一步”按钮，如图10-9所示。在打开的提示界面中，单击“宽带（PPPoE）”按钮，如图10-10所示，接下来输入运营商提供的用户名和密码，勾选“记住此密码”复选框，以及“允许其他人使用此连接”复选框，单击“连接”按钮，如图10-11所示。如果连上网络，则显示如图10-12的画面。

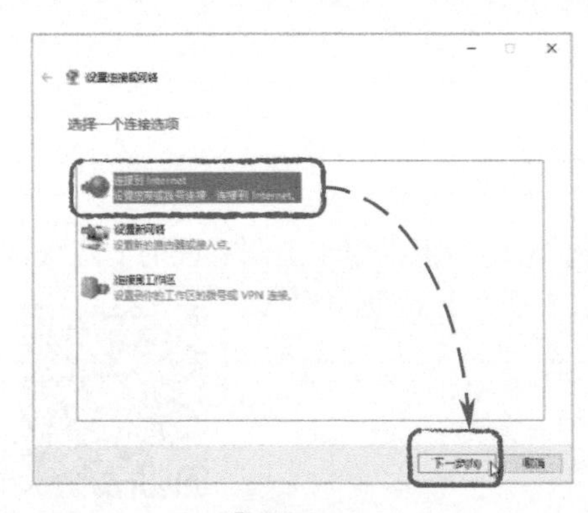

图10-9

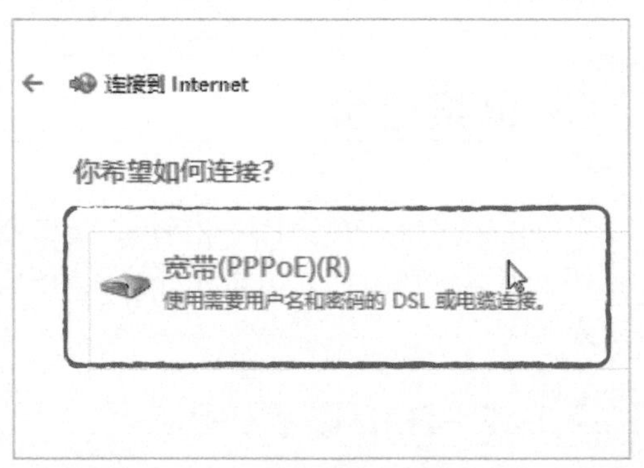

图10-10

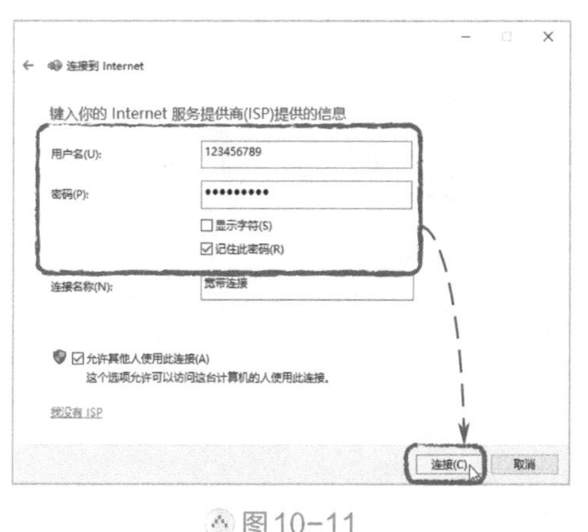

图10-11

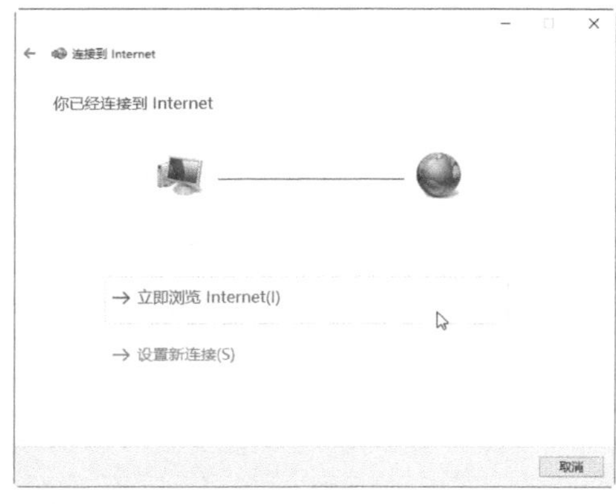

图10-12

下次如果需要再使用该功能连接，可单击右下角的“网络”图标，从中选择“宽带连接”选项，如图10-13所示，在弹出的界面中，单击“宽带连接”按钮，再单击“连接”按钮，即可拨号连接了，如图10-14所示。

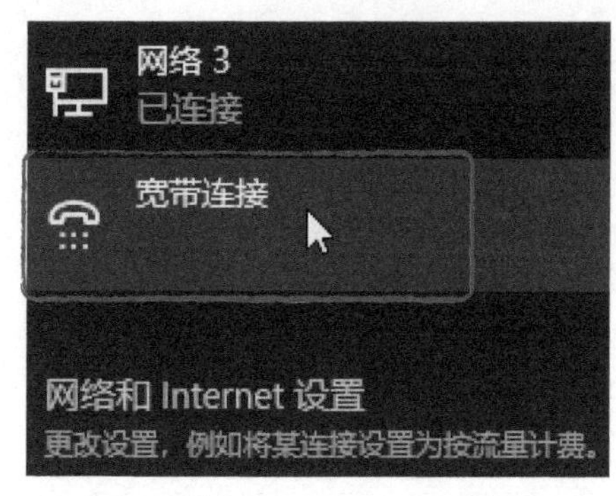

图10-13

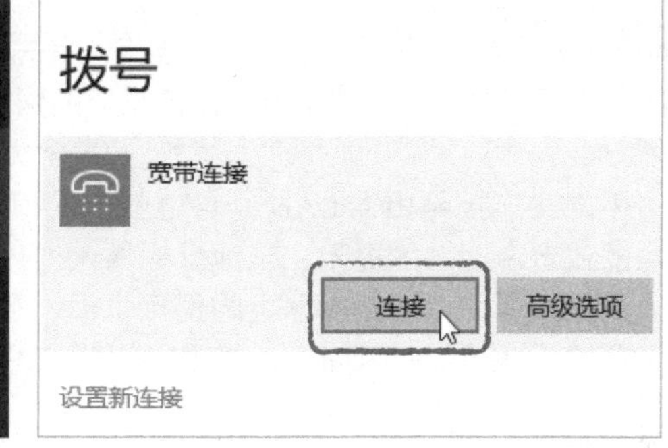

图10-14

10.2.2 无线路由器简介

如今网络时代，无线设备越来越普遍，尤其是越来越多的智能手机、平板电脑，都已经具备了Wi-Fi功能。在这种情况下，家庭中的网络中心就变成无线路由器了。无线路由器的好坏，直接影响到整个家庭网络的速度和稳定性，所以建议用户选择双频，也就是支持2.4G+5G的网络、全千兆有线网口的大牌无线路由器，如图10-15所示。

Wi-Fi 6（协议：802.11ax），如图10-16所示，是Wi-Fi标准的名称。Wi-Fi 6将允许与多达8个设备通信，最高速率可达9.6Gbps。2019年9月16日，Wi-Fi联盟宣布启动Wi-Fi 6认证计划。如果有兴趣的读者，也可以购买Wi-Fi6的无线路由器以及无线设备来组建家用高速局域网。

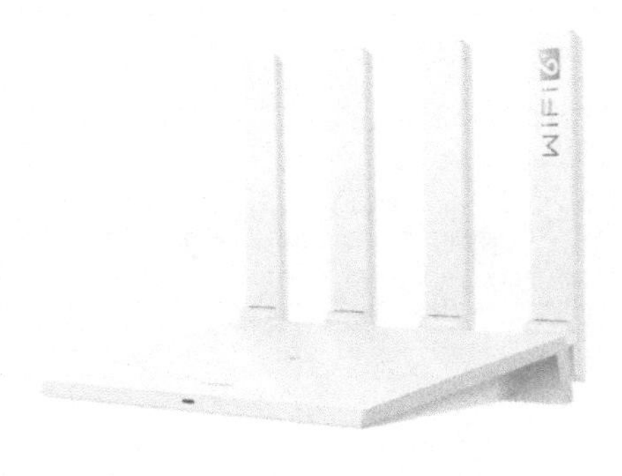

图10-15

图10-16

10.2.3 无线路由器的设置

如果刚拿到路由器，必须先对路由器进行设置，包括：向上，路由器本身的拨号上网；向下，为其他设备分配IP地址，启动代理上网功能；还有路由器的连接设置和安全设置。下面介绍路由器的设置方法。

在使用路由器前，首先阅读路由器的使用说明，将路由器的电源、网线接好，将光猫的网线接入到路由器的WAN口，然后启动路由器。

用网线连接路由器LAN口与电脑的网口，启动电脑，打开电脑的浏览器，根据路由器或者说明书的提示，在地址栏输入“192.168.1.1”或者“192.168.0.1”，回车后转入到配置界面，按路由器上的提示，输入管理员的用户名和密码，如图10-17所示。进入到路由器的管理界面后，单击左侧的“设置向导”按钮，如图10-18所示。

图10-17

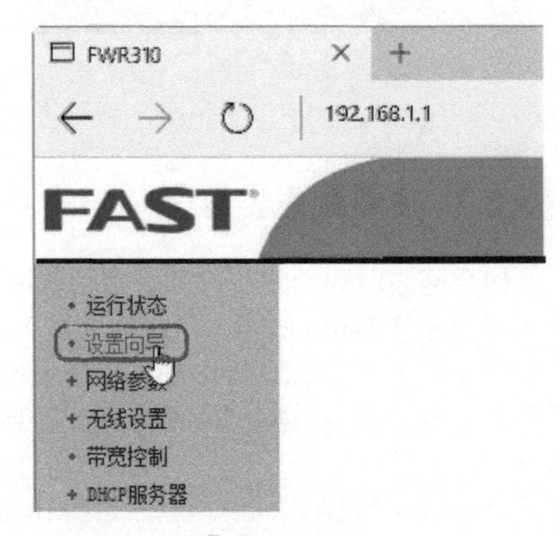

图10-18

查看提示信息后，单击“下一步”按钮，如图10-19所示。在“以太网接入方式”界面中，选择“PPPoE”连接方式，单击“下一步”按钮，如图10-20所示。

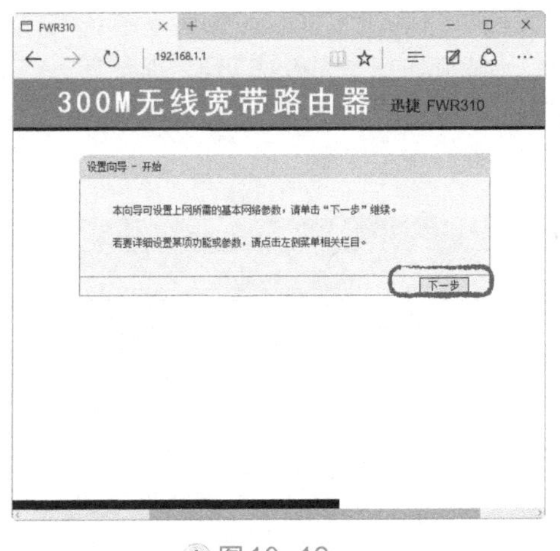

图10-19

图10-20

操作技巧

用户需要区分拨号设备，如果拨号设备是用户的路由器，那么这里就选择PPPoE，如果拨号设备是运营商的光纤路由猫，那么用户的路由器就选择"动态IP"选项，让路由器从光纤猫处直接获取IP地址。至于是什么连接模式，可以在运营商工作人员上门时，向其咨询。

将从运营商处获取到的用户名及密码填入对应的位置，单击"下一步"按钮。此时，路由器就可以联上网了。接下来设置无线，进入无线设置界面，设置SSID号，也就是无线名称，加密方式选择WPA/WPA2即可，设置无线密码后，单击"下一步"按钮，如图10-21所示。完成设置后，系统给出配置信息，如果没有问题，单击"保存"按钮，如图10-22所示。

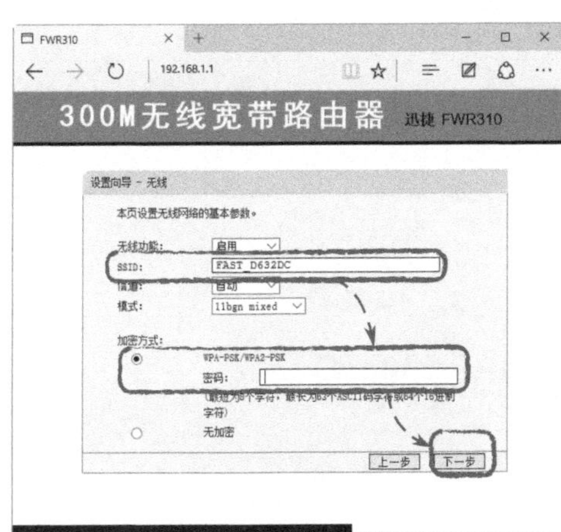

图10-21

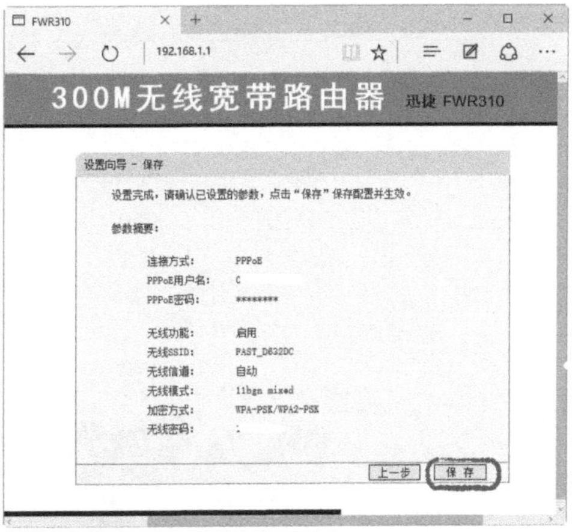

图10-22

完成所有配置后，有线和无线设备都可以通过路由器上网了。如果是笔记本电脑或者是台式电脑加入了无线网卡，可以在网络中找到刚设置的SSID号，连接后，会提示用户输入密码，如图10-23所示，输入密码后，单击“下一步”按钮。随后进行验证、连接即可，如图10-24所示。

图10-23

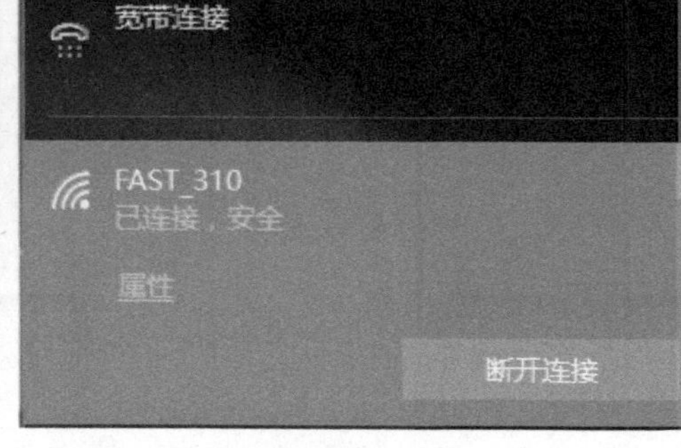

图10-24

10.3 局域网的组成

在同一个路由器下，同一个网段的设备就组成了小型或家庭局域网。再大的网络也是由类似这种简单节点的逻辑结构所组成的。

10.3.1 局域网简述

局域网是在规定的区域内（一般是方圆几千米），利用网线或路由器等设备，将两台以上的计算机或打印机等设备进行互联，组成的小型网络区域。那么最常见到的就是家庭局域网。家庭局域网的逻辑拓扑如图10-25所示。

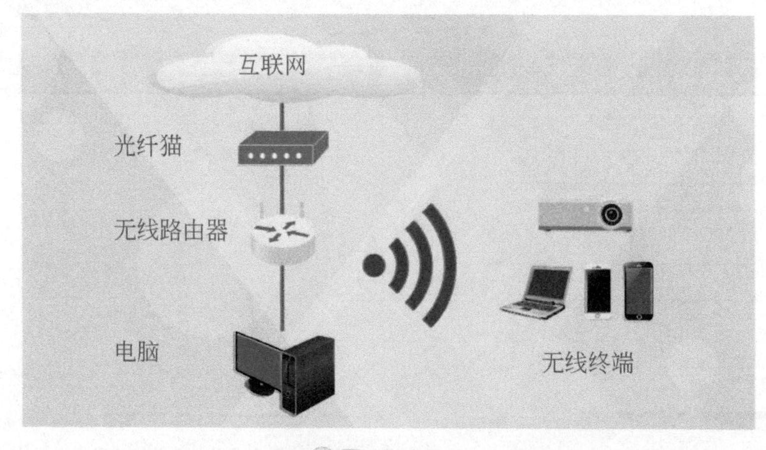

图10-25

10.3.2 局域网共享设置

网络最主要的作用就是共享。家庭中共享的用途还有很多，比如共享照片、文件，影视视频跨设备播放等。那么如何将电脑共享给其他设备呢？

首先要做的就是创建共享文件夹。选择需要共享的文件夹，右击该文件夹，在快捷列表中选择“授权访问权限”选项，并在其级联列表中选择“特定用户”选项，如图10-26所示。

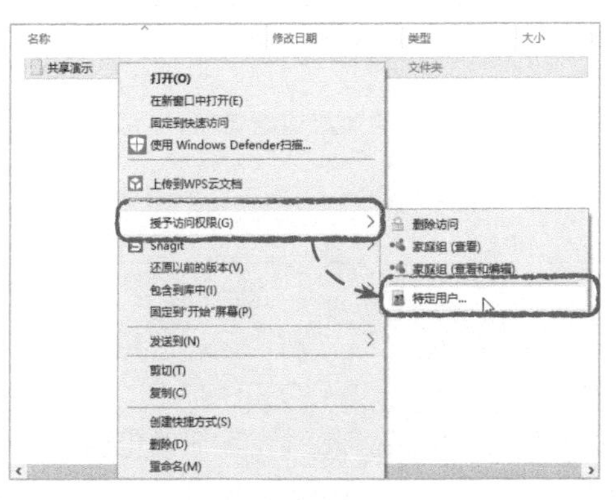

图10-26

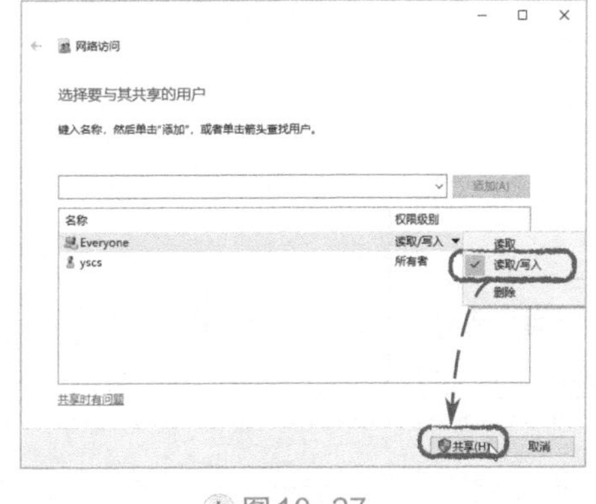

图10-27

默认情况下只有所有者，这里输入“Everyone”，单击“添加”按钮，将“Everyone”的权限设为“读取/写入”，单击“共享”按钮，如图10-27所示。共享成功后，会显示共享成功提示，并显示访问地址，单击“完成”按钮，完成创建，如图10-28所示。

共享问题在Windows中是比较复杂的问题，除了以上设置外，还涉及权限问题、访问设置问题等。按照以下要点设置好以后，基本都能够访问共享。那么除了启动共享外，还要取消网络访问验证，有些还要设置文件权限，否则就会出现如图10-29所示的问题。

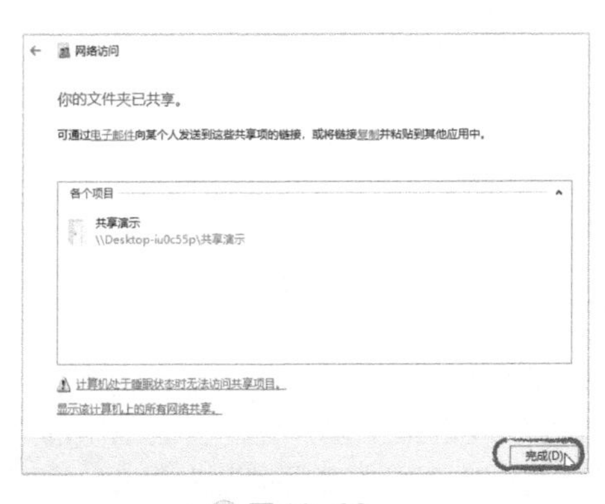

图10-28

图10-29

如果出现图10-29所示的情况时，输入共享电脑中的一个用户名和密码，也是可以访问的，但还要创建用户、设置密码及其他设备访问都非常麻烦。这就需要从右下角的网络图标中启动“网络和Internet设置”，单击“网络和共享中心”链接，启动后，单击左侧的“更改高级共享设置”链接，如图10-30所示。

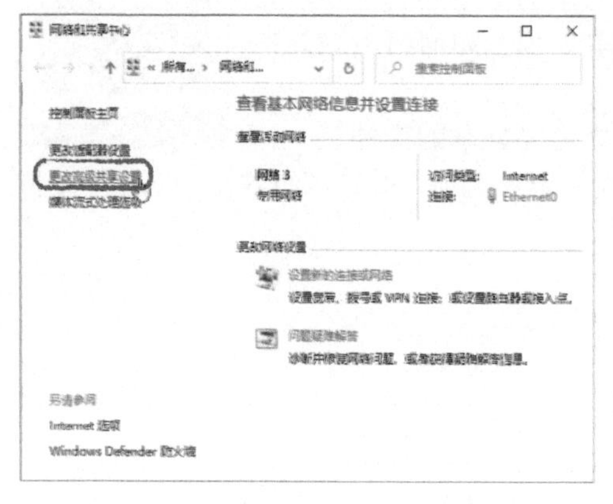

图10-30

图10-31

在“专用”“来宾或公用”“所有网络”组中都启用网络发现协议，启用文件和打印机共享。在“所有网络”的“密码保护的共享”中单击“无密码保护的共享”单选按钮，如图10-31所示，完成后，单击“保存更改”按钮。此时，其他的电脑可以通过桌面上的“网络”，来发现并进入到对应的共享中，如图10-32、图10-33所示。

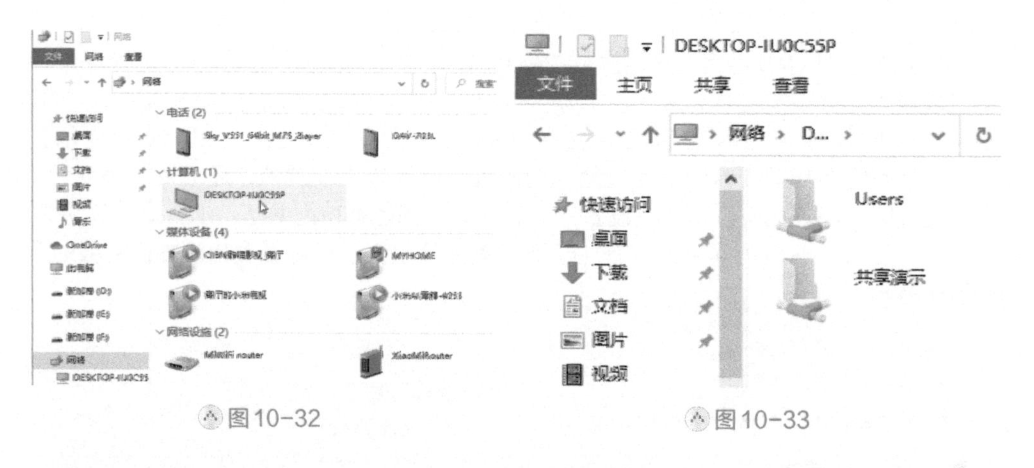

图10-32　图10-33

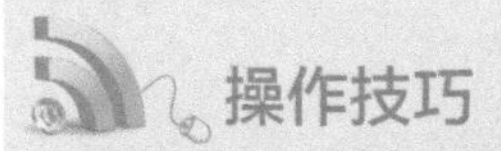

操作技巧

设置后就可以访问到该共享了，其他的设备也可以在网络上发现该电脑及共享文件夹了。这种方式牺牲了部分安全性，但带来了便捷性。有些电脑的NTFS权限过高，使用上面的方法仍不能访问，那么用户可以进入文件夹“属性”的“安全”选项卡中，将“Everyone”添加到其中，并给予权限。那么经过这3个地方的设置，Windows10的共享就基本上没有问题了。用户也可以根据情况，来使用用户名和密码登录，增加安全性的设置。

10.4 使用IE浏览器

Windows10新的浏览器是Edge，但是使用率普遍不高，用户要么使用第三方浏览器，要么使用传统的IE浏览器。本节就为读者介绍下IE浏览器的使用方法。

10.4.1 认识浏览器

浏览器是浏览网页时使用的工具。使用浏览器，输入Web服务器的域名，就可以加载网页内容，为用户提供各种信息。在此以微软公司的IE（Internet Explorer）浏览器为例展开介绍。目前IE浏览器的最新版本为IE 11。

10.4.2 设置默认主页

在IE中，单击右上角的“设置”按钮，选择“Internet选项”，如图10-34所示。在“主页”组中，设置主页的域名，如图10-35所示，单击“确定”按钮。

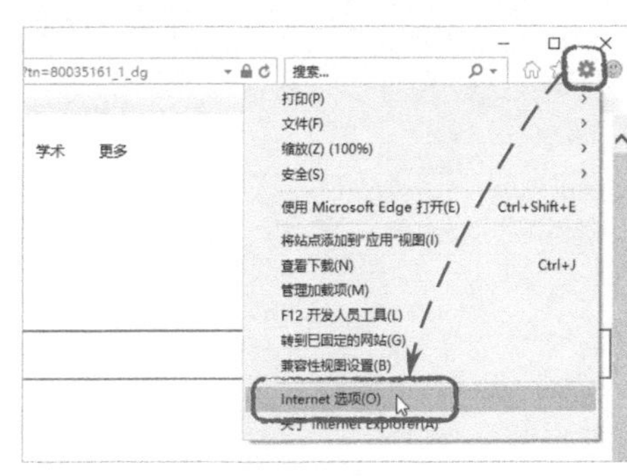

图10-34

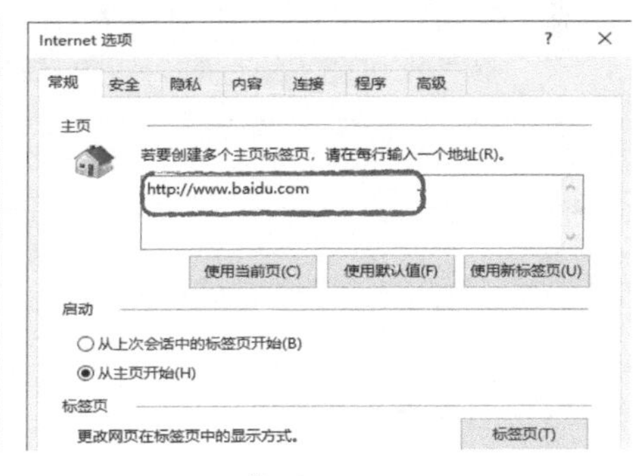

图10-35

10.4.3 使用收藏夹

常用网址可放入收藏夹中，下次再访问该网页，就不用输入域名了，直接单击对应的网页链接，浏览器则会自动跳转到对应的网页。

打开需要收藏的网页，在界面右上角单击“收藏”按钮，在打开的窗格中，单击“添加到收藏夹”按钮，如图10-36所示。

图10-36

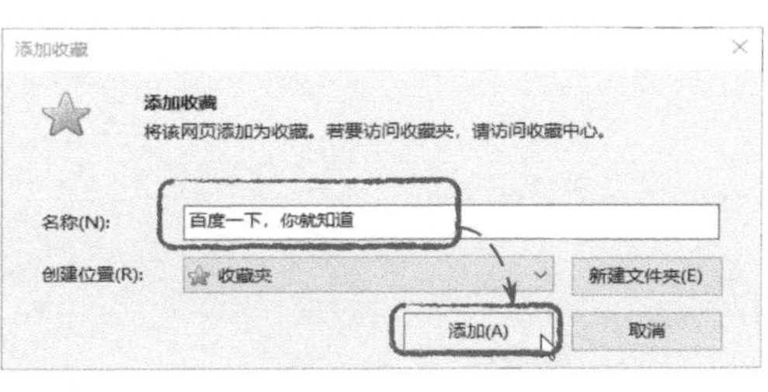

图10-37

在弹出的对话框中，输入收藏名称，单击“添加”按钮，如图10-37所示。此时，在收藏夹中就出现了收藏的网址，单击即可打开该网页，如图10-38所示。

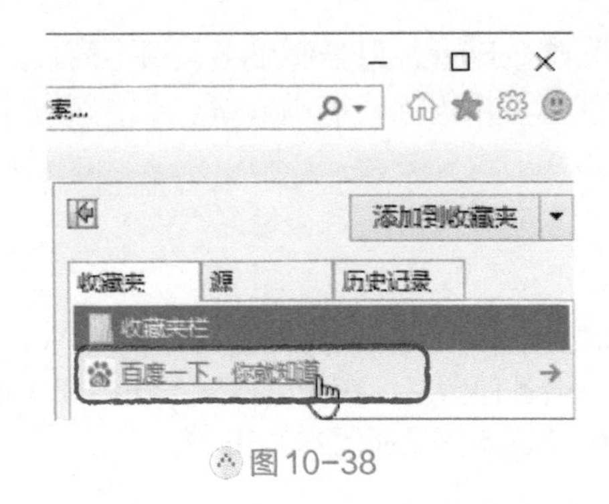

图10-38

10.4.4 查看和删除历史记录

在“收藏”窗格中选择“历史记录”选项卡，就可以查看到相应的收藏记录。右击要删除的记录，在快捷列表中选择“删除”选项，如图10-39所示。在警告界面中单击“是”按钮即可删除该记录，如图10-40所示。

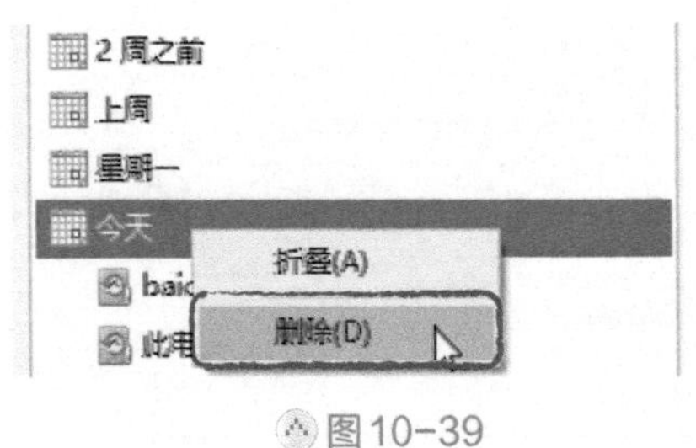

图10-39

图10-40

第11章 上网获取想要的信息

现在，网络已成为人们生活中不可缺少的一部分。无论是工作、学习或生活或多或少都需要使用到网络，例如网上搜集资料、看新闻、看电影等。那么如何能够在网络中精准地获取自己想要的信息呢？本章将针对该问题展开讲解。

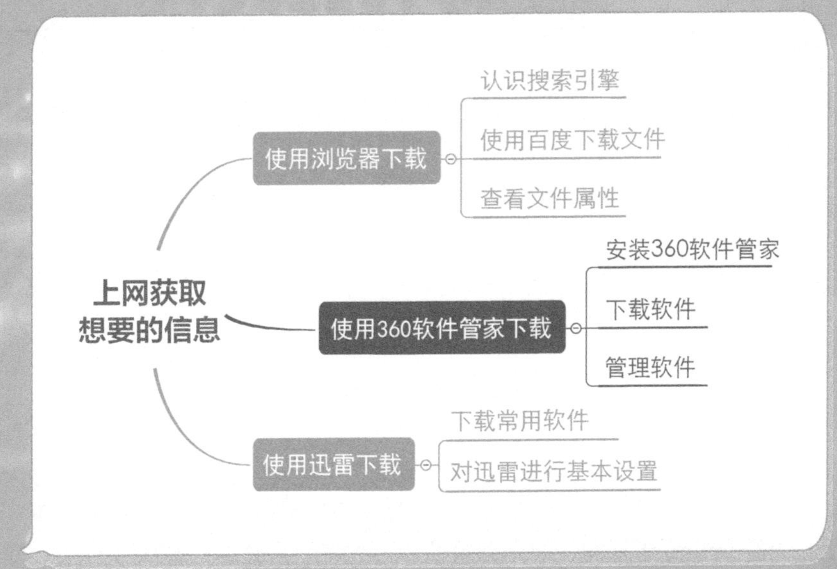

11.1 认识搜索引擎

简单地说，搜索引擎就是信息检索系统，为了使人们快速、准确地搜索到相关信息，专门在Internet上进行信息搜索任务。常见的搜索引擎有百度搜索、搜狗搜索等。下面以百度搜索为例，简单介绍一下搜索引擎的基本用法。

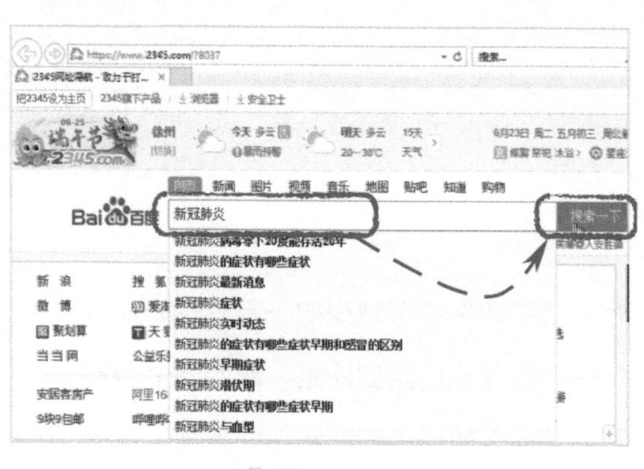

图11-1

双击Internet（以下简称IE）图标，打开IE浏览器，在“百度”搜索栏中输入要检索的关键字，例如“新冠肺炎”关键字，输入后，系统会根据用户输入的内容，自动匹配热门词条。在这些热门词条中没有自己所需的内容，可忽略，直接单击“搜索一下”按钮，如图11-1所示。系统会自动跳转到搜索结果页面，在此选择所需的词条内容，即可进入相关的信息页面，从而查看详细内容，如图11-2所示。

除以上方法外，用户还可以直接进入百度搜索界面进行搜索。在IE浏览器的地址栏中输入www.baidu.com，按回车键，随即会进入百度搜索官方页面，在搜索栏中输入相关词条，按回车键即可进行搜索操作，如图11-3所示。

图11-2

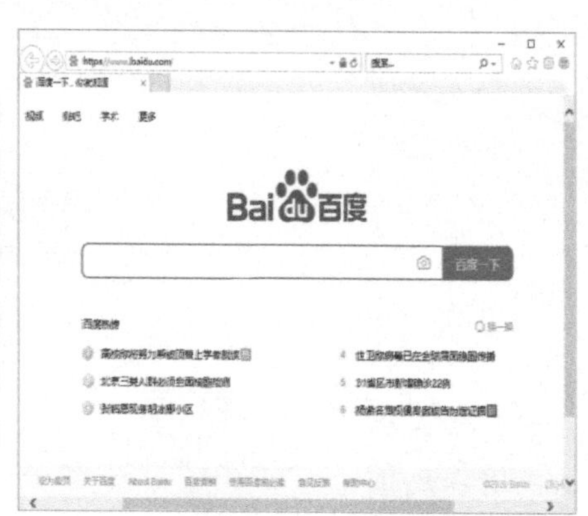

图11-3

在搜索结果页面中，用户可通过搜索类别进行搜索。默认情况下是以“网页”模式显示的。如果想要查看相关新闻，只需在页面导航栏中，选择“资讯”标签，系统会立即跳转至资讯页面，如图11-4所示。同样，若选择“贴吧”标签，即可进入相关论坛页面，如图11-5所示。

图11-4

图11-5

11.2 在浏览器中下载文件

网络世界中有着各种各样的信息资源，用户不仅可以在其中浏览和查看信息，还可以根据需要将相关的信息文件下载下来使用。

11.2.1 使用百度下载文件

下面将以下载“计算机等级考试”考试大纲为例，来向用户介绍如何使用百度搜索并下载文件。

打开百度搜索引擎，在搜索栏中输入“全国计算机等级考试”关键字，在搜索页面中选择第1条内容，打开其官网，如图11-6所示。

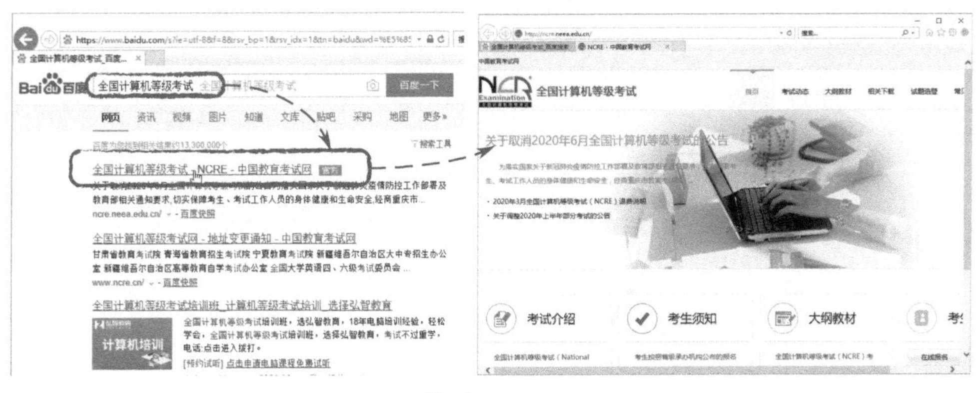

图11-6

在官网中，打开“大纲教材”页面，选择所需目录内容，如图11-7所示。然后在考试大纲页面中，选择要下载的大纲内容，单击后方“点击下载”链接按钮，如图11-8所示。

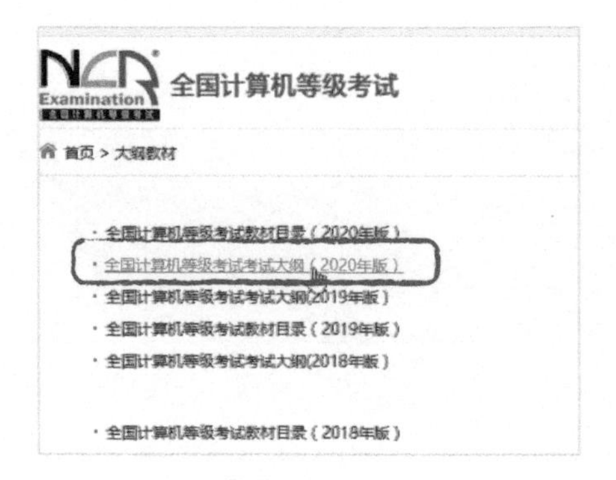

图11-7

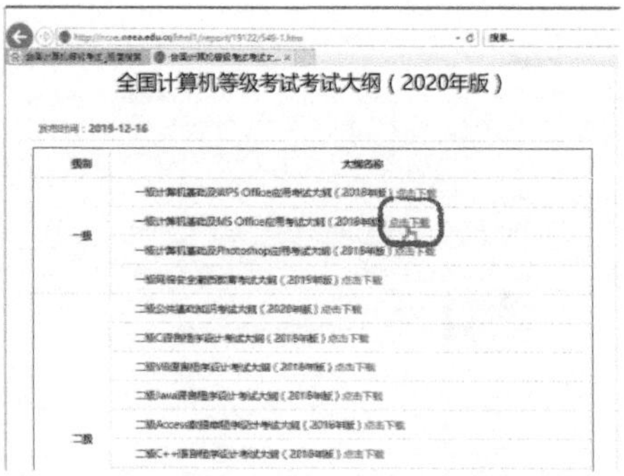

全国计算机等级考试考试大纲（2020年版）

图11-8

此时系统会在页面底部弹出提示对话框，询问是否“要打开或保存来自*****吗？”单击“保存”下拉按钮，选择“另存为”选项，在打开的“另存为”对话框中选择好文件保存的位置，单击“保存”按钮，稍等片刻，系统提示下载完成，如图11-9所示。单击“打开”按钮即可打开下载的文件。

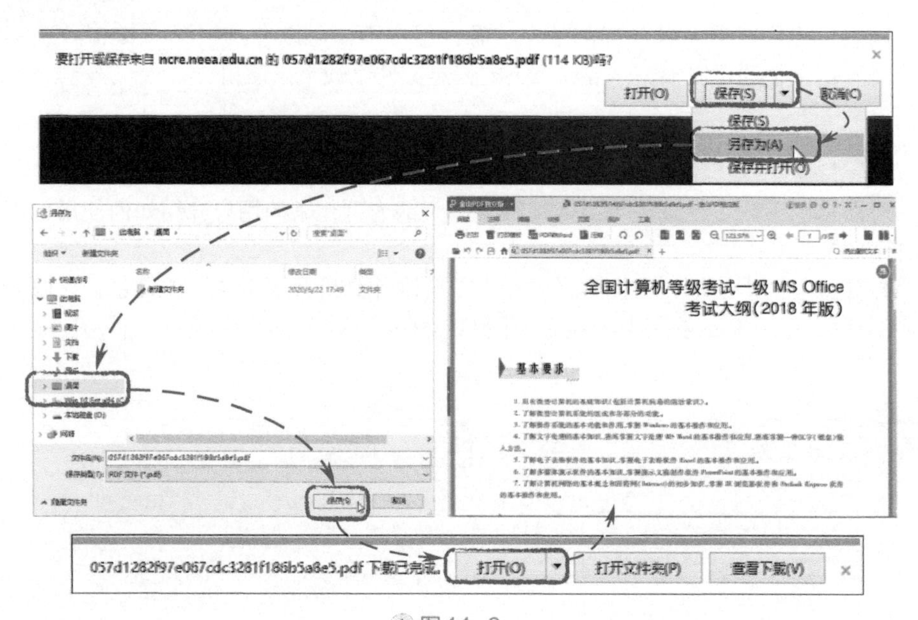

图11-9

新手误区

文件下载完毕后，用户最好对其进行重命名，否则将为后期查找文件带来不少麻烦。将光标放置文件名上方，单击一下进入可编辑状态，在此输入新名称即可。

除此之外，如果想要下载一些小软件，例如迅雷软件，同样可以按照上述步骤进行下载，如图11-10所示。

图11-10

11.2.2 查看下载文件属性

文件下载后，用户可以对其属性进行了解，例如文件大小、文件类型、软件版本等。下面以查看迅雷软件为例，对其操作进行简单介绍。

选择刚下载的迅雷安装软件，单击鼠标右键，在快捷菜单中选择“属性”选项。在打开的属性对话框中，用户可以了解到该文件的基本属性，如图11-11所示。单击“详细信息”选项卡，在此可以了解到软件的版本号以及一些其他软件信息，如图11-12所示。

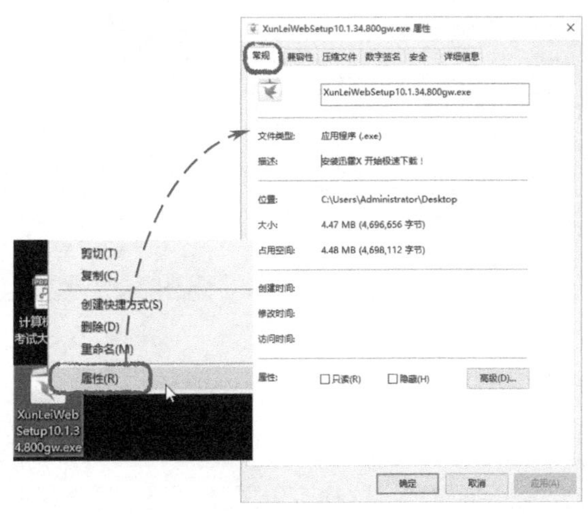

图11-11

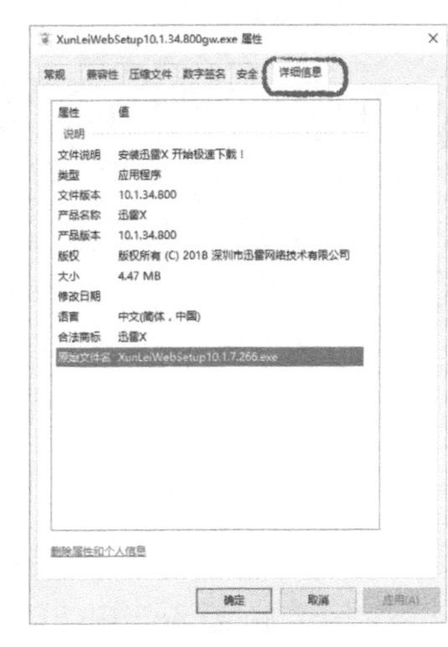

图11-12

11.3 使用360软件管家

在安装系统的时候，一般都会安装各种装机必备软件，其中包括Office软件、音乐播放软件、杀毒软件和软件管理软件等。本节将介绍360软件管家的使用方法。

11.3.1 安装360软件管家

在使用前需要先安装360软件管家。双击该软件的安装程序，在打开的“同意并安装”界面单击“自定义安装”按钮，在“自定义安装”界面中调整一下安装路径，并取消勾选一些不需安装的选项，单击“同意并安装”按钮，如图11-13所示。

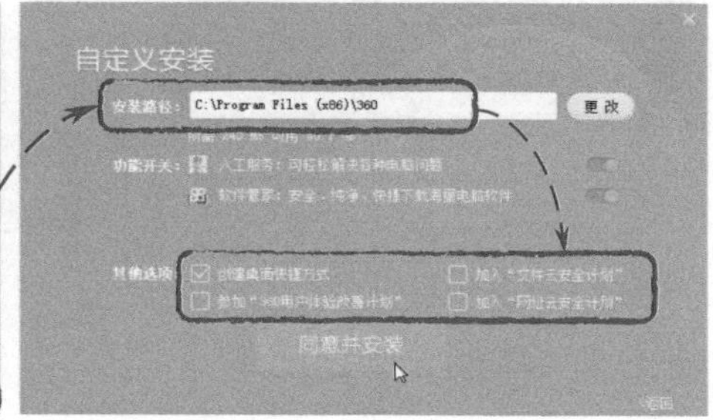

图11-13

系统正在安装，用户需稍等片刻，如图11-14所示。安装完成后，桌面上自动会显示“360安全卫士”和“360软件管家”这两个程序图标，如图11-15所示。

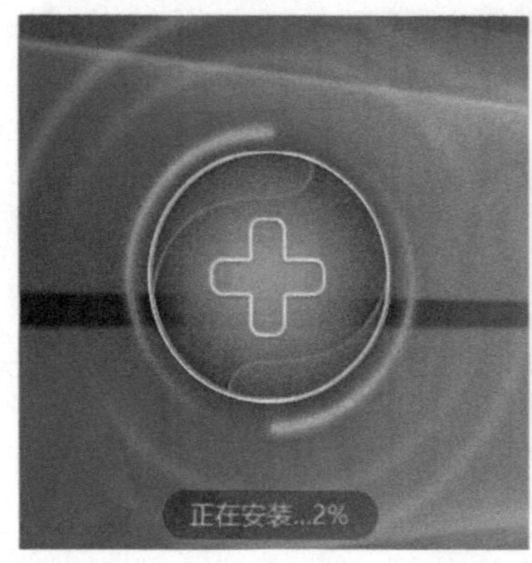

图11-14

图11-15

在安装时，建议用户使用自定义安装方式。这样可以避免安装一些附带的小插件，以保证系统正常运行。

11.3.2 使用软件管家下载软件

下面以下载“优酷”软件为例，介绍如何使用软件管家下载软件的操作。

双击启动360软件管家，在导航栏中单击“宝库”按钮打开相关界面，在界面左侧列表中选择“视频软件”选项，然后在右侧软件列表中单击“优酷客户端”右侧“一键安装”按钮，如图11-16所示。在“一键安装目录设置”界面中，设置好安装路径，单击“继续安装”按钮，在打开的提示对话框中，单击“确定”按钮，如图11-17所示。

图11-16

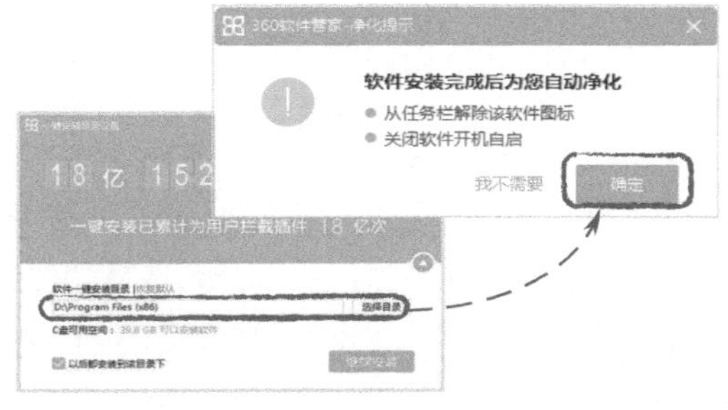

图11-17

设置好后，在360软件管家安装界面中，查看安装进度。稍等片刻，软件管家即可将该软件安装到电脑中，并在桌面上显示软件的打开快捷方式图标，如图11-18所示。

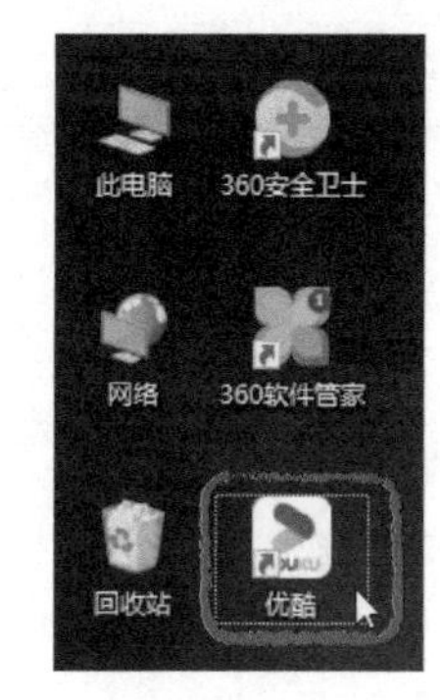

图11-18

11.3.3 软件管理

在360软件管家面板中，用户还可以对自己电脑中的软件进行管理操作。打开360软件管家后，切换至“升级”界面，查看需要升级的软件，若需要进行升级，单击“升级”或“一键升级”按钮进行升级操作，如图11-19所示。

若要删除某个软件，则切换至“卸载”界面，单击需要卸载软件后面的“卸载”按钮进行卸载操作。例如卸载“优酷”软件，那么在该界面中先勾选该软件，单击“一键卸载”按钮，稍等片刻即可完成卸载操作，如图11-20所示。

图11-19

图11-20

11.4 使用迅雷下载工具

迅雷下载是迅雷公司开发的一款互联网下载软件，它能够将网络上存在的服务器和计算机资源进行有效整合，构成独特的“迅雷网络”，使各种资源能够以最快的速度进行传递。下面对迅雷下载工具进行简单介绍。

11.4.1 使用迅雷下载文件

在电脑中安装迅雷软件后，用户就可以进行各种文件的下载。下面以下载“美图秀秀”工具为例，介绍迅雷下载工具的操作。

首先启动迅雷软件，然后打开百度搜索引擎，搜索“美图秀秀”软件下载资源，单击“立即下载”链接按钮，此时系统会自动进入迅雷下载界面，并弹出下载对话框，单击右侧文件夹图标，打开“选择文件夹”对话框，在此设置好下载路径，单击“选择文件夹”按钮，返回到下载对话框，单击“立即下载”按钮，如图11-21所示

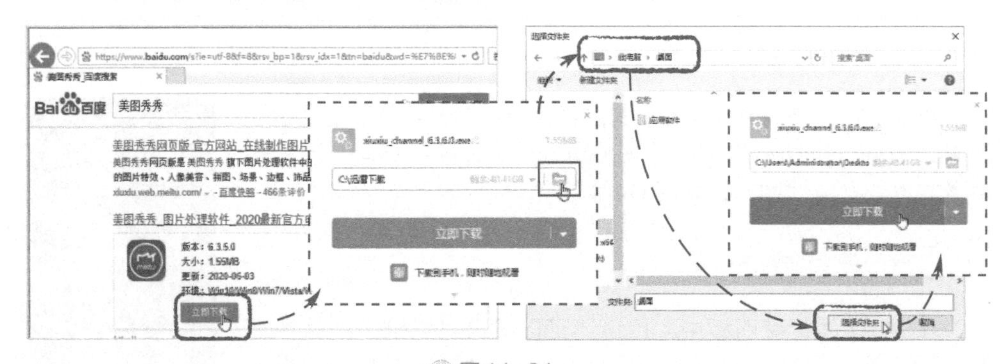

图11-21

这时可以看到，在迅雷下载界面中已经自动下载选择的文件了。下载完成的文件会转移到“已完成”列表中。如果想查看下载的文件，则单击“打开文件夹”按钮即可，如图11-22所示。

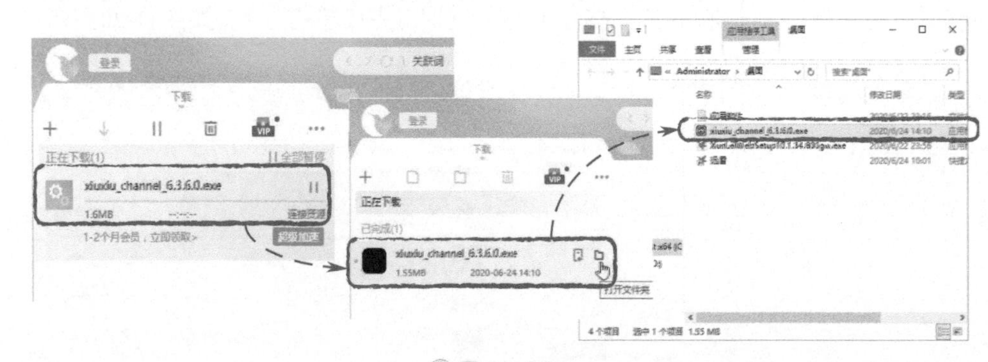

图11-22

如果要删除下载的文件，则在“已完成”列表中选择该文件并单击鼠标右键，选择“彻底删除”选项。在“删除”对话框中，勾选“同时删除文件”复选框后，单击“确定”按钮即可，如图11-23所示。

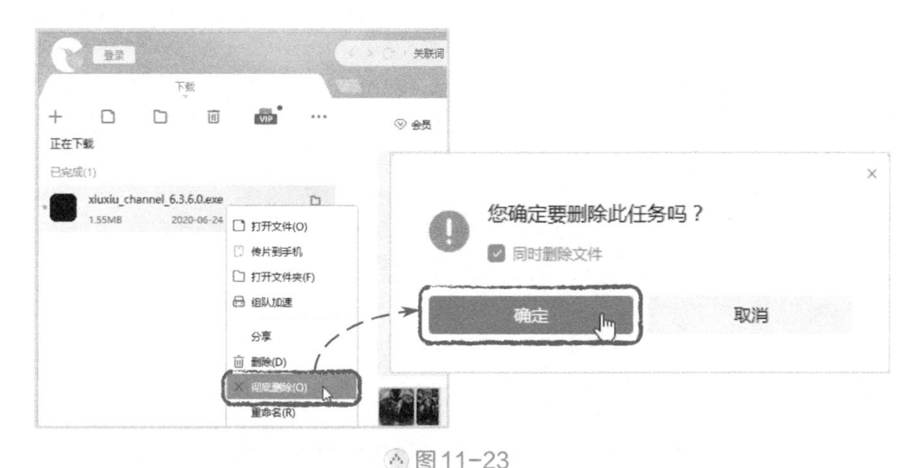

图11-23

11.4.2 设置迅雷软件

为了更好地使用迅雷，用户可以对软件中的相关选项进行设置，使其下载方式更加符合使用习惯。

启动迅雷软件后，单击界面左上角的“…”按钮，从中选择“设置中心”选项。打开相应的界面，切换至“基本设置”选项卡，用户可对软件的启动方式、下载目录、接管设置选项、下载管理以及高级设置等选项进行设置操作，如图11-24所示。

图11-24

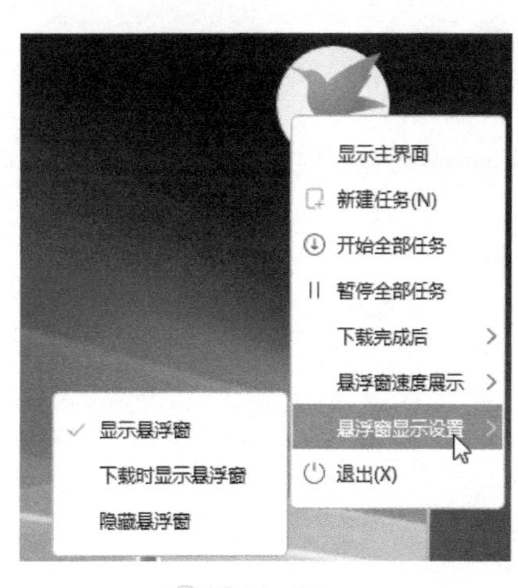

图11-25

此外，用户还可以使用鼠标右键单击迅雷悬浮图标，在打开的快捷菜单中进行相应的快速设置，如图11-25所示。

第12章 上网必用的那几款工具

电脑上常用的软件包括：腾讯QQ、微信、百度网盘、360杀毒软件等。读者可以利用这些软件进行交流、资料分享与存储等操作，极大丰富了人们的生活，也为工作提供了便捷。本章将对这些软件的下载、安装和使用等进行详细的介绍。

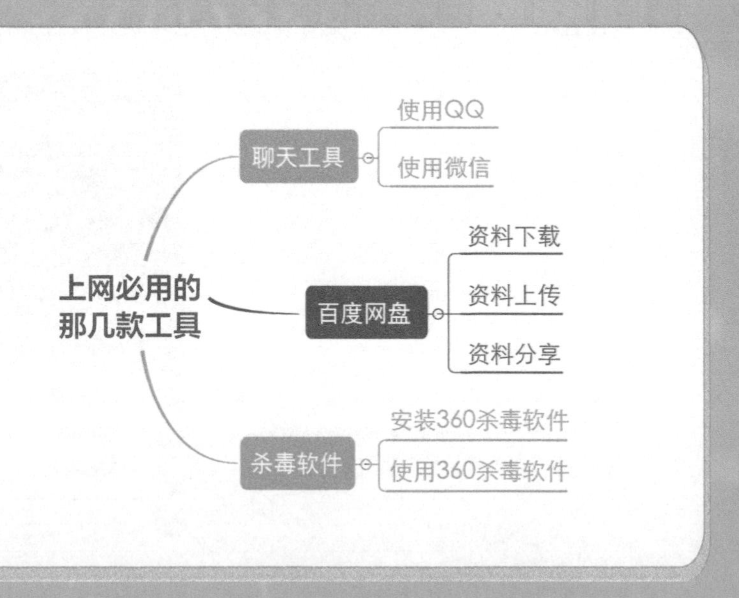

12.1 腾讯QQ

腾讯QQ是目前国内使用较广泛的即时通讯工具，支持在线聊天、视频通话、点对点断点续传文件、共享文件等多种功能，并可与多种通讯终端相连。下面介绍QQ的一些基本操作。

12.1.1 QQ的申请与登录

要想使用腾讯QQ进行即时交流，首先需要拥有一个QQ号码。

（1）QQ号码的申请

启动腾讯QQ应用程序后，在登录界面单击“注册帐号”超链接。在打开的QQ注册页面中，根据实际情况设置所申请QQ号的昵称、密码，并输入个人手机号码，单击“发送短信验证码”按钮来获取短信验证码。打开手机，将收到的短信验证码输入到验证码文本框中，然后单击“立即注册”按钮。信息输入无误后，系统会提供一组数字，这表示用户已经成功地申请到了QQ号码，这组号码即是以后要进行通信聊天的帐号，如图12-1所示。

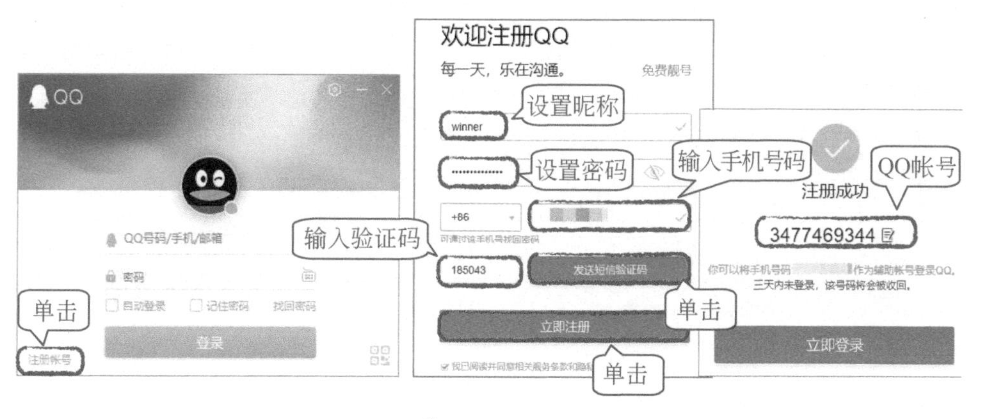

图12-1

（2）登录QQ

用户需要双击桌面上的QQ图标，启动腾讯QQ应用程序，在登录界面输入刚刚申请的QQ号码和设置的密码，然后单击“登录”按钮。弹出一个验证面板，拖动下方滑块完成拼图，进行验证。验证好后，再次弹出一个面板，提示当前设备需要进行身份验证，打开手机QQ，授权登录即可，如图12-2所示。

图12-2

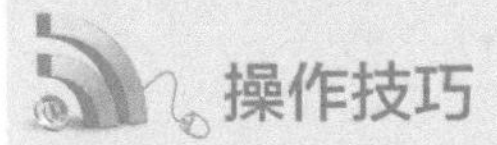

操作技巧

如果是在自己的计算机上登录QQ，则可以在登录界面勾选“记住密码”复选框，之后再次登录时，不需要再次输入密码。如果想在每次启动QQ时都登录该QQ号码的话，勾选“自动登录”复选框即可。

12.1.2 修改个人资料

QQ号申请并登录后，为了在网络社交中让别人对自己有一个基本的了解，可以对QQ的个人资料进行修改和编辑。单击QQ主面板上的QQ头像，在打开的面板中可以看到一些基本资料，单击“编辑资料”按钮，在打开的“编辑资料”对话框中可以根据需要，对自己的个人信息进行设置，例如昵称、性别、生日、血型、职业、公司、所在地区等，设置完成后单击“保存”按钮即可，如图12-3所示。

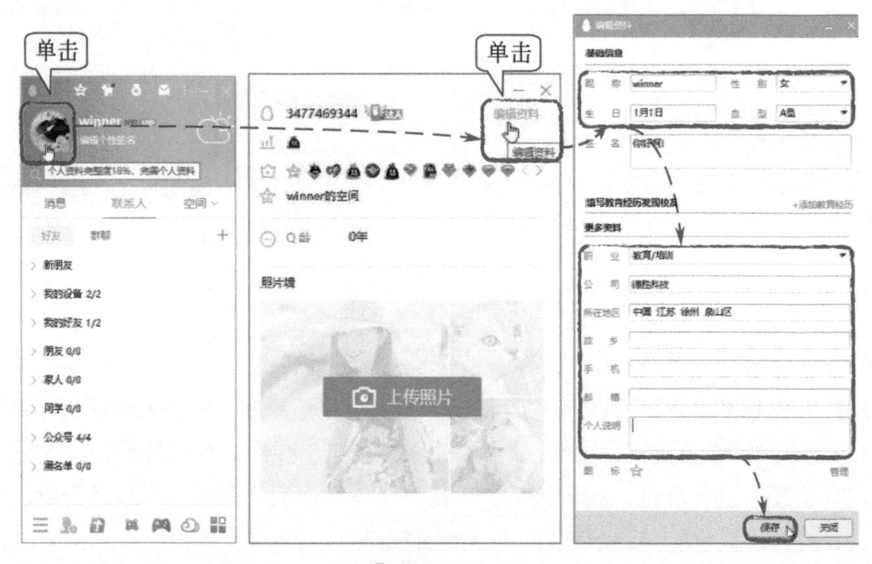

图12-3

此外，如果想为自己设置个性化的头像，可以在编辑对话框中单击“更换头像”按钮，打开“更换头像”对话框，从中单击“上传本地照片”按钮，弹出“打开”对话框，从中选择需要作为头像的图片，单击“打开”按钮，在“更换头像”对话框中显示选择的图片，拖动图片调整显示位置，单击“确定”按钮，如图12-4所示，即可将图片设置成QQ头像。

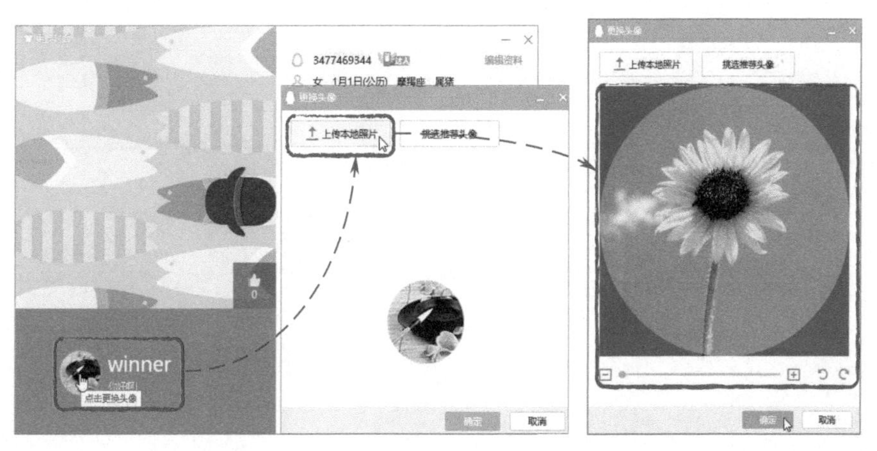

图12-4

12.1.3 添加好友

个人资料修改完成后，就可以将好友添加到自己的QQ面板中了。单击主面板底部的“加好友”按钮。打开“查找”对话框，用户可以在查找文本框中输入QQ号码、对方昵称、关键词。这里输入了对方的QQ号码，单击“查找”按钮。系统将显示查找结果，确认是要添加的好友后，单击添加好友按钮，如图12-5所示。

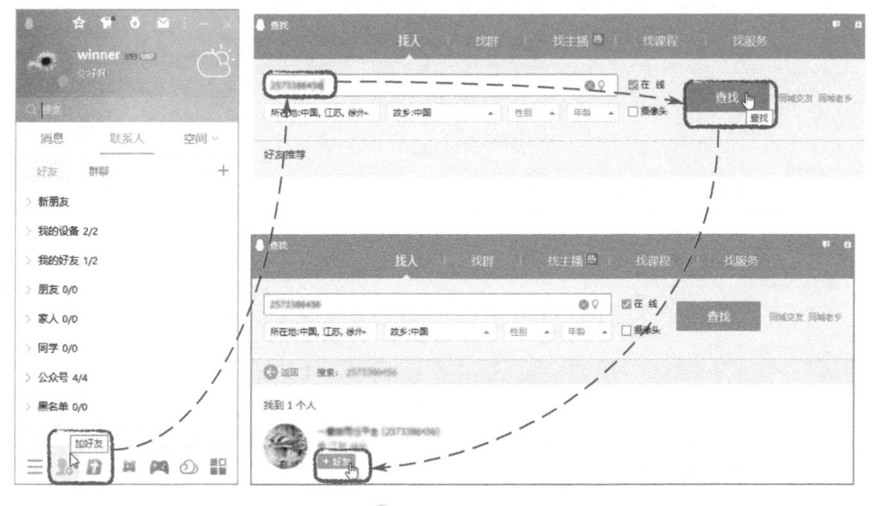

图12-5

如果对方设置了验证问题，回答问题后，单击“下一步”按钮。接着用户可以为该好友设置备注姓名，并将其指定添加到某分组中，单击“下一步”按钮，如图12-6所示。好友添加请求发送成功后，单击“完成”按钮。然后等待对方通过验证请求，即可添加好友。

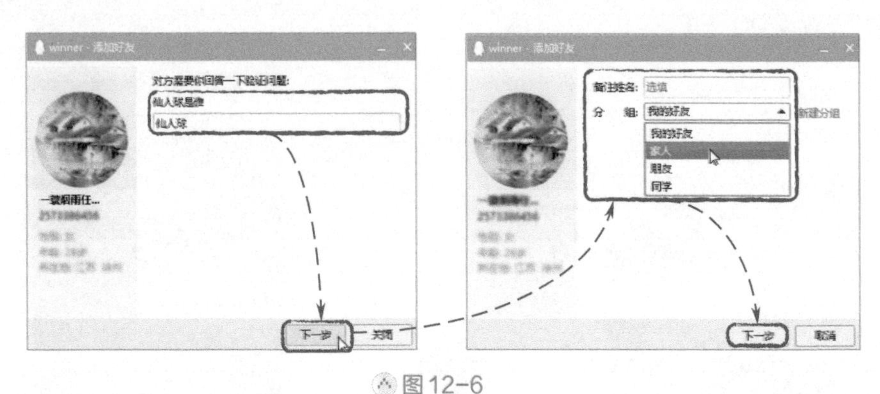

图12-6

12.1.4 文字、语音和视频聊天

好友添加完成后，用户就可以和该好友进行文字聊天、语音聊天或视频聊天。

（1）文字聊天

打开QQ主面板后，双击好友的头像，打开聊天窗口，在文本输入框上方有一排功能按钮，用于选择聊天表情、发送文件、发送本地图片、发送抖动窗口等，在文本输入框中输入内容，单击“发送”按钮或按下【Ctrl+Enter】组合键即可发送消息，如图12-7所示。

此时对方QQ上会收到发送的信息，状态栏中的QQ图标会闪烁显示用户的QQ头像，单击即可打开聊天窗口并显示消息内容。

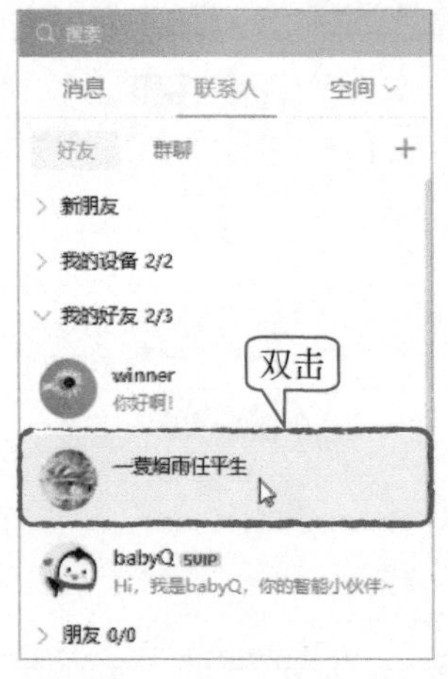

图12-7

（2）语音聊天

想要和好友进行语音聊天，则打开好友聊天的窗口，单击聊天窗口右上方“发起语音通话”按钮，如图12-8所示，向对方发起语音会话邀请。

如果对方长时间没有接受语音邀请，则会显示“对方未接听”提示，如图12-9所示。

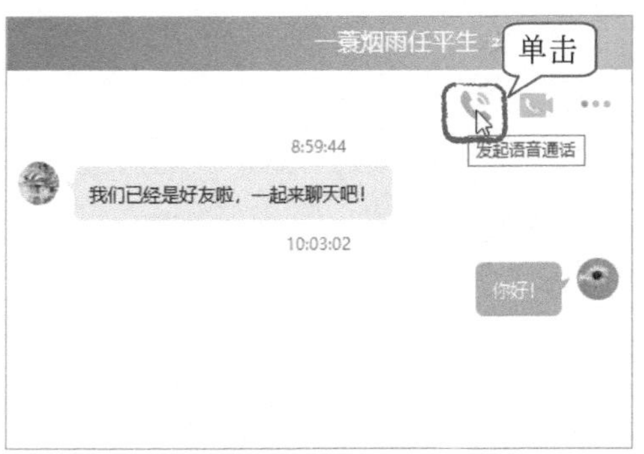

图12-8

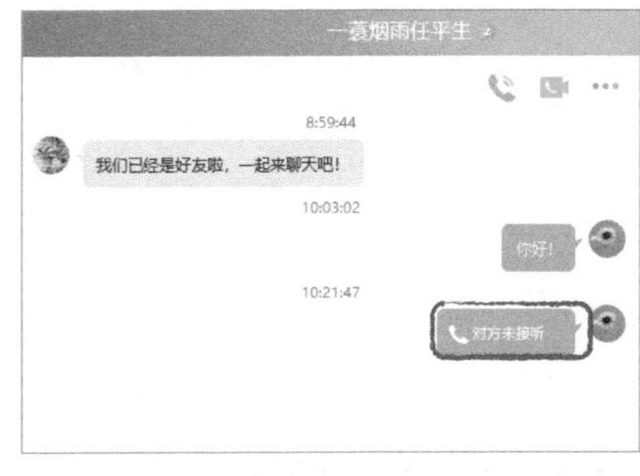

图12-9

将鼠标移至“对方未接听”提示文字上时，会变成“发起语音通话”超链接，单击即可再次发起语音通话邀请，如图12-10所示。

这时在对方的聊天窗口中会再次显示语音通话提示，若对方同意语音通话，则单击“接听”按钮；若对方拒绝语音通话，则单击“拒绝”按钮。语音通话接通后，即可进行语音沟通。若需结束语音通话，则单击“挂断”按钮，如图12-11所示。

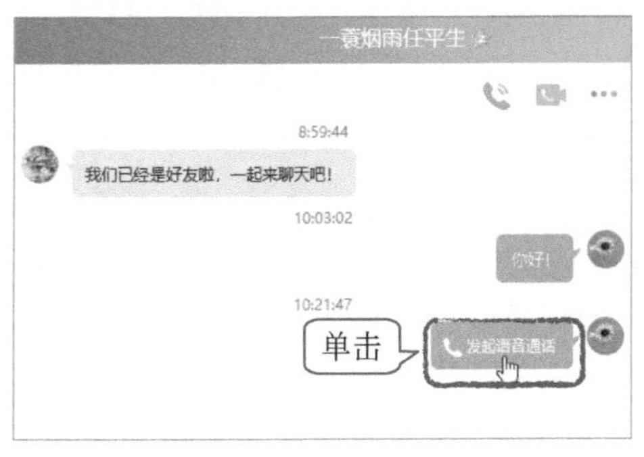

图12-10

图12-11

要想使用语音通话，用户须在电脑上安装话筒和耳机。

（3）视频聊天

如果想要进行视频通话，则可单击聊天窗口右上方的“发起视频通话”按钮，如

图12-12所示，向对方发起视频会话邀请即可。

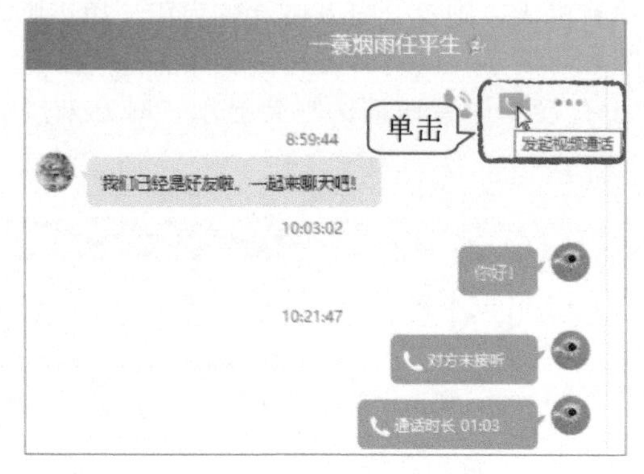

图12-12

在进行语音通话的过程中，用户可以单击“挂断”按钮前面的“开启摄像头”按钮，将语音通话切换为视频通话。

12.1.5 创建和管理群

QQ群功能就像一个专门的讨论组，它可让多个好友或陌生人进行沟通交流。用户可以创建群，并对群进行管理。

（1）创建群

在QQ主面板上选择“群聊”选项卡，然后单击“创建我的第一个群”按钮，打开“创建群聊”面板，选择一种群类别，如图12-13所示。

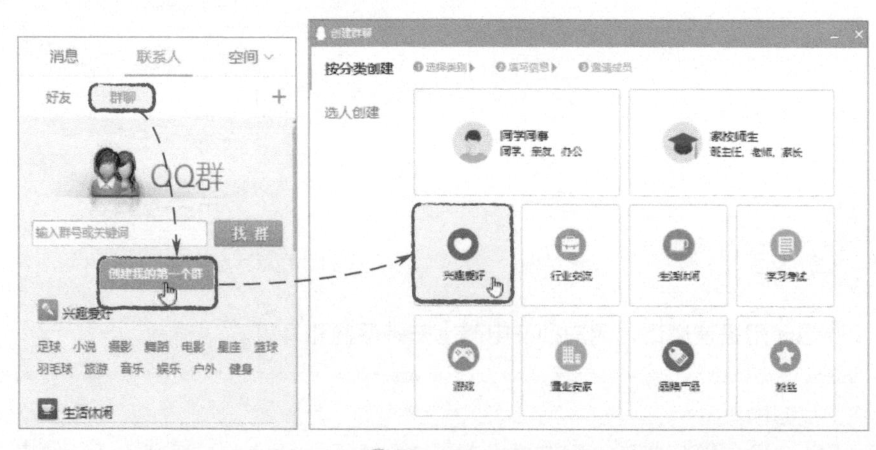

图12-13

在打开的“创建群聊”对话框中，填写创建群的基本信息，单击“下一步”按钮。如果是首次建群，需要输入认证信息，即姓名和手机号，单击“提交”按钮，如图12-14所示。

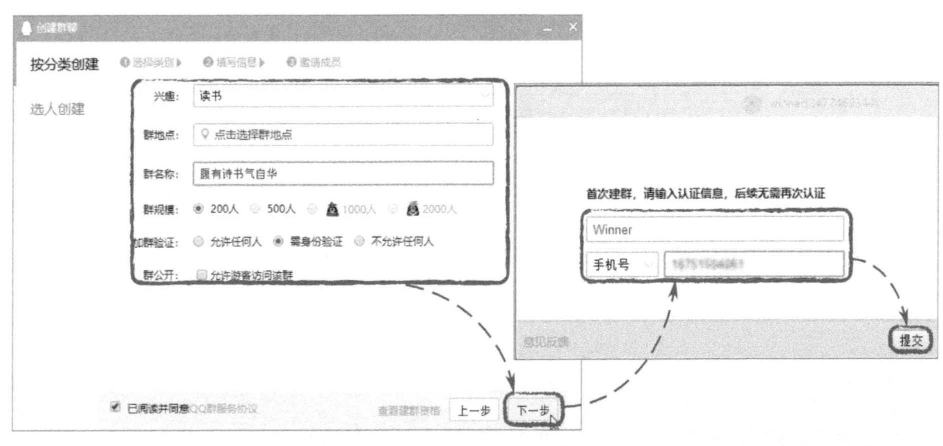

图12-14

在对话框中的“我的好友”列表中选择要邀请进群的好友，将其添加到“已选成员”列表中，单击“完成创建”按钮，如图12-15所示，即可成功创建群，最后单击“确定”按钮，关闭“创建群聊”对话框。

（2）管理群

在QQ主面板的“群聊”选项卡下，可以看到刚刚创建的新群。双击群名称，如图12-16所示，即可打开聊天窗口。

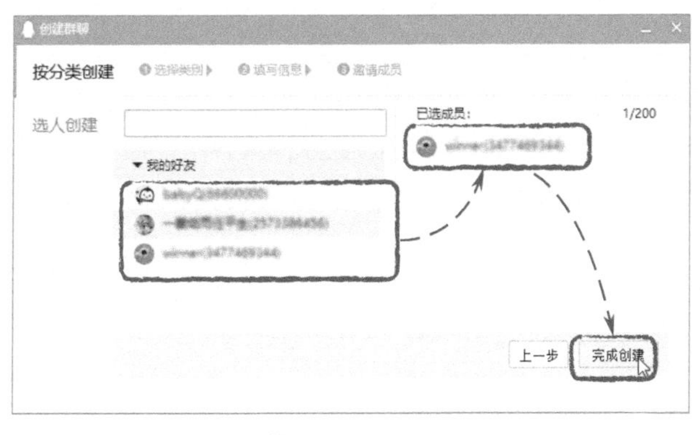

图12-15

图12-16

单击聊天窗口上方的群名称超链接，在打开的“首页”面板中，可以修改“群名称”，设置“群备注”等，如图12-17所示。

在“成员”选项卡中，单击“添加成员”按钮，可以添加新成员，如图12-18所示。在“设置”选项卡中，可以对“群消息提示”“加群方式”“邀请方式”“访问权限”等进行设置，如图12-19所示。

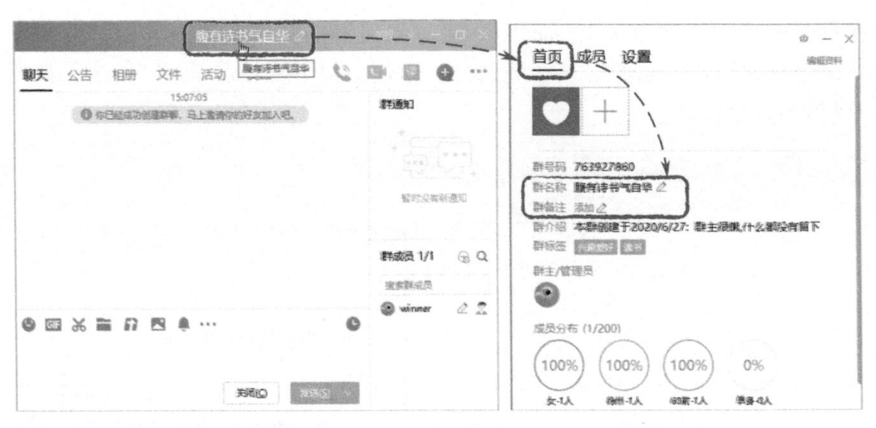

图12-17

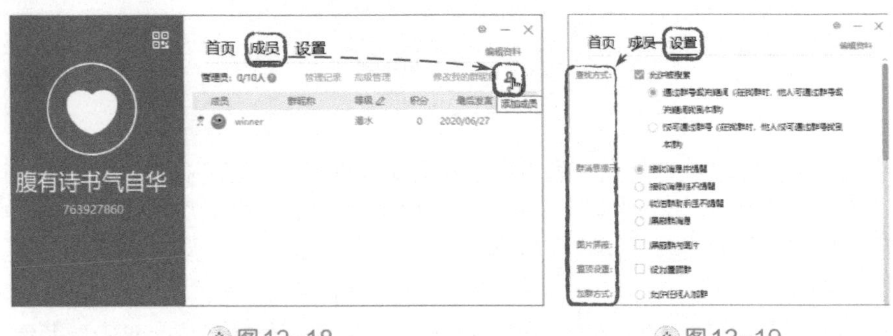

图12-18　　图12-19

12.1.6 文件的传输

在工作中，通常使用QQ给同事传输文件。用户需要在QQ主面板中，双击需要传输文件的头像，打开聊天对话框，将鼠标移至文件夹图标上方，从弹出的面板中选择“发送文件/文件夹”选项，打开“选择文件/文件夹”对话框，从中选择需要传输的文件，单击“发送”按钮，如图12-20所示。

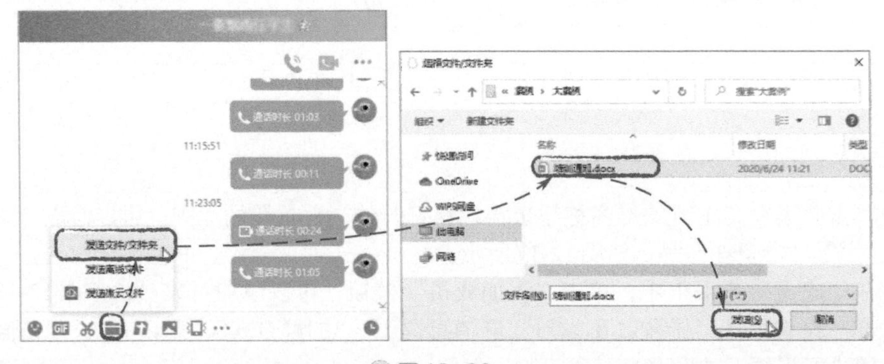

图12-20

将所选文件添加到文本输入框中，单击“发送”按钮，向对方发送文件，此时，对方需要打开聊天对话框，进行“接收”“另存为”或“取消”操作，如图12-21所示。如果对方长时间未接收，建议选择“转离线发送”。

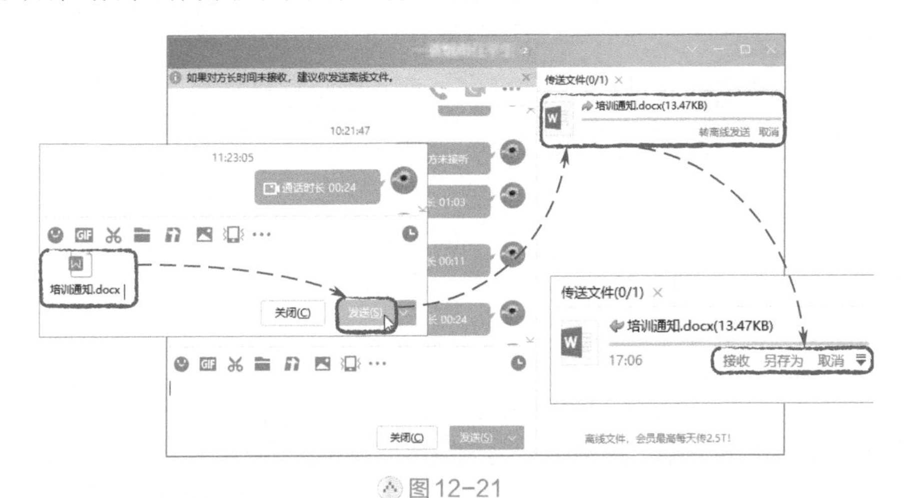

图12-21

操作技巧

用户可以直接将需要传输的文件拖到文本输入框中，单击“发送”按钮，进行发送。

12.2 微信

微信是腾讯公司推出的一个为智能终端提供即时通讯服务的免费应用程序。除了可以进行语音、视频、图片（包括表情）和文字聊天以及多人群聊外，还提供公众平台、朋友圈、资金收支以及城市服务等功能。

12.2.1 启动微信电脑版

微信电脑版客户端可以让用户像在QQ上聊天一样，使用电脑键盘快速输入，收到新消息即时提示，支持发送文件功能，相较于手机微信，更方便快捷。

在电脑上下载安装微信后，双击微信图标，弹出一个二维码，并提示需要使用手机微信的“扫一扫”功能进行扫描登录，如图12-22所示。打开手机微信，选择“发现>扫一扫”选项，如图12-23所示。对二维码进行扫描后，手机上弹出一个Windows微信登录确认界面，单击“登录”按钮，如图12-24所示。此时电脑上将显示“正在登录”的提示，之后电脑端会自动进入微信界面。

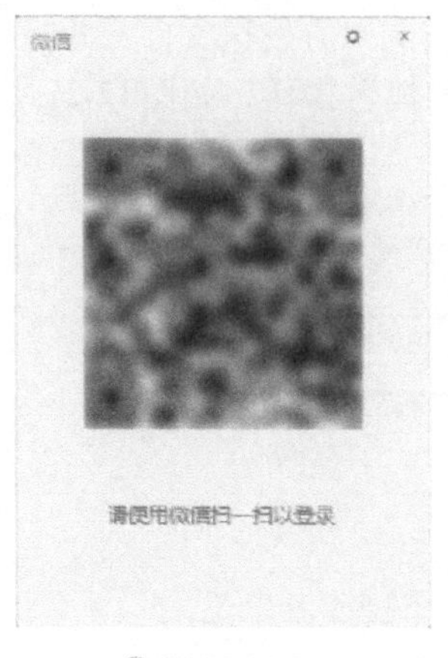

图12-22

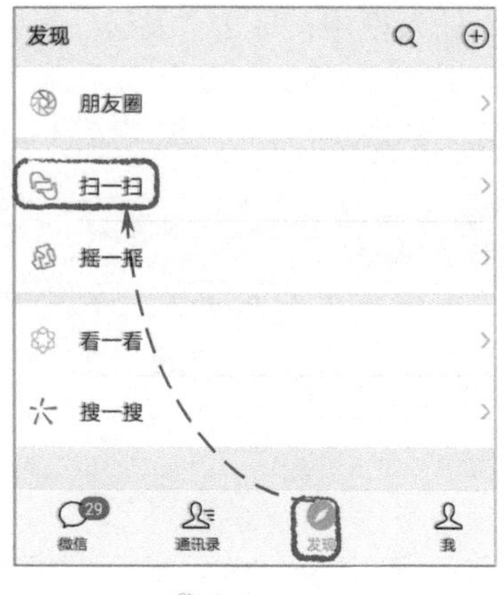

图12-23

图12-24

在电脑上登录微信后，手机端会给出相应的提示，即“Windows微信已登录，手机通知已关闭”字样。

12.2.2 自定义设置

使用电脑版本的微信进行聊天时，用户可以对信息的提示方式、使用的语言和聊天快捷键的应用进行设置。

打开微信界面后，单击左下角的“更多”按钮，从弹出的列表中选择“设置”选项，打开“设置”对话框，在“通用设置”选项中，可以选择使用的语言，设置是否“开启新消息提醒声音”“开启语音和视频通话提醒声音”“开机时自动启动微信”等，如图12-25所示。

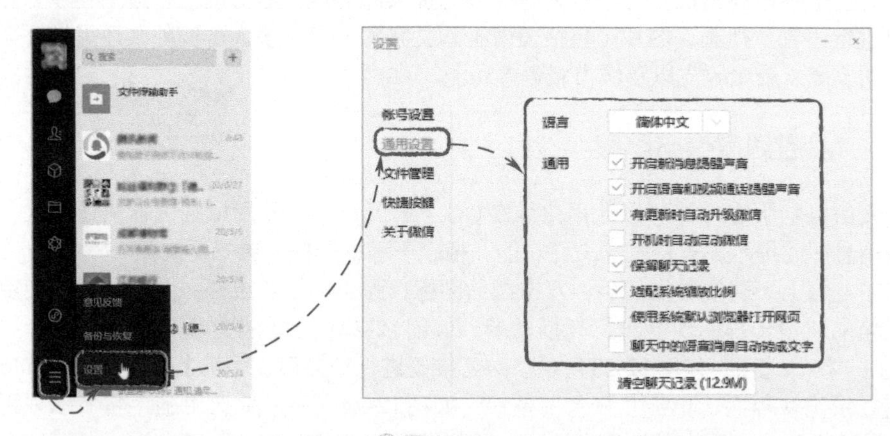

图12-25

在“文件管理”选项中，用户可以设置是否“开启文件自动下载”和微信文件的默认保存位置，如图12-26所示。在“快捷按键”选项中，可以设置“发送消息”“截取屏幕”“打开微信”的快捷键，如图12-27所示。

此外，如果用户想要退出登录，则需要在“帐号设置”选项中，单击“退出登录”按钮即可，如图12-28所示。

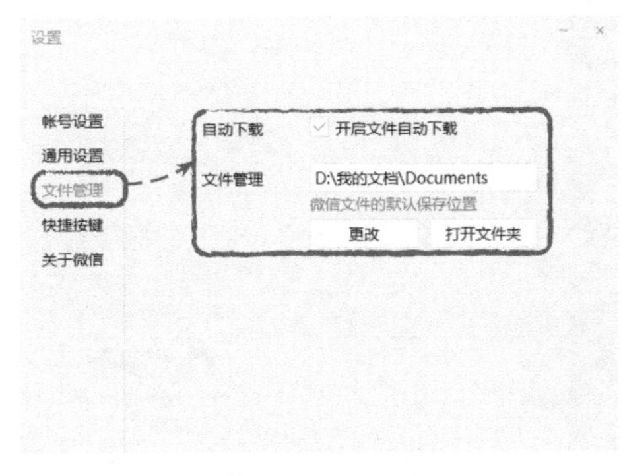

图12-26

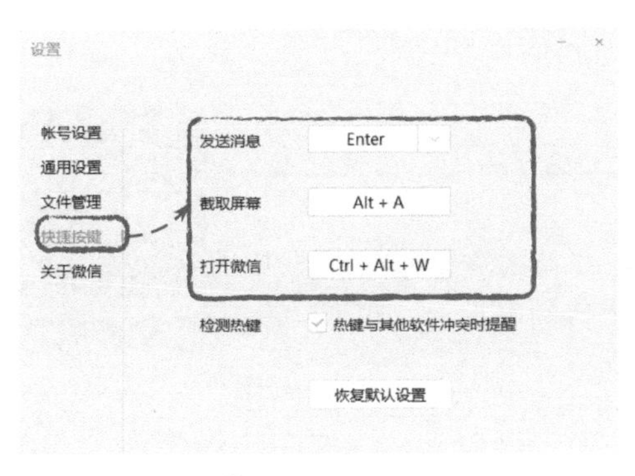

图12-27

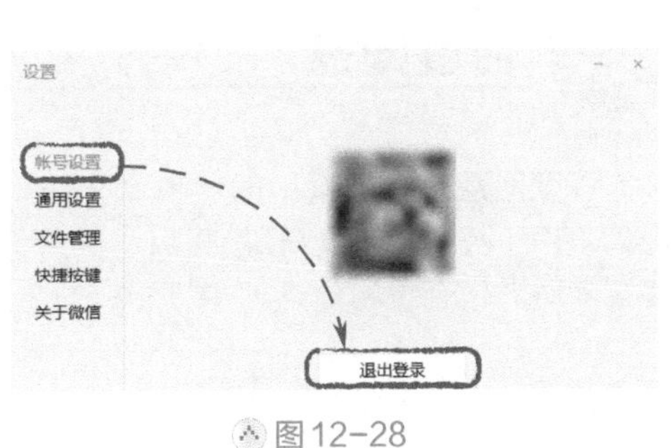

图12-28

操作技巧

如果用户想要查看微信的版本信息，则在“关于微信”选项中进行查看即可。

12.2.3 使用微信进行交流

电脑版本的微信软件安装完成并打开微信界面后，用户不仅可以使用文字、语音、视频等方式进行即时交流，还可以发送文件和屏幕截图。

打开电脑端的微信界面后，单击左侧列表汇总的“通讯录”选项，在通讯录列表中选择要发信息的好友，单击右侧面板中的“发消息”按钮，如图12-29所示。打开聊天界面，在文本输入框中输入文本信息，单击“发送”按钮，发送信息。或选择工具栏中的相关按钮，发送表情、文件、屏幕截图、语音聊天、视频聊天等，如图12-30所示。

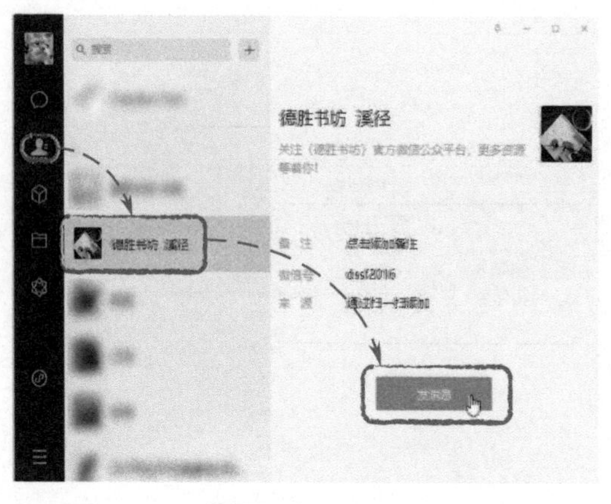

图12-29

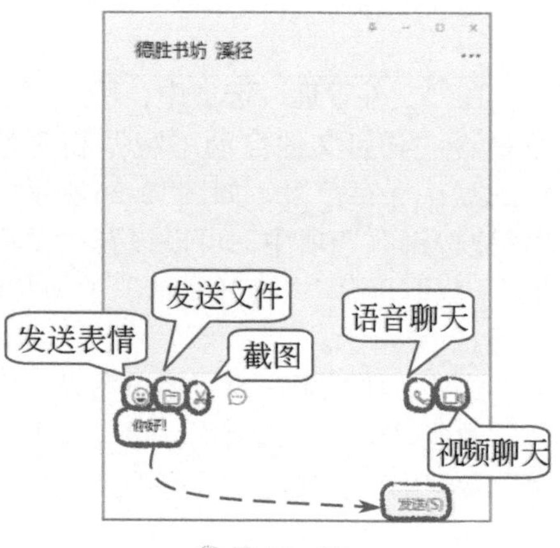

图12-30

12.3 百度网盘

百度网盘是百度推出的一项云存储服务，首次注册即有机会获得2T的空间，用户可以轻松将自己的文件上传到网盘上，并可以跨终端随时随地查看和分享。

12.3.1 百度网盘的下载

如果用户需要在电脑上安装百度网盘，则可以在百度网盘的官网上进行下载，以免下载带病毒的软件。打开“百度”网页，搜索百度网盘，找到官方网站，然后单击进入，进入网站后，在网站上方选择“客户端下载”，如图12-31所示。

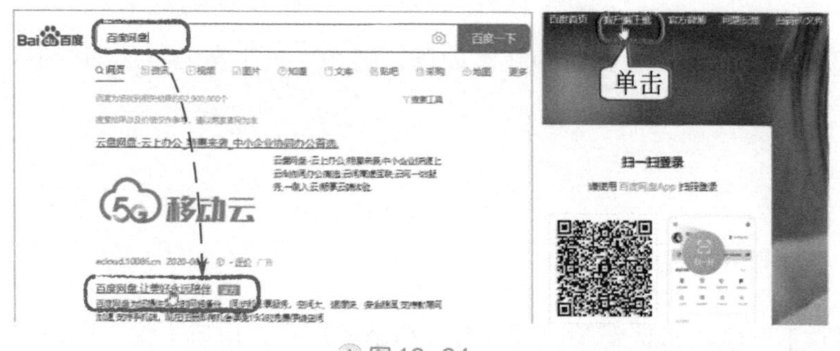

图12-31

在打开的网站页面上方选择“Windows”选项，然后单击“下载PC版”按钮，弹出“新建下载任务”对话框，选择下载到的位置，单击“下载”按钮，进行下载，如图12-32所示。

下载好百度网盘后，开始安装操作。双击软件图标，弹出一个窗格，设置“安装位置”，然后单击“极速安装”按钮，如图12-33所示。安装好后弹出一个“百度网盘”面板，从中用户可以登录帐号、注册帐号等，如图12-34所示。

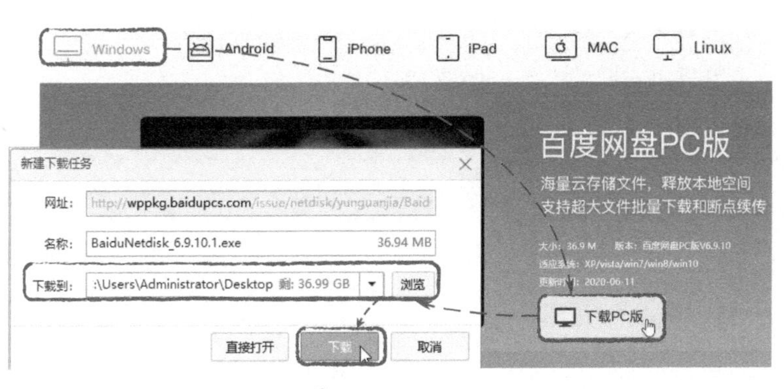

图12-32

图12-33　　图12-34

12.3.2 网盘资源的上传

用户登录百度网盘后，可以将计算机中的文件上传到百度网盘进行保存。登录帐号后，在弹出的“百度网盘”面板中选择“我的网盘”选项，然后选择“全部文件”选项，单击“上传”按钮，如图12-35所示。打开“请选择文件/文件夹”对话框，从中选择需要上传的文件/文件夹，单击“存入百度网盘”按钮，如图12-36所示，即可将所选文件上传到百度网盘中。

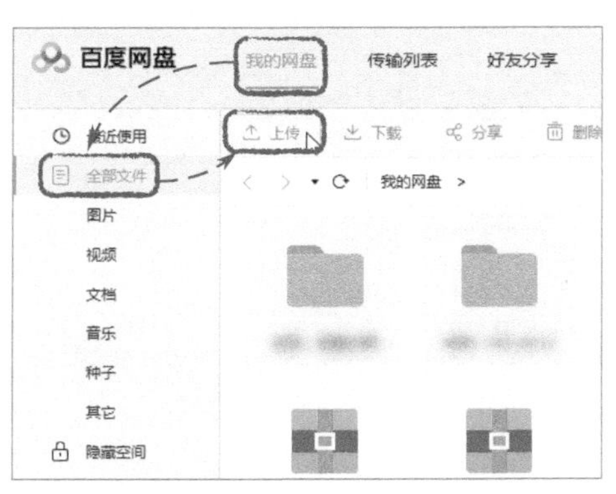

图12-35

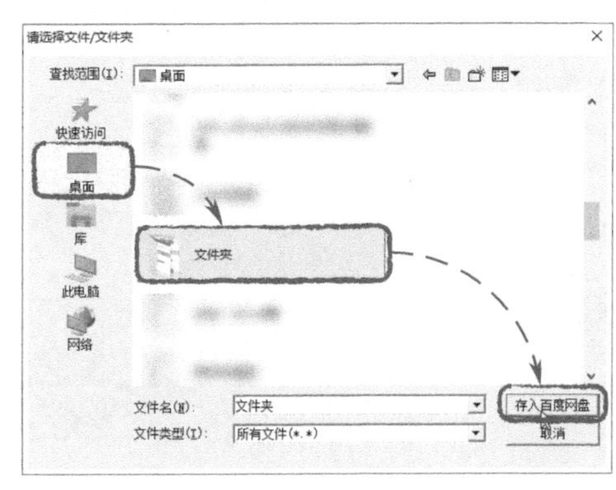

图12-36

在“传输列表”选项中显示上传总进度，当进度为100%时，表示上传成功。此外，用户也可以暂停或取消上传，如图12-37所示。

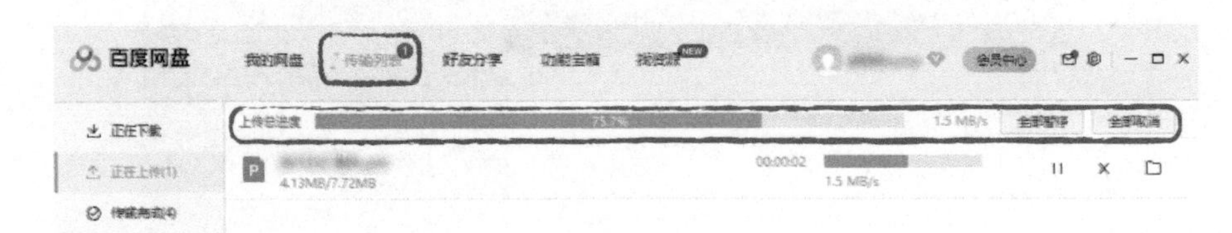

图12-37

12.3.3 网盘资源的分享

用户可以将百度网盘中的文件分享给好友，只需要在“百度网盘”面板中选择“好友分享”选项，然后单击“给好友分享文件”按钮，如图12-38所示。打开“选择文件”对话框，从中勾选需要分享的文件，单击“确定”按钮，如图12-39所示。

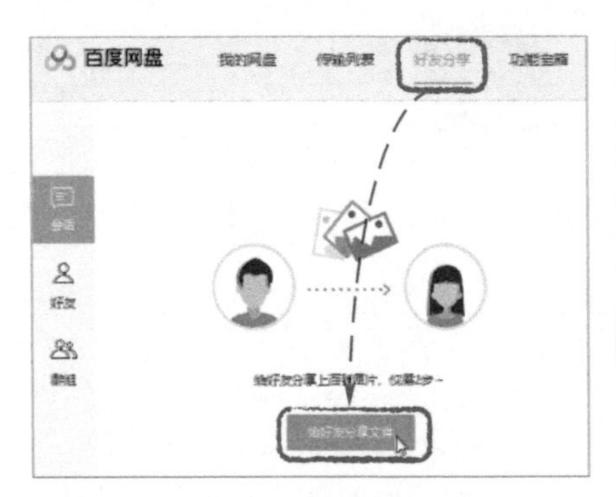

图12-38

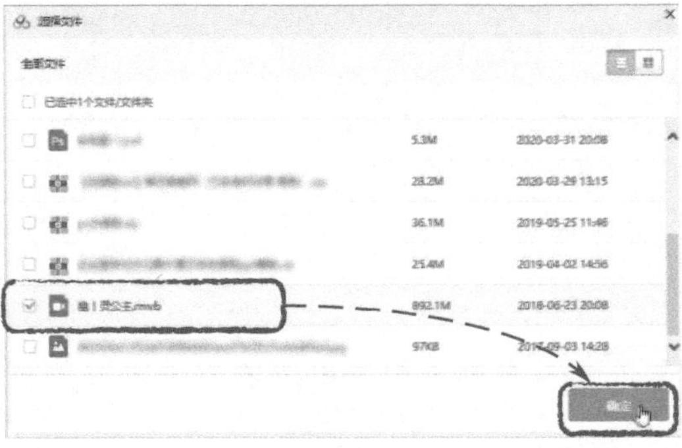

图12-39

弹出“选择好友”对话框，从中选择需要分享的好友，单击“确定”按钮，如图12-40所示，即可将文件分享给好友。

此外，在“我的网盘”选项中选择“全部文件”选项，然后在右侧选择需要分享的文件，单击“分享”按钮，如图12-41所示。

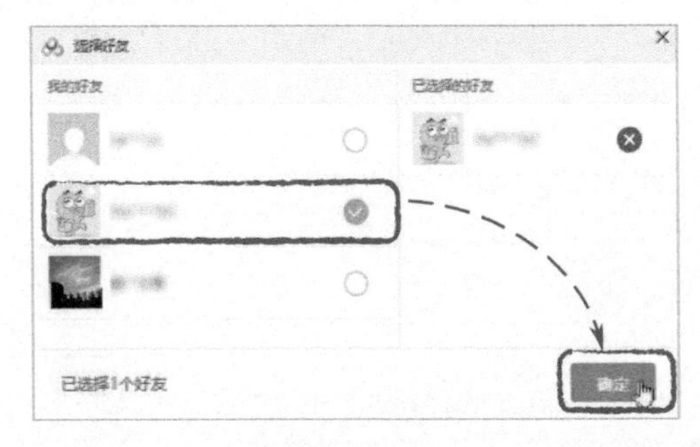

图12-40

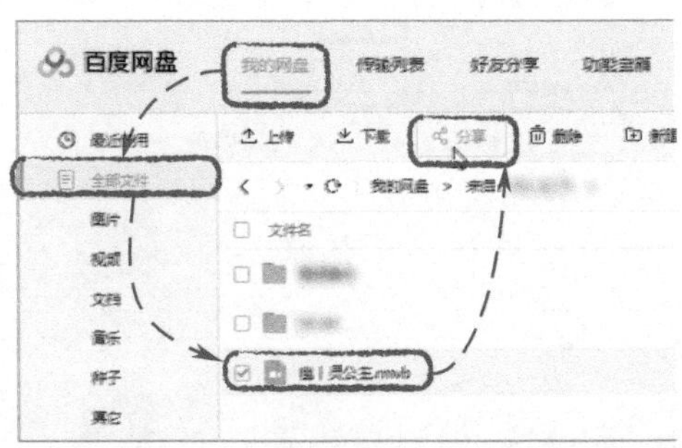

图12-41

打开“分享文件”对话框，在“私密链接分享”选项卡中设置“分享形式”和“有效期”，单击“创建链接”按钮，即可生成分享链接和提取码，用户只需要复制链接和提取码，然后通过QQ、微信、微博等分享给好友即可，如图12-42所示。

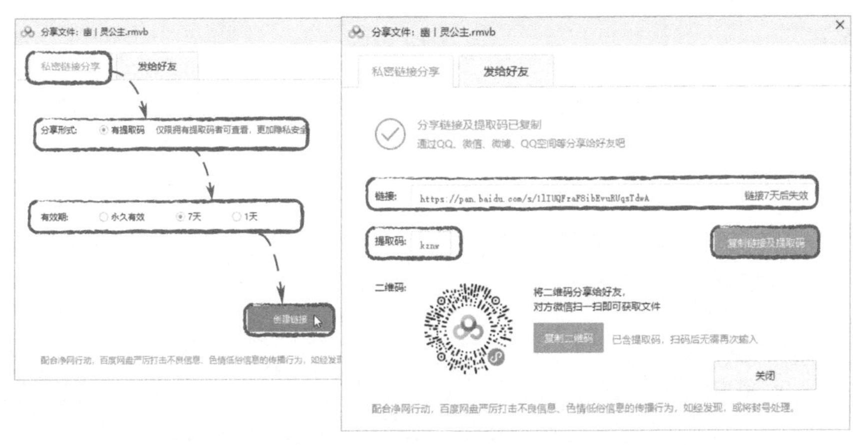

图12-42

操作技巧

在“分享文件”对话框中选择“发给好友”选项卡，然后选择好友分享文件，输入“验证码”后单击“分享”按钮，如图12-43所示，即可将文件分享给所选好友。

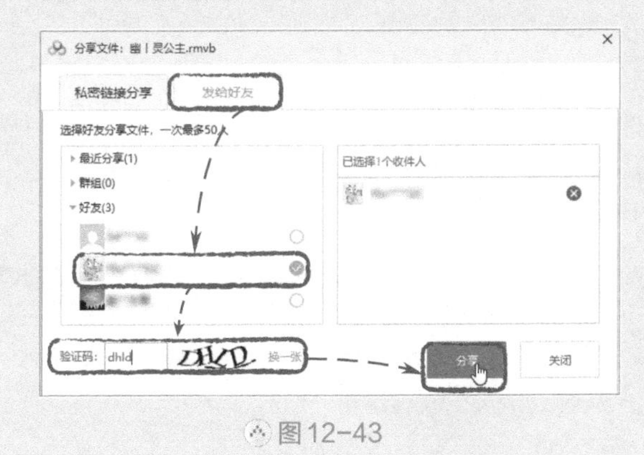

图12-43

12.4 360杀毒软件

扫一扫 看视频

360杀毒是360安全中心出品的一款免费的云安全杀毒软件。360

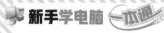

杀毒具有查杀率高、资源占用少、升级迅速等优点，能够快速、全面地诊断系统安全状况和健康程度，并进行精准修复。

12.4.1 360杀毒软件的安装

360杀毒软件的安装比较简单，打开360杀毒网站并下载360杀毒软件，下载完成后，运行安装程序，用户可以更改安装位置，勾选“阅读并同意”，然后单击“立即安装”按钮，如图12-44所示。在弹出的对话框中显示“正在安装，请稍候”提示字样，如图12-45所示。安装完成后系统会自动打开360杀毒软件。

图12-44

图12-45

12.4.2 360杀毒软件的使用

360杀毒软件窗口中包括自定义扫描、宏病毒扫描、弹窗过滤等，用户可以根据需要进行相关操作。

（1）快速扫描

在360杀毒软件窗口中选择“快速扫描”选项，弹出“快速扫描”窗格，软件自动对“系统设置”“常用软件”“内存活跃程序”“开机启动项”和“系统关键位置”选项进行扫描，如图12-46所示。

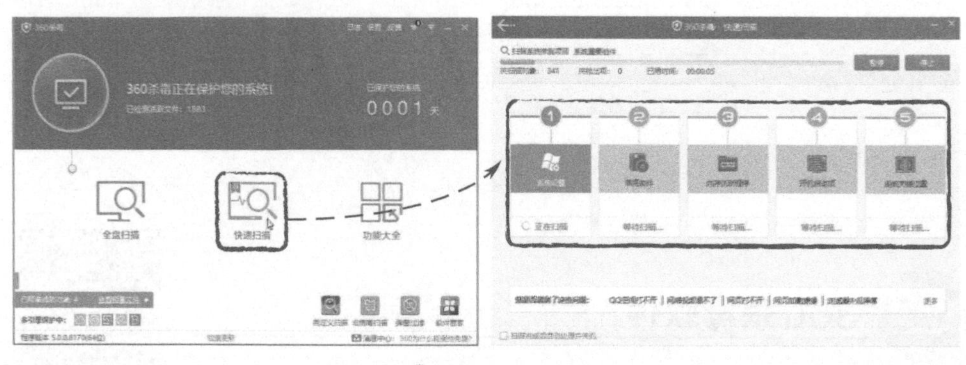

图12-46

扫描完成后，显示扫描结果，用户可以根据提示，选择“暂不处理”“立即处理”以及“信任”，如图12-47所示。

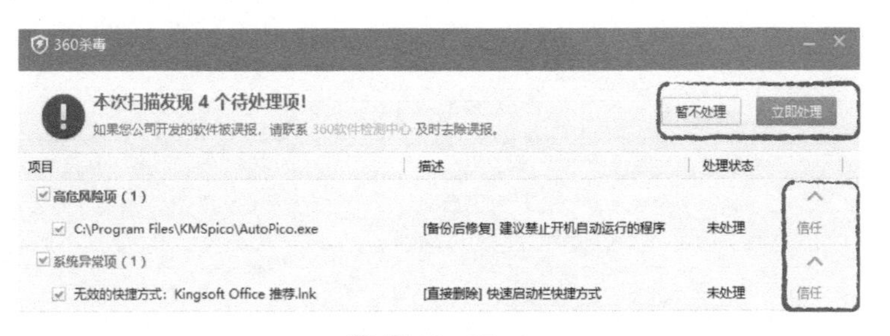

图12-47

（2）自定义扫描

在360杀毒软件窗口下方选择“自定义扫描”选项，弹出“选择扫描目录”对话框，从中勾选需要扫描的目录或文件，单击“扫描”按钮，在“自定义扫描”窗格中进行扫描，扫描完成后即可显示扫描结果，如图12-48所示。

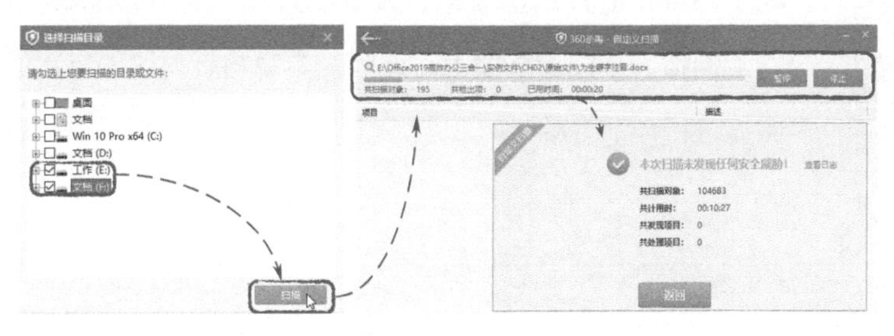

图12-48

（3）弹窗过滤

在360杀毒软件窗口下方选择“弹窗过滤”选项，打开“360弹窗过滤器”窗格，单击“添加弹窗”按钮，在打开的对话框中勾选需要过滤弹窗广告的项目，然后单击“确认过滤”按钮，如图12-49所示，即可过滤所选项目的弹窗广告。

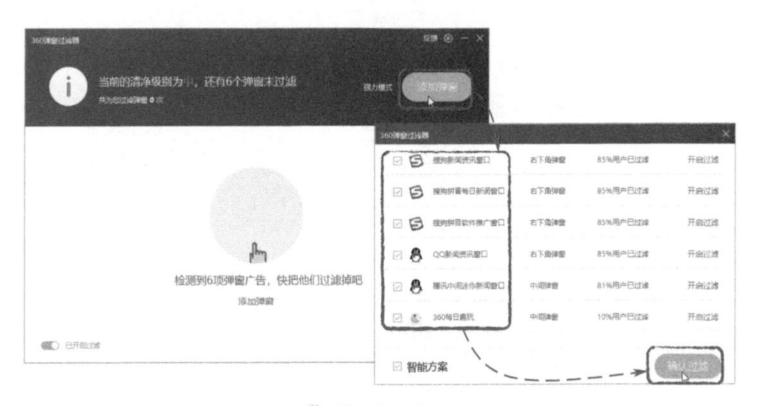

图12-49

第13章 上网可以做的那些事

内容导读

用户在使用计算机上网的时候能做的事非常多，例如收发电子邮件、制订出游攻略、预订机票和酒店、看电影、聊天、网上购物、在线看直播上网课等。本章将针对这些常用的上网操作进行详细介绍。

学习要点

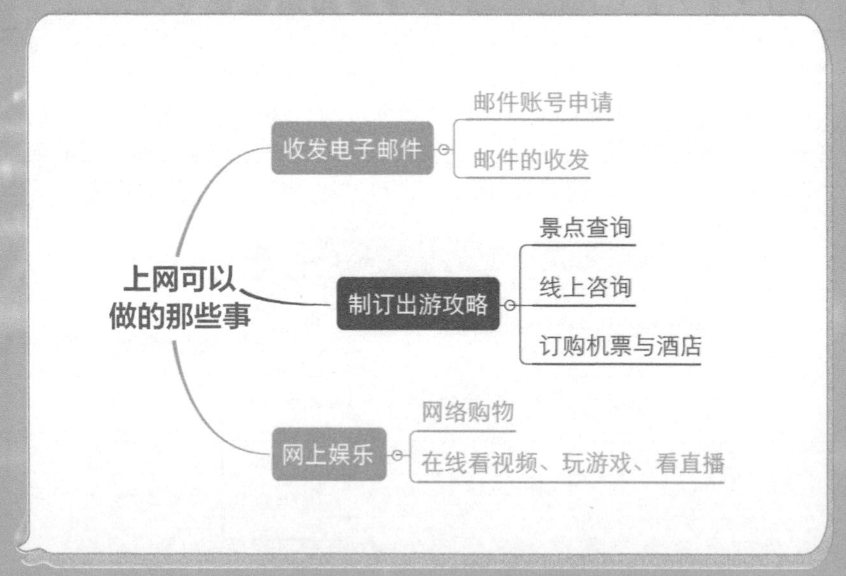

13.1 收发电子邮件

电子邮件是Internet中应用最广泛的服务之一，如同真实生活中人们常用的信件一样，有收信人姓名、收信人地址等。不同的是，电子邮件是在虚拟的网络世界中传输的，速度更快、成本更低、操作更便捷。

13.1.1 电子邮件简介

电子邮件（E-mail）是整个网络间直接面向人与人之间信息交流的系统，可以发送文字、图像、文档或其他形式的信息，它的数据发送方式极大地满足了人们之间的通信需求。

电子邮件地址的一般格式为：用户标识符+@+域名，其中@是at的符号，表示“在”的意思。目前，有很多的网站都提供免费或收费的电子邮件服务，如腾讯、雅虎、新浪、网易和搜狐等。

13.1.2 邮件账号的申请

要使用电子邮件进行信息的传递，首先要申请一个电子邮件的账号，这里以申请一个新浪免费电子邮箱为例进行介绍。

首先打开新浪邮箱的网站（https://mail.sina.com.cn/）登录首页，单击“注册”按钮，如图13-1所示。在随后的界面中填写注册信息，填写完成后单击“立即注册”按钮，如图13-2所示。

图13-1

图13-2

在电脑上注册成功后需要在手机上下载客户端激活邮箱，扫描页面中的二维码，根据手机中的提示安装新浪邮箱APP，如图13-3所示。安装成功后电脑端邮箱即可自动激活，再次打开新浪邮箱首页，输入邮箱地址和密码，单击“登录”按钮便可进入邮箱，如图13-4所示。

图13-3

图13-4

13.1.3 电子邮件的收发

邮箱申请成功后，用户就可以进行邮件的收发操作了。下面介绍具体操作方法。

（1）发送邮件

登录邮箱后在邮箱首页中单击“写信”按钮，如图13-5所示。这时将弹出邮箱账号设置界面，用户可以根据需要，设置邮箱账号的昵称，并添加签名，让发出去的邮件显得更专业。若暂时不需要设置昵称和签名，可直接将该窗口关闭，如图13-6所示。

图13-5

图13-6

创建一个新邮件，其内容一般包括收件人的电子邮箱、邮件主题和邮件正文内容，还可以在邮件中添加附件。创建完成后，单击“发送”按钮即可发送邮件，如图13-7所示。

图13-7

新手误区

发送邮件时必须正确填写收件人邮箱地址才能成功发送。

（2）查看邮件

当邮箱中有未查看的邮件时，“收件夹”中会显示具体数字，如图13-8所示。单击“收件夹”可查看这些未读邮件，单击任意未读邮件可查看该邮件内容，如图13-9所示。

图13-8　　　　图13-9

（3）回复邮件

查看对方邮件后若要回复可单击“回复”按钮，如图13-10所示，即可自动转入写信页面，“收件人”地址栏中会自动输入对方的邮箱地址，输入回复内容后单击“发送”按钮即可。

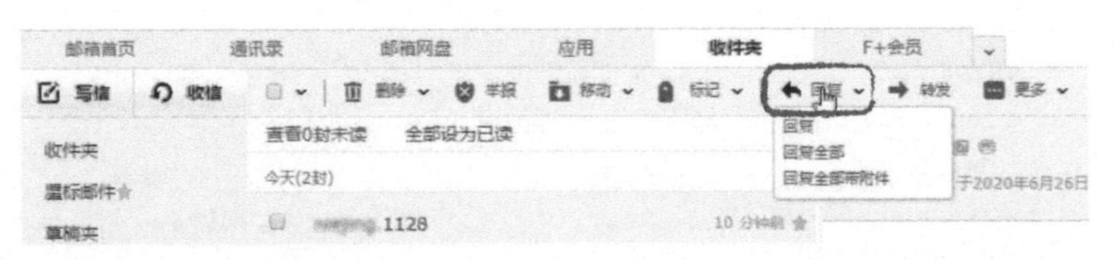

图13-10

除此之外用户可以选择快速回复，将光标定位在邮件下方文本框中，输入需要回复的内容，单击“发送”按钮即可，如图13-11所示。

图13-11

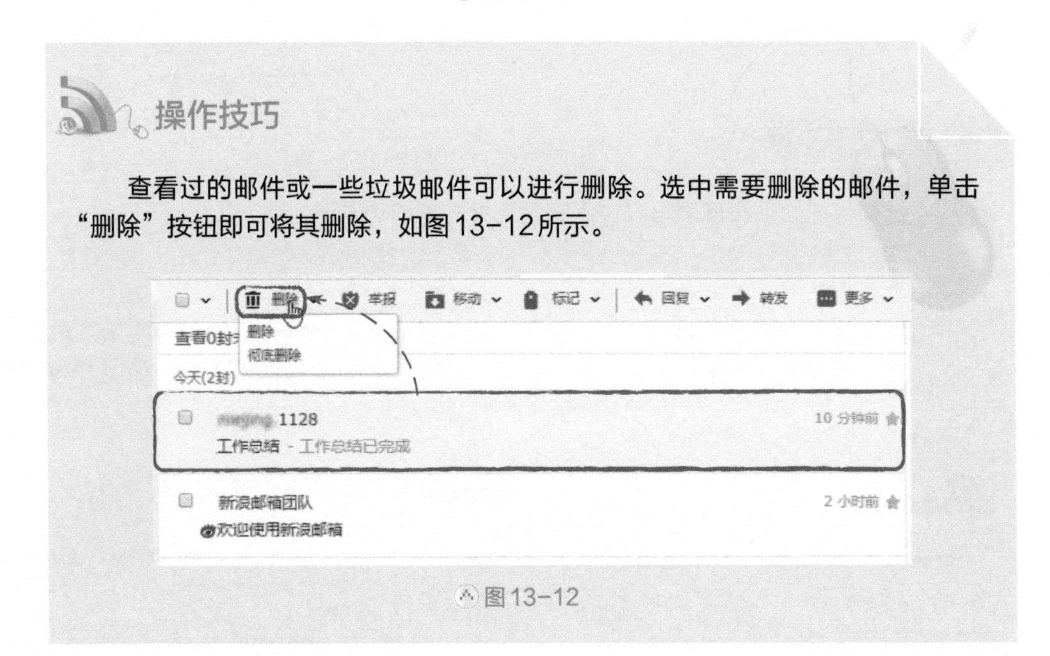

操作技巧

查看过的邮件或一些垃圾邮件可以进行删除。选中需要删除的邮件，单击“删除”按钮即可将其删除，如图13-12所示。

图13-12

13.2 制订出游攻略

Internet给人们生活带来的改变，不仅体现在社交、娱乐和购物上，也给我们的出行带来了极大的便利。外出旅游前，我们可以在网上进行旅游线路查询，或进行火车票、机票、酒店的预订。

13.2.1 旅游景点的查询

外出旅游前，用户可以提前了解目的地的旅游景点、门票、住宿、美食等，这时可使用一些专门的旅游资讯网站查询。目前比较常用的旅游户外类的网站有去哪儿、途牛、飞猪、携程等。下面以使用携程旅游网为例进行介绍。

（1）查询景点信息

打开携程旅行官网，在搜索框中输入目的地，单击“搜索”按钮，如图13-13所示。进入“攻略”页面，在该页面中通过“景点”“住宿”“美食”等标签可以查看景点的相应信息，如图13-14所示。

图13-13

图13-14

（2）查询景点门票

点击“门票”标签在搜索框中输入目的地点击“搜索”，可查询目的地相关景点的门票；点开任意景点链接，可在打开的页面中预订该景点的门票，如图13-15所示。

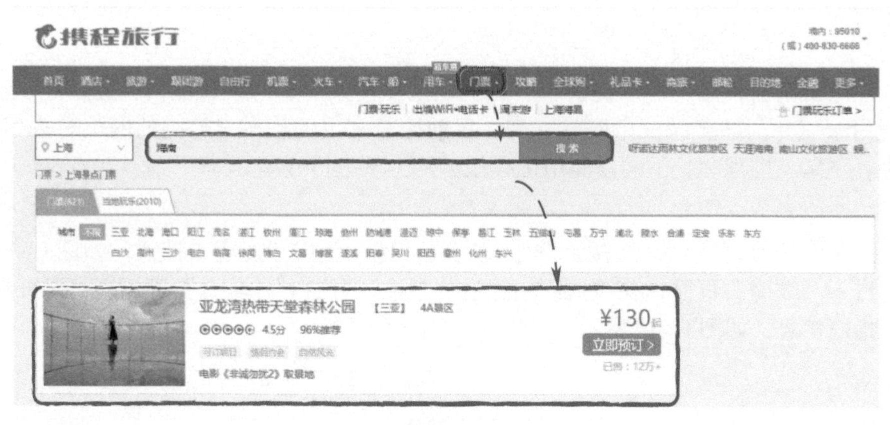

图13-15

13.2.2 线上咨询客服

在浏览旅行网站的过程中如果有疑问可以咨询网站的客服人员，用户可以通过电话咨询，也可以在线咨询。网页右上角显示了官方客服电话，如图13-16所示。若要在线咨询则点击“客服中心”（进入客服中心需要提前登录携程账号），如图13-17所示。

图13-16　　图13-17

在打开的页面中选择要咨询的项目，随后便会弹出“携程智能顾问”聊天窗口，用户有什么疑问可在此进行咨询，如图13-18所示。

图13-18

13.2.3 机票和酒店的预订

用户不仅可以在网络查询景点信息、预订景点门票等，还可以根据需要，在相关的网站上预订飞机票和酒店，非常方便快捷。

提供网上机票和酒店预订的网站很多，如携程网、去哪儿、同程网等。下面仍以携程旅行网为例，介绍机票和酒店预订的操作方法。

（1）机票预订

单击携程网首页的“机票”标签，选择机票的类型，随后设置出发地、目的地、出发日期、返回日期等信息，单击“搜索”按钮。如图13-19所示。

图13-19

在打开的搜索列表中，选择所需的班次，单击“选为去程”按钮，随后点击“预订”按钮，预订该航班，如图13-20所示。

图13-20

在打开的页面中，填写乘客的相关信息和联系人信息后，单击“下一步”按钮，随后在打开的页面中，对相关信息进行进一步的确认，单击页面底部的“同意以下协议条款，去支付”按钮，如图13-21所示。最后打开支付页面，用户选择好需要的支付方式。单击“下一步”按钮，完成支付即可。

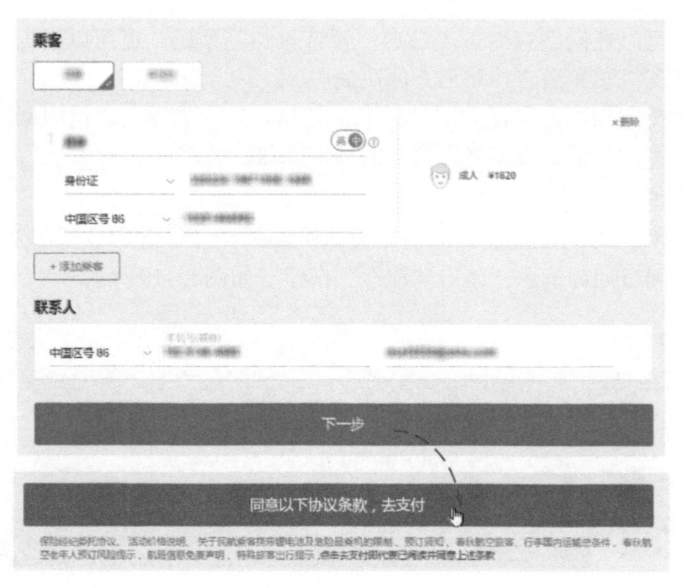

图 13-21

(2) 酒店预订

打开携程旅行网首页，在页面左侧的列表中输入目的地、入住日期、退房日期等信息，单击“搜索”按钮，如图13-22所示，系统将自动搜索符号条件的酒店。

图 13-22

在搜索结果列表中，用户根据需要选择要预订酒店的位置、价格区间、酒店类型等信息，然后在搜索结果中挑选满意的酒店进行预订即可，如图13-23所示。

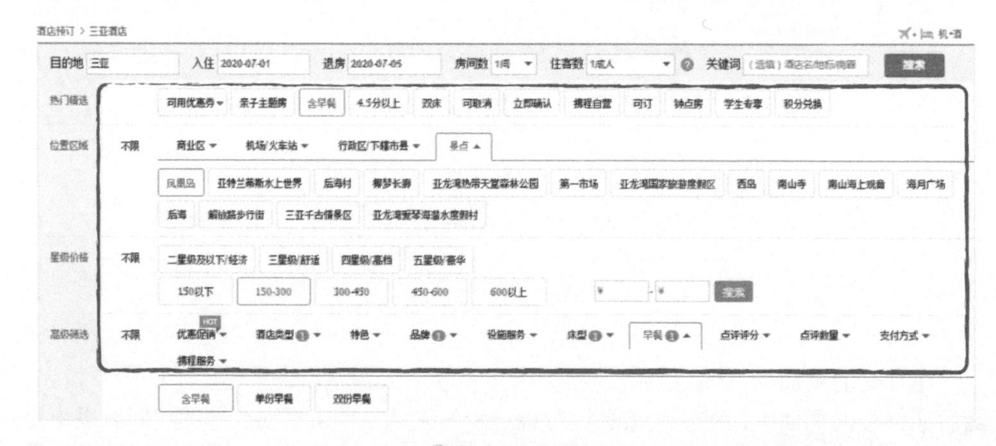

图 13-23

13.3 网上选购物品

如今在网上进行购物已是大势所趋了，不论用户想买什么，基本都可以在各大购物网站上购买到。现在的购物网站非常多，而且大多各有所长，我们需要购买商品时，可以在多个网站上进行浏览，对商品的质量和价格进行比较。

京东商城是目前较受欢迎的电子商务网站之一，是一个综合的网上购物商城。很多人会选择京东商城，因为京东不仅商品数量众多，价格低，并且送货速度快。下面介绍一下在京东商城购物的流程。

在浏览器中使用关键字“京东”，搜索到京东商城官方链接，如图13-24所示。然后点击进入京东商城首页，在搜索框中输入想要购买的商品，单击“搜索”按钮，搜索相关产品，如图13-25所示。

图13-24　　图13-25

在搜索结果界面可以进一步选择商品类型，例如，购买手机时根据热点、机身存储、屏幕尺寸、CPU型号等进行筛选。另外，用户也可以根据商品的销量、评论数、价格等对搜索结果进行排序，如图13-26所示。接下来用户便可浏览搜索到的商品信息了。在某个商品上方单击，可以打开该商品链接，如图13-27所示。

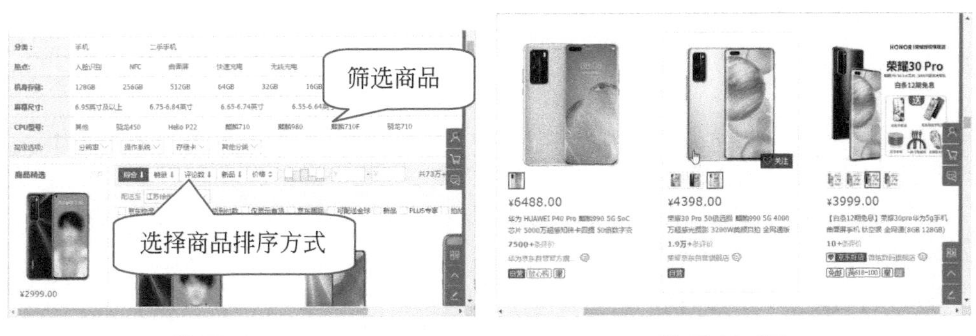

图13-26　　图13-27

打开商品链接后可先浏览商品介绍、商品评价等信息，如图13-28所示。若对商品满意，则在页面顶部选择好商品颜色、版本、套装等参数，单击“加入购入车”按钮，将商品先添加到购物车，如图13-29所示。

图13-28

图13-29

若还想继续逛逛其他商品可返回到首页继续浏览其他商品，若要直接下单则单击“去购物车结算”，进入购物车，单击“去结算”，如图13-30所示。

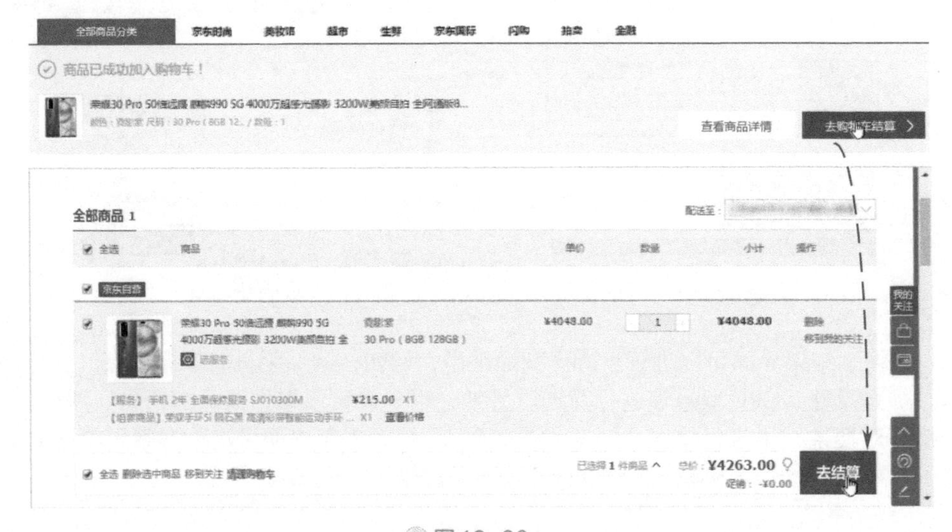

图13-30

操作技巧

去购物车结算必须要登录京东账号，若没有登录系统会弹出二维码，用户使用手机扫描然后在手机上授权电脑端登录即可。若是京东新用户还没有京东账号，可单击“立即注册”按钮，注册京东账号。

进入结算页，核对一下收货人信息，若收货人信息不对，可以点击“更多地址”按钮，选择其他地址。单击“新增收货地址”按钮可在弹出的页面中增加新的收货地址。随后选择好支付方式，如图13-31所示。

图13-31

在结算页中间位置可选择送货的日期和时间，在配送方式下方可设置发票信息，最后单击“提交订单”按钮，如图13-32所示。进入收银台页面，选择好付款方式。输入支付密码，单击“立即支付”按钮即可完成支付，如图13-33所示。

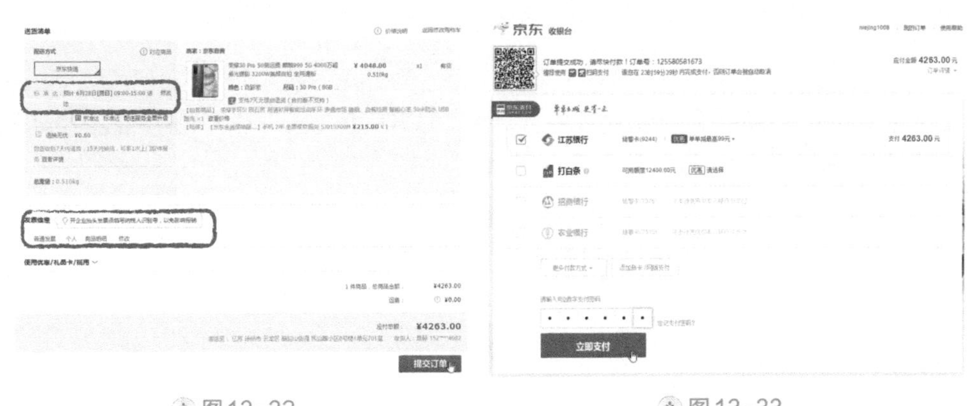

图13-32　　图13-33

13.4 在线休闲娱乐

除了浏览各种信息，或与好友进行沟通交流外，Internet上的各种在线电影、视频、音乐或游戏也是喜欢“宅”在家里的用户的最佳休闲方式。

13.4.1 看视频

Internet中有很多在线视频播放软件，如暴风影音、腾讯视频、爱奇艺、优酷等，使用这些视频播放软件可以在线追剧、看电影或各种综艺节目。下面以腾讯视频播放软件为例，进行具体的介绍。

在浏览器中输入腾讯视频官方网址（https://v.qq.com/），或搜索

“腾讯视频”关键字找到官网链接，进入腾讯视频官方网站，用户可以直接在网站中观看视频，也可以下载客户端观看视频。利用客户端，除了可以观看视频外，还可以加速视频缓冲、享受4K画质等。

将光标放在网页右上的“ ”图标上，在展开的列表中单击“立即体验”按钮，如图13-34所示。随后在弹出的窗口中单击“下载客户端”按钮，如图13-35所示。

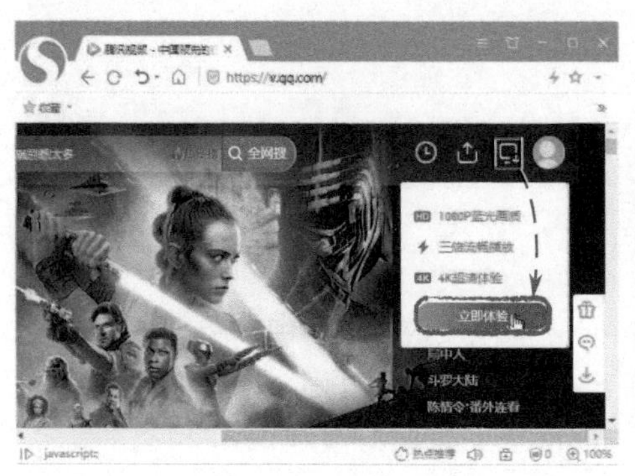

图13-34

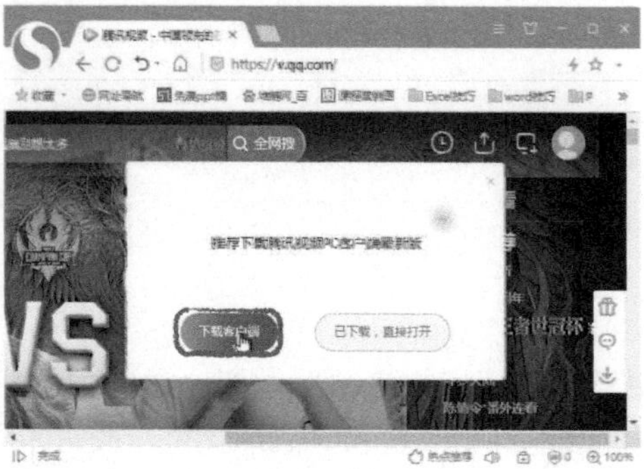

图13-35

在弹出的下载对话框中设置好保存位置，单击“下载”按钮开始下载，如图13-36所示。下载完成后在下载管理器中单击“打开”按钮，如图13-37所示，开始安装腾讯视频客户端。

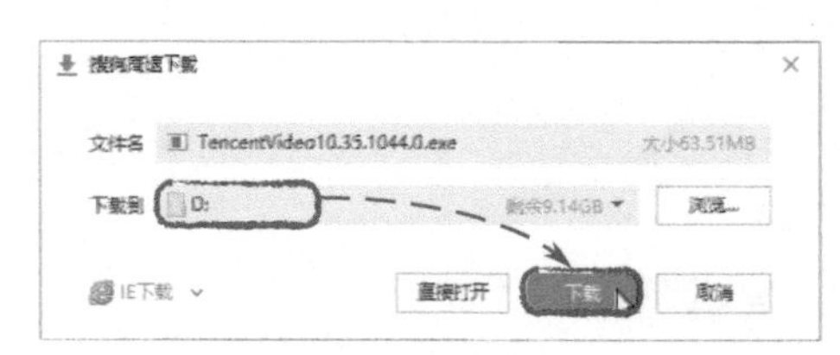

图13-36

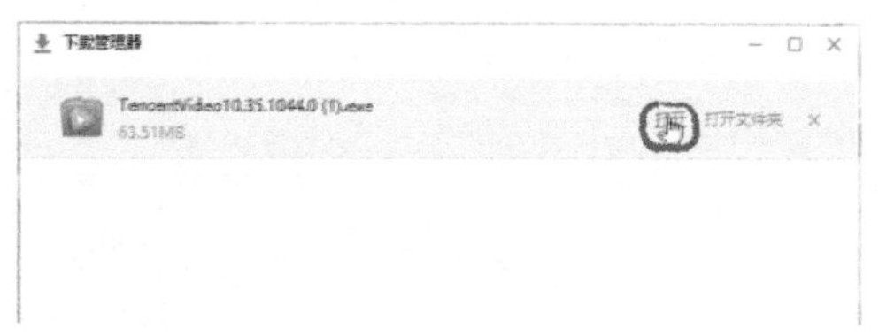

图13-37

安装完成后桌面上便会出现腾讯视频图标，双击该图表可打开腾讯视频客户端。用户可以在左侧列表中选择视频的类型，或直接在搜索框中搜索想要看的电视剧、电影、综艺节目或原创视频等，如图13-38所示。搜索出结果后单击即可打开相应视频，如图13-39所示。

图13-38

图13-39

13.4.2 听音乐

扫一扫 看视频

目前流行的音乐网站和播放软件非常多，常用的有酷狗音乐、QQ音乐、网易云音乐等，下面以酷狗音乐为例进行介绍。

（1）根据歌曲分类选择歌曲

打开酷狗音乐播放器，切换到“歌单”界面，用户可以在该界面中选择自己喜欢的歌曲类型，例如选择古风类型歌曲，如图13-40所示。在想听的歌曲选项上方双击即可播放该歌曲，如图13-41所示。

图13-40

图13-41

播放歌曲的时候，通过界面底部的功能可以实现很多操作，例如播放当前歌曲的MV、将当前歌曲设置成“我喜欢”、下载歌曲、查看评论、控制歌曲的播放、在桌面上显示歌词等，如图13-42所示。

图13-42

（2）搜索自己想听的歌曲

打开酷狗音乐播放器，在界面顶部的搜索框中输入歌曲名称，单击“搜索”按钮，界面中随即显示所有搜索到的结果，在歌曲选项上双击即可播放该歌曲，如图13-43所示。

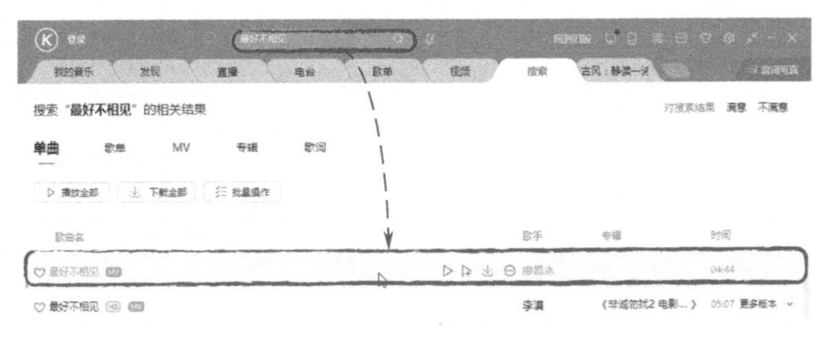

图13-43

（3）创建歌单

自己喜欢的歌曲可将其添加到歌单中，方便下次查找和播放。操作方法如下。

在酷狗音乐中找到想要添加到歌单的歌曲，将光标停留在歌曲选项上，单击该选项卡出现的“⊖”按钮，在展开的列表中选择“添加到>新建歌单”选项，如图13-44所示。弹出“新建歌单”对话框，输入歌单名称单击“创建”按钮，如图13-45所示。歌曲随即被添加到新建的歌单中，打开“我的音乐”界面，可以查看到该新建歌单和歌单中的歌曲，如图13-46所示。

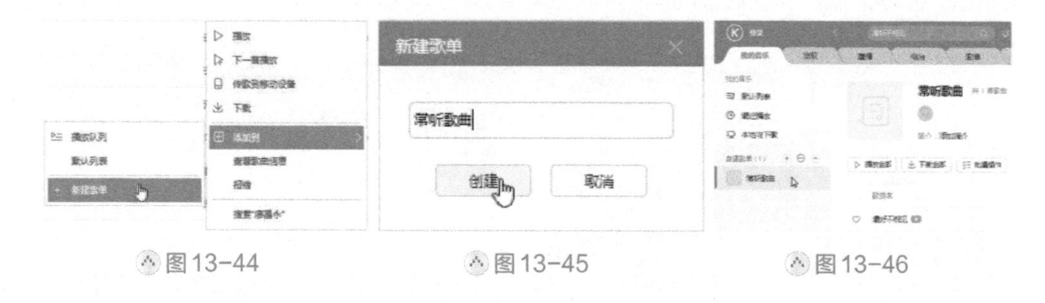

图13-44　　图13-45　　图13-46

13.4.3 玩游戏

在繁忙的学习和工作之余，很多人会选择玩游戏来放松心情。Internet中有许多游戏可供用户选择，用户可以根据自己的喜好，玩连连看、斗地主这种小型游戏，或是魔兽、传奇等大型网络游戏。

（1）QQ游戏

用户可以使用自己的QQ号直接登录QQ游戏，非常方便。下面以QQ斗地主游戏为例进行介绍。

登录QQ后，在面板底部单击“▦”按钮，打开“应用管理器”对话框，单击“QQ游戏”按钮，打开“在线安装”对话框，单击“安装”按钮，如图13-47所示。弹出“QQ游戏”对话框，单击“快速安装”按钮，如图13-48所示。

图13-47

图13-48

操作技巧

在安装QQ游戏之前，可以在“QQ游戏”对话框的右下角单击“自定义安装”按钮，手动设置QQ游戏的安装位置，以及是否在桌面上显示快捷图标等。

QQ游戏安装完成后可以在桌面上双击“QQ游戏”图标，进入QQ游戏主页，在界面顶部搜索框中搜索“欢乐斗地主”。界面中随后会显示出搜索结果，选择想玩的游戏版本，单击“开始游戏”，如图13-49所示，系统会自动进行相应的配置安装，安装完毕后，用户即可进行游戏，如图13-50所示。

图13-49

图13-50

（2）大型游戏

与小型游戏相比，大型网络游戏属于高端游戏，游戏软件占硬盘空间大、配置要求高、游戏美工优秀、投资大、制作成本高。目前比较流行的大型网游有英雄联盟、穿越火线、魔兽世界等。

大家比较喜欢的魔兽世界（Word of Warcraft），如图13-51所示，是著名的游戏公司制作的一款大型多人在线角色扮演游戏，玩家可以在魔兽世界中冒险、完成任务、探索未知的世界、征服怪物等。

图13-51

（3）网页游戏

网页游戏是基于Web浏览器的网络在线多人互动游戏，无须下载客户端，不存在机器配置不够的问题，最重要的是关闭或者切换极其方便。例如红警大战、植物大战僵尸、QQ农场或QQ超市等，这里不再一一赘述。

13.5 在线看直播/上网课

网络直播大致分两类：一类是在网上提供电视信号观看，例如各类体育比赛和文艺活动的直播；另一类是人们所了解的“网络直播”，在现场架设独立的信号采集设备导入导播端，再通过网络上传至服务器，将这些信号在互联网上发布，全球任何有网络的地方都能看到在线直播的实况。

（1）在线看直播

目前比较流行的直播平台有斗鱼、熊猫TV、虎牙直播、虎牙电竞等。下面以斗鱼直播平台为例介绍如何在线看直播。

在浏览器中搜索关键词“斗鱼”，找到斗鱼直播平台的链接，然后进入首页，用户可以在首页中观看精彩推荐，也可以点开“直播”界面，根据各种分类标签，观看自己感兴趣的直播，如图13-52所示。

图13-52

（2）上网课

目前网课的形式主要分为两种：一种是在线直播网课程；另一类是录播课程。而上网课的人群也可分为两大类：一类是学生，通过上网课辅助学业；另一类是想学习某项技能的职业型人群。

较为知名的职业技能型的在线学习网站有腾讯课堂、网易云课堂、51COT学院等。

下面以腾讯课堂为例进行介绍。

输入腾讯课堂网址（https://ke.qq.com/）进入网站首页，单击页面顶部分类按钮，从分类列表中选择需要自己想看的视频类型，如图13-53所示。

图13-53

页面中随即筛选出所选类型的课程，单击想看的课程封面即可观看该课程，如图13-54所示。在搜索到的课程中包含录播、直播、收费、免费等所有课程类型，用户可以通过视频上方复选框筛选出需要的课程类型，例如，勾选“正在直播”复选框即可筛选出正在直播的课程，如图13-55所示。

图13-54　　　　图13-55

网易云课堂这类视频网站，虽然视频种类丰富，但是不会只专注于某一类课程，用户也可以找一些专注做某一类视频课程的网站进行学习。下面以使用德胜书坊在线课堂为例介绍一下此类视频网站的学习方法。

打开德胜书坊在线课堂官方网站（http://www.dssf007.com/），单击“线上课堂”按钮，如图13-56所示。在打开的页面中可以看到所有课程，通过课程顶部的分类标签可以筛选相应类型的课程，如图13-57所示。

图13-56

图13-57

购买课程后，进入会员中心，在“我的课程”界面中可以找到相关课程，如图13-58所示，点击该课程连接，进入课程详情页面，单击“立即观看”按钮即可开始学习，如图13-59所示。

图13-58

图13-59

Office
办公篇

第14章 选择适合自己的输入法

内容导读

文字录入是电脑的基本操作之一，了解并掌握一定的输入技巧，可以使自己的工作效率翻倍。本章将向读者介绍输入法的使用操作，其中包括拼音输入法和五笔输入法。这两种输入法的使用率非常高，读者可以根据自己习惯有针对性地来选择使用。

学习要点

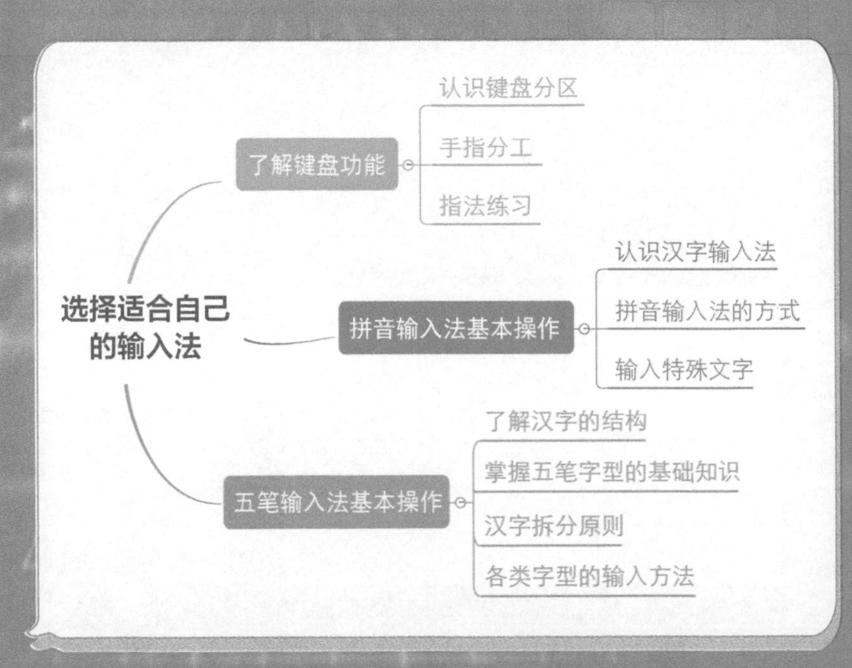

14.1 熟练使用键盘

键盘是电脑不可或缺的输入设备，了解并掌握键盘的使用方法是非常有必要的。目前，键盘的种类有很多，在此以常见的104键键盘为例进行介绍。

14.1.1 键盘分区

按功能划分，整个键盘总体上可分为功能键区、主键盘区、编辑控制键区、键盘状态指示灯区、小键盘区，如图14-1所示。

图14-1

（1）功能键区

通常，功能键区位于键盘的最上方，由13个键组成，分别是Esc键和F1 ～ F12键，如图14-2所示。

其中，Esc键为退出键，即用于退出正在运行的程序，但在不同软件环境下其功能略有不同。F1 ～ F12键为功能键，各键的具体功能跟随软件系统的变化而改变。功能键是为了简化操作而设置的按键，在不同软件环境下，其功能有所不同；而在同一软件环境下，其功能固定不变。

（2）主键盘区

主键盘区也被称为打字键区，由61个键组成，主要包括数字键、字母键、符号键及控制键，如图14-3所示。主键盘区主要用于字母、符号以及数字的输入。

图14-2

图14-3

其中，数字键为0 ～ 9共10个数字键，数字键的下挡为数字，上挡为符号。

字母键为A ～ Z共26个英文字母键，字母键有大写和小写字母之分，可以通过Caps Lock键切换大小写输入状态。

符号键不仅包括，、。、：、！、(、) 等18个标点符号键，还包括 + 、 − 、 × 、 ∕ 和 ∧ 共5个运算符键，以及@、#、%、&、$和 \ 共6个特殊符号键。

控制键为Tab键（制表定位键）、Caps Lock键（大小写字母转换键）、Shift键（换挡键）、Ctrl键（控制键）、Alt键（转换键）、Space键（空格键）、Enter键（回车键）、Backspace键（退格键）共8个按键。

（3）编辑控制键区

编辑控制键区包括↑、↓、←、→、Page Up、Page Down、Print Screen、Pause/Break、Scroll Lock、Insert、Delete、Home和End，如表14-1所示。在使用计算机编辑软件时，可以利用这些键实现光标的移动等。

表14-1

按键	意义
↑ ↓ ← →	方向键，可以使光标向上、向下、向左、向右移动
Page Up	上翻页键，可以将上一页的内容显示在屏幕上
Page Down	下翻页键，可以将下一页的内容显示在屏幕上
Print Screen	屏幕复制键，在Windows系统下按该键可以将当前屏幕内容以图片形式复制到剪贴板上
Pause/Break	暂停键，直接按该键，可以暂停正在进行的操作，若与Ctrl键一起组合键，则可以终止程序的运行
Scroll Lock	滚动锁定键，可以使屏幕暂停（锁定）/继续显示信息
Insert	开关键，可以实现插入字符功能和替换字符功能之间的转换
Delete	删除键，可以将光标后的一个字符删除
Home	光标归首键，可以将光标移至所在行的行首
End	光标归尾键，可以将光标移至所在行的行尾

（4）键盘状态指示灯区

键盘状态指示灯区位于键盘的右上角，共有Num Lock、Caps Lock和Scroll Lock 3个指示灯。其中，Num Lock和Caps Lock分别表示数字键盘的锁定和大写锁定。

（5）小键盘区

小键盘区又称数字键区，由数字0～9和运算符等17个按键组成，如图14-4所示。小键盘区主要用于数字的快速录入。其中，包含10个双字键，上挡键为数字，下挡键为编辑控制键。上下挡的切换由NumLock键控制，指示灯亮时，只能使用数字键，否则只能使用下挡键。

图14-4

大部分笔记本电脑并没有独立的数字键区，数字键分布到固定的字母键位上。

14.1.2 手指分工

要想提高文字的录入速度，就必须掌握正确的键盘指法。在打字时，双手十个手指均有明确的分工，任何一个手指都不得去按不属于自己分工区域中的按键。因此，初学者从一开始就应严格按照正确的键盘指法进行练习，如图14-5所示。

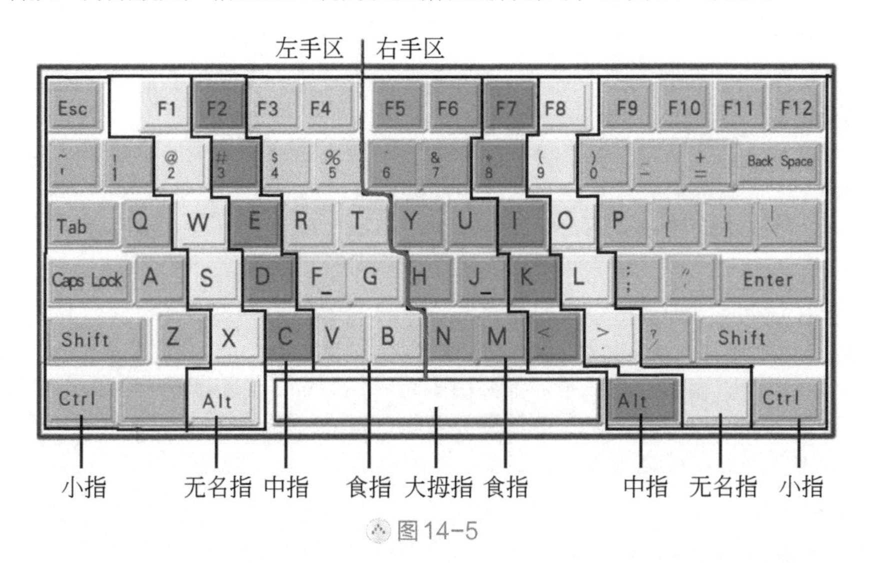

图14-5

按照指法分区原则，左手食指负责4、5、R、T、F、G、V、B共8个按键，中指负责3、E、D、C共4个按键，无名指负责2、W、S、X共4个按键，小指负责1、Q、A、Z及其左边的所有键位。

右手食指负责6、7、Y、U、H、J、N、M共8个按键，中指负责8、I、K、,，共4个按键，无名指负责9、O、L、.共4个个键，小指负责0、P、；、/及其主键区右边的所有键位。

14.1.3 指法练习

熟悉手指分工后，就可以进行指法练习了。在起步阶段，应将指法操作的正确性放在首位。开始打字时，要先找到基准键位，同时要有正确的坐姿。

（1）基准键位

基准键位在主键盘区的第3行，共有8个按键，即A、S、D、F、J、K、L和；。两手的食指分别放在F、J键，其他手指自然放好，大拇指放在空格键上，如图14-6所示。F键与J键为定位键，通常该按键上有凸状横线，以方便用户识别。

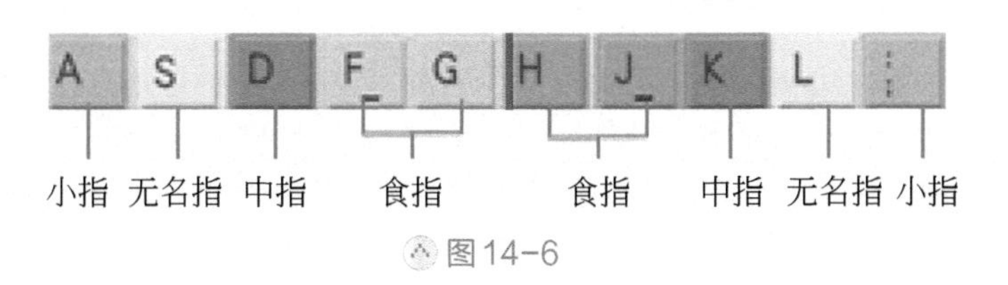

图14-6

需要提醒的是，G键和H键也是食指的掌控范围，在按G键时，应由左手的食指向右伸一个键位；同理，在按H键时，应由右手的食指向左伸一个键位。

（2）正确的坐姿

在打字时，保持正确的坐姿是非常必要的，也是练好键盘指法的前提。因为只有养成良好的打字习惯，才能保证打字时身体不容易疲劳。正确的姿势包括以下几个方面。

- 调整椅子的高度，使得前臂与键盘平行，前臂与后臂成略小于90°的角；上身略前倾腰挺直，并将全身重心置于椅子上。
- 打字时，手腕悬起，各手指指肚要轻放在基准按键的正上面，两大拇指悬空放在空格键上。此时的手腕和手掌都不能触及键盘或电脑桌的任何部位。
- 按键时，手指要用“敲击”的方法去轻轻快速地击打键位，击打完毕立即回归基准键位。
- 除拇指外其他手指自然弯曲成弧形，指端的第一关节与键面垂直，两手与两前臂成直线，手不要过于向里或向外弯曲。

在练习指法时需要注意的是，不要用眼睛来找键位，也不能用一个手指击键，这样都会降低击键速度。初期阶段要慢要有节奏，随着不断的熟练再加快打字速度。在这个过程中要强迫自己进行盲打，重视落指的正确性，切忌越位击键。

14.2 了解汉字输入法

汉字输入法又被称为中文输入法，是通过ASCII字符的组合，或手写、或语音将汉字输入到电脑等电子设备中的方法。

14.2.1 汉字输入法简介

通常，汉字输入法分拼音输入法和五笔输入法。拼音输入法不需要特殊记忆，只要按照拼音规则来执行即可输入汉字，符合国人的思维习惯。五笔输入法需要背诵字根，掌握字的拆解方法，学习起来较为困难。但在应用过程中，五笔输入法录入效率更高。

随着技术的不断进步，汉字的输入技术出现了语音输入、手写输入等。其中，语音输入法的代表为IBM的ViaVoice，手写输入法的代表为汉王手写。此外，掌上终端设备以触摸式手写为主，如手机、PDA等。

14.2.2 常用输入法及其切换

常用的汉字输入法有很多，例如搜狗拼音输入法、QQ拼音输入法、王码五笔输入法、万能五笔输入法等。各输入法都拥有自己的优点，用户可以有针对性地进行选择。

当电脑上安装有多个输入法时，在输入汉字时就需要在各输入法之间进行来回切换。其中切换操作主要包括组合键切换与鼠标选择切换两种。

（1）使用键盘组合键切换

按【Ctrl+Shift】组合键，可以实现各输入法间的切换。

按【Ctrl+Space】组合键，可以实现中英文输入的切换。

按【Win+Space】组合键，可以查看并在输入法间切换。

（2）使用鼠标选择切换

在电脑状态栏右侧单击输入法按钮，在打开快捷菜单中选择所需的输入法选项，即切换成功，如图14-7所示。

图14-7

14.3 汉语拼音输入法

搜狗拼音输入法是一款较为常用的输入法。它有着超强的互联网词库、兼容多种输入习惯、首选词准确率第一等优点，是大多数用户首选的输入法。下面对该输入法的使用进行介绍。

14.3.1 输入法状态栏及设置

图14-8

切换选择该输入法后，将会显示该输入法的状态栏，如图14-8所示。该状态条栏上的按钮从左至右依次为“自定义状态栏”“中/英文切换”“中文/英文标点切换”“表情”“语音”“软键盘”“用户等级”“皮肤盒子”以及“工具箱”。

在使用搜狗拼音输入法时，用户可以进行多项个性化的设置，以实现符合自己的输入习惯。右键单击该状态栏任意位置，在打开的快捷列表中，选择“属性设置”选项，如图14-9所示。在“属性设置”对话框中，可以根据需要设置输入状态、输入习惯、标点符号、输入法外观、词库以及一些高级选项等，如图14-10所示。

图14-9

图14-10

在输入过程中，用户可以向输入法状态栏中添加快捷工具，例如手写工具、截图工具等。单击该状态栏中的“自定义状态栏”按钮，在打开的设置界面中，勾选要添加的快捷工具选项即可。

14.3.2 多种输入方式

搜狗输入法支持多种输入模式，如简拼、全拼、双拼等。下面对其相关知识进行详细介绍。

简拼输入即指利用声母或声母的首字母进行输入的一种方式。利用简拼，可以在很大程度上提高输入的效率。如：输入“大家好”时，只需输入“djh”即可，如图14-11所示。

全拼输入是拼音输入法中最基本的一种输入方式。在输入窗口输入拼音，然后依次选择所要的字或词即可。如：输入“新手学电脑”字样时，就需输入“xinshouxuediannao”，如图14-12所示。

图14-11　　图14-12

双拼输入即指利用定义好的单字母代替较长的多字母韵母或声母进行输入的一种方式。

操作技巧

全拼输入法完全按照标准的汉语拼音方案，输入时需要逐个输入汉字的全部拼音字母。例如，输入“计算机”三个字时需要键入“jisuanji”，再按空格键即可。当输入的拼音出现很多重码字时，可以直接按“+”“-”键上下翻页，当显示出所要输入的字时，按对应的数字键或用鼠标选择所需的字。在输入词组时，应注意使用音节切分符号，例如要输入“西安”这个词，应键入“xi’an”，如果键入“xian”，就会输入“先”字。

14.3.3 输入日期和时间

快速输入当前的日期和时间是有技巧的。相信大多数用户都会对着当前时间逐个输入。其实只需敲击2个按键，即可快速输入当前系统的日期或时间。

若想输入当前系统日期，则只需输入“日期”的首字母“rq”，随即在候选词中会显示出当前日期，如图14-13所示，单击该候选词即可。

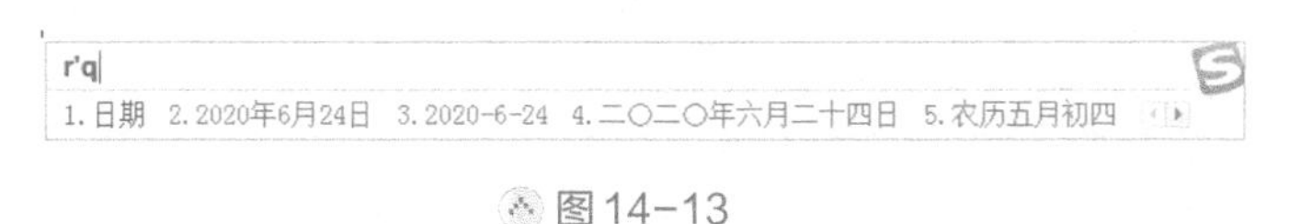

图14-13

若想输入当期系统时间，则只需输入时间的首字母“sj”，在候选词中会显示出当前时间，如图14-14所示，单击即可。

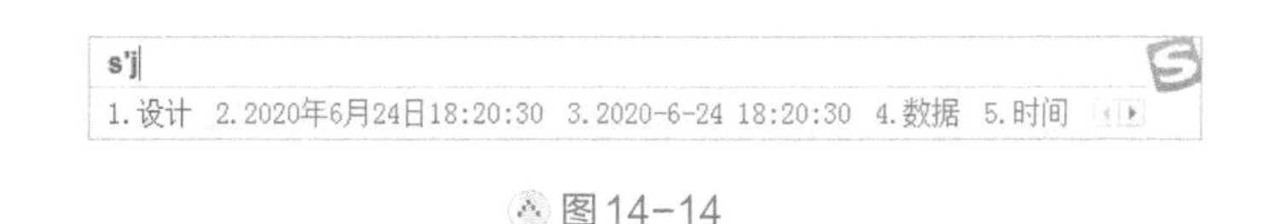

图14-14

按照同样的操作，若想输入星期，则只需输入星期的首字母“xq”，即可在候选词中给出当前星期值，如图14-15所示。

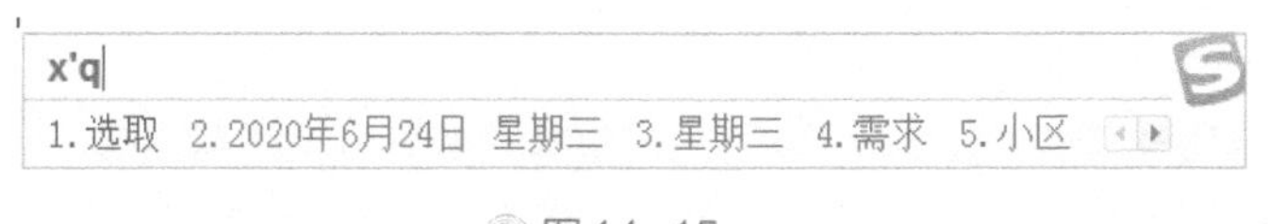

图14-15

14.3.4 输入生僻字

在输入时如果遇到生僻字，该如何操作呢？其实方法很简单，用户可以使用2种方法进行操作。

（1）使用U模式

U模式是专门为输入不会读的文字而所设计的。在输入【U】键后，然后依次输入一个字的笔画，即可轻松输入相对应的汉字。其中，h表示横、s表示竖、p表示撇、n表示捺、z表示折，h、s、p、n、z也可以用小键盘上的1、2、3、4、5来表示，点也可以用d来表示。在此，笔顺规则与普通手机上的五笔画输入是完全一样的。例如：“厷”字的笔画编码是uhpzd，如图14-16所示。

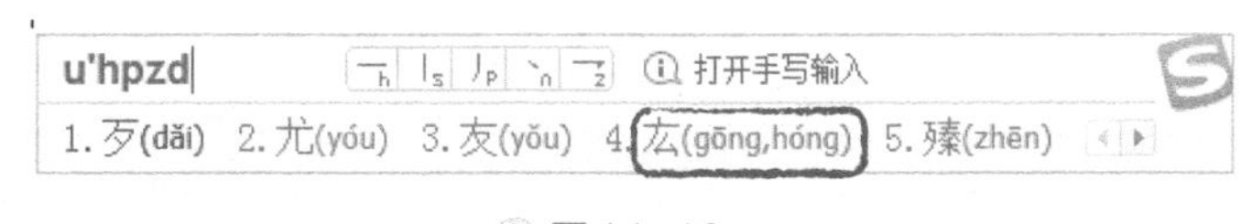

图14-16

（2）使用手写板模式

利用手写板模式输入也是不错的选择。用户需要在输入法中添加该工具。在输入法状态栏中单击“工具箱”按钮，在打开的工具列表中，单击“手写输入”工具，系统会自动安装并打开手写面板，如图14-17所示。

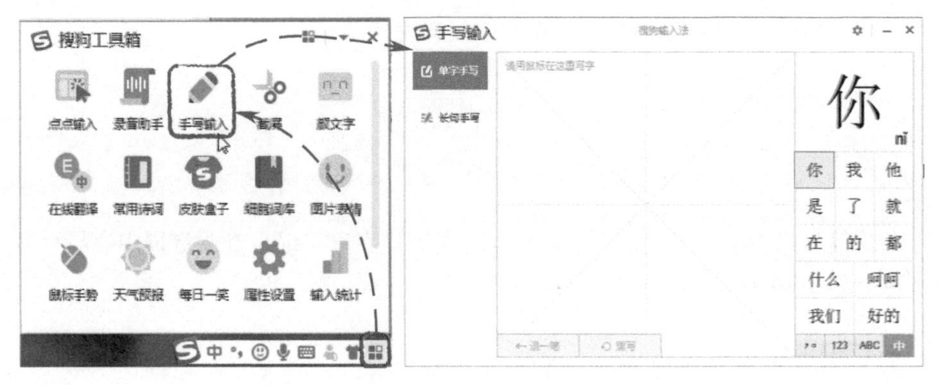

图14-17

利用鼠标在写字板中输入“厷”字，然后在右侧识别的文字列表中单击所需文字即可，如图14-18所示。

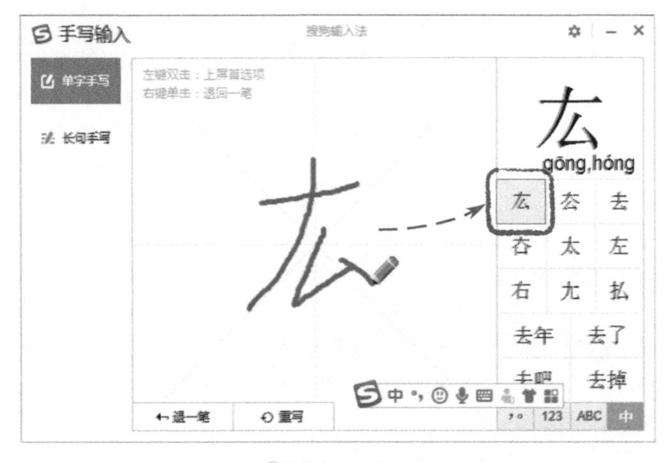

图14-18

14.4 五笔字型输入法

五笔字型输入法是王永民教授在1983年8月发明的一种汉字输入法。因为发明人姓王，所以也称为“王码五笔”。五笔相对于拼音输入法具有重码率低的特点，熟练后可快速输入汉字。五笔字型自1983年诞生以来，先后推出三个版本：86版五笔、98版五笔和新世纪五笔。

14.4.1 汉字的编码规则

掌握汉字的编码规则，熟悉每个汉字的编码，是五笔输入法的基础。掌握汉字的编码规则就需要对汉字的字型结构及笔画有所了解。

（1）汉字的5种笔画

笔画指组成汉字的且不间断的点或线段，是构成汉字的最小单位。从一般的书写形态上看，汉字的笔画有点、横、竖、撇、捺、提、钩和折共8种。在五笔字型方案中，把汉字的笔画只归结为横（一）、竖（丨）、撇（丿）、捺（丶）和折（乙）5种基本笔画。那么点、提和钩这3种笔画到哪里去了呢？

其实“点”被归为“捺”类了，这样归类是因为两者运笔的方向基本一致；“提”被归为“横”类；除“竖”能代替左钩以外，其他带转折的笔画都被归结为“折”类。为了便于记忆和应用，根据它们使用频率的高低，依次用A、B、C、D和E作为代号，如表14-2所示。

表14-2

笔画名称	代号	笔画走向	笔画及其变形
横	A	左→右	一、㇀
竖	B	上→下	丨、亅
撇	C	右上→左下	丿
捺	D	左上→右下	丶、㇏
折	E	带转折	乙、⺄、乚、𠃍、㔾、巛

（2）汉字的字型

五笔字型编码是把汉字拆分为字根，而字根又按一定的规律组成汉字，这种组字规律就称为汉字的字型。即使相同的字根，摆放的位置不同也可以组成不同的汉字。例如“口”和“禾”，可以组成“和”字和“香”字。

汉字字型可以分为3种：左右型、上下型以及杂合型，分别赋予其代号为A、B和C，如表14-3所示。

表14-3

字型	代号	图示	字例	特征
左右型	A		职、脚、喂、数	字由左右两部分或左中右3部分构成，字根之间可有间距，总体左右排列
上下型	B		昔、莫、露、竖	字由上下两部分或上中下3部分构成，字根之间虽有间距，但总体上下排列
杂合型	C		回、凶、过、团、间、本、太、东	字由单体、内外和包围等结构组成，字根之间或有间距，但不分上下左右，或者浑然一体

14.4.2 汉字的字根

字根是构成汉字的重要单位，也是最基本的单位。下面将从五笔字型的基础知识开始学起，循序渐进。

（1）字根的概念

前面几次提到过字根，那么字根到底是什么呢？所谓字根，即指由若干个笔画交叉连接而成的相对不变的结构，它是组成汉字的基本单位，因此汉字均可按一定的原则拆分为基本字根。

五笔字型输入法中选取了组字能力强和出现次数多的130个部件作为基本字根，其余所有的汉字在输入时都要拆分成基本字根来输入。

（2）字根的区位号

五笔字型的基本字根有130个，而键盘上只有26个英文字母键，这么多的字根是如何分布在键盘上的呢？要想掌握五笔字型的字根分布，就必须先弄清楚字根的区、位以及区位号。

那么什么是区和位呢？这就需要和前面所讲的汉字的5种笔画结合起来。字根的5区是指键盘上除Z键外的其他25个字母键按照5种基本笔画分为横、竖、撇、捺和折5个区。其中以横起笔的在1区，从字母G至A；以竖起笔的在2区，从字母H至M；以撇起笔的在3区，从字母T至Q；以捺起笔的在4区，从字母Y至P；以折起笔的在5区，从字母N至X，如图14-19所示。

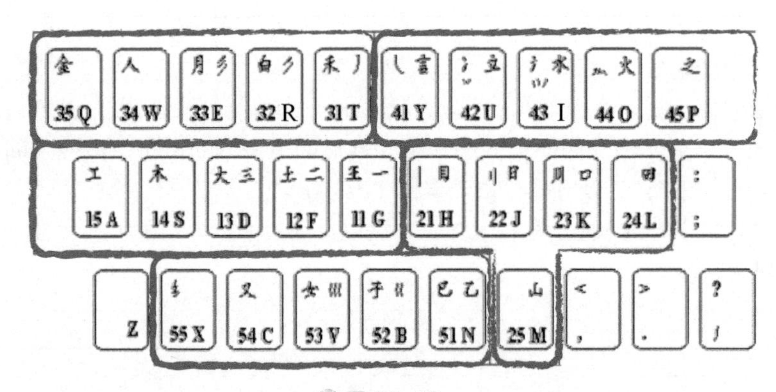

图14-19

从图14-19可以看出，区位号是由中间向键盘两侧按照1～5的顺序来排列的。

- 1区：横区，共27种字根，第一笔为横笔，由G、F、D、S、A五个键组成，对应的区位号分别为11、12、13、14、15，故称为横区字根；
- 2区：竖区，共23种字根，第一笔为竖笔，由H、J、K、L、M五个键组成，对应的区位号分别为21、22、23、24、25，故称为竖区字根；
- 3区：撇区，共29种字根，第一笔为撇笔，由T、R、E、W、Q五个键组成，对应的区位号分别为31、32、33、34、35，故称为撇区字根；
- 4区：捺区，共23种字根，第一笔为捺笔，由Y、U、I、O、P五个键组成，对应的区位号分别为41、42、43、44、45，故称为捺区字根；

- 5区：折区，共28种字根，第一笔为折笔，由N、B、V、C、X五个键组成，对应的区位号分别为51、52、53、54、55，故称为折区字根。

（3）字根的键盘分布

每区的基本字根又分成五个位置，也以1、2、3、4、5表示。这样130个基本字根就被分成了25类。这25类基本字根安排在除Z键以外的25个英文字母键上。在同一个键位上的字根中，选择一个具有代表性的字根称之为键名字根。五笔字型字根总表如图14-20所示。

五笔字根表 86版

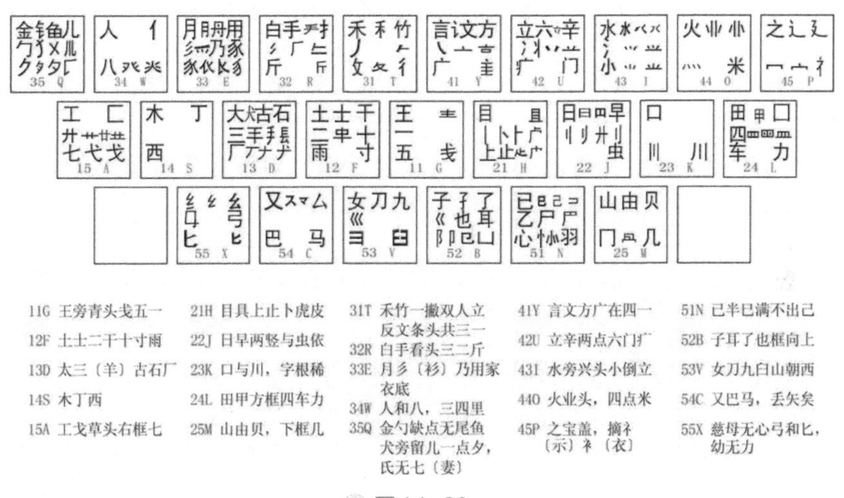

图14-20

从图14-20中可以看出字根分布有如下规律。

- 第一，字根首笔笔画代号与区号一致。如果它的首笔是横，就在横（一）区内查找；首笔是竖就在竖（二）区内查找等。
- 第二，字根的次笔笔画与它所在的位号一致。如果某字根第二笔是横，就在对应区的第二个键位上。
- 第三，部分字根是依据该字根的笔画而定的。例如，横起笔区的前三位就分别放有字根“一、二、三”，类似的竖起笔前三位分别放有一竖、两竖、三竖等。
- 第四，个别字根按拼音分位，例如“力”字拼音为“Li”，就放在L位；“口”的拼音为“Kou”，就放在K位。
- 第五，部分字根以近义字为准放在同一位，例如：传统的偏旁“亻”和“人”、“扌”和“手”等。
- 第六，部分字根与键名字根或主要字根相似为准放在同一位，例如，在D键上就有几个与“三”字形近的字根。

由于字根较多，为了便于记忆，开发者对五个区还编写了一首“助记词”，增加了韵味，易于上口，对初学者有辅助记忆的效果。有了上述规律和助记词，读者再稍加努力，即可轻松记住这些基本字根。而记住这些字根及其键位是学习五笔字型输入法的基础和首要步骤。五笔字型所有的字根及其对应的键位、区位和助记词详见附录。

（4）字根的结构关系

在了解了什么是字根之后再来看一下字根的结构关系。字根的结构关系分为单、散、连和交4种类型。

“单”指这个字根本身就是一个汉字，即这个汉字只有一个字根，包括5种基本笔画“一、丨、丿、丶、乙”，25个键名字根和成字字根，如“田、日、木、西、月”等。

“散”指构成汉字的字根不止一个且字根之间有一定的距离。比如“吐”字由“口”和“土”两个字根组成，字根间还有一定的距离。

“连”指一个字根与一个单笔画相连，比如“夭”是由基本字根“大”和“丿”相连组成。“太”是由“大”和“丶”相连组成。其中单笔画可连前、连后。一个基本字根和其之前或之后的点组成的汉字，一律视为相连结构，比如“下、义、主”等。

“交”指两个或者多个字根交叉重叠构成的汉字，比如“本”是由字根“木”和“一”相交构成的，再比如“申、夷、必、东、里”等。

操作技巧

笔画是一次写成的一个连续不断的线段，是构成汉字的最小单位。对于一个完整的汉字来讲，不是一系列不同笔画的线性排列，也不是一组各种笔画的任意堆放，而是由若干笔画符合连接交叉所形成的相对不变的结构，我们把它们称为字根。

14.4.3 汉字的拆分原则

正确地将汉字拆分成字根是五笔字型输入法的关键。使用五笔字型拆分汉字并不是无章可依的。根据字根的相对关系可以将五笔字型的拆分原则概括为一句话：“书写顺序，取大优先，兼顾直观，能散不连，能连不交”。

（1）书写顺序

中国人都有个良好的习惯，就是书写汉字时都遵循正确的书写顺序。五笔字型输入法在拆分汉字的时，一定要按照正确的书写顺序来拆分。

书写汉字的规则是“先左后右，先上后下，先横后竖，先撇后捺，先内后外，先中间后两边，先进门后关门”等。例如“间”字，正确的拆分应该是“门”“日”，而不是“日”“门”。

（2）取大优先

取大优先也叫“优先取大”，指的是一个汉字在多种拆分方法中，应保证按书写顺序拆出尽可能大的字根，也可以说拆出的字根数应该最少。例如“草”应该拆分成“艹”“早”，不应该拆分成“艹”“日”“十”。

正确：草=艹+早　　　　编码（AJJ）
错误：草=艹+日+十　　编码（AJF）

（3）兼顾直观

该原则指的是在拆字时应尽量照顾字的直观性，一个笔画不能分割在两个字根中。有时为了使拆分的字根容易辨认，就要暂时牺牲“书写顺序”和“取大优先”的原则，从而形成了个别例外的情况。

例如“县”字，按照书写顺序原则上应该拆分成：“冂”“三”“、”和“厶”，但这样使得字根“月”不再直观易辨，因此应把“县”字拆成“月”、“一”和“厶”。

正确：县=月+一+厶　　编码（EGC）
错误：县=冂+三+厶　　编码（MDC）

（4）能散不连

如果一个汉字可以拆分成几个基本字根，而且字根之间保持一定的距离，那么一律视它为“散”的结构。例如“天”字能拆分成“一”和“大”的散结构，就不要拆分成“二”和“人”连的结构。

正确：天=一+大　　编码（GD）
错误：天=二+人　　编码（FW）

（5）能连不交

能连不交指的是一个汉字能按“连”的结构拆分，就不要按“交”的结构拆分。一般来说，“连”比“交”更直观。例如：“于”字能拆分成“一”和“十”连的结构，就不要拆分成“二”和“丨”有相交笔画的结构。

正确：于=一+十　　编码（GF）
错误：于=二+丨　　编码（FH）

14.4.4 单字的编码方式

掌握了上面所讲的规则之后即可输入汉字了。下面分别介绍键名字根、成字字根、单字和词组的输入方法。

（1）键名字根的编码方式

所谓键名字根是指在键盘左上角使用频率比较高的汉字（X键上的“纟”除外），即每个键位上第一个字根，为“键名字根”。每个键名汉字对应的键位分布，如图14-21所示。

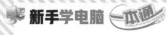

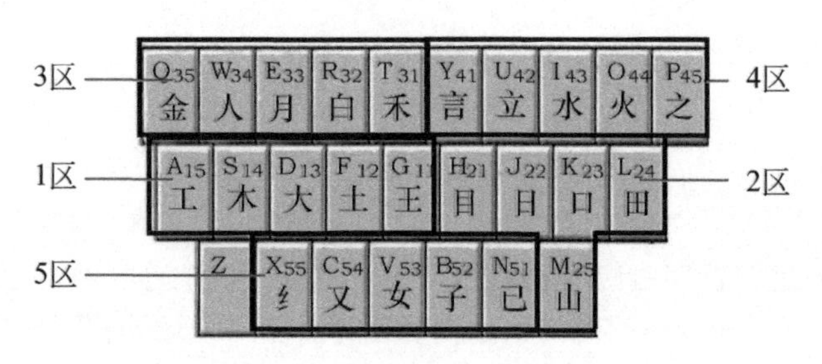

图14-21

键名字根的输入方法很简单，就是将键名字根对应的键连敲4次，如“土”字只需要按“F”。有的键名字根不需要按4次，如“A”键上“工”字，只需要按“A”键一次然后再按空格键即可。

（2）成字字根的编码方式

成字字根是指在键盘所有的字根中除了键名字根外，本身就是汉字的字根。比如“F”键上的“雨”和“C”键上的“马”等。这些字需要经常输入，因此很有必要掌握它们的输入方法。

成字字根的输入方法是：先按一下该成字字根所在的键（称为“报户口”），再按该成字字根的第一、第二及最末一个单笔画，若不足4码则补空格，即报户口+首笔画+次笔画+末笔画。

成字字根的编码方式=键名码+首笔代码+次笔代码+末笔代码

例如，“由”字的键名为M，首笔是“丨”，次笔是“乙”，末笔是“一”，所以“由”字的编码是MHNG。

首、次和末笔一定是指单笔画，而不是字根。如果把“由”字拆成“口”“十”，那就错了。

（3）单笔画的编码方式

“五笔”顾名思义是由5种笔画组成的，即横（一）、竖（丨）、撇（丿）、捺（丶）和折（乙）5种基本笔画，也称单笔画。有时也需要输入这些单笔画。但对于用单笔画构成的字，第一和第二键则是相同的，在五笔字型中特别规定了其输入的方法为：先按两次该单笔画所在的键位，再按两次L键。它们的编码如表14-4所示。

表14-4

笔画	编码	笔画	编码
一	GGLL	丶	YYLL
丨	HHLL	乙	NNLL
丿	TTLL		

（4）多于4码汉字的编码方式

这种汉字的输入方法是：根据书写顺序将汉字拆分成字根，取汉字的第一、二、三和最末字根，并敲击这4个字根所对应的键位即可。

编码=第一字根编码+第二字根编码+第三字根编码+末字根编码

例如“编”字，它可以拆成“纟”“丶”“尸”和“卄”，刚好有4个字根，因此其编码为XYNA。

编=纟+丶+尸+卄　　　　编码（XYNA）

又如“输”字，它由5个字根组成，分别为“车”“人”“一”“月”和“刂”，这时就取前3个字根和最后一个字根，其编码为LWGJ。

输=车+人+一+刂　　　　编码（LWGJ）

（5）不足4码汉字的编码方式

若拆分时汉字不足4码，这时需要用到末笔字型交叉识别码。不足4个字根的汉字的输入方法是：该汉字能拆成几个字根就输入几个字根，然后再加上它的末笔字型交叉识别码，若这时还不满4码就再补上一个空格键。例如“尿”字可以拆分为“尸”和“水”，编码为N和I，末笔字型交叉识别码为I，因此“尿”字的编码为NII。

尿=尸+水+（丶）+空格　　编码（NII）

（6）末笔字型交叉识别码

什么是末笔字型交叉识别码呢？在介绍末笔字型交叉识别码之前先来看一个例子。如“旭”字，按照拆分原则它可以拆分为“九”和“日”，编码为V和J，但是“旮”字也可拆为“九”和“日”，它的编码也是V和J。

为了避免重码，在五笔字型输入法必须把它们的编码分开。当汉字的字根输入后，后边一律再加上一个码——“末笔识别码”。

末笔字型交叉识别码=末笔识别码+字型识别码，其中末笔识别码指汉字最后笔画的代码，字型识别码指汉字字型结构代码。汉字的笔画有5种，字型结构有3种，所以末笔字型交叉识别码共有15种，也就是每个区的前3个区位号可作为识别码来使用，如表14-5所示。

表14-5

末笔 字型	横	竖	撇	捺	折
左右型	G（11）	H（21）	T（31）	Y（41）	N（51）
上下型	F（12）	J（22）	R（32）	U（42）	B（52）
杂合型	D（13）	K（23）	E（33）	I（43）	V（53）

现在就可以输入“旭”字了。“旭”字的末笔是横，代码为1，字型为杂合型，代码是3，所以“旭”字的末笔字型交叉识别码为13，也就是说“旭”字编码为VJD。同理，“旮”字的末笔为横，代码为1，字型为上下型，代码为2，所以它的末笔字型

交叉识别码为12，即F键，编码为VJF，即可输入“旮”字。

在了解末笔识别码后，下面介绍末笔识别码的使用规则。

- 末笔字根为“力、九、刀、七、匕”时一律规定末笔画为折。如“折”和“切”等字的末笔识别码为N。
- 对于有“辶”和“廴”的字，它们的末笔规定为被包围部分的末笔。如“连”字的末笔为“丨”，“延”字的末笔是“一”。
- 所有的包围型汉字的末笔规定取被包围部分的末笔。如“回”字取其末笔为“一”。
- “我”“找”等字的末笔取撇。这些约定不符合平时的书写习惯，因此要强行记住。遇到这些字时，一定不要被书写习惯所束缚。
- 带独点的字，比如“义”“勺”等，这些字把点作为末笔，并且认为“丶”与附近字根是连的关系，所以是杂合型结构，识别码为43，也就是I。

14.4.5 简码的编码方式

五笔字型输入法为了减少击键次数，提高录入速度，提供了一种简码输入法。五笔字型将汉字分为一级简码、二级简码、三级简码。简码的输入方式：只需要输入该汉字前一个字根、前二个字根、前三个字根，再加空格即可输出汉字。

简码的设计不仅减少了按键的次数，也省去了对部分汉字识别码的判断，从而提高了输入的速度。

（1）一级简码的编码方式

根据每个键位上的字根的形态特征，在25个键位上分别安排了一个最为常用的高频汉字，这类字的输入方法是按一下简码所在的键，再按一下空格键即可。例如输入“人”字时，只需输入“W”，再加一个空格就行了。将这25个一级简码熟记后能大大地提高录入的速度。从11到55区位，一级简码分别是“一地在要工，上是中国同，和的有人我，主产不为这，民了发以经”。

一级简码=简码所在的键位+空格键

（2）二级简码的编码方式

二级简码的输入方法是取汉字的第一笔和第二笔代码，然后再按空格键即可。如“际”字，如果按照非简码方式输入，它的编码为“BFI”，再按空格键。现在按简码方式输入这个字只要按下“BF”，再按空格键。

二级简码=第一个字根的编码+第二个字根的编码+空格键

二级简码大约有625个，在进行单字输入时，二级简码出现的频率为60%，还是相当高的。这些字并不用刻意地去记，在平时输入时多加留意，打的次数多了自然就记住了。

（3）三级简码的编码方式

三级简码取的是汉字前3个字根的编码，再按一下空格键即可。在汉字中三级简码一共有4000多个。虽然加上空格后这个字也要敲4下，但因为有很多字不用再判断其识别码，再加上空格键比别的键的面积都大，也就比其他键更容易击中，这样在无形中也就提高了输入的速度。

三级简码＝第一个字根编码+第二个字根编码+第三个字根编码+空格键

14.4.6 词组的编码方式

使用五笔字型输入时，如果只是一个字一个字地输入，那么输入的速度还是不会有很大提高的，但是如果采用词组输入法就可以大大地提高输入的速度。

词组是由两个或两个以上的单字构成的，包括二字词、三字词、四字词以及四字以上的词组，取码方法因词组的字数而异。但有一点是相同的，即在五笔字型中的词和字一样，一词仍只需单击4码。下面按照词组中字的个数来分别介绍它们的取码规则。

（1）二字词组的编码方式

二字词组分别取每个字的前两个字根，构成四位编码。

二字词组的输入＝第一汉字的第一个字根+第一汉字的第二字根+
第二汉字的第一个字根+第二汉字的第二个字根

例如：娇贵、机智

娇贵＝女+丿+口+丨　　编码（VTKH）
机智＝木+几+丿+大　　编码（SMTD）

（2）三字词组的编码方式

三字词组按顺序取第一、二个汉字的第一个字根和最后一个汉字的前两个字根组成四位编码。

三字词组的输入＝第一个汉字的第一个字根+第二个汉字的第一个字根+
第三个汉字的第一个字根+第三个汉字的第二个字根

例如：办公室、摄像机

办公室＝力+人+宀+一　　编码（LWPG）
摄像机＝扌+亻+木+几　　编码（RWSM）

（3）四字词组的编码方式

四字词组按顺序分别取每个汉字的第一个字根，组成四位编码，这与输入单字的取码方法是一样的。

四字词组的输入＝第一个汉字的第一个字根+第二个汉字的第一个字根+
第三个汉字的第一个字根+第四个汉字的第一个字根

例如：五花八门、千里迢迢

五花八门=五+艹+八+门　　编码（GAWU）
千里迢迢=丿+日+刀+刀　　编码（TJVV）

（4）多字词组的编码方式

多字词组按顺序分别取第一、第二、第三和最后一个汉字的第一个字根，组成四位编码。

多字词组的输入=第一个汉字的第一个字根+第二个汉字的第一个字根+
第三个汉字的第一个字根+最后一个汉字的第一个字根

例如：高级工程师、新疆维吾尔自治区

高级工程师=亠+纟+工+刂　　编码（YXAJ）
新疆维吾尔自治区=立+弓+纟+匚　　编码（UXXA）

14.4.7 万能键的使用

五笔字型的字根键盘使用了A～Y这25个英文字母键，Z键尚未安排任何字根。那么“Z”键到底有什么用呢?

“Z”键是五笔字型的万能学习键。具体地说，在五笔字型的汉字编码中，字母Z可以替代A～Y中的任何一个字根码或末笔字型识别码。

当初学者在对某个字根的键位尚不熟悉，或对某些字根拆分有困难时，可用Z键代替编码中的未知代码，这时系统将自动检索出那些符合已知字根代码的汉字，同时将这些汉字及其准确代码显示在提示行中。用户通过汉字前面的编号即可选择需要的汉字，否则当前提示行中的第一个汉字将是用户的默认选择。若具有相同已知字根的汉字超过5个，则可按【>】或【<】键向前或往回查看，直到找到所需汉字为止。

例如：若想输入“德”字，但记不清其中字根“十”的代码，那么可输入编码TZL。此时提示行将显示：

五笔字型：TZL　1：德TFLN　2：盘TELF

只要按数字键1，即可在当前光标位置输入“德”字。

若输入编码ZZZZ，则系统会将把国标一、二级字库中全部汉字及其相应的五笔字型编码分组显示在中文提示行。提示行显示的汉字会自动按使用频度的高低次序排列，即按高频字、二级简码字、三级简码字、无简码字的顺序排列。因此可以通过Z键查阅某个汉字是否存在简码。

用【Z】键也可以查询二根字或三根字的识别码。例如汉字“京”和“应”的字根编码（YI）相同。若想知道它们各自的末笔字型识别码，可键入“YIZ［空格］”。这时提示行将显示：

五笔字型：YIZ　1：京YIU　2：应YID　3：诮YIEG

据此可知“京”的识别码是U（22），“应”的识别码是D（13）。

第15章 常见办公文档的制作

WPS Office是一款集文字、表格、演示等多种功能于一体的现代办公软件，其显著特点是：简单易用、运行速度快、体积小巧、强大插件平台支持、免费提供在线存储空间及文档模板。其中，WPS文字包含一套完整的文字编辑工具，对文字、图形、图片、表格、艺术字、数学公式等有很强的编排能力，能够创建及打印具有专业水准的文档。

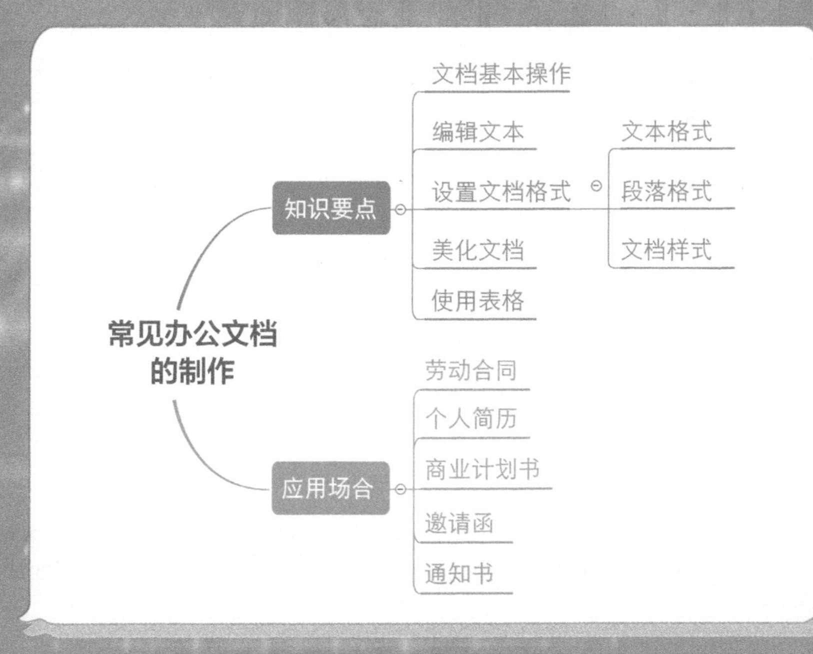

15.1 文档基本操作

本节将向用户介绍文档的基本操作，例如，如何新建文档、设置页面布局、保存文档和打印与输出文档。

15.1.1 文档的创建与设置

制作文档的前提是创建空白文档，用户可以根据需要创建空白文档或者创建模板文档。

（1）新建空白文档

启动WPS软件，在主界面中单击“新建标签”或“新建”按钮，进入“新建”界面。在该界面的上方，并排显示着该软件各组件图标。默认情况下系统自动选中的是“文字”图标。保持该图标为选中状态，选择“新建空白文档”选项即可，如图15-1所示。如果该文档是本次操作所创建的第一个文档，则文档的默认名称为“文字文稿1”。接下来再创建的文档默认名称依次为“文字文稿2”“文字文稿3”……

图15-1

操作技巧

创建了第一个空白文档后，若要继续创建空白文档，可不必返回主界面，直接在当前文档中按【Ctrl+N】组合键即可。

（2）设置页面布局

新建一个文档后，用户首先需要对文档页面的布局进行设置。打开“页面布局”选项卡，在该选项卡中可以设置文档的“页边距”“纸张方向”“纸张大小”等，如图15-2所示。

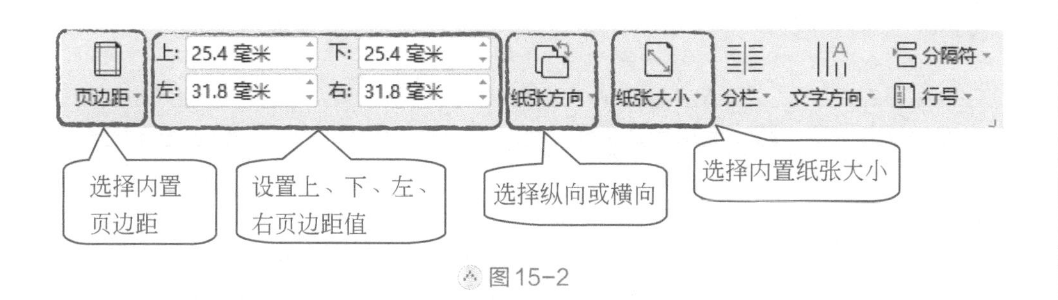

图15-2

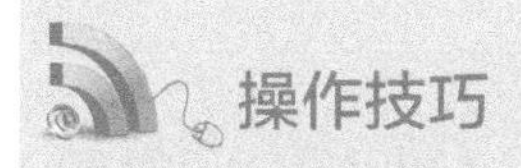

操作技巧

如果用户想要创建一个模板文档，则需要在“新建”界面的左侧“品类专区”选择“免费专区”选项，然后选择下载免费的模板文档类型即可。

15.1.2 文档的保存与另存

创建好文档后，需要及时对文档进行保存，以防止断电、电脑死机等情况的发生，从而造成数据的丢失。新建空白文档后，单击“保存”按钮，或单击“文件”按钮，从列表中选择“保存”选项，打开“另存为”对话框，设置文档的保存位置、文件名和文件类型，单击“保存”按钮即可，如图15-3所示。

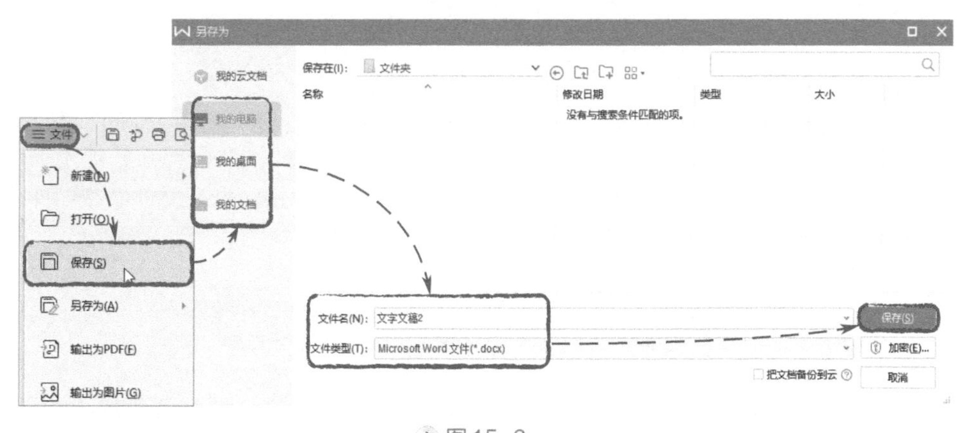

图15-3

如果对文档进行了修改，在保存文档时，若单击“保存”按钮，此时修改后的文档将会覆盖原文档。如果想要保留原文档，那就需要使用“另存为”操作。在“文件”列表中选择“另存为”选项，在打开的“另存为”对话框中，更改文档的保存位置和文件名，单击“保存”按钮即可。

操作技巧

保存过文档后，在文档中输入内容时，要边输入内容，边按【Ctrl+S】组合键，及时保存，防止数据意外丢失。

15.1.3 文档的打印与输出

制作好文档后，一般需要将其输出或打印出来，方便查看和传阅。用户可将其输出为图片格式、PDF格式，或者设置好打印参数后将其直接打印出来。

（1）打印文档

在文档页面上方单击“打印预览”按钮，进入“打印预览”界面，在该界面上方设置打印机类型、打印份数、打印顺序、打印方式等，如图15-4所示。设置好后单击“直接打印”按钮进行打印即可。

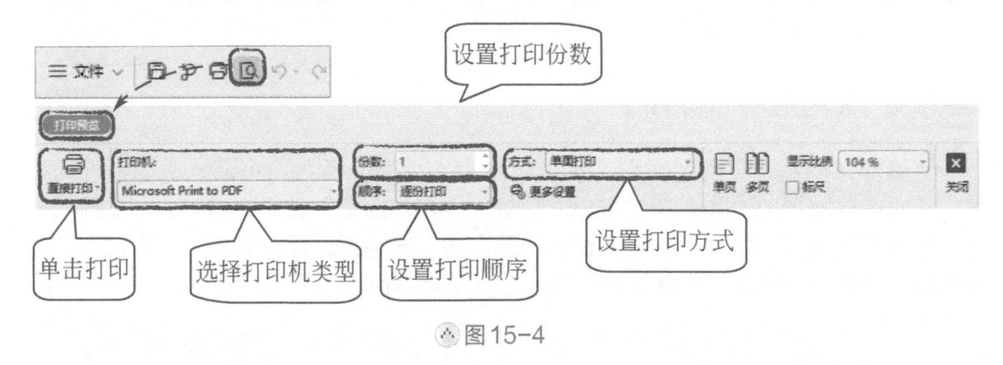

图15-4

（2）输出文档

在“特色功能”选项卡中单击“输出为PDF”按钮，打开“输出为PDF”窗格，在该窗格中，设置“输出范围”“输出设置”和“保存目录”，单击“开始输出”按钮，输出好后会在“状态”栏中显示“输出成功”字样，单击“打开文件”按钮即可查看输出为PDF的文档，如图15-5所示。

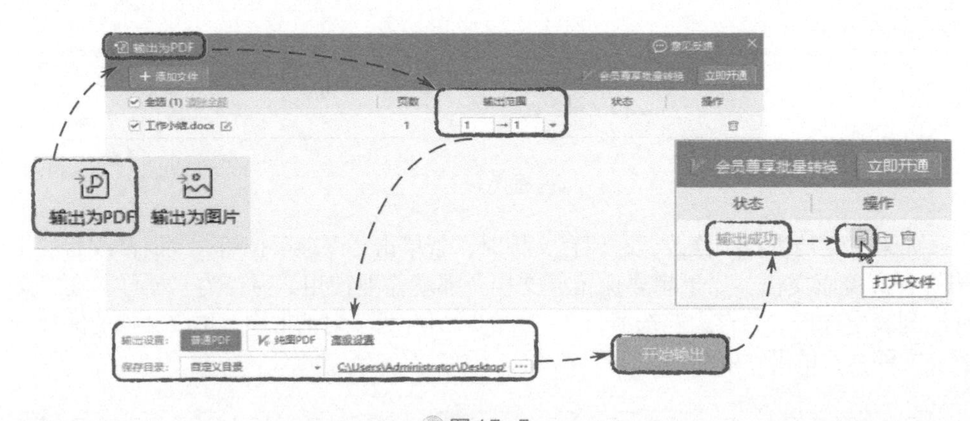

图15-5

在“特色功能”选项卡中，单击“输出为图片”按钮，打开“输出为图片”面板。

在该面板中设置图片的“输出方式”“水印设置”“输出页数”“输出格式”“输出品质”“输出目录”等选项，如图15-6所示。设置好后单击“输出”按钮，登录账号后即可将文档输出为图片格式。

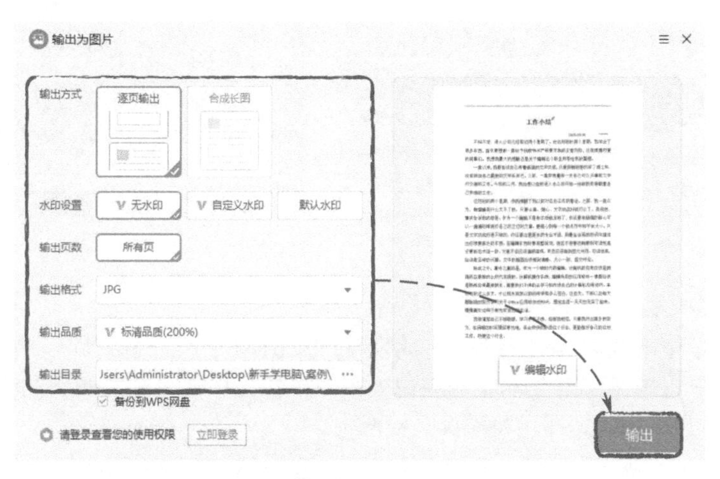

图15-6

新手误区

将文档输出为图片后，图片上会有水印，用户只需要开通会员后在“输出为图片”面板中选择“无水印”选项就可以去掉水印。

15.2 编辑文本

本节将向用户介绍编辑文本，例如，文本的选择、文本的移动与复制和文本的查找与替换。

15.2.1 文本的选择

要想对文档中的文本进行编辑，首先要选择文本，用户可以使用多种方法选择文本。

（1）选择连续文本

将光标插入需要选择文本的开始位置，按住鼠标左键不放，拖动鼠标至需要选择文本的结束位置，然后释放鼠标左键即可，如图15-7所示。

(2) 选择多处不连续的区域

在文档中先选择一段文本，然后按住【Ctrl】键不放，依次选择其他文本，这样就可以将多个不连续的区域选中，如图15-8所示。

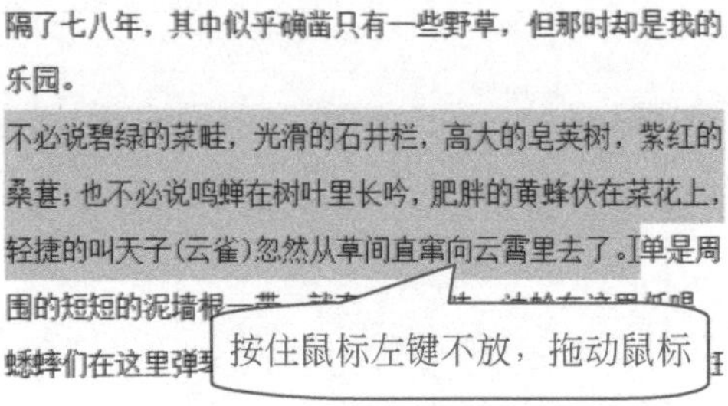

隔了七八年，其中似乎确凿只有一些野草，但那时却是我的乐园。
不必说碧绿的菜畦，光滑的石井栏，高大的皂荚树，紫红的桑葚；也不必说鸣蝉在树叶里长吟，肥胖的黄蜂伏在菜花上，轻捷的叫天子(云雀)忽然从草间直窜向云霄里去了。单是周围的短短的泥墙根一带……
按住鼠标左键不放，拖动鼠标

图15-7

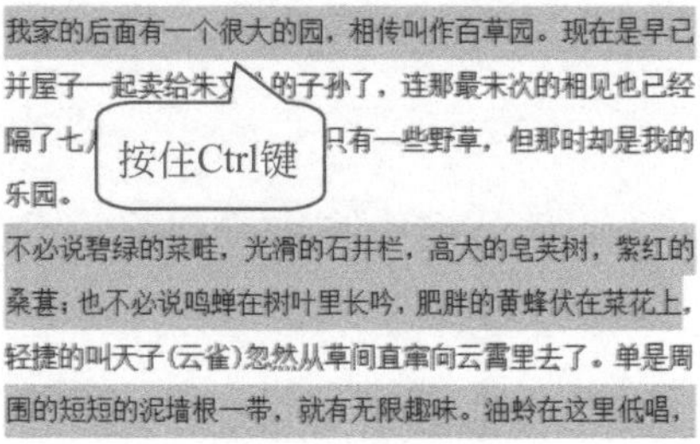

我家的后面有一个很大的园，相传叫作百草园。现在是早已并屋子一起卖给朱文公的子孙了，连那最末次的相见也已经隔了七八年，其中似乎确凿只有一些野草，但那时却是我的乐园。
按住Ctrl键
不必说碧绿的菜畦，光滑的石井栏，高大的皂荚树，紫红的桑葚；也不必说鸣蝉在树叶里长吟，肥胖的黄蜂伏在菜花上，轻捷的叫天子(云雀)忽然从草间直窜向云霄里去了。单是周围的短短的泥墙根一带，就有无限趣味。油蛉在这里低唱，

图15-8

(3) 全选文档

将光标定位至文档中任意位置，然后按【Ctrl+A】组合键，即可将文本全部选中；或者用户将光标移至文本左侧空白处，当鼠标光标变为向右倾斜的箭头形状时，连续单击3次鼠标左键，即可将整篇文档选中。

操作技巧

如果用户想要选择某个词语，则只需要将光标定位至某个词语的任意位置，然后双击鼠标，即可将该词语选中。

15.2.2 文本的移动与复制

移动文本可以通过对文本进行剪切来实现，只需要选中文本，按【Ctrl+X】组合键或单击鼠标右键，从弹出的快捷菜单中选择“剪切”命令，如图15-9所示。然后将光标插入需要移动到的位置，按【Ctrl+V】组合键或单击“粘贴”按钮即可。

此外，用户还可以通过拖动鼠标来移动文本，选中文本后，按住鼠标左键不放，拖动鼠标至需要移动到的位置，松开鼠标左键即可，如图15-10所示。

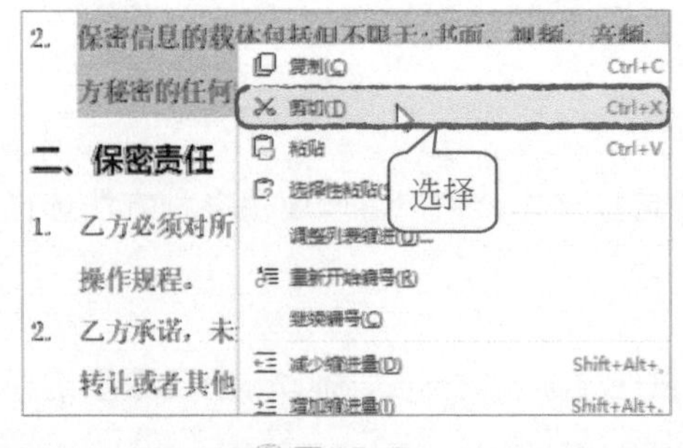

图15-9

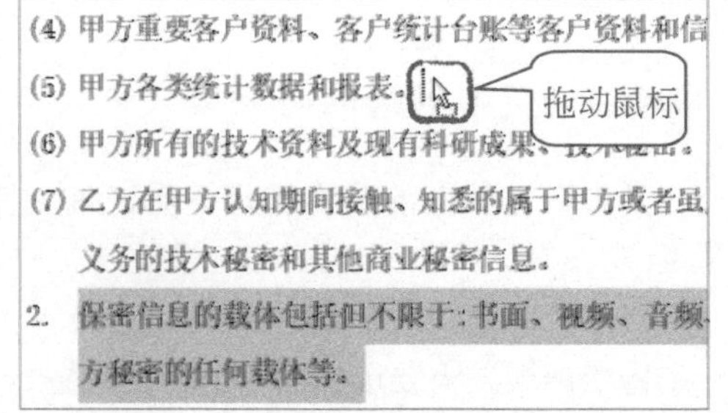

图15-10

复制文本可以直接使用快捷键，即选中文本内容，按【Ctrl+C】组合键进行复制，然后将光标插入任意位置，按【Ctrl+V】组合键粘贴即可。

15.2.3 文本的查找与替换

使用查找功能，快速查找出文档中某个特定文本。使用替换功能，可以统一替换文档中错误的文本。

（1）查找文本

在“开始”选项卡中单击“查找替换”下拉按钮，从列表中选择“查找”选项，打开“查找和替换”对话框，在“查找内容”文本框中输入需要查找的文本，单击“突出显示查找内容”下拉按钮，从列表中选择“全部突出显示”选项，如图15-11所示，即可将查找的文本突出显示出来。

（2）替换文本

在“开始”选项卡中单击“查找替换”下拉按钮，从列表中选择“替换”选项，打开“查找和替换”对话框，在“查找内容”文本框中输入需要查找的内容，在“替换为”文本框中输入替换的内容，单击“全部替换”按钮，如图15-12所示。弹出一个窗格，提示完成多少处替换，确认即可。

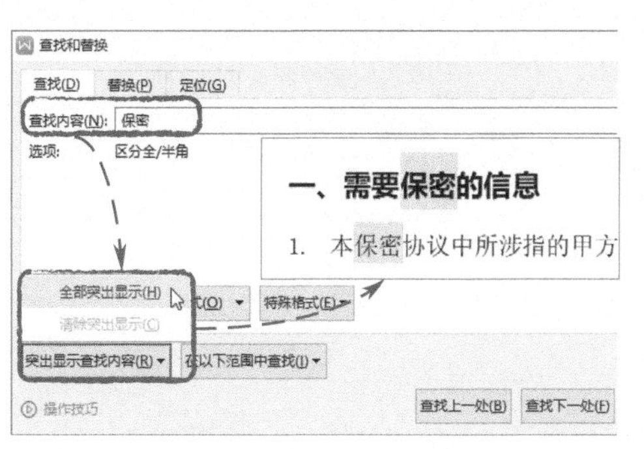

图15-11

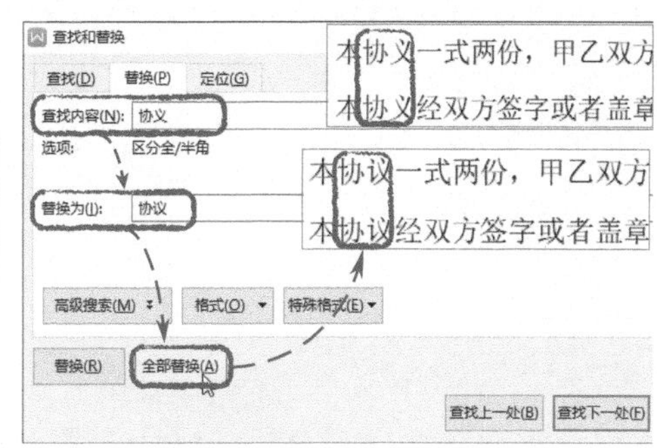

图15-12

15.3 设置文档格式

本节将向用户介绍设置文档格式，例如，文本格式的设置、段落格式的设置、为文档添加项目符号、为文档添加自动编号、设置文档样式、为文档分栏等。

15.3.1 文本格式的设置

设置文本格式就是对文本的字体、字号、字体颜色、字形等进行设置。只需要在“开始”选项卡中进行相关设置即可，如图15-13所示。

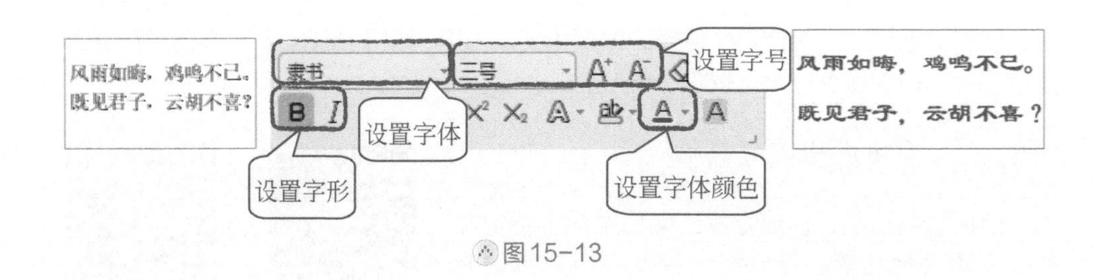

图15-13

操作技巧

按【Ctrl+]】组合键，可以快速增大字号。按【Ctrl+[】组合键，可以快速减小字号。

15.3.2 段落格式的设置

设置段落格式就是对段落的对齐方式、缩进值、行间距等进行设置。在“开始”选项卡中用户可以直接设置段落格式，如图15-14所示。

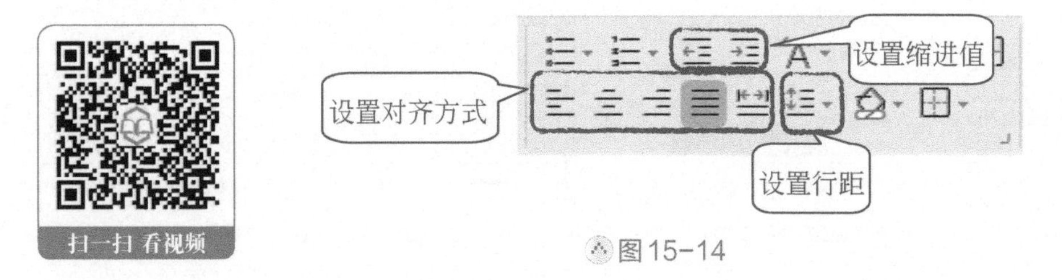

图15-14

此外，在“开始”选项卡中，单击“段落”对话框启动器按钮，在“段落”对话框中，也可以对段落格式进行相关设置，如图15-15所示。

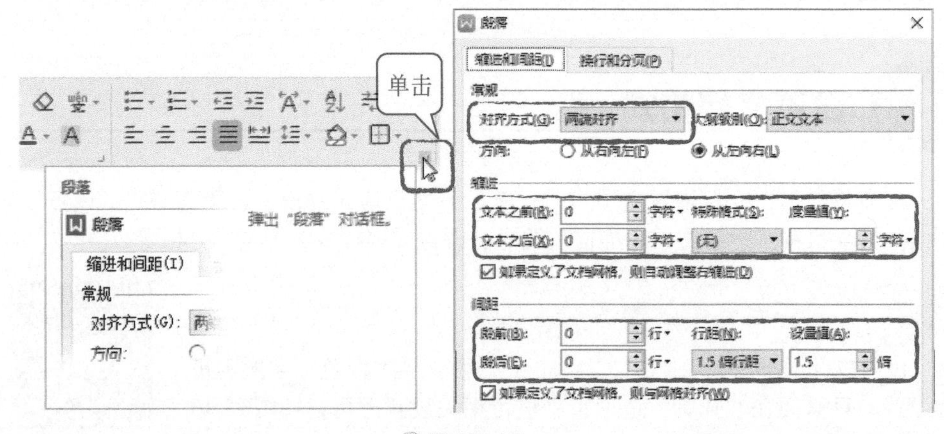

图15-15

15.3.3 项目符号的添加

为文档添加项目符号，可以更加直观、清晰地查看文本。选择需要添加项目符号的文本，在“开始”选项卡中单击“项目符号”下拉按钮，从列表中选择合适的项目符号样式即可，如图15-16所示。

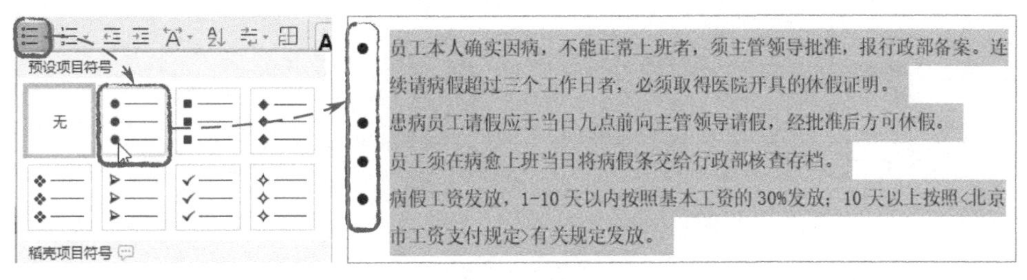

图15-16

15.3.4 自动编号的添加

为文档添加编号，可以使文档的层次结构更清晰、更有条理。选择需要添加编号的文本，在“开始”选项卡中单击“编号”下拉按钮，从列表中选择合适的编号样式即可，如图15-17所示。

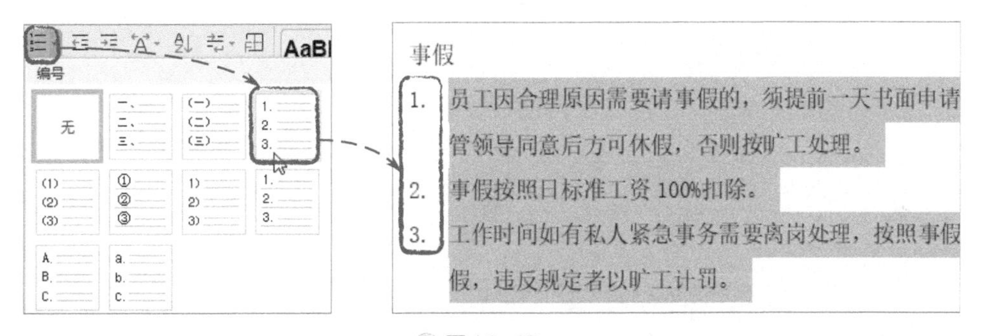

图15-17

15.3.5 文档样式的设置

样式就是文字格式和段落格式的集合。在编排重复格式时反复套用样式，可以避免对内容进行重复的格式化操作。用户可以新建一个样式，并将样式应用到文本上。

（1）新建样式

在“开始”选项卡中，单击“新样式”下拉按钮，从列表中选择“新样式”选项，打开“新建样式”对话框，在该对话框中设置样式的名称、字体格式、段落格式等，如图15-18所示。

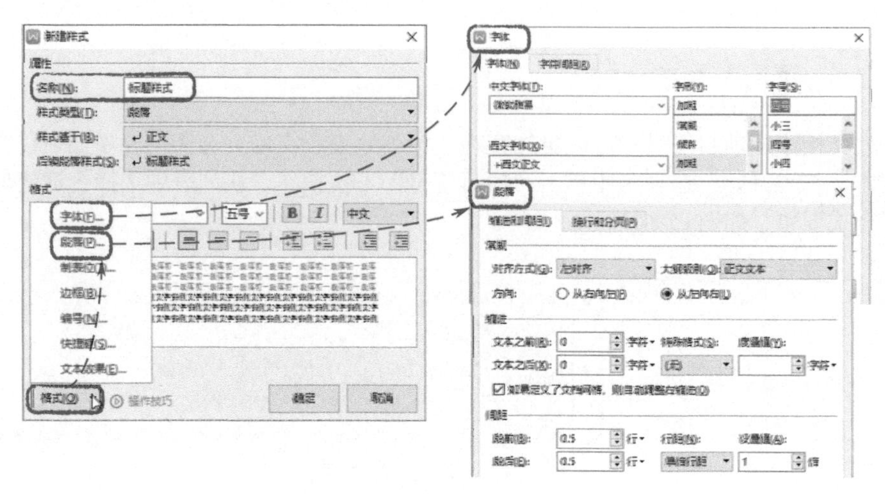

图15-18

（2）应用样式

新建好样式后，选择文本，在“开始”选项卡中单击“样式”下拉按钮，从列表中选择新建的样式，即可将样式应用到所选文本上，如图15-19所示。

图15-19

操作技巧

如果用户想要修改或删除新建的样式，则可以在样式上单击鼠标右键，根据需要进行选择即可。

15.3.6 分栏排版

使用WPS提供的分栏功能，可以将文档分成多栏，从而提高文档的可阅读性。

在“页面布局”选项卡中单击“分栏”下拉按钮，从列表中选择需要的栏数，这里选择“三栏”，即可将文档分成三栏，如图15-20所示。

如果用户想要将文档分成更多栏，则需要在“分栏”列表中选择“更多分栏”选项，在“分栏”对话框中设置“栏数”“分隔线”“宽度和间距”等来实现分栏效果。

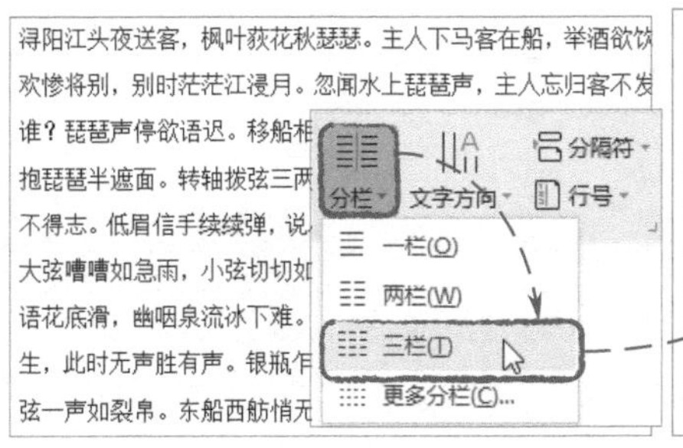

图15-20

15.4 美化文档

本节将向用户介绍美化文档，例如，插入图片、美化图片、插入文本框以及插入艺术字。

15.4.1 插入图片

在WPS文字文档中，用户可以插入本地图片、扫描仪中的图片和手机中的图片。在“插入”选项卡中单击“图片”下拉按钮，从列表中选择相应的选项，这里选择“本地图片”选项，打开“插入图片”对话框，从中选择需要的图片，单击“打开”按钮，如图15-21所示，即可将所选图片插入到文档中。

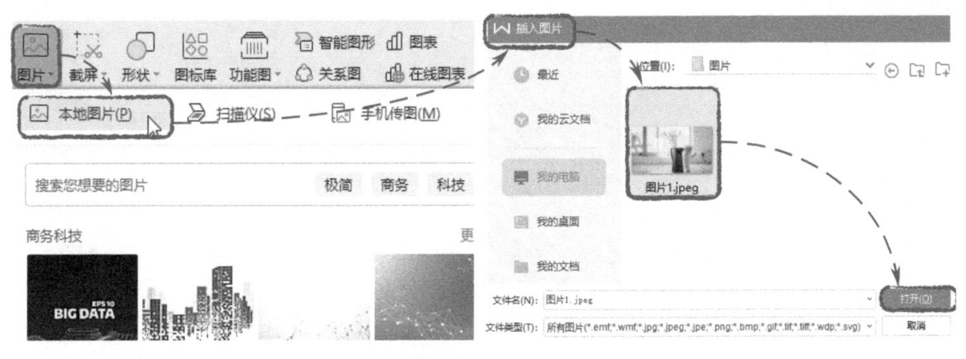

图15-21

15.4.2 编辑图片

在文档中插入的图片，有的看起来不是很美观，而且效果也很单调，这时用户可以选中图片后在“图片工具”选项卡中设置图片的亮度、对比度、图片轮廓、图片效果等，如图15-22所示。

图15-22

操作技巧

用户对图片进行一系列美化后，如果想要将图片恢复到原始状态，则需要选中图片，在“图片工具”选项卡中单击“重设图片”按钮即可。

15.4.3 插入文本框

在文档中用户可以根据需要插入横向、竖向或多行文字的文本框。在“插入”选项卡中单击“文本框”下拉按钮，从展开的列表中进行选择即可，如图15-23所示。

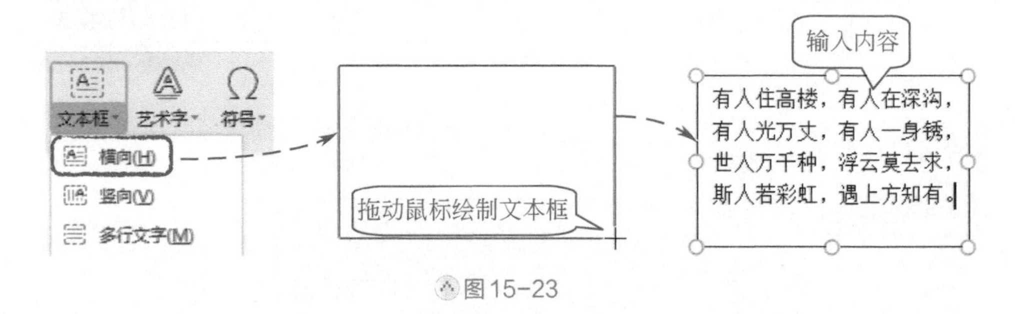

图15-23

在文档中绘制文本框后，可在“绘图工具”选项卡中设置文本框的填充颜色、轮廓、形状效果、环绕方式、对齐方式等，如图15-24所示。

图15-24

15.4.4 插入艺术字

艺术字一般用来美化标题，以达到强烈、醒目的效果。在“插入”选项卡中单击

"艺术字"下拉按钮，从列表中选择WPS预设的艺术字样式，也可以选择稻壳推荐的艺术字，如图15-25所示。

用户使用稻壳推荐的艺术字时，需要开通会员或登录账号才能使用，此外还需要确保计算机在联网状态下。

图15-25

插入艺术字后，用户可以在"文本工具"选项卡中，设置艺术字的字体、字号、文本填充颜色、文本轮廓、文本效果等，如图15-26所示。

图15-26

15.4.5 设置文档背景

在不影响阅读的情况下，用户可以为文档页面设置背景。在"页面布局"选项卡中单击"背景"下拉按钮，从列表中选择合适的颜色，即可为文档页面设置纯色背景。在"背景"列表中选择"图片背景"选项，可以为文档页面设置图片背景，选择"其他背景"选项，在级联菜单中可以为文档页面设置渐变、纹理和图案背景，如图15-27所示。

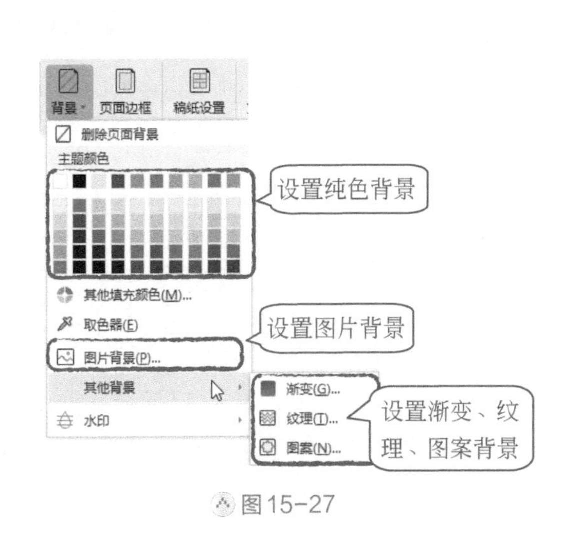

图15-27

15.4.6 插入页眉页脚

通常情况下，制作合同书、标书、论文等文档时，一般需要在文档中添加页眉和页脚。在“插入”选项卡中单击“页眉和页脚”按钮，页眉和页脚即可进入编辑状态，将光标插入到页眉或页脚中，如图15-28所示。输入页眉/页脚内容即可，最后单击“关闭”按钮，退出编辑状态。

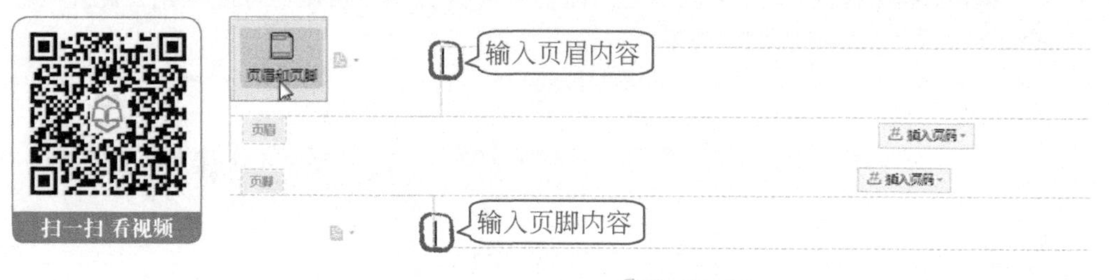

图15-28

此外，页眉页脚处于编辑状态后，会出现“页眉和页脚”选项卡，在该选项卡中，用户可以在页眉或页脚中插入“页码”“页眉横线”“日期和时间”“图片”等，如图15-29所示。

图15-29

15.4.7 应用稿纸样式

在制作像信纸、仿古信笺之类的文档时，用户可以设置稿纸样式。在“页面布局”选项卡中单击“稿纸设置”按钮，打开“稿纸设置”对话框，在该对话框中勾选“使用稿纸方式”复选框，接着设置“规格”“网格”“颜色”“换行”等，单击“确定”按钮，即可为文档设置稿纸样式，如图15-30所示。

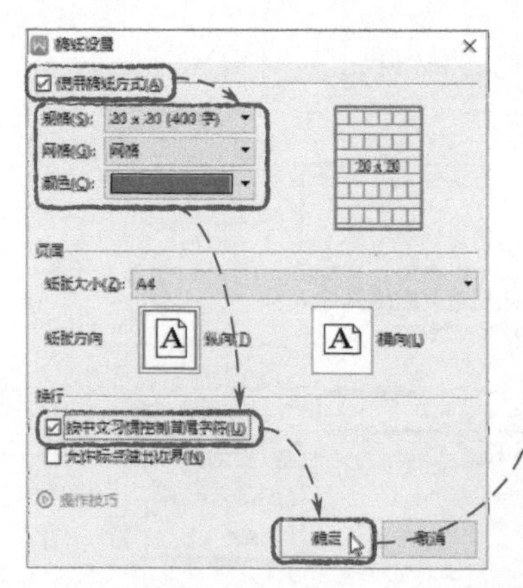

图15-30

15.5 使用表格

本节将向用户介绍在文档中添加表格，例如，插入与删除表格、插入与删除行/列、合并与拆分单元格、表格与文本的转换以及美化表格等。

15.5.1 插入与删除表格

在文档中插入表格的方法有多种。在“插入”选项卡中单击“表格”下拉按钮，在面板中可以滑动鼠标创建8行17列以内的表格。

或者在“表格”列表中选择“插入表格”选项，在“插入表格”对话框中设置“列数”和“行数”来创建表格，用户还可以绘制表格，如图15-31所示。

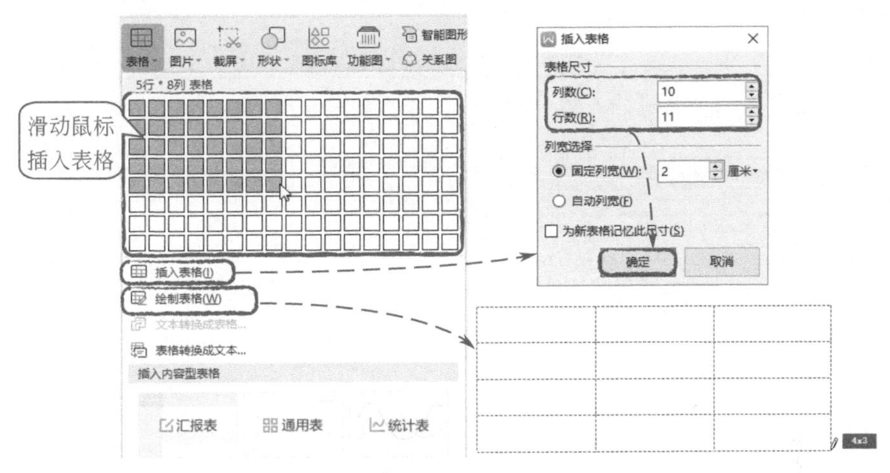

图15-31

如果用户想要将表格删除，则需要选中表格，在表格上方弹出一个工具栏，单击“删除”下拉按钮，从列表中选择“删除表格”选项即可，如图15-32所示。

此外，用户也可以选择表格后，在“表格工具”选项卡中单击“删除”下拉按钮，从列表中选择“表格”选项。

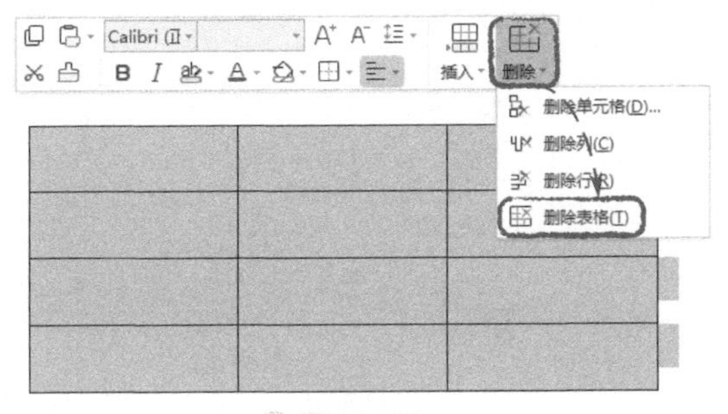

图15-32

需要注意的是，选择表格后，按【Delete】键无法删除表格。

15.5.2 插入与删除行/列

插入表格后，在编辑表格的过程中，用户可以根据需要增加行与列，或者删除行与列。

（1）插入行/列

将光标插入到某个单元格内，在“表格工具”选项卡中单击“在上方插入行”按钮，即可在所选单元格上方插入一行，如图15-33所示；如果单击“在下方插入行”按钮，则会在所选单元格下方插入一行。

此外，单击“在左侧插入列”按钮，即可在所选单元格的左侧插入一列，如图15-34所示；单击“在右侧插入列”按钮，会在所选单元格的右侧插入列。

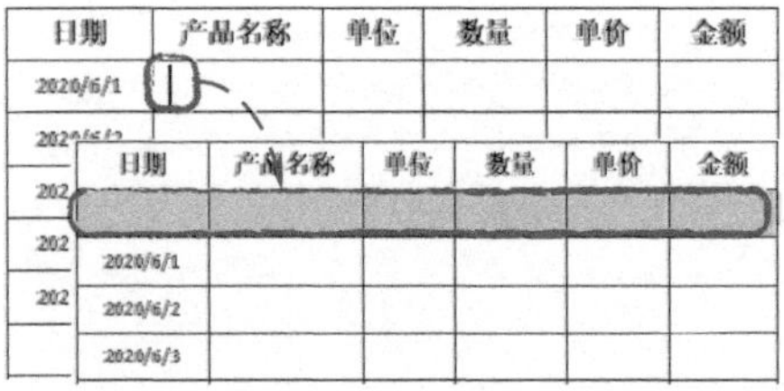

图15-33

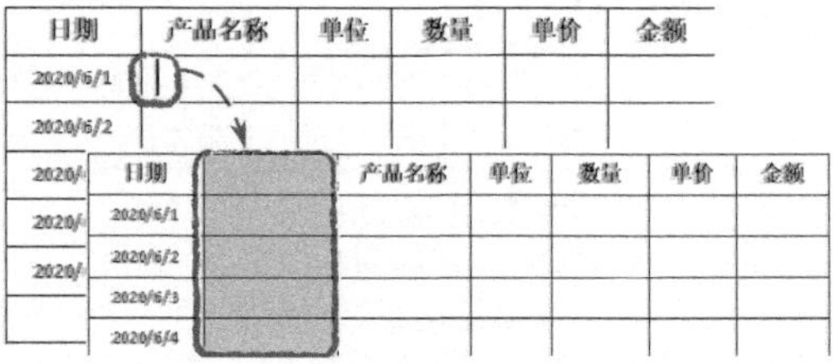

图15-34

（2）删除行/列

选择需要删除的行，在“表格工具”选项卡中单击“删除”下拉按钮，从列表中选择“行”选项，如图15-35所示，即可删除所选行。

选择需要删除的列，单击“删除”下拉按钮，从列表中选择“列”选项，如图15-36所示，即可删除所选列。

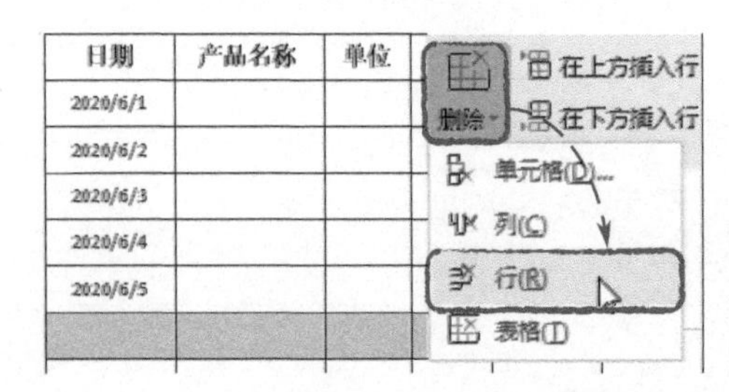

图15-35

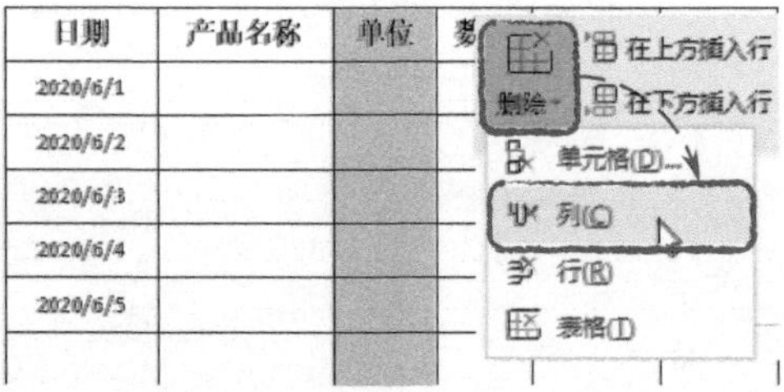

图15-36

15.5.3 合并与拆分单元格

合并单元格是将所选多个单元格合并成一个单元格，而拆分单元格是将一个单元格拆分成多个单元格。

（1）合并单元格

选择需要合并的单元格，在“表格工具”选项卡中，单击“合并单元格”按钮，即可将选择的多个单元格合并为一个单元格，如图15-37所示。

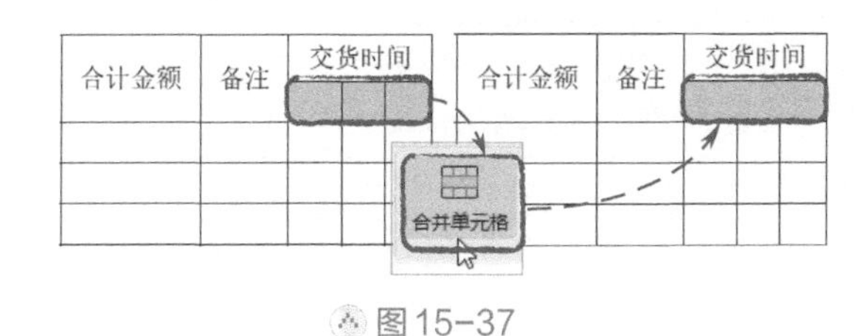

图15-37

（2）拆分单元格

将光标插入到需要拆分的单元格中，在“表格工具”选项卡中单击“拆分单元格”按钮，打开“拆分单元格”对话框，从中设置“列数”和“行数”即可，如图15-38所示。

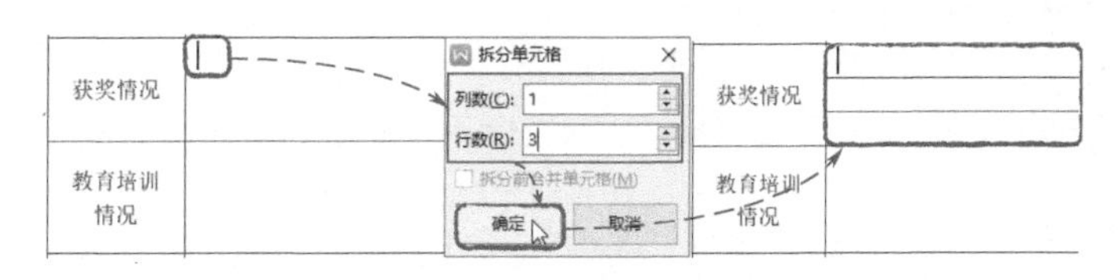

图15-38

15.5.4 表格与文本的转换

为了更加方便地编辑和处理数据，用户可以在表格和文本之间相互转化。

（1）表格转换为文本

如果将表格中的数据转换为文本，则需要全选表格，在“表格工具”选项卡中单击“转换成文本”按钮，然后在打开的“表格转换成文本”对话框中对文字分隔符进行设置即可，如图15-39所示。

图15-39

（2）文本转换为表格

如果需要将文本转换成表格，则选择文本内容，在“插入”选项卡中单击“表格”下拉按钮，从列表中选择“文本转换成表格”选项，打开“将文字转换成表格”对话框，根据实际情况对文字分隔位置进行设置即可，如图15-40所示。

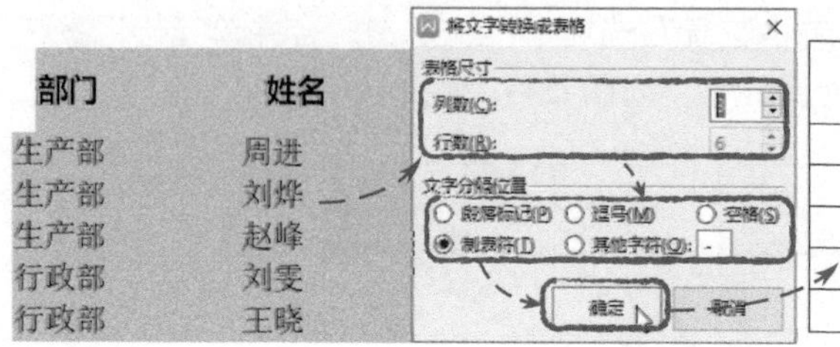

部门	姓名	联系方式
生产部	周进	187****4061
生产部	刘烨	181****4062
生产部	赵峰	182****4063
行政部	刘雯	183****4064
行政部	王晓	184****4065

图15-40

15.5.5 表格美化

创建表格后使用的是默认样式，为了使表格看起来更加美观，用户可以直接套用表格样式，或自定义表格样式。

（1）套用表格样式

选择表格，在“表格样式”选项卡中单击“其他”下拉按钮，从列表中选择合适的表格样式，即可为所选表格套用样式，如图15-41所示。

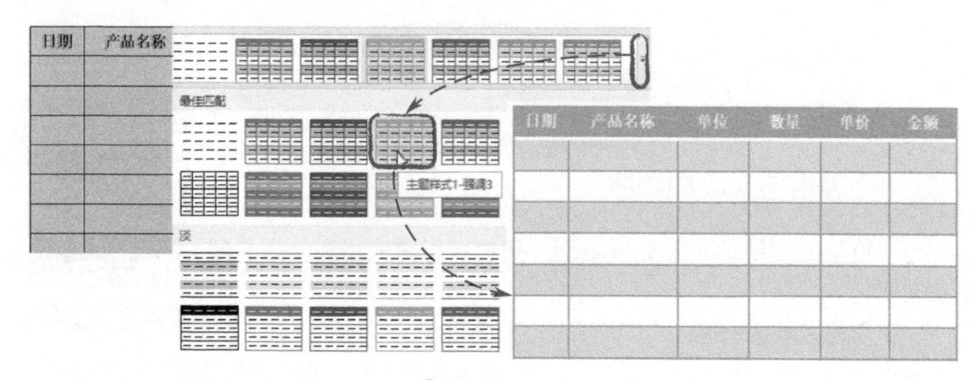

图15-41

（2）自定义表格样式

选择表格，在“表格样式”选项卡中设置“线型”“线型粗细”和“边框颜色”选项，设置好后单击“边框”下拉按钮，将设置的边框样式应用至表格的外侧框线和内部框线上，如图15-42所示。

此外，如果用户想要为表格添加底纹，则需要选择添加底纹的单元格，在“表格样式”选项卡中单击“底纹”下拉按钮，从列表中选择合适的颜色即可，如图15-43所示。

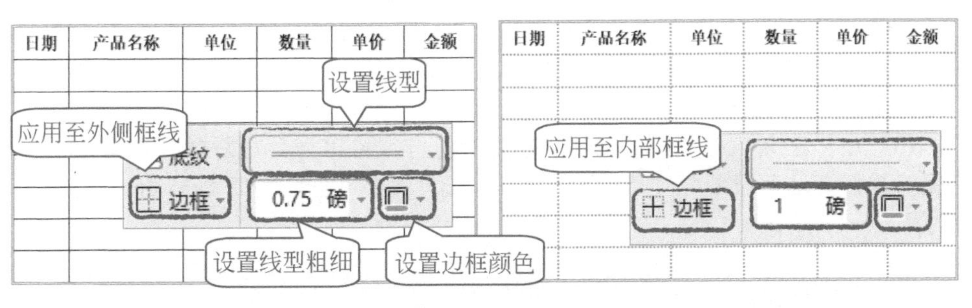

图15-42

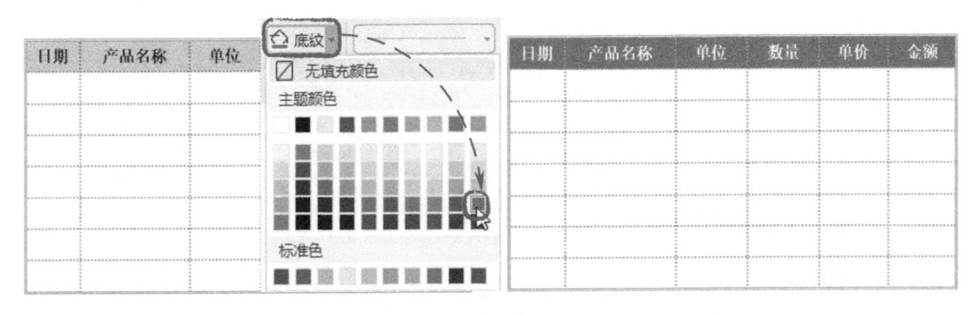

图15-43

操作技巧

如果用户需要为表格制作斜线表头，则需要将光标插入到单元格中，在“表格样式”选项卡中单击“绘制斜线表头”按钮，在打开的“斜线单元格类型”对话框中选择斜线类型即可，如图15-44所示。

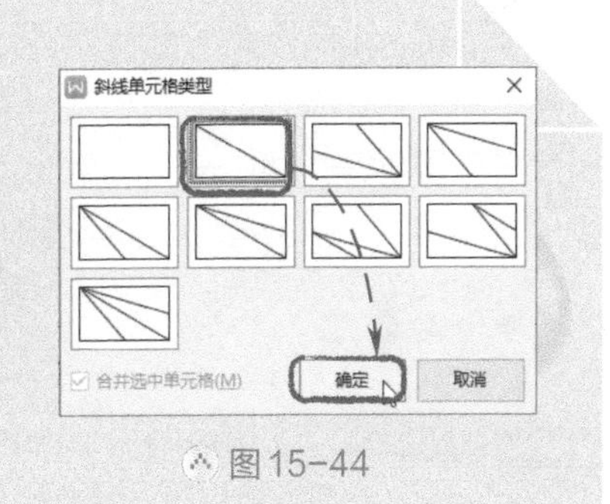

图15-44

15.6 制作培训通知

以上简单介绍了文档的制作要点。下面将以制作培训通知为例，对本章所学的知识点进行综合应用。

15.6.1 创建培训通知文档

制作培训通知之前，用户需要创建空白文档，然后进行保存，具体操作如下。

Step01：打开WPS软件，在“首页”界面中单击“新建”按钮，进入“新建”界面，在界面上方选择“文字”选项，单击“新建空白文档”选项，如图15-45所示，即可新建一个空白文档。

Step02：在文档中单击“保存”按钮，打开“另存为”对话框，选择文档保存位置，并将文件名设置为“培训通知”，单击“保存”按钮，如图15-46所示，进行保存。

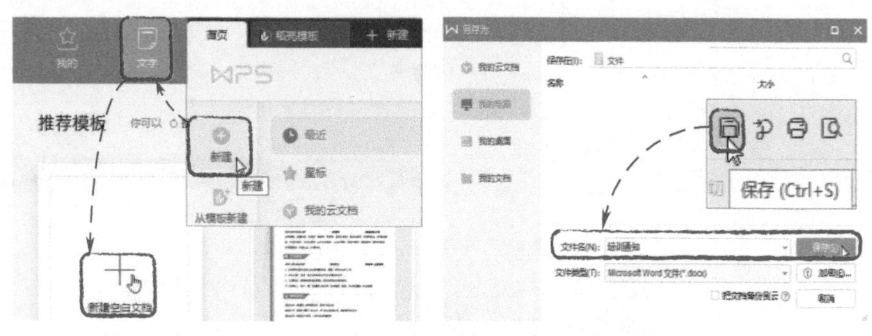

图15-45　　图15-46

15.6.2　输入并编排培训通知

创建空白文档后，用户需要在文档中输入相关内容，并设置内容的字体格式、段落格式、为段落添加编号和项目符号、设置样式等。

扫一扫 看视频

(1) 输入内容

用户需要在文档中输入标题和正文内容，具体操作如下。

Step01：将光标插入到文档中，输入标题“培训通知”，如图15-47所示。

Step02：然后按回车键另起一行，输入正文内容，如图15-48所示。

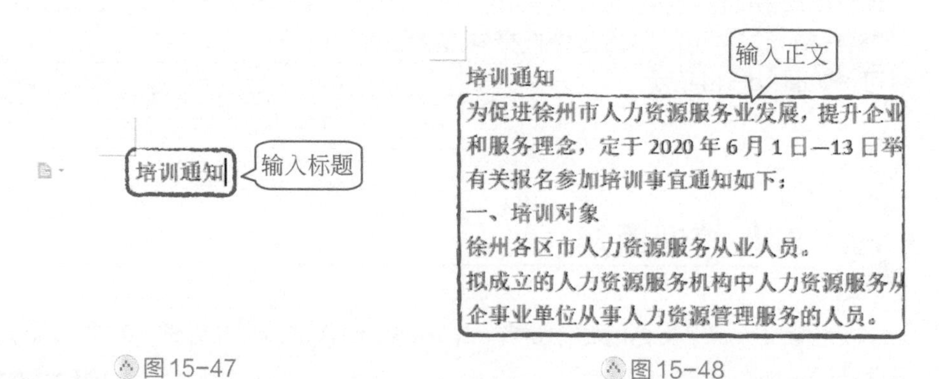

图15-47　　图15-48

(2) 设置字体格式

用户需要对标题和正文的字体、字号等进行设置，具体操作如下。

Step01：选择标题“培训通知”，在“开始”选项卡中，将字体设置为“微软雅黑”，将字号设置为“三号”，加粗显示，如图15-49所示。

Step02：选择正文内容，将字体设置为“宋体”，将字号设置为“五号”，如图15-50所示。

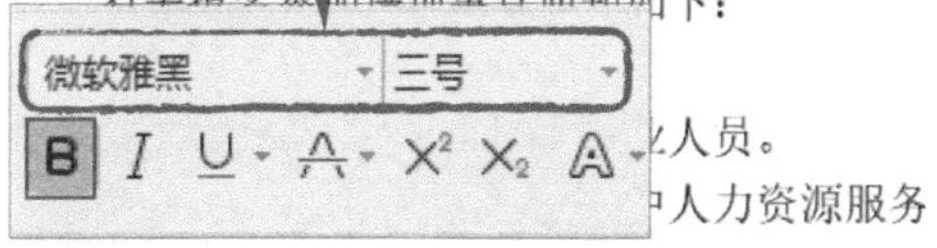

图15-49

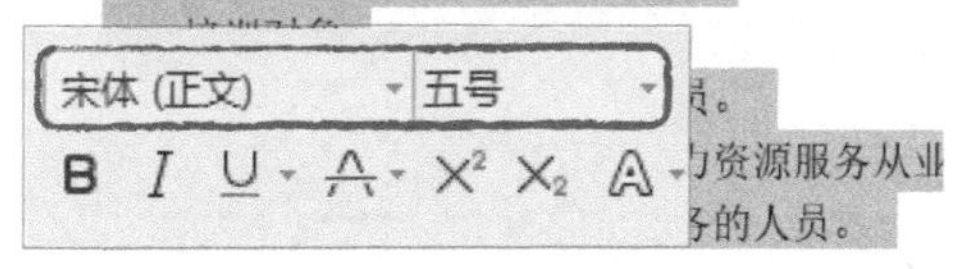

图15-50

（3）设置段落格式

用户需要对标题和正文的对齐方式、行间距等进行设置，具体操作如下。

Step01：选择标题，在“开始”选项卡中单击“段落”对话框启动器按钮，打开“段落”对话框，在“缩进和间距”选项卡中将“对齐方式”设置为“居中对齐”，将“段后”间距设置为“1行”，如图15-51所示。单击“确定”按钮。

Step02：选择正文内容，打开“段落”对话框，在“缩进和间距”选项卡中将“行距”设置为“1.5倍行距”，如图15-52所示。单击“确定”按钮。

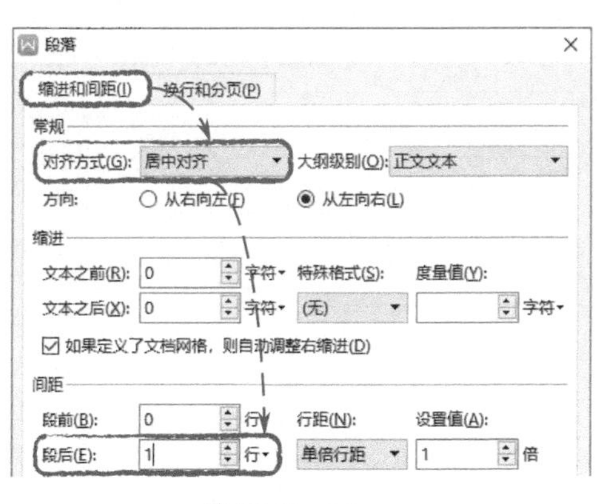

图15-51

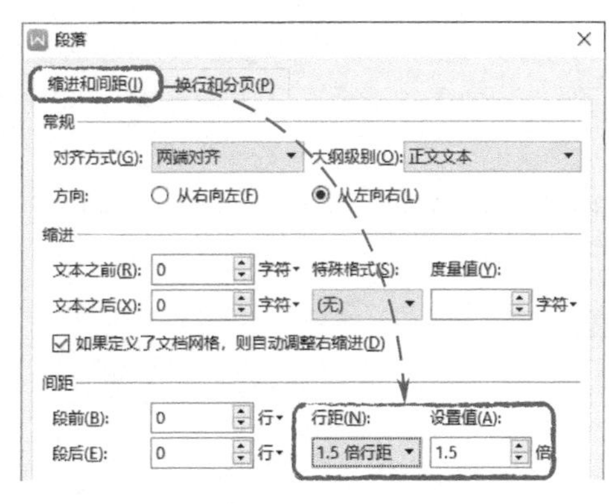

图15-52

Step03：选择段落内容，在“段落”对话框中单击“特殊格式”下拉按钮，从列表中选择“首行缩进”选项，并在“度量值”数值框中默认显示“2”，如图15-53所示。单击“确定”按钮。

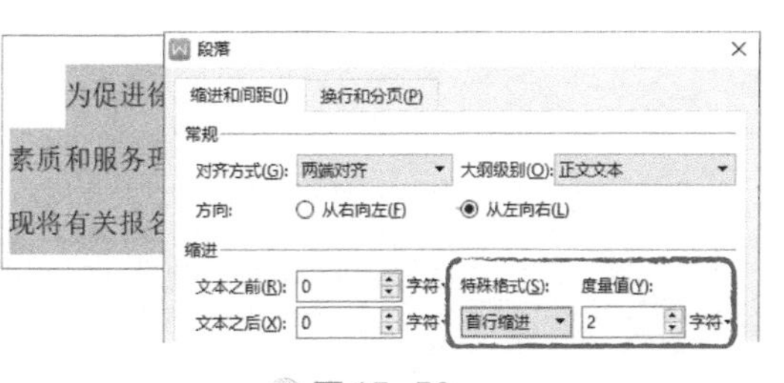

图15-53

（4）添加编号和项目符号

用户需要为正文内容添加编号和项目符号，具体操作如下。

Step01：选择文本内容，在“开始”选项卡中单击“编号”下拉按钮，从列表中选择合适的编号样式，如图15-54所示，即可为文本内容添加编号。

Step02：选择文本，在“开始”选项卡中单击“项目符号”下拉按钮，从列表中选择合适的项目符号样式，如图15-55所示，即可为文本内容添加项目符号。

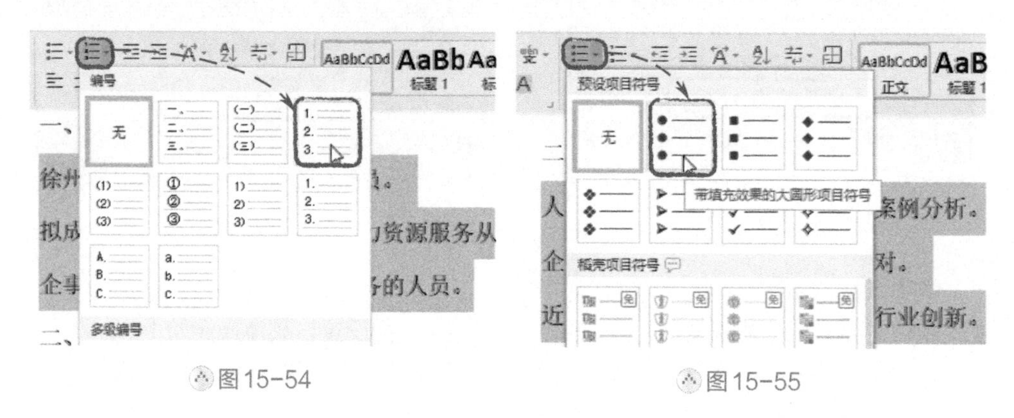

图15-54　　图15-55

（5）新建样式

如果用户想要快速完成对文本格式的修改，则可以为文本设置样式，这样可以直接套用样式，具体操作如下。

Step01：在“开始”选项卡中单击“新样式”下拉按钮，从列表中选择“新样式”选项，打开“新建样式”对话框，将“名称”设置为“标题样式”，单击“格式”按钮，从列表中选择“字体”选项，如图15-56所示。

Step02：打开“字体”对话框，在“字体”选项卡中，将“中文字体”设置为“微软雅黑”，将“字形”设置为“加粗”，将字号设置为“五号”，如图15-57所示。单击“确定”按钮。

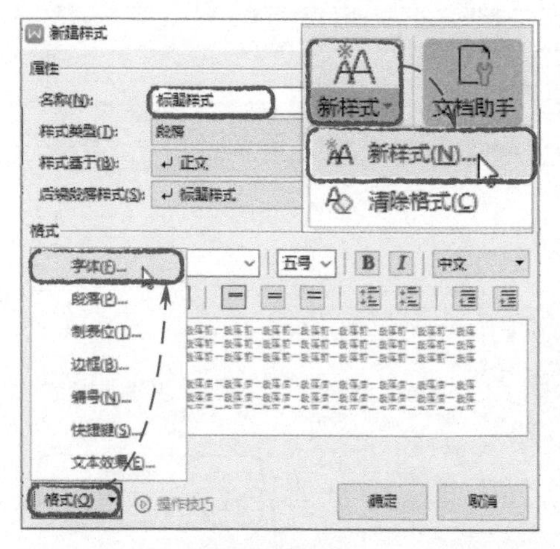

图15-56

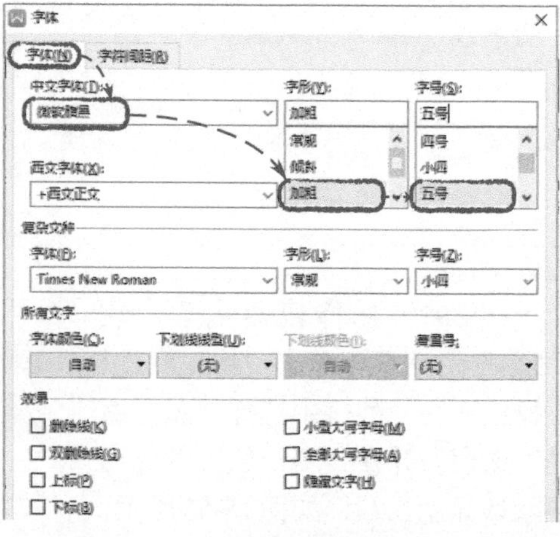

图15-57

Step03：返回“新建样式”对话框，再次单击“格式”按钮，从列表中选择“段落”选项，如图15-58所示。

Step04：打开“段落”对话框，在“缩进和间距”选项卡中将“段前”和“段后”间距设置为“6磅”，如图15-59所示。单击“确定”按钮，返回“新建样式”对话框，直接单击“确定”按钮即可。

图15-58

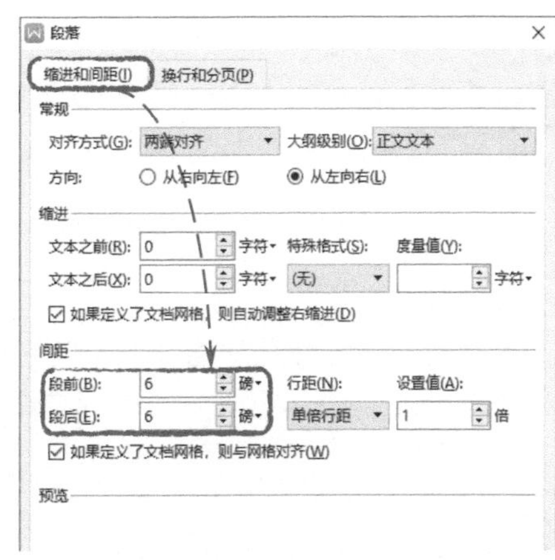

图15-59

Step05：选择文本，在“开始”选项卡中单击“样式”下拉按钮，如图15-60所示。从列表中选择“自定义样式”选项，即可为文本套用样式，然后保持文本选中状态，双击“格式刷”按钮，将样式复制到其他文本上，如图15-61所示。

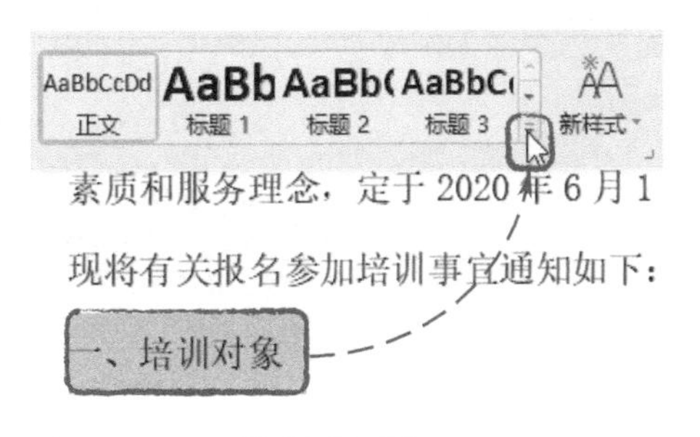

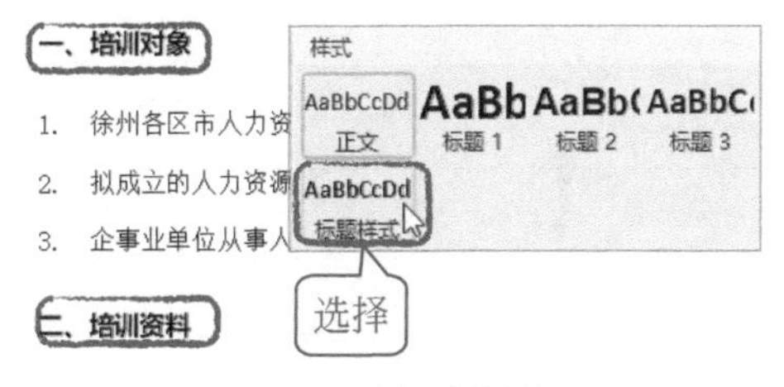

图15-60

图15-61

15.6.3 输出并打印培训通知

制作好培训通知后，用户需要将其输出为PDF格式，或者将其打印出来，具体操作如下。

Step01：单击“文件”按钮，从列表中选择“输出为PDF”选项，打开“输出为PDF”窗格，设置“输出范围”“输出设置”和“保存目录”，单击“开始输出”按钮，输出好后，单击“打开文件”按钮，即可查看输出为PDF的效果，如图15-62所示。

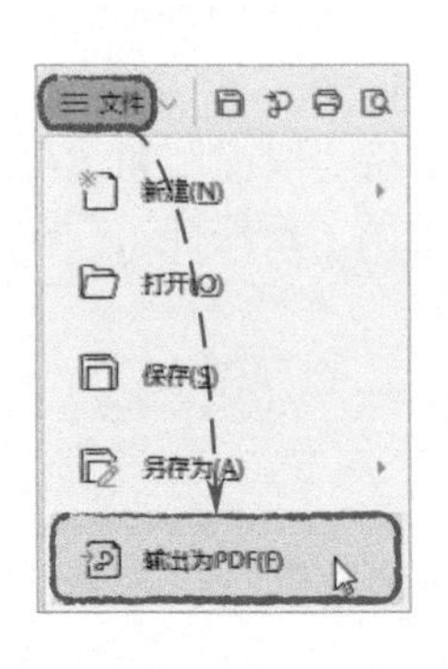

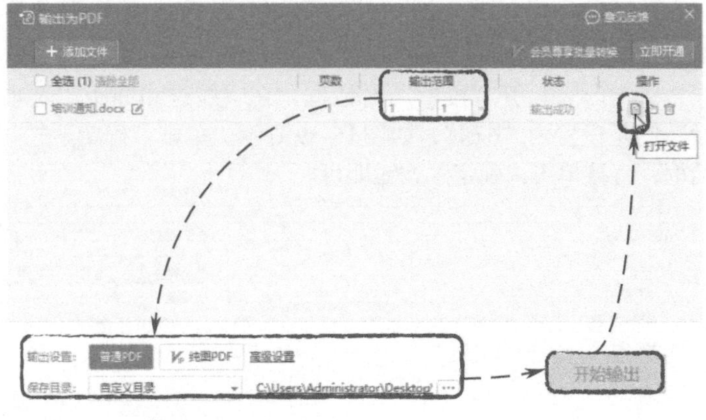

图15-62

Step02：在文档上方单击“打印预览”按钮，进入“打印预览”界面，设置打印份数、打印顺序、打印方式后，单击“直接打印”按钮，进行打印即可，如图15-63所示。

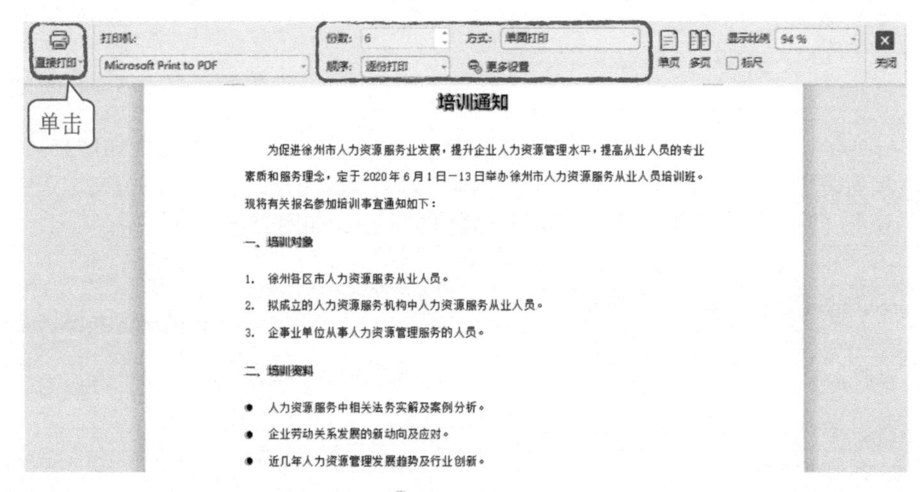

图15-63

温馨提示

本章内容适合入门级读者学习，让大家了解在使用电脑办公时，可以借助WPS软件对文档进行编辑操作，以满足自己的生活或工作需要，例如求职简历、活动策划书、合作协议、企业规章制度等。若想深入学习，可查阅《Word+Excel+PPT+Photoshop+思维导图：高效商务办公一本通》中的相关内容，或进入德胜学堂进行学习。

第16章 对报表数据进行处理

内容导读

WPS表格属于WPS Office办公软件的其中一个组件。WPS表格通常用来记录数据、处理和分析数据、制作表格等，例如制作家庭消费预算表、制作学习计划表、制作员工考勤表、核算员工工资等。学会使用WPS表格会给我们的工作和生活提供很大的便利。本章内容将详细介绍WPS表格的使用方法。

学习要点

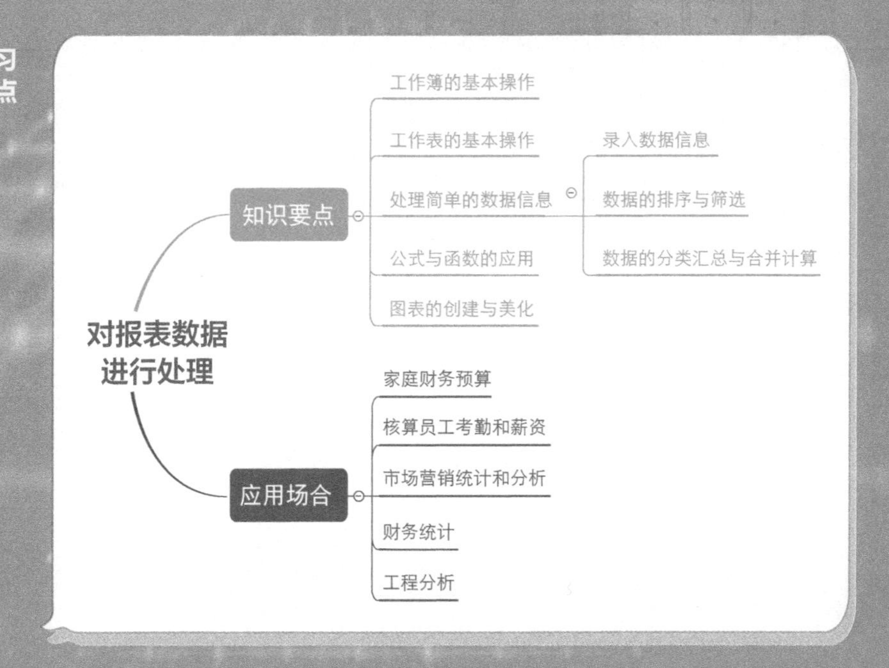

16.1 工作簿的基本操作

WPS表格创建的文件叫工作簿，创建和保存工作簿的方法非常简单，下面介绍具体操作方法。

16.1.1 新建工作簿

双击WPS图标启动应用程序，在“首页”菜单中单击“新建”按钮，如图16-1所示。打开“新建”界面，选中“表格”选项，单击“新建空白文档”选项，如图16-2所示。随即新建一个空白工作簿，如图16-3所示。

图16-1　图16-2　图16-3

16.1.2 保存工作簿

在编辑工作簿的过程中需要及时保存，以防死机、断电等意外情况导致内容遗失。

新建的工作簿第一次保存时，在功能区中单击“保存”按钮，如图16-4所示。会弹“另存为”对话框，在该对话框中设置好文件名称和保存位置，单击“保存”按钮即可完成保存操作，如图16-5所示。之后若继续编辑该工作簿，只要单击“保存”按钮即可进行保存。

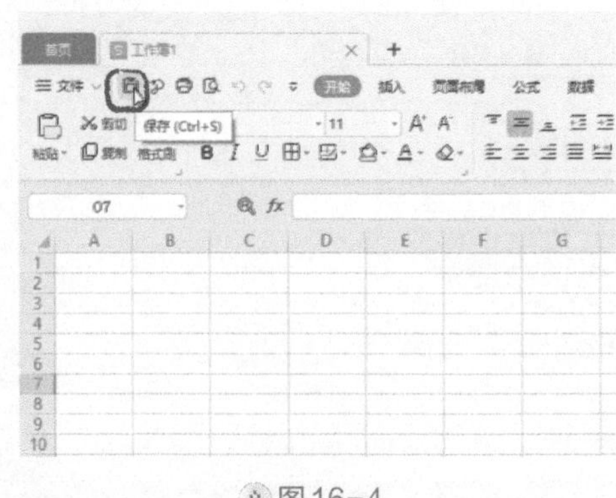

图16-4

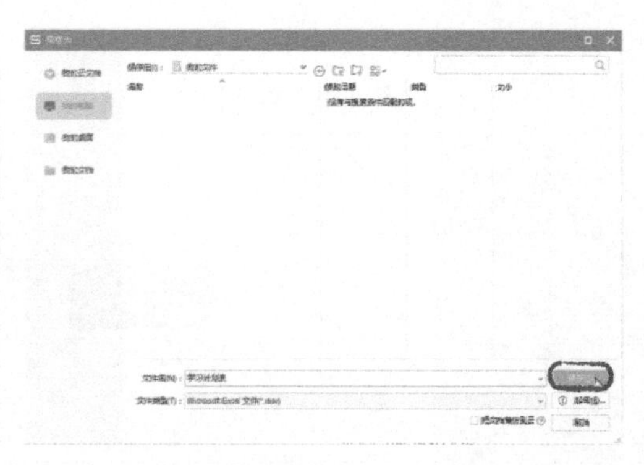

图16-5

16.1.3 打印与输出

工作簿中的内容可以打印成纸质或输出成其他类型，下面分别介绍如何打印和输入工作簿中的内容。

（1）打印工作表

在打印工作表之前可以先进行打印预览，单击“文件”按钮，将光标移动到“打印”选项上方，在其级联菜单中选择“打印预览”选项，如图16-6所示。即可进入打印预览界面，如图16-7所示。

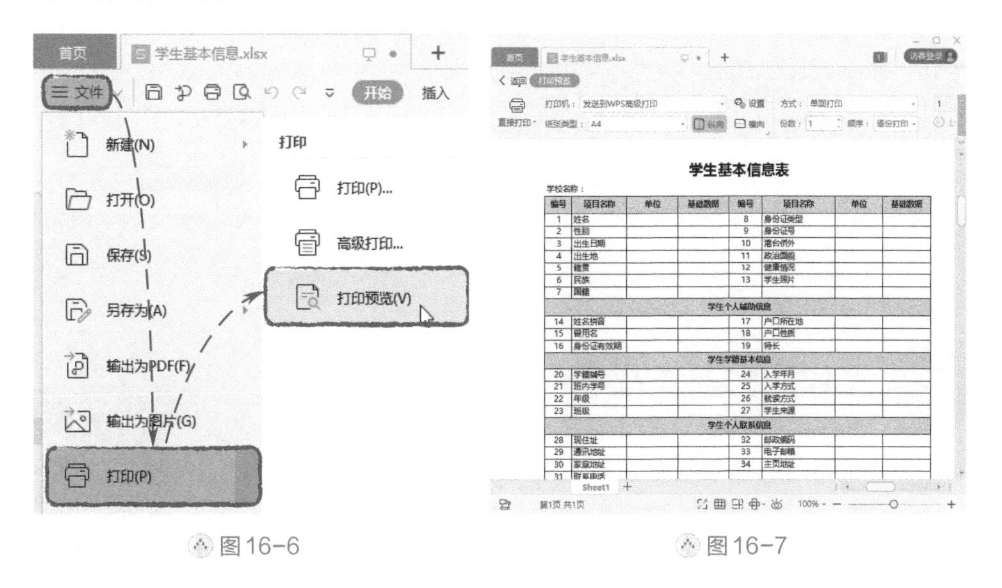

图16-6　　　　图16-7

在打印预览界面中不仅可以预览当前打印效果，还可通过各种选项的设置对打印效果进行调整，设置完成后单击“直接打印”按钮，即可打印该工作表，如图16-8所示。

图16-8

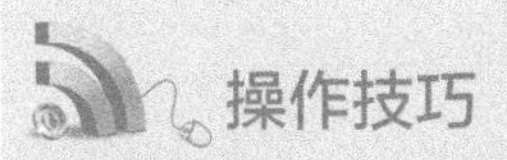

操作技巧

利用打印工作簿功能，可以一次性打印该工作簿中所有的工作表。在进行打印预览操作后，单击“直接打印”下拉按钮，从列表中选择“打印整个工作簿”选项即可。

（2）输出成PDF文件

用户可直接将WPS表格输出成PDF文件。单击“文件”按钮，在展开的列标中选择“输出为PDF（F）”选项，打开“输出为PDF”对话框，单击“开始输出”按钮，即可将工作簿中的内容输入为PDF文件，如图16-9所示。

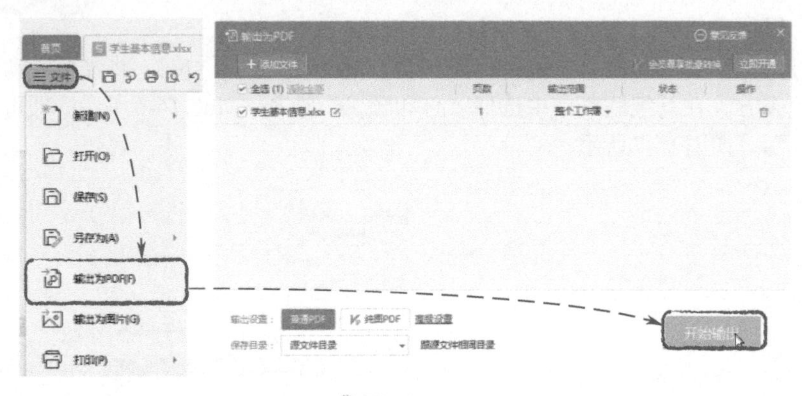

图16-9

16.2 工作表的基本操作

工作簿是由工作表组成的，一个工作簿中可以包含很多张工作表。如果把工作簿比喻成一本书，那么工作表就相当于书中的页。接下来将介绍如何插入与删除工作表、如何移动与复制工作表、如何隐藏或显示工作表以及如何重命名工作表。

16.2.1 插入与删除工作表

默认情况下新建的工作簿中只包含一张工作表，即Sheet1工作表，用户可以根据需要插入工作表。

单击Sheet1工作表标签右侧的“新建工作表”按钮，如图16-10所示。工作簿中随即被新建一张空白工作表，新工作表自动命名为Sheet2，如图16-11所示。继续单击“新建工作表”按钮可继续新建空白工作表。

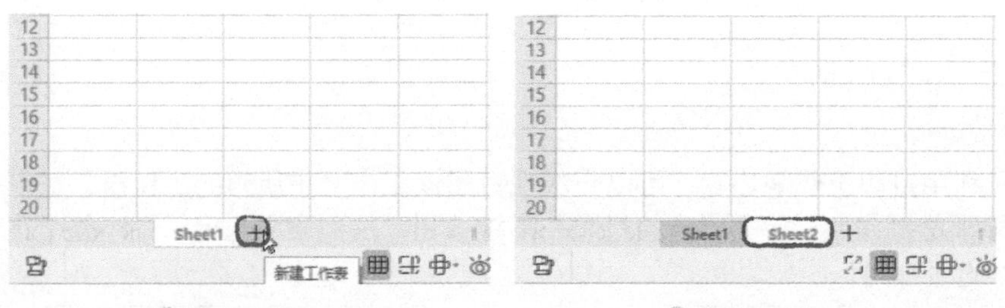

图16-10　　图16-11

操作技巧

用户也可通过右键菜单一次性插入多张空白工作表，操作方法非常简单。

右击工作表标签，在弹出的菜单中选择“插入”选项，打开“插入工作表”对话框，输入需要插入的工作表数量，选择好插入位置，单击“确定”按钮即可，如图16-12所示。

当不再需要使用某些工作表时可以将这些工作表删除，以免多余的工作表占用存储空间，影响工作簿运行速度。右击工作表标签，在弹出的菜单中选择“删除工作表”选项，即可将该工作表删除，如图16-13所示。

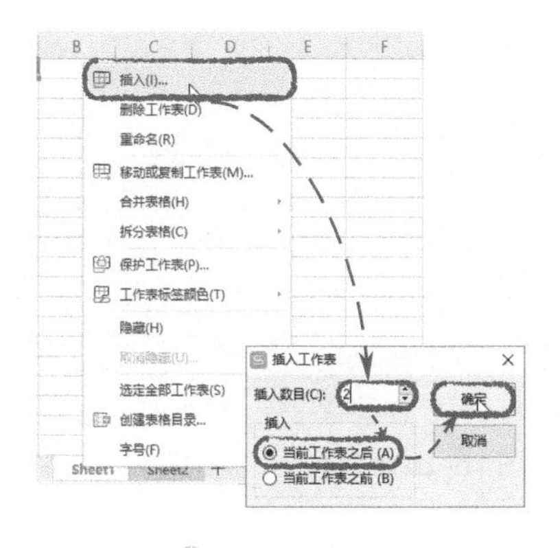

图16-12

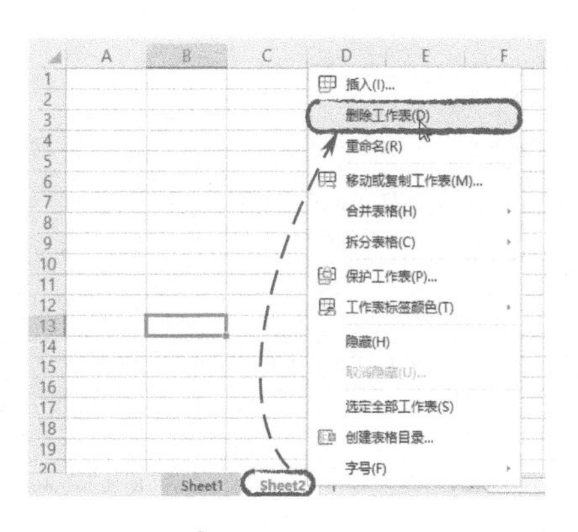

图16-13

16.2.2 移动与复制工作表

为了让工作簿中各个工作表的排列更具有逻辑性，可以移动工作表；在制作类似格式的工作表时，可以先复制工作表，然后再进行编辑。

（1）移动工作表

单击需要移动位置的工作表标签，按住鼠标左键，向目标位置拖动鼠标，当目标位置出现一个黑色三角形时松开鼠标，如图16-14所示。工作表即可被移动到指定位置，如图16-15所示。

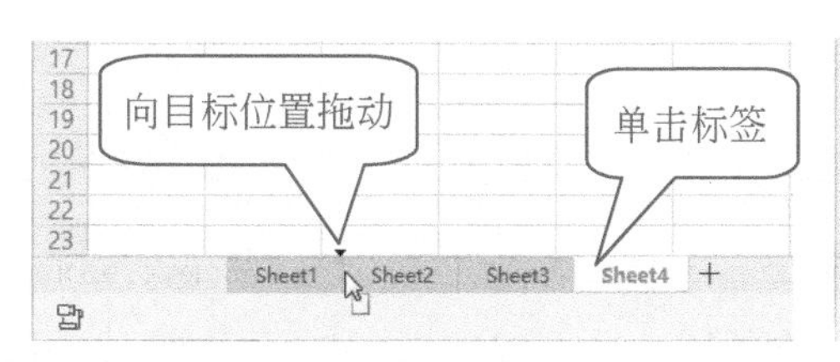

图16-14

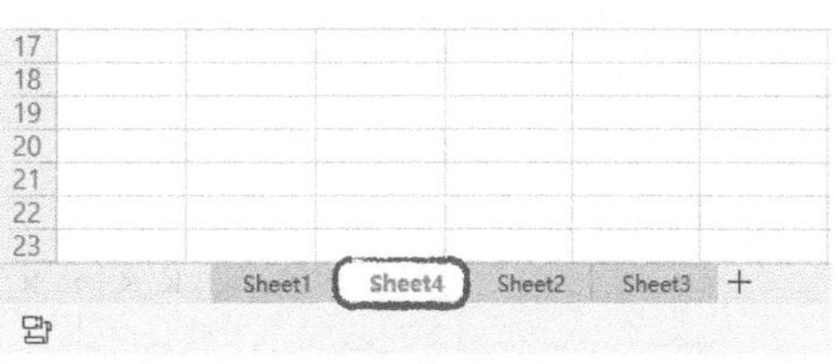

图16-15

（2）复制工作表

单击需要复制的工作表标签，按住【Ctrl】键和鼠标左键，向目标位置拖动鼠标，当目标位置出现黑色三角形时松开鼠标，如图16-16所示。工作表即可被复制到目标位置，如图16-17所示。

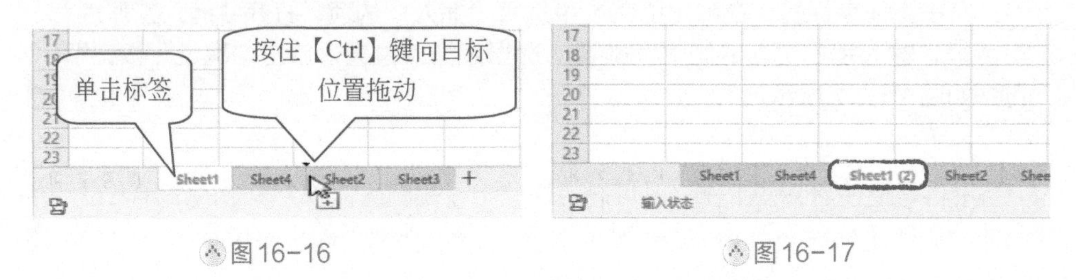

图16-16　图16-17

16.2.3 隐藏/显示工作表

暂时不使用的工作表可以将其隐藏，等到需要使用的时候再让其显示出来。下面介绍隐藏及取消隐藏工作表的方法。

右击需要隐藏的工作表标签，在弹出的菜单中选择“隐藏”选项，即可将该工作表隐藏，如图16-18所示。

若要让隐藏的工作表显示出来，则在工作簿中右击任意工作表标签，在展开的菜单中选择“取消隐藏”选项，如图16-19所示。打开“取消隐藏”对话框，选中需要取消隐藏的工作表，单击“确定”按钮即可，如图16-20所示。

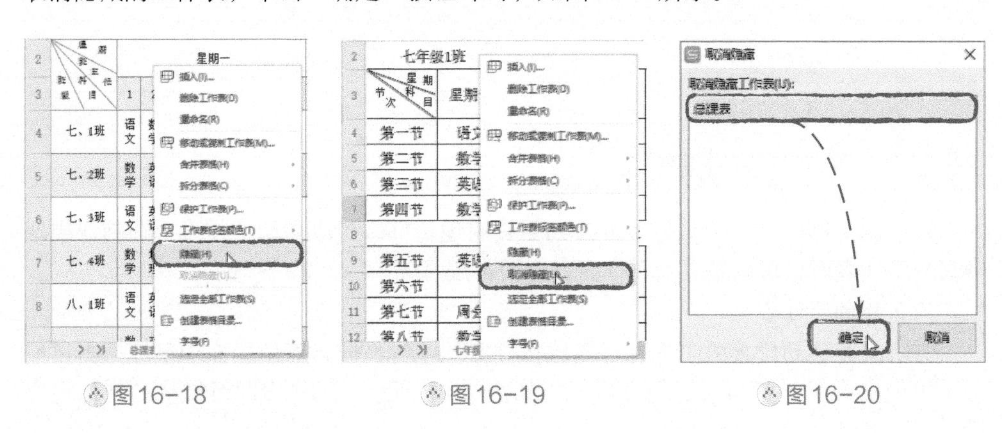

图16-18　图16-19　图16-20

16.2.4 重命名工作表

重命名工作表可以让用户在不打开工作表的情况下快速分辨出每张工作表中保存了那些数据。下面介绍具体操作方法。

右击需要重命名的工作表标签，在展开的菜单中选择“重命名”选项，如图16-21所示。该工作表标签随即变成可编辑状态，手动输入新的标签名称，按下【Enter】键即可完成重命名操作，如图16-22所示。

图16-21

序号	物品名称	物品描述	捡到者姓名及联系方式	捡到地点
1	手机	华为手机	王二小	地下美食光广场
2	背包	白色双肩背包帆布材质	张程程	1楼卫生间
3	身份证	身份证姓名王美丽	刘洋	商场门口
4	公交卡	红色/异形卡	不详	2楼楼梯
5	手机	苹果8	不详	2楼地电梯
6	钱包	女士/黑色	程铮	地下美食广场
7	女式包	lv	蒋丽	地下美食光广场
8	背包	黑色皮质	王凯	4楼电影院
9	丝巾	米色	不详	商场门口
10	帽子	儿童佩奇团	不详	2楼楼梯

失物招领登记表 Sheet2 Sheet3

图16-22

16.3 录入数据信息

很多新手用户在使用WPS表格的时候可能只是记录一些数据，或制作一些简单的表格，这也是WPS表格最基本的作用。但是在WPS表格中输入数据却不像在纸上写字那样简单，要想高效地输入数据还需要掌握一些数据录入技巧。

16.3.1 输入日期型数据

WPS表格中常见的日期格式分为短日期格式和长日期格式，其中短日期格式以斜杠“/”作为连接符号，例如“2020/5/1”；长日期格式以“年、月、日”三个字符作为连接，例如“2020年5月1日”。在WPS表格中输入日期是很常见的操作，下面将介绍具体输入方法。

选中需要输入日期的单元格，输入“2020/5/1”，如图16-23所示。按【Enter】键即可确认输入，如图16-24所示。

销售日期	商品名称	品牌	销售数量	单价	销售金额
2020/5/1	台式机	HP	2	¥3,200.00	¥6,400.00
	笔记本	Acer	5	¥3,500.00	¥17,500.00
	台式机	SAMSUNG	3	¥5,800.00	¥17,400.00
	台式机	iPhone	3	¥9,500.00	¥28,500.00
	台式机	Lenovo	6	¥4,800.00	¥28,800.00
	笔记本	DELL	1	¥3,800.00	¥3,800.00
	笔记本	HP	2	¥3,200.00	¥6,400.00
	台式机	iPhone	4	¥8,500.00	¥34,000.00
	笔记本	SAMSUNG	2	¥6,500.00	¥13,000.00
	笔记本	Lenovo	6	¥5,200.00	¥31,200.00

图16-23

销售日期	商品名称	品牌	销售数量	单价	销售金额
2020/5/1	台式机	HP	2	¥3,200.00	¥6,400.00
	笔记本	Acer	5	¥3,500.00	¥17,500.00
	台式机	SAMSUNG	3	¥5,800.00	¥17,400.00
	台式机	iPhone	3	¥9,500.00	¥28,500.00
	台式机	Lenovo	6	¥4,800.00	¥28,800.00
	笔记本	DELL	1	¥3,800.00	¥3,800.00
	笔记本	HP	2	¥3,200.00	¥6,400.00
	台式机	iPhone	4	¥8,500.00	¥34,000.00
	笔记本	SAMSUNG	2	¥6,500.00	¥13,000.00
	笔记本	Lenovo	6	¥5,200.00	¥31,200.00

图16-24

输入日期后若想改变日期的格式将短日期格式转换成长日期格式显示，可以选中日期所在单元格区域，在“开始”选项卡中单击“数字格式”下拉按钮，从展开的列表中选择“长日期”选项即可，如图16-25所示。

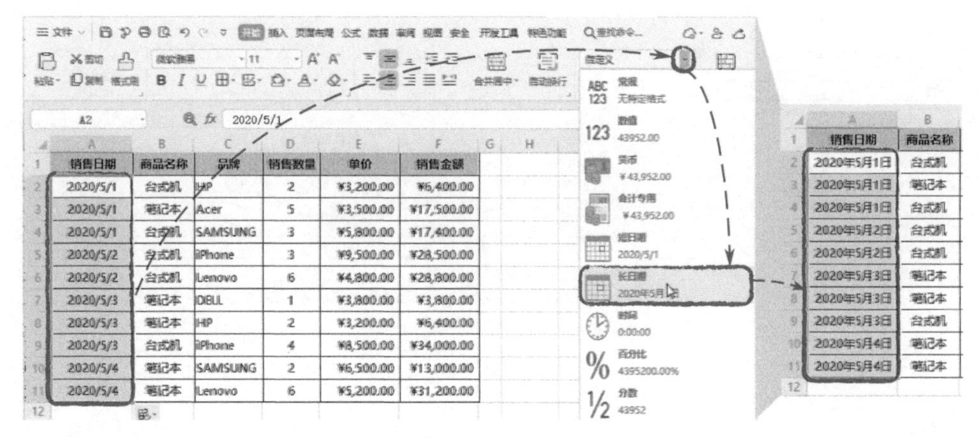

图16-25

新手误区

当以短划线“-”作为日期间的连接符时，按【Enter】键以后，“-”符号会自动变成“/”符号。例如在单元格中输入“2010-5-1”按下【Enter】键后日期会自动变成“2010/5/1”。除了“-”和“/”以外，若以其他符号作为日期的连接符，那么WPS将不会识别所输入的内容为日期，例如“2020.5.1”这种格式在WPS中并不是日期而是普通的文本。

16.3.2 输入文本型数据

文本型数据包括汉字、字母、拼音、符号等，输入这些文本数据并没什么难度，但是在输入一些特殊类型的文本型数据时还需要先设置一下单元格格式，例如输入以0开头的序号等。接下来介绍输入方法。

选中A2单元格，输入第一个序号“01”，如图16-26所示。按【Enter】键后“01”立刻变成了“1”，单击A2单元格右侧的“点击切换”按钮，如图16-27所示，即可将该序号切换成“01”，如图16-28所示。

	A	B	C	D
1	序号	员工姓名	性别	出生年月
2	01	赵佳	男	1976/5/1
3		刘茵茵	女	1989/3/18
4		蒋青	女	1989/2/5
5		张萌	女	1990/3/13
6		吴旭	男	1970/4/10

图16-26

	A	B	C	D
1	序号	员工姓名	性别	出生年月
2	1	01	男	1976/5/1
3		刘 点击切换	女	1989/3/18
4		蒋青	女	1989/2/5
5		张萌	女	1990/3/13
6		吴旭	男	1970/4/10

图16-27

	A	B	C	D
1	序号	员工姓名	性别	出生年月
2	01	赵佳	男	1976/5/1
3		刘茵茵	女	1989/3/18
4		蒋青	女	1989/2/5
5		张萌	女	1990/3/13
6		吴旭	男	1970/4/10

图16-28

若要输入大量以0开头的数据，逐个数字切换比较麻烦，这时可以选择将单元格设置成文本格式，在文本格式的单元格中输入以0开头的数字时，数字前面的0不会消失。操作方法如下：

选中需要设置格式的单元格区域，按【Ctrl+1】组合键打开“单元格格式”对话框，在“数字”界面中选择“文本”选项，单击“确定”按钮即可，如图16-29所示。

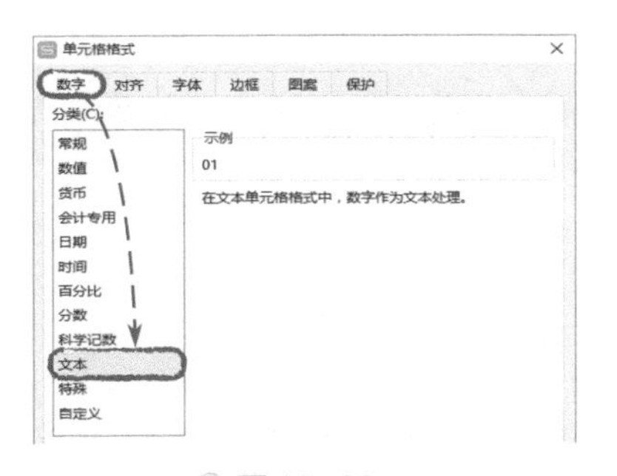

图16-29

新手误区

当输入的数字超过5位数时再在数字前面添加0，此时的0将不会自动消失。例如在单元格中输入“012345”，按【Enter】键后单元格中显示的就是“012345”。

16.3.3 自动填充数据序列

在制表时，经常会输入具有一定规律的数据，比如输入一组连续的数字或连续的日期等，这类有序数据通常不用手动挨个输入，用户可以使用自动填充功能快速输入。下面介绍如何填充数据序列。

（1）序列填充

在A2单元格中输入数字“1”，将光标放在A2单元格右下角，光标变成黑色的十字时，按住鼠标左键，向下拖动鼠标，拖动到目标位置时松开鼠标，完成数字序列的填充，如图16-30所示。

填充日期序列的方法和填充数字序列的方法相同，如图16-31所示。

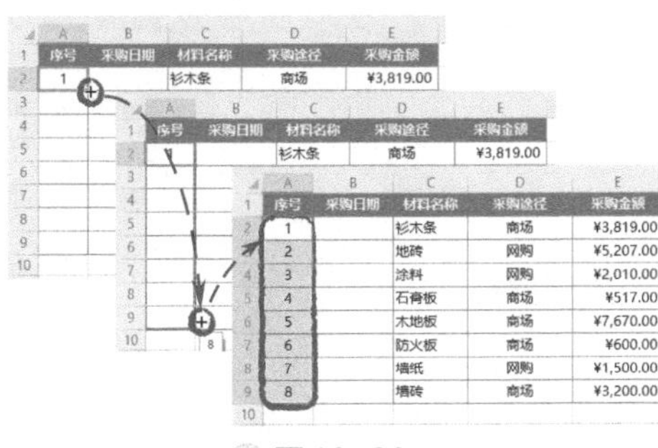

图16-30

图16-31

（2）复制填充

在单元格B2中输入日期“2020/6/3”，选中B2：B9单元格区域，按【Ctrl+D】组合键，如图16-32所示。日期随即被复制填充到所选区域中的空白单元格内，如图16-33所示。

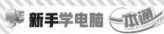

	A	B	C	D	E
1	序号	采购日期	材料名称	采购途径	采购金额
2	1	2020/6/3	杉木条	商场	¥3,819.00
3	2		地砖		¥5,207.00
4	3		涂料		¥2,010.00
5	4		石膏		¥517.00
6	5		木地板	商场	¥7,670.00
7	6		防火板	商场	¥600.00
8	7		墙纸	网购	¥1,500.00
9	8		墙砖	商场	¥3,200.00
10					

按【Ctrl+D】

图16-32

	A	B	C	D	E
1	序号	采购日期	材料名称	采购途径	采购金额
2	1	2020/6/3	杉木条	商场	¥3,819.00
3	2	2020/6/3	地砖	网购	¥5,207.00
4	3	2020/6/3	涂料	网购	¥2,010.00
5	4	2020/6/3	石膏板	商场	¥517.00
6	5	2020/6/3	木地板	商场	¥7,670.00
7	6	2020/6/3	防火板	商场	¥600.00
8	7	2020/6/3	墙纸	网购	¥1,500.00
9	8	2020/6/3	墙砖	商场	¥3,200.00
10					

图16-33

16.3.4 输入自定义序列

如果用户经常需要用到某一固定的序列，可以将其设置成自定义序列，方便以后使用。下面介绍如何自定义序列。

单击“文件”按钮，在列表中选择“选项”，打开“选项”对话框，切换到“自定义序列”界面，在“输入序列”文本框中输入自定义的序列，单击“添加”按钮，将该序列添加到“自定义序列”列表框中，单击“确定”按钮，完成设置，如图16-34所示。

返回工作表，在单元格中输入“水费”拖动该单元格填充柄，向下方填充，松开鼠标后单元格中自动出现了自定义序列，如图16-35所示。

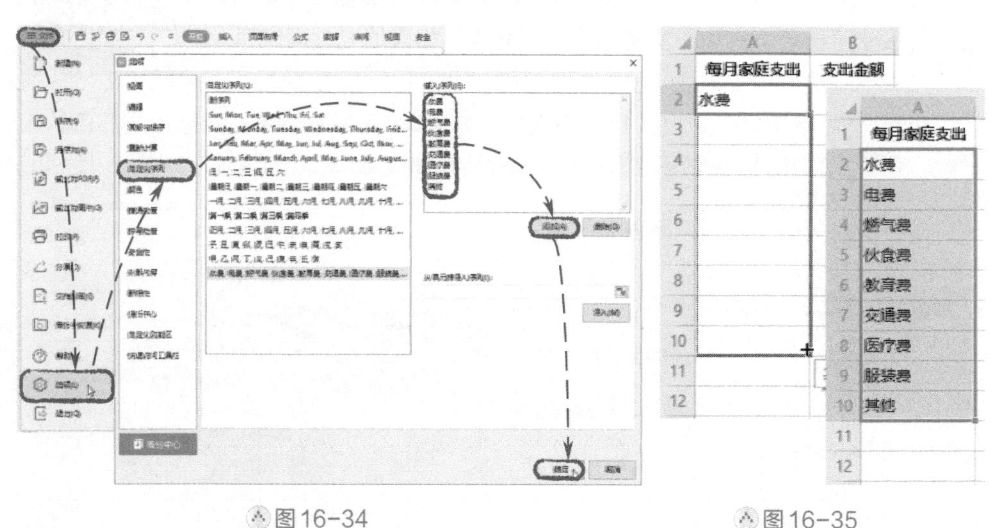

图16-34　　图16-35

16.4 简单处理数据信息

WPS表格的作用除了记录数据、制作表格外，最重要的作用其实是数据分析。常用的数据分析方法包括数据排序、数据筛选、分类汇总、合并计算等，接下来将对这些数据分析方法进行介绍。

16.4.1 对数据进行排序

排序是最基本的数据分析操作之一，排序后，数据会按照某种特定的规律进行排列，下面介绍几种常用的排序方法。

（1）简单排序

选中需要排序的列中的任意一个单元格，打开“数据”选项卡，单击“升序”按钮，即可将该列中的数据按照从小到大的顺序重新排列，如图16-36所示。

反之，若单击“降序”按钮，则可将数据按照从大到小的顺序进行排列，如图16-37所示。

图16-36　　图16-37

（2）同时对多个字段排序

当需要同时为表格中的多列数据进行排序时，可使用“排序”对话框来完成操作。选中数据表区域中的任意一个单元格，打开“数据”选项卡，单击“排序”按钮，打开“排序”对话框，设置好“主要关键字”的三个参数，单击“添加条件”按钮，添加“次要关键字”并设置好参数，单击“确定”按钮，如图16-38所示。

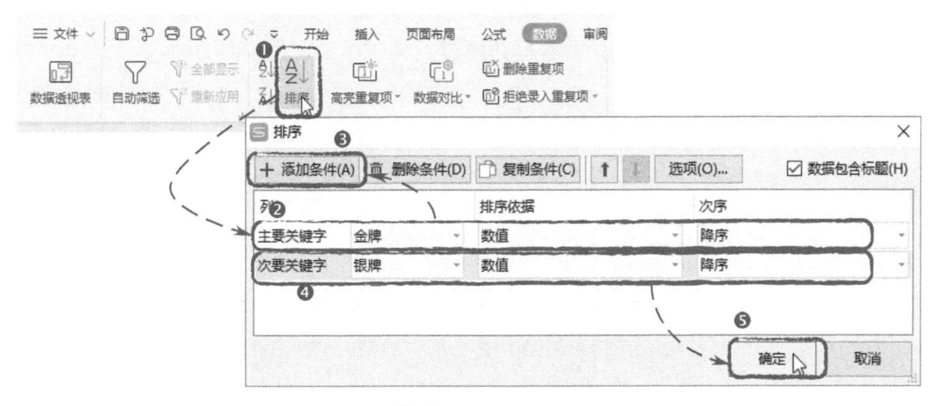

图16-38

数据表中随即按“金牌”字段“降序”排序，当“金牌”数量相同时，“银牌”按“降序”排序，如图16-39所示。

项目名称	参赛国	金牌	银牌	铜牌	总数
平昌冬奥会	挪威	14	14	11	39
平昌冬奥会	德国	14	10	7	31
平昌冬奥会	加拿大	11	8	10	29
平昌冬奥会	美国	9	8	6	23
平昌冬奥会	荷兰	8	6	6	20
平昌冬奥会	瑞典	7	6	1	14
平昌冬奥会	韩国	5	8	4	17
平昌冬奥会	瑞士	5	6	4	15
平昌冬奥会	法国	5	4	6	15
平昌冬奥会	奥地利	5	3	6	14
平昌冬奥会	日本	4	5	4	13

图16-39

（3）按笔画排序

WPS中对文本默认按照拼音的顺序排序，用户可根据需要将文本的排序方式修改为按笔画排序。

在“数据”选项卡中单击“排序”按钮，打开“排序”对话框，设置好“主要关键字”，单击“选项”按钮，如图16-40所示。打开“排序选项”对话框，选中“笔画排序”单选按钮，单击“确定”按钮，如图16-41所示，返回上一层对话，单击“确定”按钮。

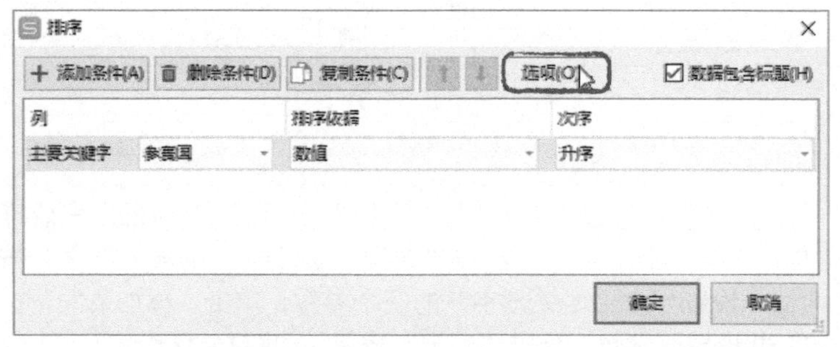

图16-40

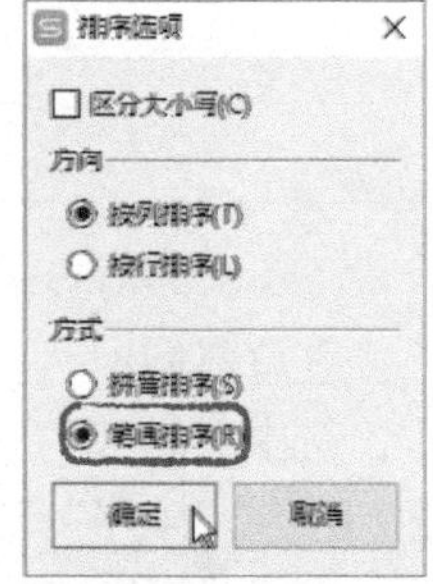

图16-41

表格中的“参赛国”随即按照笔画升序进行排序，如图16-42所示。

项目名称	参赛国	金牌	银牌	铜牌	总数
平昌冬奥会	日本	4	5	4	13
平昌冬奥会	中国	1	6	2	9
平昌冬奥会	白俄罗斯	2	1	0	3
平昌冬奥会	加拿大	11	8	10	29
平昌冬奥会	芬兰	1	1	4	6
平昌冬奥会	英国	1	0	4	5
平昌冬奥会	法国	5	4	6	15
平昌冬奥会	波兰	1	0	1	2
平昌冬奥会	挪威	14	14	11	39
平昌冬奥会	俄独立代表	2	6	9	17
平昌冬奥会	美国	9	8	6	23

图16-42

笔画排序的规则是，升序时笔画数少的排在前面，笔画数多的排在后面，降序与之相反。笔画数相同时，按起笔来排序，一般是横、竖、撇、捺、折的顺序。当第一个字符相同时按第二个字进行排序，以此类推。

16.4.2 对数据进行筛选

WPS表格中的筛选功能很强大，它能够迅速将需要的信息从复杂的数据中筛选出来，并隐藏无关的数据。常用的筛选方法有两种，分别是自动筛选和高级筛选，这两种筛选的操作方法完全不同。接下来将进行详细介绍。

（1）自动筛选

选中数据表中的任意一个单元格，打开“数据”选项卡，单击“自动筛选”按钮，如图16-43所示。数据表随即进入筛选模式，标题行中每一个字段的右侧均出现了筛选按钮，如图16-44所示。

销售日期	品类	名称	数量	单价	金额
2020/1/1	啤酒	青岛	22	¥56.00	¥1,232.00
2020/1/3	啤酒	青岛	26	¥56.00	¥1,456.00
2020/1/3	啤酒	蓝带	23	¥112.00	¥2,576.00
2020/1/4	黄酒	古越龙山	25	¥239.00	¥5,975.00
2020/1/4	啤酒	蓝带	26	¥112.00	¥2,912.00
2020/1/7	啤酒	蓝带	22	¥112.00	¥2,464.00
2020/1/11	葡萄酒	长城	25	¥158.00	¥3,950.00

图16-43

销售日期	品类	名称	数量	单价	金额
2020/1/1	啤酒	青岛	22	¥56.00	¥1,232.00
2020/1/3	啤酒	青岛	26	¥56.00	¥1,456.00
2020/1/3	啤酒	蓝带	23	¥112.00	¥2,576.00
2020/1/4	黄酒	古越龙山	25	¥239.00	¥5,975.00
2020/1/4	啤酒	蓝带	26	¥112.00	¥2,912.00
2020/1/7	啤酒	蓝带	22	¥112.00	¥2,464.00
2020/1/11	葡萄酒	长城	25	¥158.00	¥3,950.00
2020/1/25	黄酒	古越龙山	22	¥239.00	¥5,258.00
2020/1/30	葡萄酒	长城	26	¥158.00	¥4,108.00
2020/2/4	葡萄酒	长城	23	¥158.00	¥3,634.00
2020/2/5	洋酒	人头马	24	¥199.00	¥4,776.00
2020/2/8	洋酒	人头马	23	¥199.00	¥4,577.00
2020/2/10	黄酒	古越龙山	25	¥239.00	¥5,975.00

图16-44

单击需要筛选的字段右侧下拉按钮，在筛选器中取消“全选”复选框的勾选，重新勾选需要筛选的数据，单击“确定”按钮，如图16-45所示。数据表中随即筛选出需要的数据，如图16-46所示。

单价	金额
¥56.00	¥1,232.00
¥56.00	¥1,456.00
¥112.00	¥2,576.00
¥239.00	¥5,975.00
¥112.00	¥2,912.00
¥112.00	¥2,464.00
¥158.00	¥3,950.00
¥239.00	¥5,258.00
¥158.00	¥4,108.00
¥158.00	¥3,634.00
¥199.00	¥4,776.00
¥199.00	¥4,577.00
¥239.00	¥5,975.00
¥199.00	¥4,776.00
¥328.00	¥7,216.00
¥328.00	¥7,216.00
¥69.00	¥1,518.00
¥69.00	¥1,863.00
¥69.00	¥1,725.00

图16-45

销售日期	品类	名称	数量	单价	金额
2020/1/1	啤酒	青岛	22	¥56.00	¥1,232.00
2020/1/3	啤酒	青岛	26	¥56.00	¥1,456.00
2020/1/3	啤酒	蓝带	23	¥112.00	¥2,576.00
2020/1/4	啤酒	蓝带	26	¥112.00	¥2,912.00
2020/1/7	啤酒	蓝带	22	¥112.00	¥2,464.00
2020/3/14	啤酒	燕京	25	¥129.00	¥3,225.00
2020/4/3	啤酒	燕京	27	¥129.00	¥3,483.00
2020/4/9	啤酒	燕京	22	¥129.00	¥2,838.00
2020/4/10	啤酒	燕京	21	¥129.00	¥2,709.00

图16-46

（2）筛选高于平均值的数据

单击“金额”字段的筛选按钮，在展开的筛选器中单击“数字选项”按钮，选择“高于平均值”选项，如图16-47所示。表格中所有金额高于平均值的数据随即全部被筛选了出来，如图16-48所示。

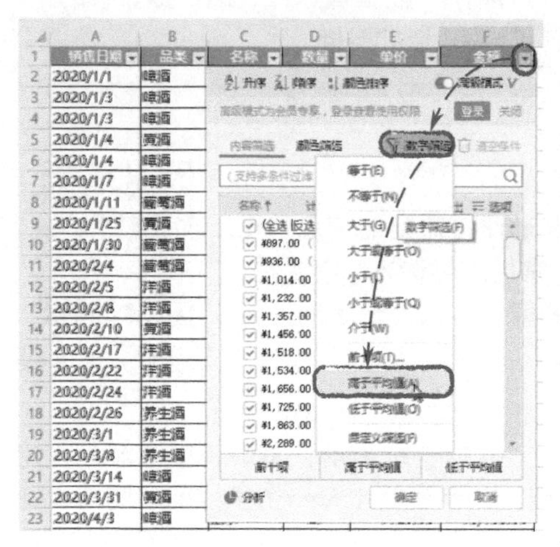

图16-47

	A	B	C	D	E	F
1	销售日期	品类	名称	数量	单价	金额
16	2020/2/22	洋酒	轩尼诗	22	¥328.00	¥7,216.00
17	2020/2/24	洋酒	轩尼诗	22	¥328.00	¥7,216.00
44	2020/7/6	洋酒	轩尼诗	24	¥328.00	¥7,872.00
45	2020/7/6	洋酒	轩尼诗	21	¥328.00	¥6,888.00
49	2020/7/16	白酒	茅台	23	¥999.00	¥22,977.00
50	2020/7/19	白酒	茅台	25	¥999.00	¥24,975.00
51	2020/7/29	白酒	茅台	26	¥999.00	¥25,974.00
52	2020/8/19	白酒	茅台	23	¥999.00	¥22,977.00
53	2020/8/19	白酒	茅台	21	¥999.00	¥20,979.00
54	2020/8/20	白酒	五粮液	23	¥1,299.00	¥29,877.00
55	2020/8/20	白酒	五粮液	21	¥1,299.00	¥27,279.00
56	2020/8/24	葡萄酒	路易拉菲	25	¥280.00	¥7,000.00
67	2020/10/2	白酒	五粮液	25	¥1,299.00	¥32,475.00
68	2020/10/5	白酒	五粮液	23	¥1,299.00	¥29,877.00
69	2020/10/6	白酒	五粮液	25	¥1,299.00	¥32,475.00
70	2020/10/14	白酒	洋河	26	¥299.00	¥7,774.00
73	2020/11/13	白酒	洋河	24	¥299.00	¥7,176.00
77	2020/11/25	养生酒	花雕黄酒	23	¥288.00	¥6,624.00
79	2020/11/30	白酒	洋河	24	¥299.00	¥7,176.00
85	2020/12/24	养生酒	花雕黄酒	23	¥288.00	¥6,624.00
87						
88						

图16-48

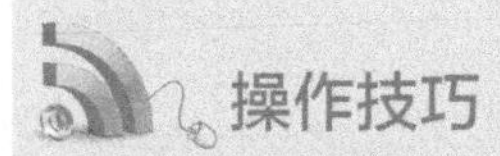

操作技巧

若要清除执行过的筛选，只需在“数据”选项卡中单击“全部显示”按钮即可，如图16-49所示。

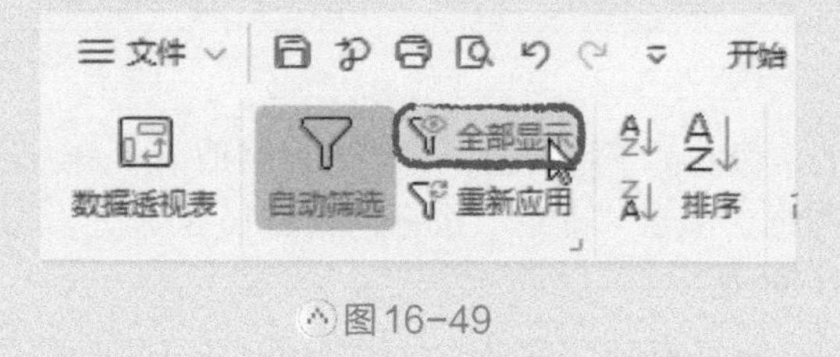

图16-49

（3）高级筛选

高级筛选和自动筛选相比优势在于可以自己设定筛选条件，下面介绍如何执行高级筛选。

将数据表的标题复制到表格下方，在复制的标题下方设置好筛选条件。选中数据表中的任意一个单元格，打开“数据”选项卡，单击“高级筛选”按钮，弹出“高级筛选”对话框，保持“列表区域”中所选择的单元格区域为默认，将光标定位在“条件区域”文本框中，直接在工作表中选择“A89：F91”单元格区域，单击“确定”按钮，如图16-50所示。

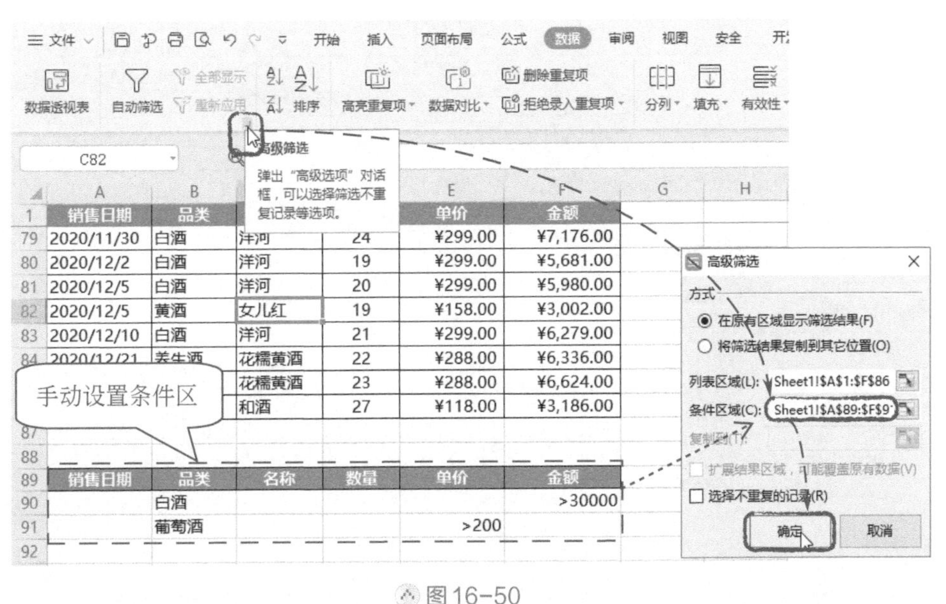

图16-50

数据表中随即筛选出符合条件的数据，如图16-51所示。

	A	B	C	D	E	F
1	销售日期	品类	名称	数量	单价	金额
56	2020/8/24	葡萄酒	路易拉菲	25	¥280.00	¥7,000.00
57	2020/8/24	葡萄酒	路易拉菲	21	¥280.00	¥5,880.00
58	2020/8/25	葡萄酒	路易拉菲	23	¥280.00	¥6,440.00
67	2020/10/2	白酒	五粮液	25	¥1,299.00	¥32,475.00
69	2020/10/6	白酒	五粮液	25	¥1,299.00	¥32,475.00
87						

图16-51

16.4.3　数据的分类汇总

分类汇总是数据分析的其中一种方法，在日常数据管理中，经常需要对数据进行分类汇总，分类汇总能够将同类数据的汇总结果插入表格中。下面介绍如何进行分类汇总。

（1）单项分类汇总

先将分类字段进行简单排序（升序或降序均可），在"数据"选项卡中单击"分类汇总"按钮，弹出"分类汇总"对话框，设置好"分类字段""汇总方式"，最后勾选汇总项，单击"确定"按钮，如图16-52所示。

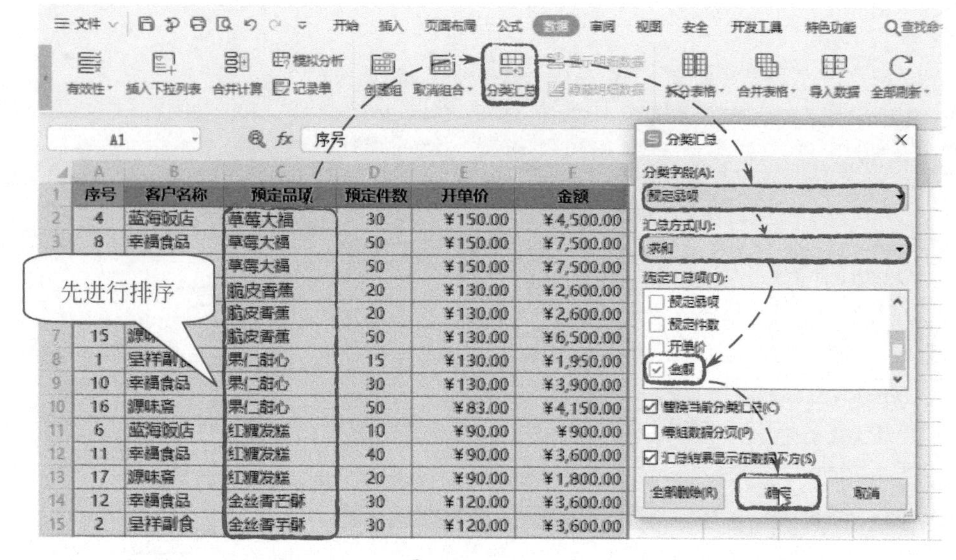

图16-52

表格中的数据随即按照对话框中的设置进行了分类汇总，如图16-53所示。

	A	B	C	D	E	F
1	序号	客户名称	预定品项	预定件数	开单价	金额
2	4	蓝海饭店	草莓大福	30	¥150.00	¥4,500.00
3	8	幸福食品	草莓大福	50	¥150.00	¥7,500.00
4	14	源味斋	草莓大福	50	¥150.00	¥7,500.00
5			草莓大福 汇总			¥19,500.00
6	5	蓝海饭店	脆皮香蕉	20	¥130.00	¥2,600.00
7	9	幸福食品	脆皮香蕉	20	¥130.00	¥2,600.00
8	15	源味斋	脆皮香蕉	50	¥130.00	¥6,500.00
9			脆皮香蕉 汇总			¥11,700.00
10	1	呈祥副食	果仁甜心	15	¥130.00	¥1,950.00
11	10	幸福食品	果仁甜心	30	¥130.00	¥3,900.00
12	16	源味斋	果仁甜心	50	¥83.00	¥4,150.00
13			果仁甜心 汇总			¥10,000.00

图16-53

（2）嵌套分类汇总

嵌套分类汇总即多个字段同时分类汇总。对多个字段进行汇总之前必需要对这些字段进行排序。

选中数据表中任意单元格，打开“数据”选项卡，单击“排序”按钮，打开“排序”对话框，对“品类”和“名称”字段进行升序排序，如图16-54所示。

返回工作表，单击“分类汇总”按钮，打开“分类汇总”对话框，设置“品类”为分类字段，汇总方式为“求和”，勾选“数量”和“金额”两项汇总项，单击“确定”按钮，如图16-55所示。

此时表格中的数据此时已经执行了一次分类汇总。再次单击“分类汇总”按钮，打开“分类汇总”对话框，设置分类字段为“名称”，汇总方式为“求和”，勾选“数量”和“金额”汇总项，取消“替换当前分类汇总”复选框的勾选，单击“确定”按钮，如图16-56所示。至此完成嵌套分类汇总。最终效果如图16-57所示。

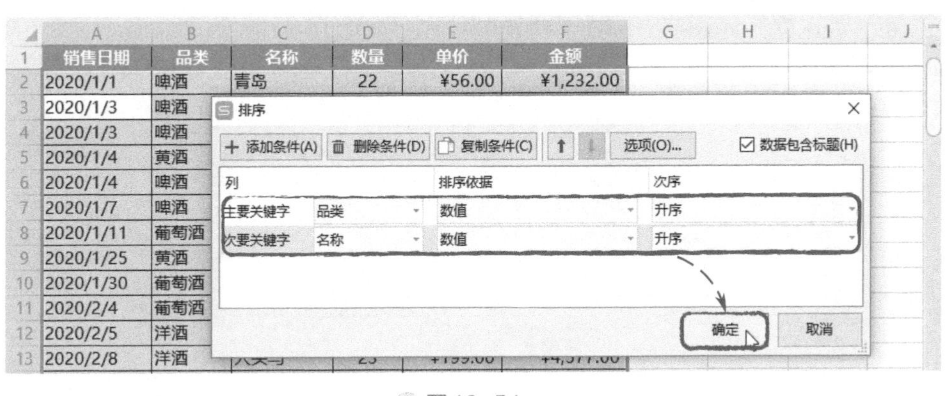

图16-54

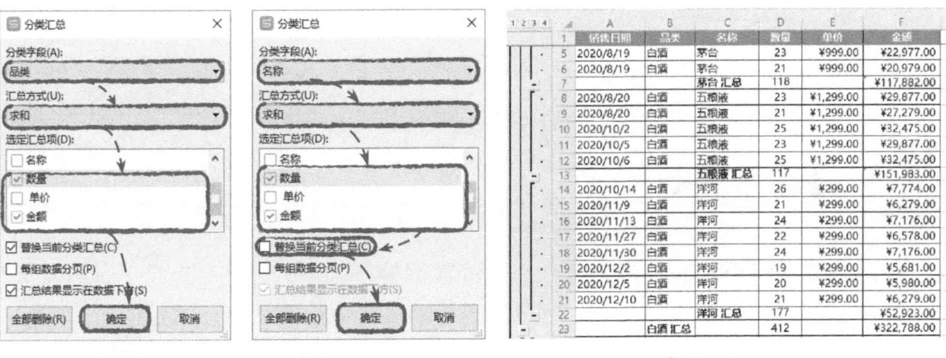

图16-55　　图16-56　　图16-57

新手误区

执行分类汇总的时候有两个极易出错的环节，用户需要特别注意。第一是分类汇总前要对分类字段进行排序，第二是在执行嵌套分类汇总时要取消“替换当前分类汇总”复选框的勾选。

16.4.4 数据的合并计算

用户在处理数据时，有时需要将多个表格中的数据合并到一个表格中，此时可以使用合并计算功能来操作。被合并的表格可以是保存在一种工作表中的也可以是保存在不同工作表中的，甚至可以是保存在不同工作簿中的，下面以合并不同工作表总的数据为例进行讲解。

1月至3月的工资分别保存在不同的工作表中，如图16-58所示。打开“工资合计”工作表，选中A1单元格，在“数据”选项卡中单击“合并计算”按钮，打开“合并计算”对话框，分别从“1月”“2月”“3月”工作表中引用数据区域，勾选“首行”和“最左列”复选框，单击“确定”按钮，如图16-59所示。“工资合计”工作表中随即出现合并后的数据。合并数据后左上角单元格是空白的，用户可手动输入标题，如图16-60所示。

姓名	工资
黄蓉	2800
任盈盈	2800
杨过	5000
张翠山	7000
张无忌	7000
乔峰	4300
木婉清	9000
苗人凤	5000
郭靖	6000
赵敏	3000
温青青	8000
王语嫣	2500
韦小宝	5000
令狐冲	6500
小龙女	5000
任盈盈	4000

图16-58

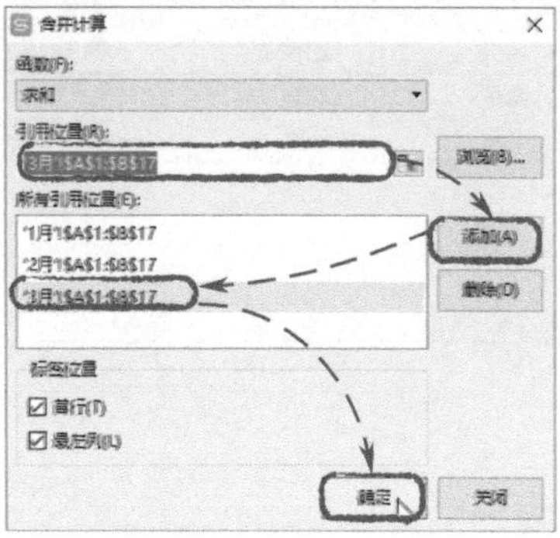

图16-59

姓名	工资
黄蓉	7700
任盈盈	17900
杨过	13500
张翠山	23000
张无忌	22000
乔峰	13800
木婉清	27000
苗人凤	15000
郭靖	20000
赵敏	13000
温青青	19000
王语嫣	9500
韦小宝	18000
令狐冲	18500
小龙女	15000

图16-60

16.5 公式与函数

WPS表格中的公式是一种对工作表中的数据进行计算的等式，也是一种数学运算式。而函数则是预先编写的公式，可以对一个或多个值执行运算，并返回一个或多个值。函数可以简化和缩短工作表中的公式，尤其在用公式执行很长或复杂的计算时。函数不能单独使用，需要嵌入到公式中使用。

16.5.1 单元格的引用

扫一扫 看视频

在公式中，通常需要引用单元格中的数据进行计算，单元格的引用，又可分为相对引用、绝对引用、混合引用。下面分别对其进行介绍。

（1）相对引用

相对引用是指在公式中引用单元格的相对位置。“=A1”这种引用形式就是相对引用，如图16-61所示。相对引用的单元格会随着公式的移动自动改变引用的单元格地址。例如，将单元格C1中的公式填充到C2中，公式就自动变成了“=A2”，如图16-62所示。

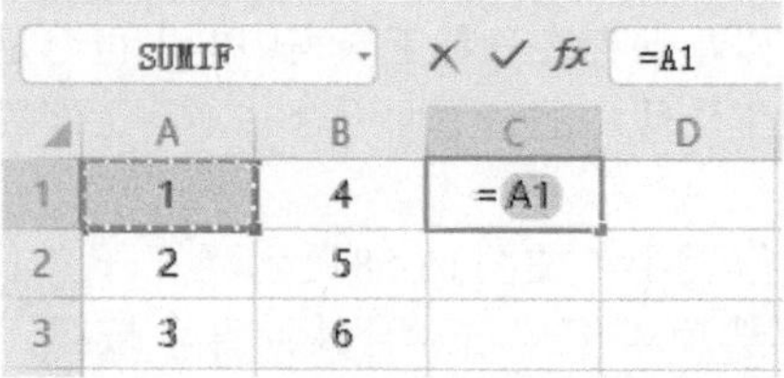

图16-61

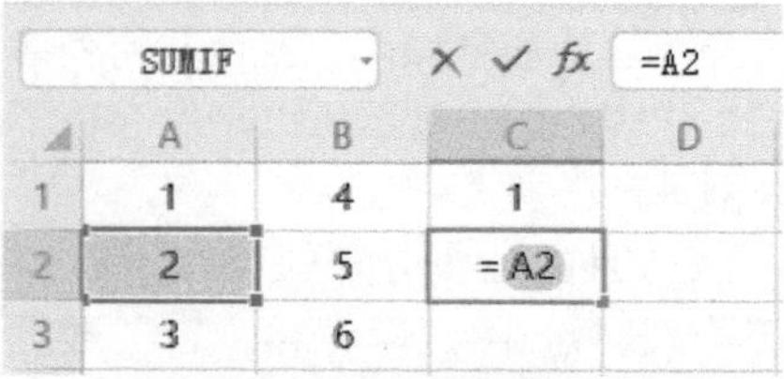

图16-62

（2）绝对引用

“=$A$1”这种引用形式是绝对引用，如图16-63所示。绝对引用使用“$”符号锁定了引用的单元格的行和列，不管将公式移动到什么位置公式中的绝对引用单元格都不会变化，如图16-64所示。

SUMIF　=$A$1

	A	B	C	D
1	1	4	=$A$1	
2	2	5		
3	3	6		

图16-63

SUMIF　=$A$1

	A	B	C	D
1	1	4	1	1
2	2	5	1	1
3	3	6	1	=$A$1

图16-64

（3）混合引用

既包含绝对引用又包含相对引用的引用方式称为混合引用，可分为绝对引用列相对引用行（例如“=$A1”）以及相对引用列绝对引用行（例如“=A$1”）这两种形式，如图16-65、图16-66所示。混合引用的单元格当公式的位置发生变化时，前面有“$”符号的部分永远不会变化，只有前面没有“$”符号的部分会发生变化。

SUMIF　=$A1

	A	B	C	D
1	1	4	=$A1	
2	2	5		
3	3	6		

图16-65

SUMIF　=A$1

	A	B	C	D
1	1	4	=A$1	
2	2	5		
3	3	6		

图16-66

操作技巧

使用【F4】键快可以速录入“$”符号。选中单元格名称按一次【F4】键输入绝对引用，按两次【F4】键输入相对列绝对行，按三次【F4】键输入绝对列相对行，按四次F4键恢复相对引用。

16.5.2 快速输入公式和函数

公式是运用数据常量、单元格引用、运算符以及函数等元素自由设计出能够计算处理数据的式子。下面介绍如何在单元格中输入公式。

（1）输入公式

选中E2单元格，输入“=”，然后在C2单元格上方单击，将该单元格引用到公式中，如图16-67所示。继续手动输入乘号“*”，在D2单元格上方单击，将该单元格输入到公式中，如图16-68所示。

	A	B	C	D	E
1	销售日期	产品名称	销售数量	销售单价	销售金额
2	2020/5/10	电烤箱	19	¥380.00	= C2
3	2020/5/14	电烤箱	19	¥200.00	
4	2020/7/8	电烤箱	11	¥399.00	
5	2020/7/11	微波炉	14	¥599.00	
6	2020/7/12	微波炉	25	¥499.00	
7	2020/7/13	微波炉	12	¥599.00	
8	2020/7/14	料理机	41	¥108.00	
9	2020/7/15	料理机	18	¥396.00	
10	2020/7/17	榨汁机	20	¥150.00	

图16-67

	A	B	C	D	E
1	销售日期	产品名称	销售数量	销售单价	销售金额
2	2020/5/10	电烤箱	19	¥380.00	= C2 * D2
3	2020/5/14	电烤箱	19	¥200.00	
4	2020/7/8	电烤箱	11	¥399.00	
5	2020/7/11	微波炉	14	¥599.00	
6	2020/7/12	微波炉	25	¥499.00	
7	2020/7/13	微波炉	12	¥599.00	
8	2020/7/14	料理机	41	¥108.00	
9	2020/7/15	料理机	18	¥396.00	
10	2020/7/17	榨汁机	20	¥150.00	

图16-68

公式输入完成后按【Enter】键，即可计算出结果，如图16-69所示。再次选中E2单元格，向下方拖动填充柄，即可将公式填充到其他需要进行相同计算的单元格区域中，如图16-70所示。

	A	B	C	D	E
1	销售日期	产品名称	销售数量	销售单价	销售金额
2	2020/5/10	电烤箱	19	¥380.00	¥7,220.00
3	2020/5/14	电烤箱	19	¥200.00	
4	2020/7/8	电烤箱	11	¥399.00	
5	2020/7/11	微波炉	14	¥599.00	
6	2020/7/12	微波炉	25	¥499.00	
7	2020/7/13	微波炉	12	¥599.00	
8	2020/7/14	料理机	41	¥108.00	
9	2020/7/15	料理机	18	¥396.00	
10	2020/7/17	榨汁机	20	¥150.00	

图16-69

	A	B	C	D	E
1	销售日期	产品名称	销售数量	销售单价	销售金额
2	2020/5/10	电烤箱	19	¥380.00	¥7,220.00
3	2020/5/14	电烤箱	19	¥200.00	¥3,800.00
4	2020/7/8	电烤箱	11	¥399.00	¥4,389.00
5	2020/7/11	微波炉	14	¥599.00	¥8,386.00
6	2020/7/12	微波炉	25	¥499.00	¥12,475.00
7	2020/7/13	微波炉	12	¥599.00	¥7,188.00
8	2020/7/14	料理机	41	¥108.00	¥4,428.00
9	2020/7/15	料理机	18	¥396.00	¥7,128.00
10	2020/7/17	榨汁机	20	¥150.00	¥3,000.00

图16-70

（2）输入函数

选中E15单元格，打开“公式”选项卡，单击“常用函数”下拉按钮，从列表中选择“SUM”选项，弹出“函数参数”对话框，设置“数值1”为“E2：E14”单元格区域，单击“确定”按钮，单元格中即可计算出结果，如图16-71所示。

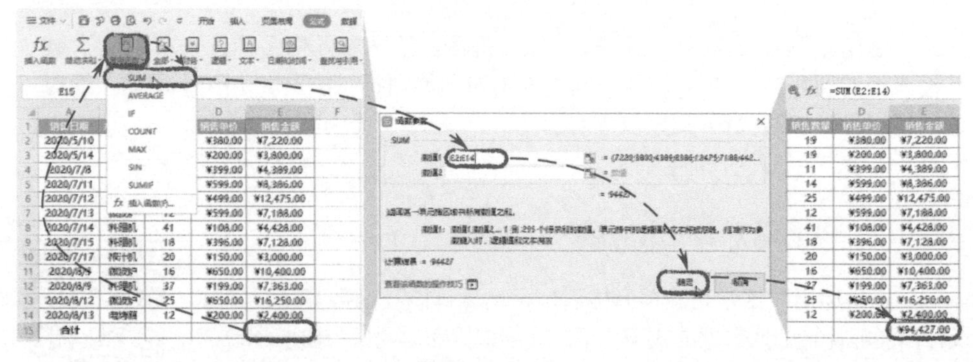

图16-71

16.5.3 常用函数介绍

少量数据的计算利用简单的公式即可实现，但是如果对大量数据进行计算，使用函数将更加便捷。下面介绍几种常用的函数。

（1）SUM函数

SUM函数是求和函数，通过SUM函数可以将单个值、单元格引用或是区域相加，或者将三者的组合相加。语法为：SUM（数值1，...）。

（2）AVERAGE函数

AVERAGE函数用于计算参数的平均值。语法为：AVERAGE（数值1，...）

（3）MAX/MIN函数

MAX函数的作用是返回一组值中的最大值。MIN函数的作用是返回一组值中的最小值。这两个函数的语法格式相同，语法为：MAX/MIN（数值1，...）。

（4）IF函数

IF函数根据指定的条件来判断其真假，根据逻辑计算的真假值，返回相应的内容。语法为：IF（测试条件，真值，假值）。

操作技巧

通过“自动求和”功能可以快速实现求和、求平均值、求最大值或最小值等计算。该命令按钮保存在“公式”选项卡中，如图16-72所示。

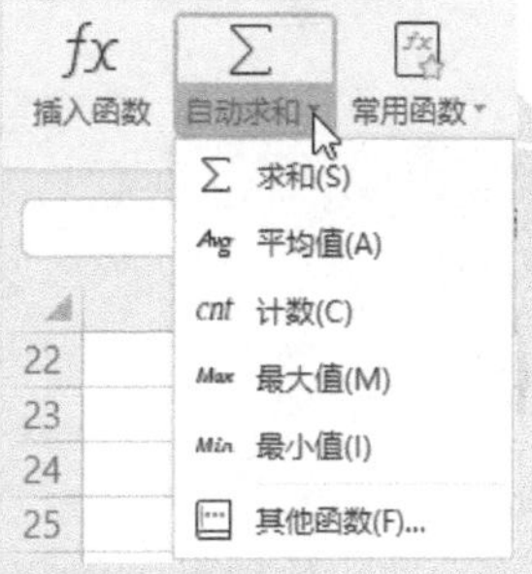

图16-72

16.6 根据数据创建图表

为了让工作表中的数据可以更加直接形象地表现出来，可以通过将数据转化为图表的方式来传达。下面介绍如何创建图表、编辑图表以及美化图表。

16.6.1 创建图表

常见的图表类型包括柱形图、折线图、饼图、条形图、面积图等。用户可根据需要选择要创建的图表类型。

选中数据表中的任意一个单元格。打开“插入”选项卡，单击“全部图表”按钮，如图16-73所示。弹出“插入图表”对话框，选择好需要插入的图表类型和图表样式，单击“插入”按钮即可插入该图表，如图16-74所示。

	A	B	C	D	E
1	图书分类	1月份	2月份	3月份	4月份
2	小说	228	192	240	132
3	文学	103	132	108	84
4	传记	132	300	72	108
5	艺术	72	108	168	60
6	少儿	300	228	420	288
7	经济	60	120	132	48

图16-73

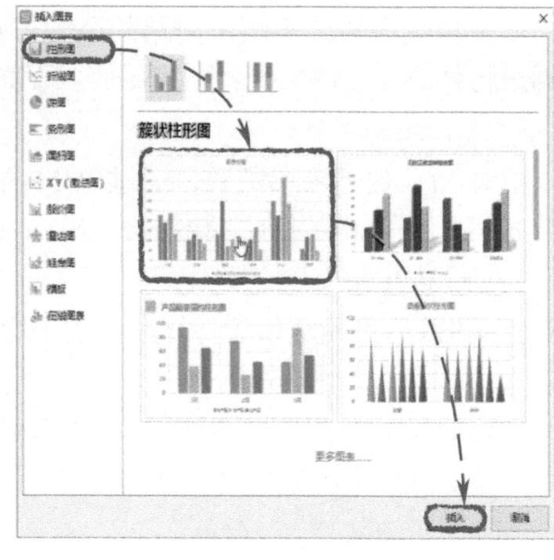

图16-74

16.6.2 编辑图表

插入图表后，还可以对图表进行适当编辑和美化，例如设置图表标题，添加或删除图表元素，快速更改图表布局、更改图表类型、切换行列等。

（1）更改图表标题

选中图表标题，将光标定位于标题文本框中，删除默认标题内容，重新输入新的标题即可，如图16-75所示。

（2）设置图表元素

选中图表，单击图表右上角“图表元素”按钮，在展开的列表中勾选复选框，可向图表中添加相应元素；反之，取消勾选复选框可删除对应元素，如图16-76所示。

（3）快速布局

在图表元素列表中切换到“快速布局”界面，单击需要的布局选项即可为当前图表应用该布局，如图16-77所示。

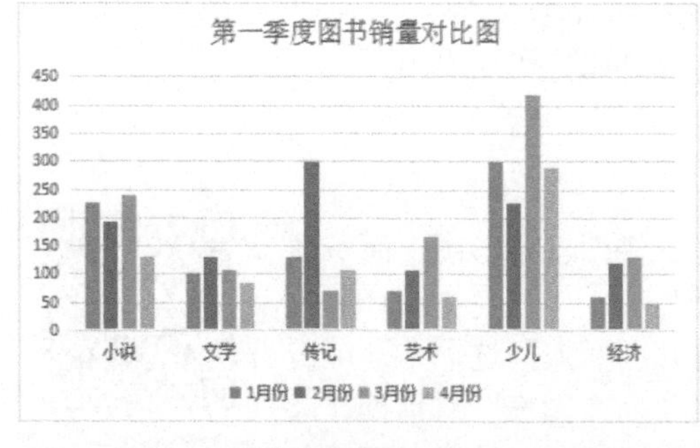

图16-75

图16-76

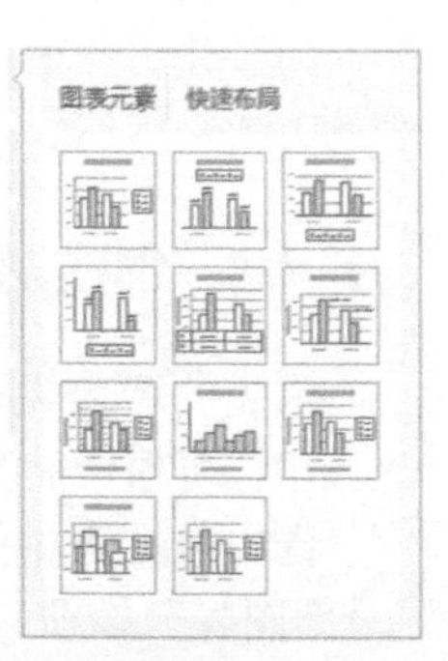

图16-77

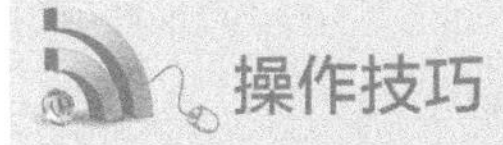

选中图表后功能区中会出现一个“图表工具”选项卡，通过该选项卡中的命令按钮也可对图表进行一系列设置，例如更改图表类型、切换图表行列等，如图16-78所示。

图16-78

16.6.3 美化图表

用户创建图表后，不仅可以编辑图表，还可以对图表进行适当的美化，使图表看起来更加美观。

（1）更改图表颜色

选中图表，打开“图表工具”选项卡，单击“更改颜色”下拉按钮，在展开的列表中选择需要的颜色即可，如图16-79所示。

（2）设置图表样式

在“图表工具”选项卡中展开图表样式下拉列表，选择需要的图表样式即可，如图16-80所示。

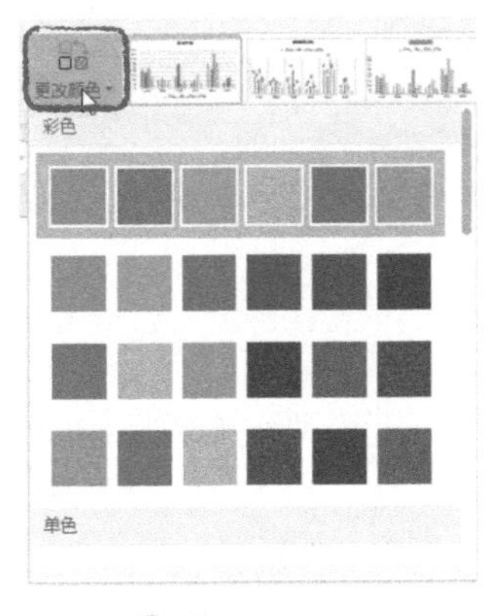

图16-79

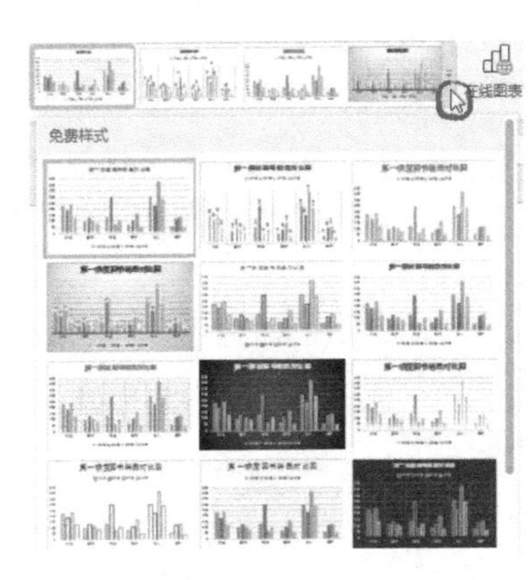

图16-80

（3）设置图表背景

在图表空白处右击，在展开的菜单中选择“设置图表区域格式”选项，如图16-81所示。

工作表右侧随机打开“属性”窗格，在“图表选项”界面中的“填充与线条”组内即可设置图表的背景效果，用户可以设置纯色填充背景、渐变填充背景、图片或纹理填充背景等，如图16-82所示。

若要为图表添加图片背景，则选择“图片或纹理填充”单选按钮，单击“请选择图片”下拉按钮，选择“本地文件”选项，随后从计算机中选择好需要的图片即可，如图16-83所示。

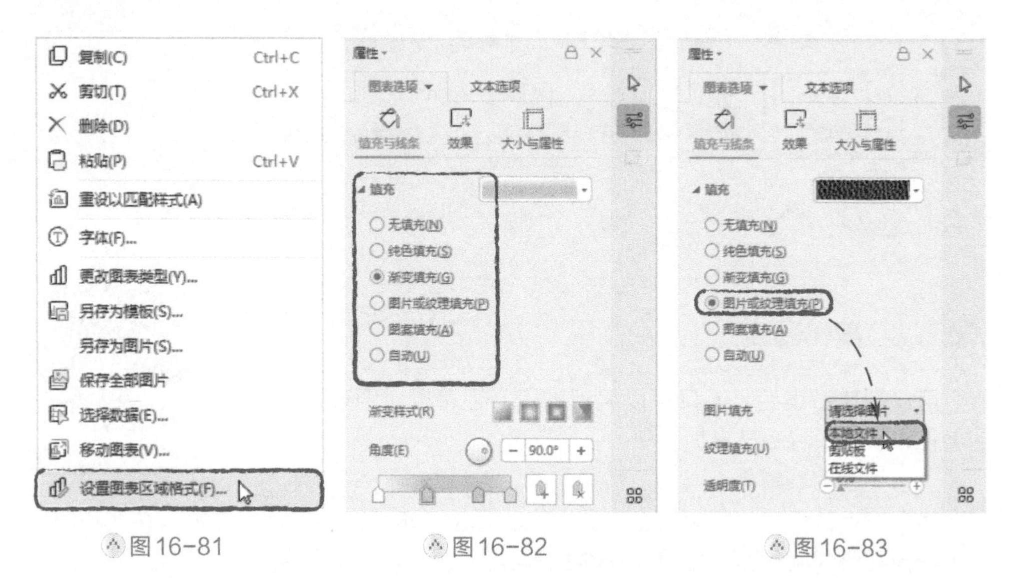

图16-81　　图16-82　　图16-83

16.7 制作旅游清单

很多人在旅行之前因为没有做足充分的准备，总是一通手忙脚乱，等到了目的地才发现，不是这个忘记准备了就是那个没有带。如果在出行之前制作一份详细的旅游清单，就可以解决上述问题，轻松出行。下面将制作这样的一份旅游清单。

16.7.1 创建清单内容

制作旅游清单之前，用户要考虑好需要带哪些物品出行，然后将这些物品分类记录在工作表中。

Step01：在工作表中输入基本内容，选中B3单元格，输入数字“1”，将光标放在B3单元格右下角，当光标变成黑色十字时双击鼠标，如图16-84所示。向下方填充序号，如图16-85所示。

Step02：选中D3单元格，打开“插入”选项卡，单击“符号”下拉按钮，从展开的列表中单击“□”符号，如图16-86所示。双击D2单元格填充柄，向下方填充该符号，如图16-87所示。

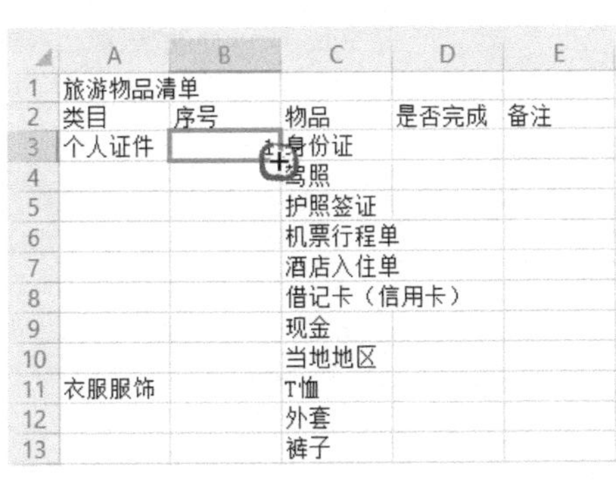

图16-84

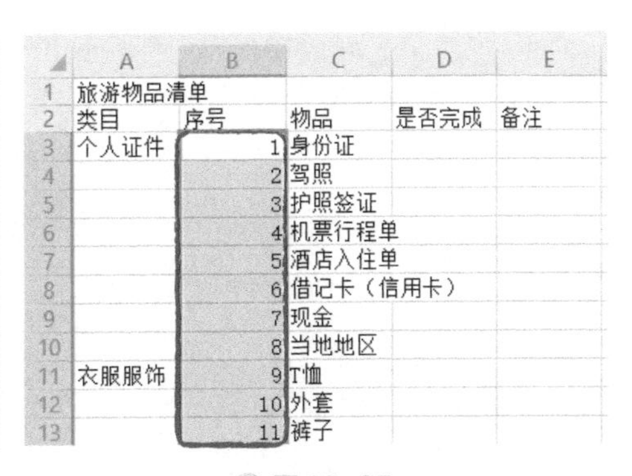

图16-85

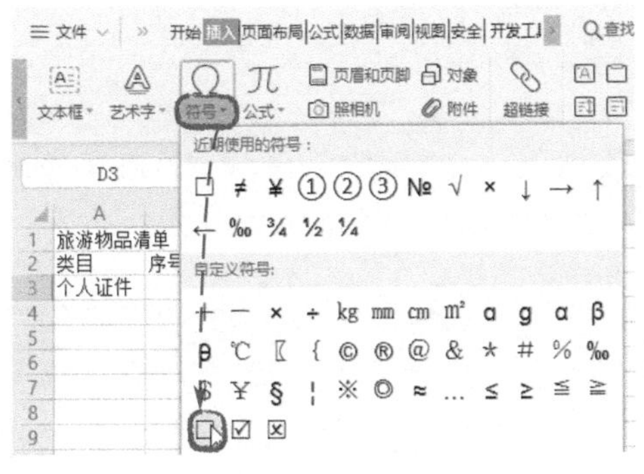

图16-86

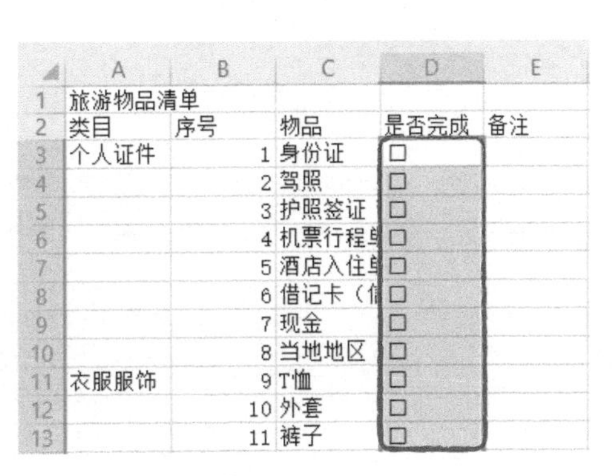

图16-87

16.7.2　美化清单表格

旅游清单中的数据输入完成后可以进行适当的美化，使清单看起来更漂亮。

Step01：选中A1：E1单元格区域，打开“开始”选项卡，单击“合并及居中”按钮，如图16-88所示。随后参照上述步骤将表格中其他需要合并的单元格全部合并，如图16-89所示。

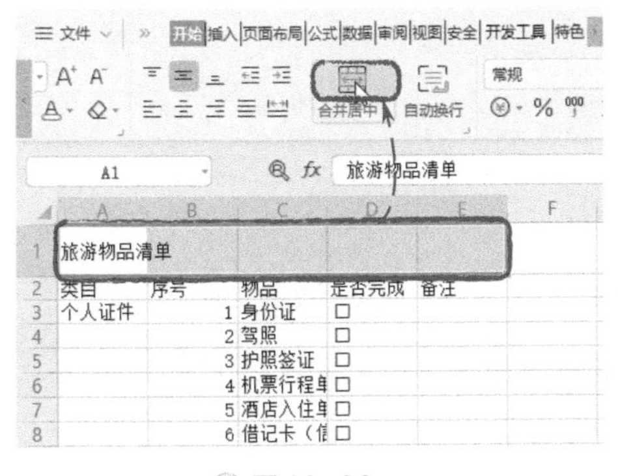

图16-88

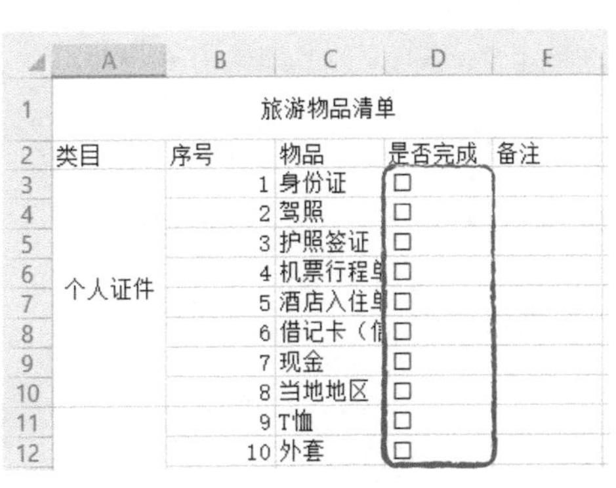

图16-89

Step02：将光标放在B列列标右侧，当光标变成双向箭头时按住鼠标左键，向左拖动鼠标，如图16-90所示。松开鼠标，B列的宽度随即得到了调整，随后调整其他列的宽度，如图16-91所示。行高的调整方法相同。

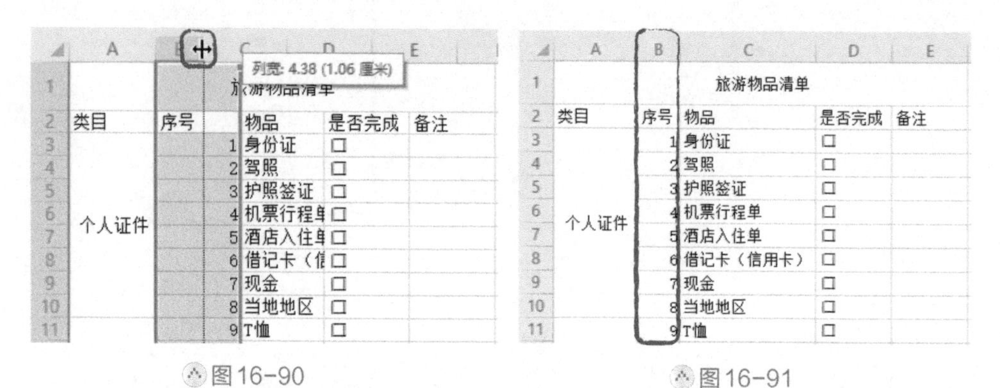

图16-90　图16-91

Step03：选中表格中的所有数据，在开始选项卡中将字体设置成“幼圆”，如图16-92所示。选中标题，将字号设置成“20”，并加粗显示，如图16-93所示。

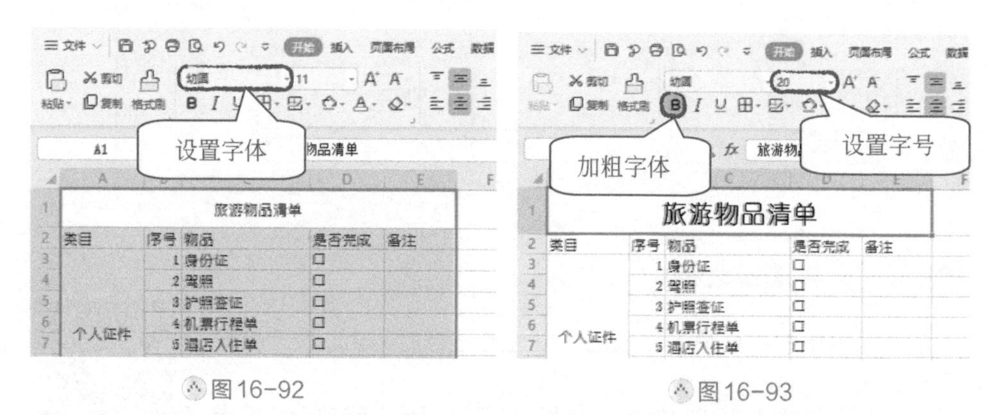

图16-92　图16-93

Step04：选中A2：E2单元格区域，在“开始”选项卡中单击“水平居中”按钮，如图16-94所示。随后将B列和D列中的内容设置成水平居中，如图16-95所示。

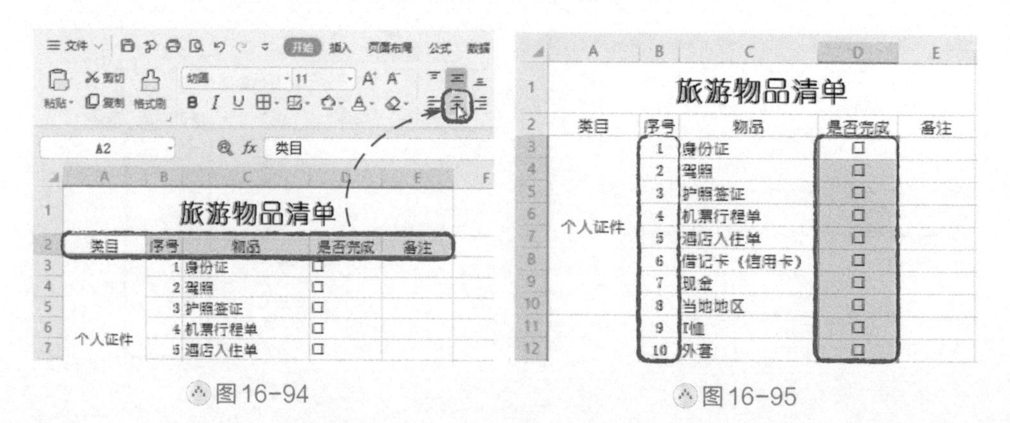

图16-94　图16-95

Step05：选中A2：E2单元格区域，设置填充色为绿色，将字体颜色设置成白色，加粗显示，如图16-96所示。选中除了表头外的所有数据，在“开始”选项卡中展开框线列表，选择“所有框线”选项，如图16-97所示。

图16-96　　图16-97

16.7.3 打印旅游清单

旅游清单制作完成后可以将其打印出来，以便核对物品准备情况。打印之前可对页面进行适当设置。

Step01：单击“文件”按钮，将光标停留在“打印”选项上，在其下级列表中单击“打印预览”选项，如图16-98所示。进入打印预览界面，单击“页面设置”按钮，如图16-99所示。

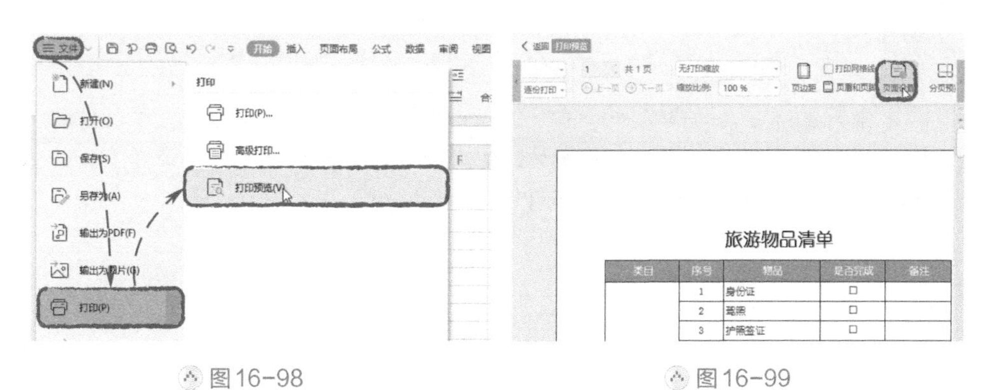

图16-98　　图16-99

Step02：打开“页面设置”对话框，切换到“页边距”界面，勾选“水平”和“垂直”复选框，单击“确定”按钮，如图16-100所示。返回打印预览界面，此时旅游物品清单即可在打印预览界面内居中显示，效果如图16-101所示。

Step03：单击“打印”按钮即可打印，打印完成后单击“返回”按钮，可返回工作表普通视图模式，如图16-102所示。

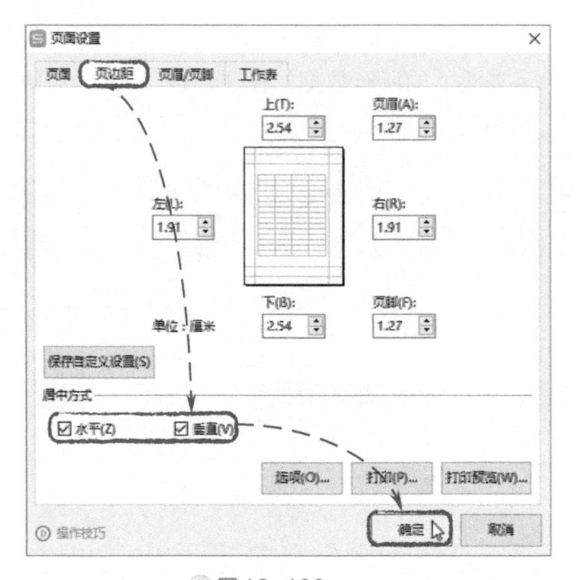

图16-100

旅游物品清单

类别	序号	物品	是否完成	备注
个人证件	1	身份证	□	
	2	驾照	□	
	3	护照签证	□	
	4	机票行程单	□	
	5	酒店入住单	□	
	6	信用卡（储蓄卡）	□	
	7	现金	□	
	8	当地地图	□	
衣服服饰	9	T恤	□	
	10	外套	□	
	11	裤子	□	
	12	内衣	□	
	13	袜子	□	
	14	帽子	□	
	15	运动鞋	□	
	16	拖鞋	□	
洗漱用品	17	牙膏、牙刷	□	
	18	洗面奶	□	
	19	面膜	□	
	20	毛巾	□	
	21	护肤品	□	
	22	化妆品	□	
	23	卫生用品	□	
电子设备	24	手机	□	
	25	相机	□	
	26	平板电脑	□	
	27	充电宝	□	
	28	充电器	□	

图16-101

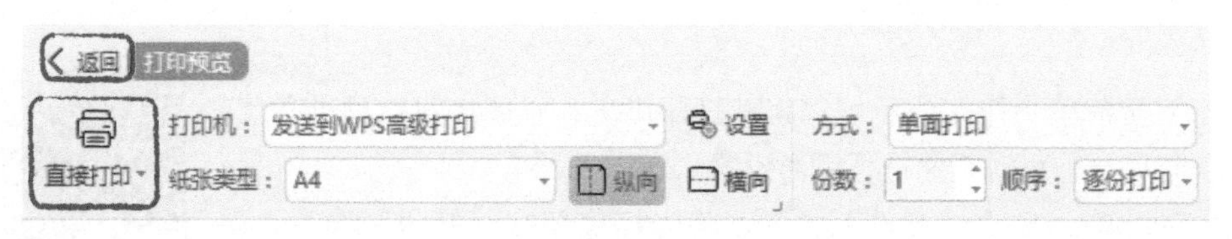

图16-102

温馨提示

本章内容适合入门级读者学习，让大家了解在使用电脑办公时，可以借助WPS表格软件，记录数据、制作表格、完成一些简单的数据分析和计算等。若想深入学习，可查阅《Word+Excel+PPT+Photoshop+思维导图：高效商务办公一本通》中的相关内容，或进入德胜学堂进行学习。

第17章 演示文稿的设计与制作

内容导读

利用WPS演示制作出来的文档，统称为演示文稿（简称PPT）。一套演示文稿由多张幻灯片组成。读者可将演示文稿比作一本书，幻灯片就是这本书中的每一页。无论在工作还是学习中，经常会需要制作演示文稿。本章将向读者简单介绍一些演示文稿的基本操作，其中包括演示文稿的创建、为演示文稿添加动画以及演示文稿的放映等。

学习要点

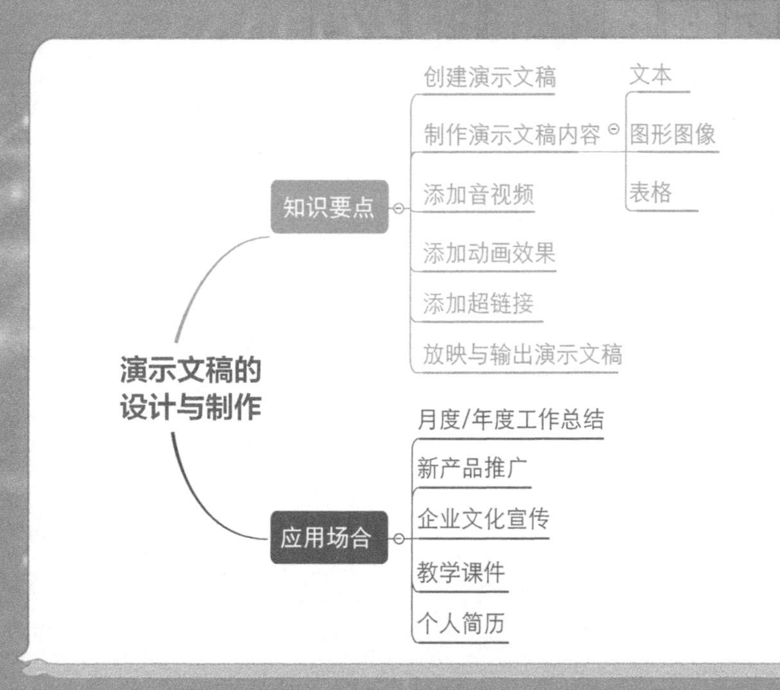

17.1 创建和编辑演示文稿

本节将向用户介绍演示文稿制作的基本操作，例如如何创建演示文稿、幻灯片的基本操作以及文字、图片、声音和视频这4个基本元素的简单运用。

17.1.1 创建演示文稿

利用WPS演示功能创建演示文稿的方法有很多，最常用的有两种，分别为新建空白演示和根据模板创建演示文稿。

（1）新建空白演示文稿

启动WPS Office软件后，进入“首页”界面，单击“新建”按钮，随即进入“新建”界面，单击“演示”图标按钮，进入“推荐模板”界面，在此选择“新建空白文档”选项，即可新建一份空白演示文稿，如图17-1所示。

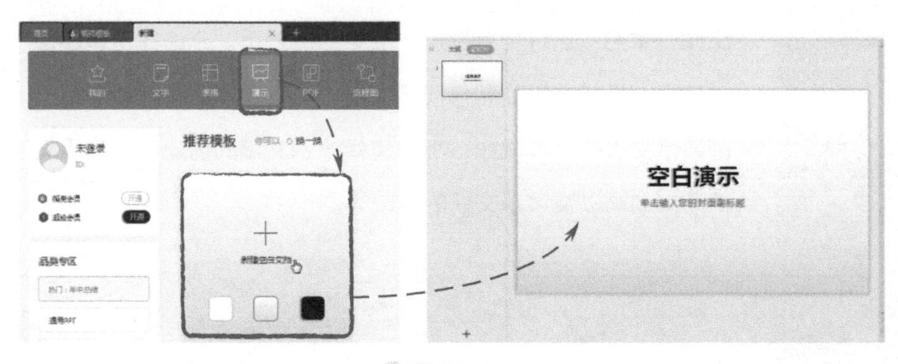

图17-1

（2）根据模板创建演示文稿

利用WPS演示还可以创建带有模板的演示文稿。在“推荐模板”界面中选择所需的模板，单击“免费使用”按钮，此时，系统会自动下载并创建以“演示文稿1”为名称的演示文稿，如图17-2所示。

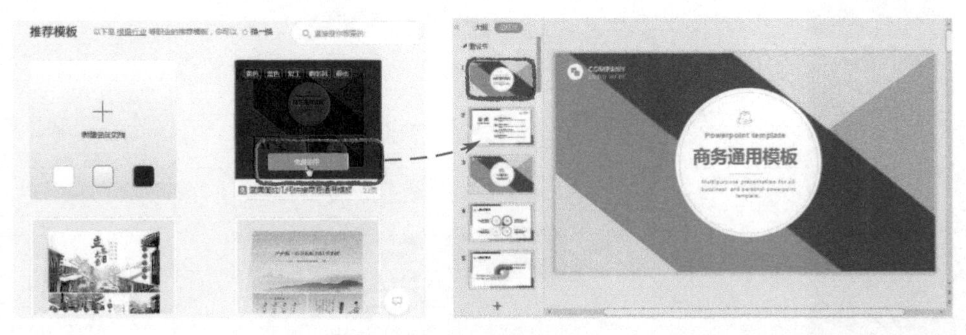

图17-2

新手误区

在模板界面中凡是带有“ ”标志的模板，仅供会员免费使用。非会员用户选择带有“免”标志的模板即可。选择免费模板后，用户需要先登录WPS软件账号才可使用。

除以上两种创建操作外，用户还可以在相关的PPT模板网站中，下载合适的模板进行创建。当然，下载模板后，通常都需要对模板内容进行一番调整，例如删除多余的幻灯片，调整文字内容、图片大小等，这些操作在本章中都会进行相关介绍。

17.1.2 幻灯片的基本操作

扫一扫 看视频

演示文稿创建完成后，接下来的操作几乎都要在各张幻灯片中进行的，例如设置幻灯片大小、新建、删除、复制、移动幻灯片等。

（1）设置幻灯片大小

创建好演示文稿后，如果想要更改其幻灯片的大小，可以在菜单栏中切换到“设计”选项卡，单击“幻灯片大小”下拉按钮，选择“自定义大小”选项，打开“页面设置”对话框，将“幻灯片大小”选项设为“自定义”，并设置好“宽度”和“高度”值，单击“确定”按钮，在“页面缩放选项”对话框中单击“确保适合”按钮即可，如图17-3所示。

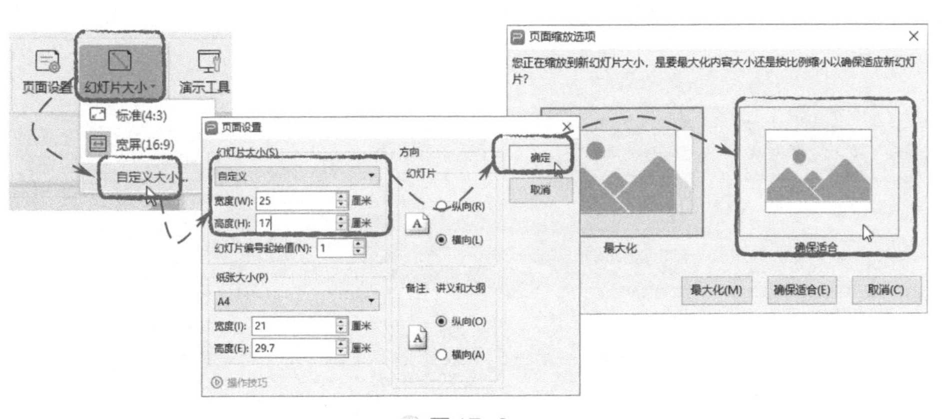

图17-3

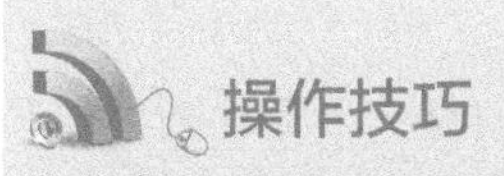

操作技巧

目前幻灯片默认尺寸为宽屏（16∶9），用户可以根据放映场地的需求来调整尺寸，一般情况下只需在“幻灯片大小”列表中选择“标准（4∶3）”或“宽屏（16∶9）”即可。

（2）新建和删除幻灯片

在制作幻灯片内容时，用户经常会根据内容调整幻灯片的页数，如果页数不够，则需要新建幻灯片，那么用户只需在导航栏中选中所需的幻灯片，单击“新建幻灯片”按钮，在打开的配套版式界面中，选择所需的幻灯片版式，单击“立即使用”按钮，系统随即在被选幻灯片下方新建一张幻灯片，如图17-4所示。

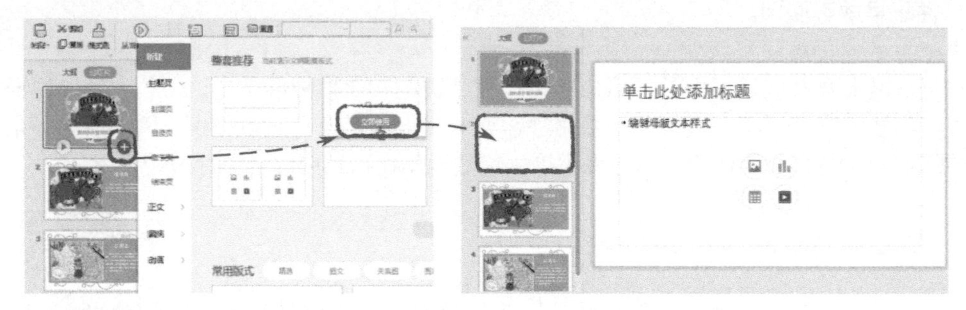

图17-4

如果想要删除多余的幻灯片，只需选中该幻灯片，按【Delete】键即可。

（3）移动和复制幻灯片

如果用户想要调整各幻灯片间的位置，可以对幻灯片进行移动操作。选中所需的幻灯片，按住鼠标左键不放，将其拖拽至新位置，放开鼠标左键即可，如图17-5所示。

如果想要复制幻灯片，只需选中幻灯片，单击鼠标右键选择“复制”选项，然后指定好新位置，再次单击鼠标右键，选择“粘贴”选项即可，如图17-6所示。

图17-5　　图17-6

（4）选择幻灯片浏览模式

在WPS演示中幻灯片的浏览模式共分4种，分别为普通、幻灯片浏览、阅读视图和备注页。

- 普通模式：幻灯片默认的浏览模式，用户可以通过左侧导航栏浏览幻灯片，也可以直接单击编辑区中任意位置，滑动鼠标中键来浏览幻灯片。
- 幻灯片浏览：在状态栏中，单击“幻灯片浏览”按钮即可启动浏览模式，如

图17-7所示。该模式则会显示该演示文稿中所有幻灯片，如图17-7所示。

• 阅读视图：也称之为放映视图，在状态栏中单击“阅读视图”按钮后，随即切换到该视图模式，如图17-8所示。该模式可用于浏览演示文稿的整体效果。

图17-7

• 备注页模式：在“视图”选项卡中，单击“备注页”按钮即可切换到备注页视图模式。该视图扩展了备注区域，隐藏导航栏，压缩了幻灯片编辑区。用户可在备注栏中输入备注信息，如图17-9所示。

图17-8

图17-9

在放映演示文稿时，备注页中的信息内容是不会显示的。

17.1.3 在幻灯片中添加文字

在演示文稿中添加幻灯片后，还需要适当地在幻灯片中添加和编辑文字以阐述主题，下面分别介绍如何添加文本、编辑文本、设置文本段落格式。

（1）输入普通文本

在幻灯片中用户是无法直接输入文字内容的（除复制文本外），必须要通过文本框或占位符等载体才可以输入。

在新建一张幻灯片后，用户可以看到“单击此处添加标题”等虚线框，即为文本占位符。单击该占位符，即可输入文本内容，如图17-10所示。

图17-10

如果是下载的模板文件，想更改其中的文本内容，只需选中该文本后，输入新文本内容即可，如图17-11所示。

图17-11

（2）输入特殊文本

在幻灯片中想要输入一些特殊文本，例如商标符号、数学符号、化学符号等一些特殊文字，可以通过“符号”功能来解决。

将光标定位至文本插入点，选择“插入”选项卡单击“符号”下拉按钮，从中选择所需的符号文本，随即在光标处即可插入该符号，如图17-12所示。

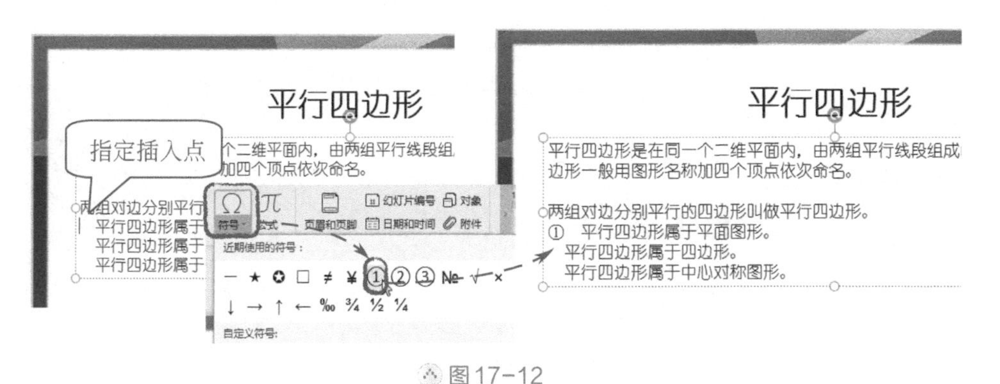

图17-12

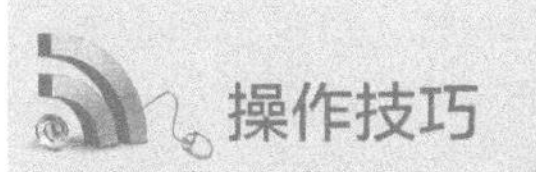

操作技巧

如果用户在“符号”列表中没有找到所需的符号，可在列表中选择“其他符号”选项，在打开的“符号”对话框中进行选择，选择好后，单击“插入”按钮即可插入，如图17-13所示。

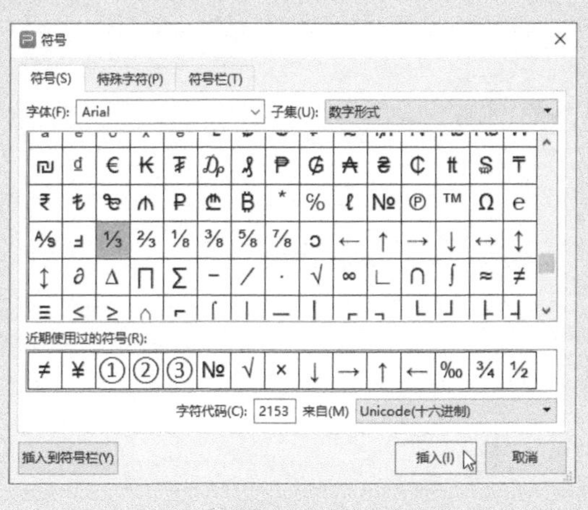

图17-13

（3）设置文本格式

文字输入完成后，通常都需要对文本的基本格式进行设置，例如设置字体、字号、颜色以及其他一些格式效果。

在幻灯片中选择要设置的文本，在“文字工具”选项卡中单击“字体”下拉按钮，从中可以选择合适的字体；单击“字号”下拉按钮，可以设置文本的大小；单击“字体颜色”按钮，可以设置其颜色，如图17-14所示。

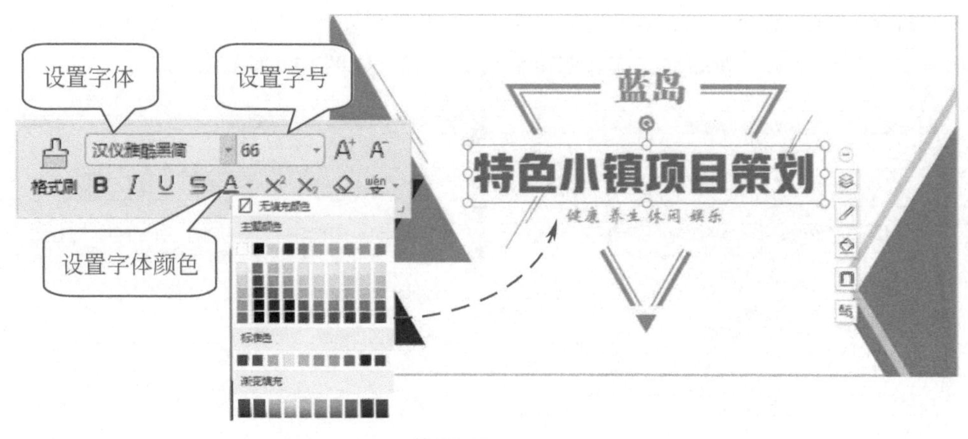

图17-14

除此之外，用户还可以将文本加粗、倾斜显示，也可以为其添加下划线，设置文字阴影等。这些设置选项都可以通过单击相应的设置命令进行操作。同时还可以单击设置面板右侧下三角按钮，打开“字体”对话框，从中对字体格式进行更具体的设置，如图17-15所示。

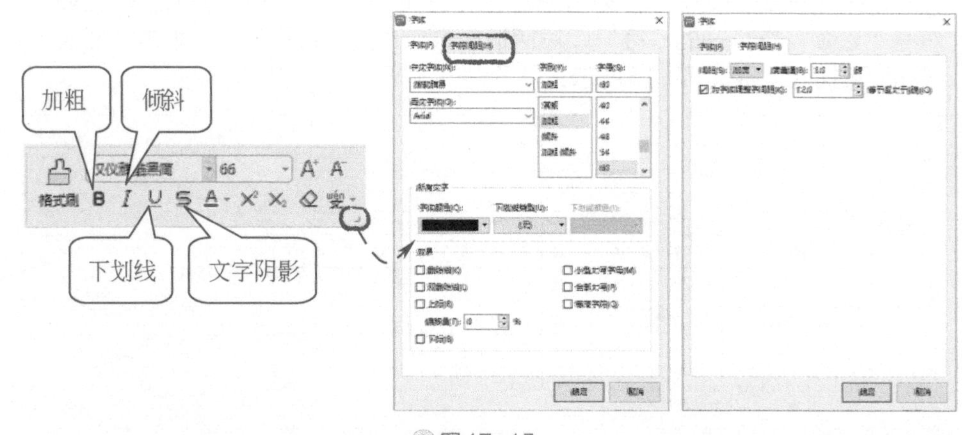

图17-15

操作技巧

用户还可以通过悬浮的选项面板进行文本格式的设置。选中文字后，系统会在文本右上方显示浮动的格式面板，在该面板中同样可以进行相关设置。

（4）设置段落格式

选中文本段落后，在“文本工具”选项卡中，用户可以对段落进行设置，例如设置段落的对齐方式、段落行距、段落文字方向、添加项目符号、项目编号等，如图17-16所示。

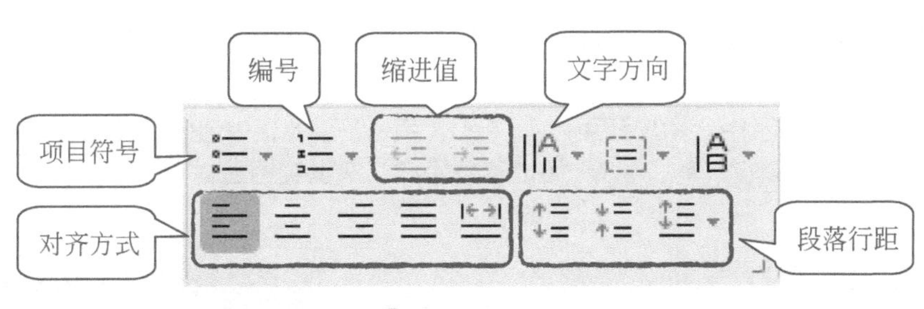

图17-16

单击“项目符号”或“编号”下拉按钮，可打开相应的下拉列表，从中选择合适的符号和编号样式，如图17-17、图17-18所示。单击选项卡右下角的三角按钮，则会打开“段落”对话框，从中可对段落进行详细设置，如图17-19所示。

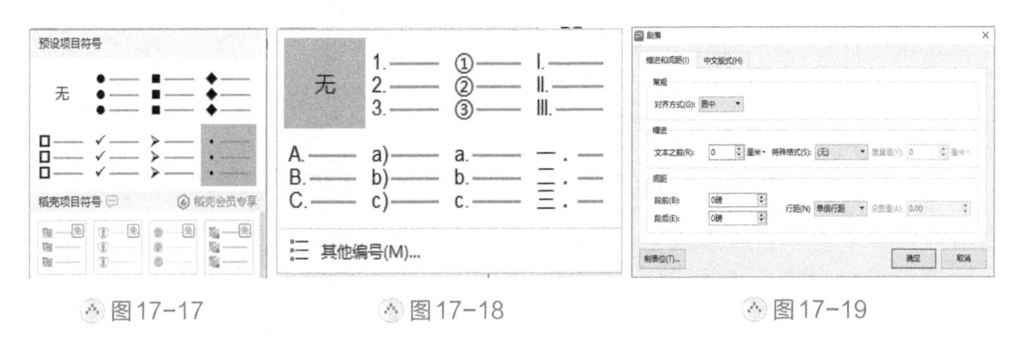

图17-17　　图17-18　　图17-19

（5）使用艺术字输入

对于演示文稿中诸如标题、重点文本、结尾语等文本，可以通过艺术字的形式来体现，既能美化页面，又可以增强视觉感受。

选择所需幻灯片，在“插入”选项卡中单击“艺术字”下拉按钮，从中选择一款艺术字样式，此时在页面中会显示“请在此处输入文字”艺术字样式。在此输入新文字内容，然后根据需要调整其字体、字号。同时用户也可通过“文本填充”“文本轮廓”或“文本效果”这3项命令对其样式进行更改，如图17-20所示。

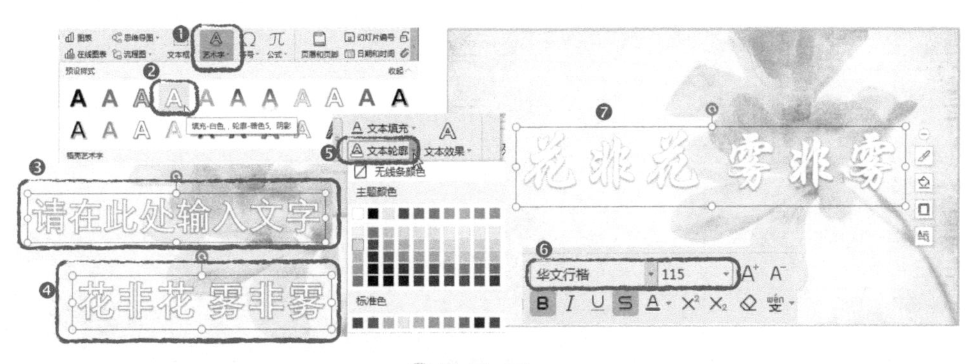

图17-20

操作技巧

在WPS演示中，用户还可以从“艺术字”下拉列表中选择合适的艺术字模板来插入。该操作简单、高效，可以避免用户二次设置调整。

17.1.4 在幻灯片中插入图片

演示文稿中除文字元素外，还需要使用图片元素来强调文字内容。本节将向用户介绍图片在幻灯片中的应用操作。

17.1.4.1 插入图片

选中幻灯片，在“插入”选项卡中单击“图片”下拉按钮，从中选择“本地图片”选项，在“插入图片”对话框中，选择要插入的图片，单击“打开”按钮，即可完成图片的插入，如图17-21所示。

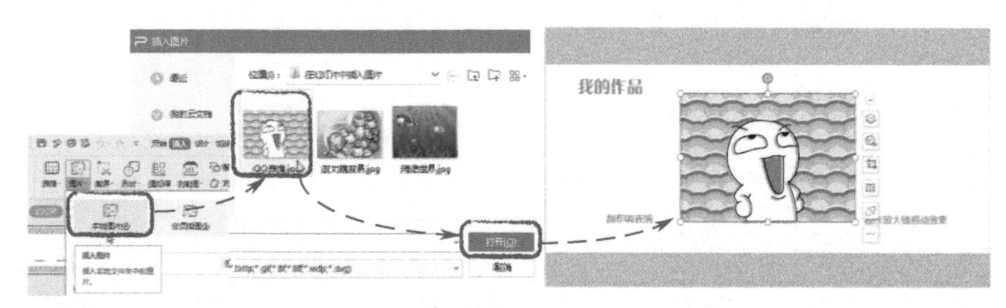

图17-21

如果没有现成的图片，需要自行寻找相关配图，用户可以使用WPS系统自带的一些插图插入。在“图片”下拉列表中选择合适插图类型即可。

17.1.4.2 编辑图片

通常图片插入以后，需要对图片的大小、样式进行一番调整。下面向用户介绍一些常用的图片编辑命令的操作。

（1）调整图片大小

选中插入的图片，将光标放置图片右下角控制点，当光标呈双向箭头时，如图17-22所示，按住鼠标左键不放，拖动控制点至合适位置，即可调整其大小，如图17-23所示。

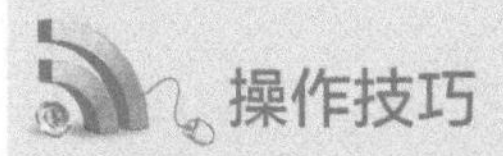

操作技巧

选中图片，当光标呈十字形时，按住鼠标左键，拖动图片至合适位置，放开鼠标，即可移动图片。

图17-22

图17-23

（2）裁剪图片

选中图片后，图片右侧会显示相应的编辑工具栏。在该工具栏中单击“裁剪图片”按钮，此时该图片周边会出现裁剪点，选中其中一个裁剪点，如图17-24所示。按住鼠标左键不放，将裁剪点拖至合适的位置，放开鼠标，此时图片中暗色区域为要剪掉的区域，如图17-25所示。单击图片外任意点即可完成裁剪操作，如图17-26所示。

图17-24

图17-25

图17-26

除正常裁剪外，用户还可以将图片裁剪成各种形状，或者按照指定比例进行裁剪。选择“裁剪图片”工具后，系统会自动打开“按形状裁剪”和“按比例裁剪”快捷列表，如图17-27所示，在此可根据需求进行选择即可，如图17-28所示的是将图片裁剪为云朵形状效果。

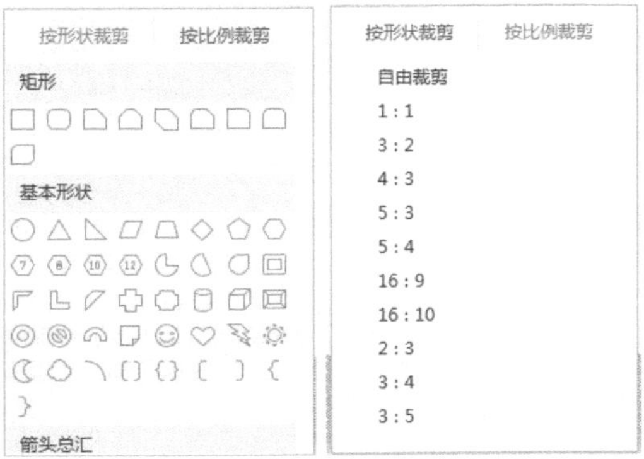

按形状裁剪　按比例裁剪
矩形
基本形状
箭头总汇

按形状裁剪　按比例裁剪
自由裁剪
1 : 1
3 : 2
4 : 3
5 : 3
5 : 4
16 : 9
16 : 10
2 : 3
3 : 4
3 : 5

图17-27

图17-28

（3）更改图片亮度及图片样式

选中图片，在“图片工具”选项卡中，用户可以通过单击“增加对比度”、“降低对比度”、“增加亮度”、“降低亮度”等功能按钮来调整图片的亮度和对比度，如图17-29、图17-30所示为亮度调整前后的对比效果。

图17-29

图17-30

除此之外，用户还可以对图片的外观样式进行设置，例如设置图片的边框样式、边框颜色、图片的特殊处理效果等。选中图片，在“图片工具”选项卡中单击相应的功能按钮即可，如图17-31所示。

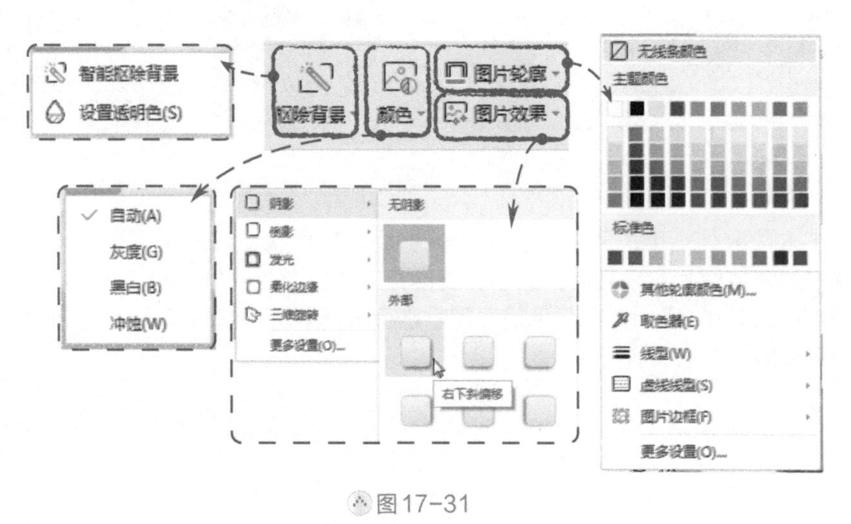

图17-31

17.1.5 在幻灯片中插入音视频

扫一扫 看视频

为了活跃气氛，用户可以在演示文稿中添加声音和视频元素。下面介绍如何在幻灯片中插入声音和视频。

（1）插入背景音乐

选中幻灯片，在“插入”选项卡中单击“音频”下拉按钮，选中“嵌入音频”选项，在打开的“插入音频”对话框中选择所需的音频文件，单击“打开”按钮，此时在幻灯片中会出现喇叭图标，说明音乐插入成功，如图17-32所示。

图17-32

单击音频播放器中的“播放”按钮，即可试听插入的背景乐。在“音频工具”选项卡中，用户可以对音频文件进行简单的编辑。单击“裁剪音频”按钮，在打开的“裁剪音频”对话框中，选中开始或结束滑块，将其拖拽至合适位置，单击“确定”按钮，即可剪辑该音频，如图17-33所示。

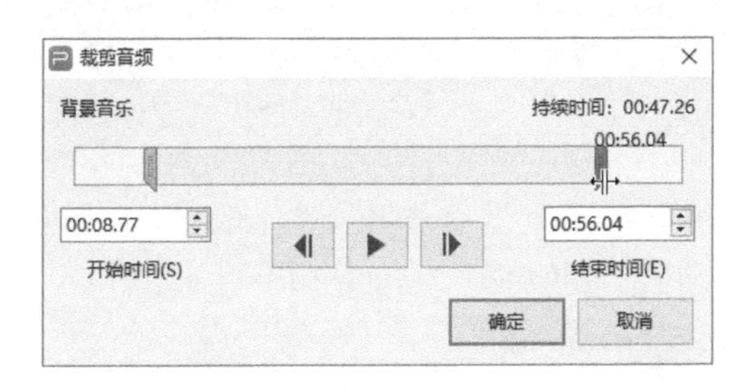

图17-33

背景乐添加完成后，当前音乐只能在当前幻灯片中进行播放。一旦切换到其他幻灯片，音乐将停止。此时用户只需单击“设为背景音乐”按钮，这时的音乐则会自动播放，并一直循环播放至幻灯片结束，如图17-34所示。当然用户还可以根据需求自定义开始播放的模式。例如指定在某几页幻灯片中进行播放等。

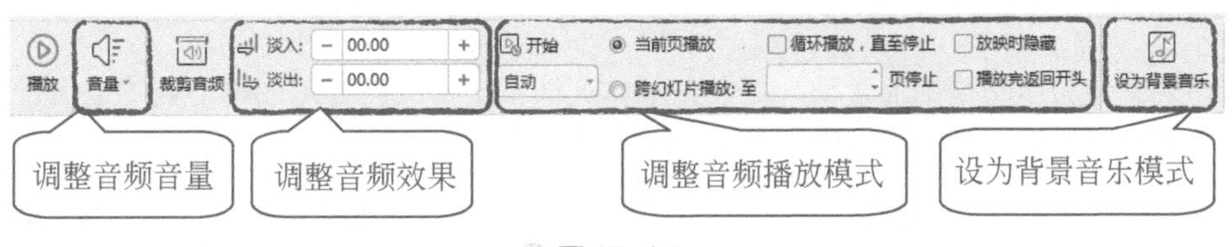

图17-34

（2）插入视频

想要在幻灯片中插入视频片段，其方法与插入音频的操作相似。在“插入”选项卡中单击“视频”下拉按钮，从中选择“嵌入本地视频”选项，在打开的“插入视频”对话框中选择要插入的视频文件，单击“打开”按钮，即可插入该视频，如图17-35所示。

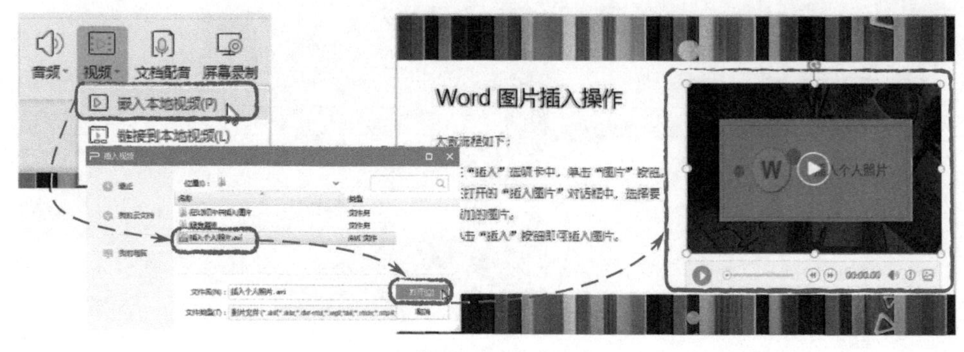

图17-35

操作技巧

默认情况下，在插入视频文件后，其视频将会全屏显示在幻灯片中。如果需要对其位置或大小进行调整，只需选中视频并将光标移至任意角点上，拖动角点至合适位置即可。

视频插入后，在“视频工具”选项卡中，用户可对视频进行编辑，例如剪辑视频、设置视频播放模式等，如图17-36所示，其操作与编辑音频相似，这里就不再介绍了。

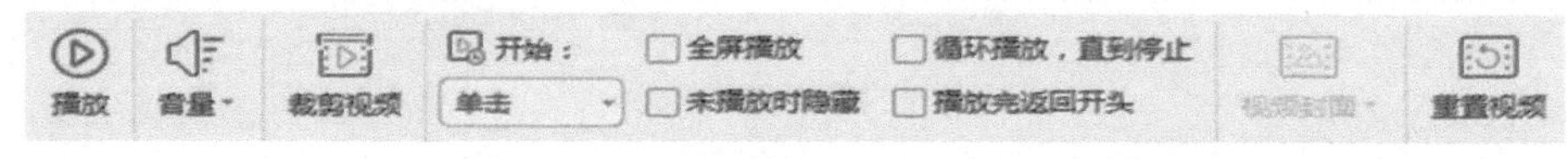

图17-36

17.2 添加动画效果

为了让演示文稿更加生动，可以在编辑完演示文稿的内容后，给幻灯片适当设置一些动画效果。本节介绍简单的动画制作方法。

17.2.1 基本动画的添加

按照不同类型动画可分为进入和退出动画、强调动画、路径动画这4种类型。其中进入和退出动画是搭配使用的，只有先进入，再退出，这样的动

画顺序不能乱；否则动画就会显得很不真实。

（1）进入动画

进入动画可以让对象从幻灯片页面外以固定的方式进入到幻灯片。在幻灯片中选中要添加的动画元素，在“动画”选项卡中单击“动画”列表下拉按钮，从中选择“进入”动画项，选择一款合适的进入动画即可，如图17-37所示。

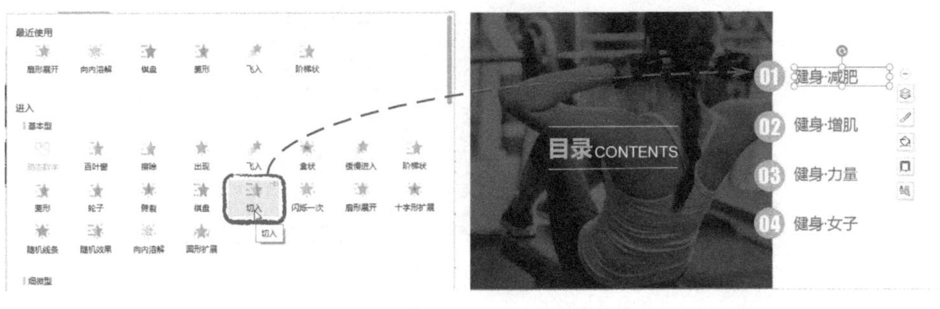

图17-37

切入动画添加完成后，系统会自动播放其动画效果。当然用户也可以在“动画”选项卡中单击“预览效果”按钮，预览动画。

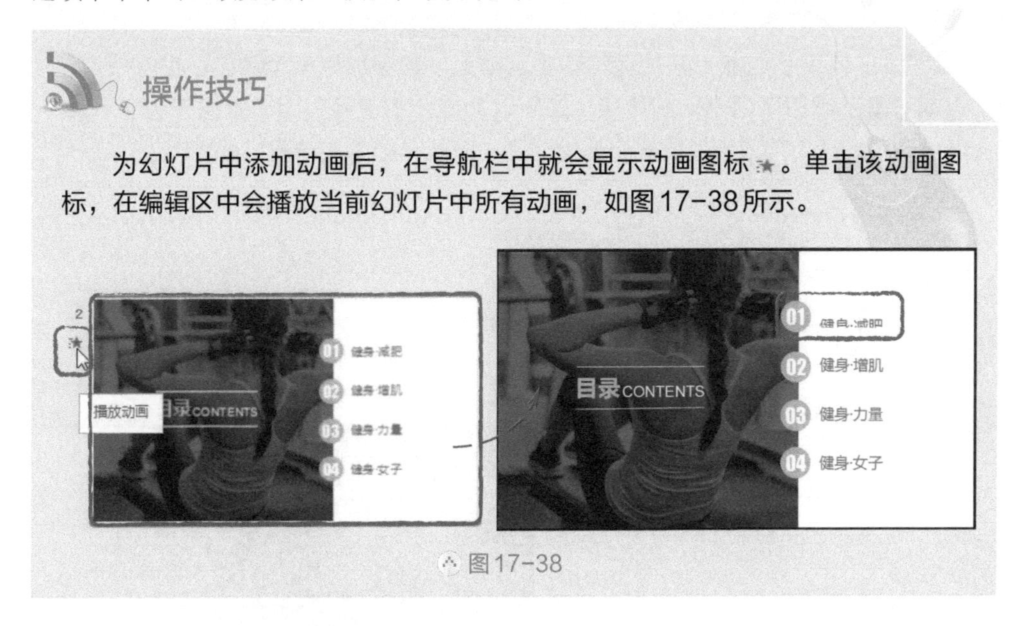

操作技巧

为幻灯片中添加动画后，在导航栏中就会显示动画图标 。单击该动画图标，在编辑区中会播放当前幻灯片中所有动画，如图17-38所示。

图17-38

（2）退出动画

退出动画与进入动画相反，它是将对象从幻灯片中以固定的方式退出幻灯片的一个动作效果。在制作退出动画时，一般是在进入动画的效果上制作的，所以需使用“添加效果”功能。

选中刚添加的进入动画项，在“动画”选项卡中单击“自定义动画”按钮，打开相应的窗格，单击“添加效果”下拉按钮，选择“退出”动画中的“切出”效果。在该窗格中单击“方向”下拉按钮，从中选择“到顶部”选项，可以更改它切出的方向，设置完成后，即可预览切出动画效果，如图17-39所示。

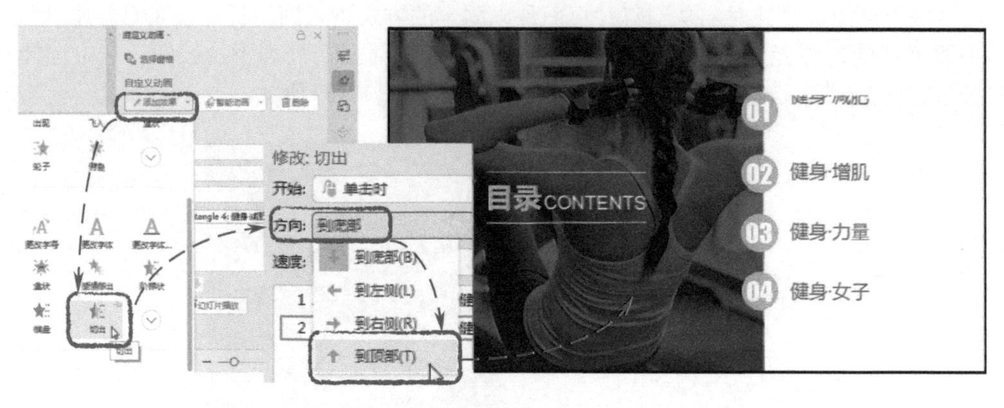

图17-39

新手误区

“添加效果”功能是在原有的动画基础上，再添加另一个动画。也就是说，当前对象上添加了两个动画效果。如果以上操作不使用“添加效果”功能添加退出动画的话，那只会播放一个退出动画，而原有的进入动画将被替代。

（3）强调动画

在幻灯片中想要强调某个内容，可以为其添加强调动画。选中所需的元素，在“动画”列表的“强调”选项组中，选择合适的效果即可，如图17-40所示。

图17-40

强调动画添加好后，用户可以在“自定义动画”窗格中调整该动画的速度。单击“速度”下拉按钮，从中选择合适的速度参数即可，如图17-41所示。

新手误区

如果没有特殊的要求，请不要轻易更改动画的播放速度，否则会影响到整体动画的连贯性。

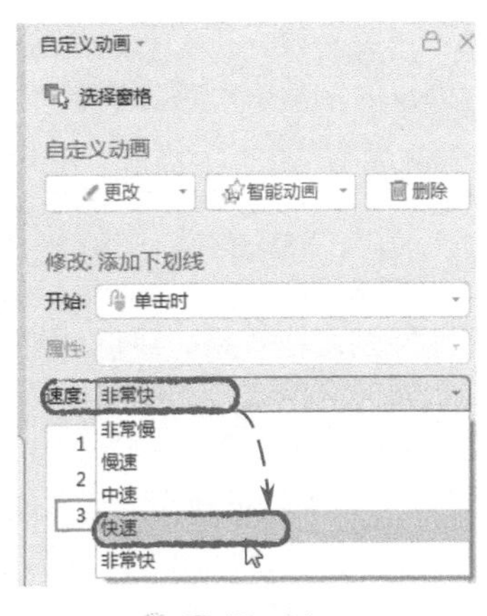

图17-41

（4）路径动画

路径动画可以使对象按照指定的路径进行运动。在幻灯片中选择所需元素，在“动画”列表的“动作路径”选项组中选择好路径。路径分两种类型：一种是系统自带的路径，另一种是自定义路径。这里选择“自定义路径”选项中的“直线”路径，如图17-42所示。然后在幻灯片中，按住鼠标左键，拖动光标绘制路径。绘制好后系统会自动播放该直线路径的动画效果，如图17-43所示。

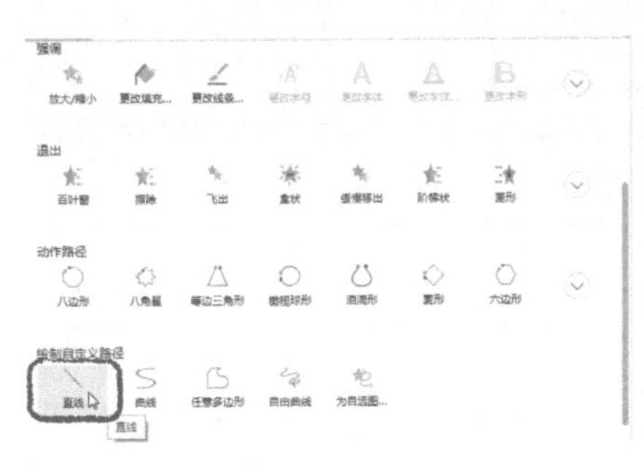

图17-42

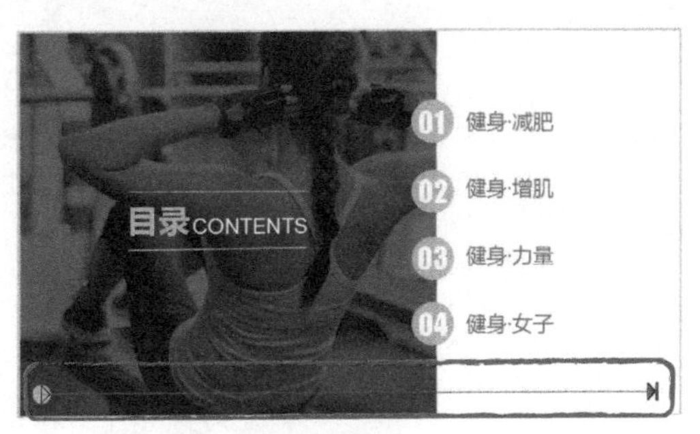

图17-43

新手误区

对于新手来说，最好不要轻易使用路径动画。因为路径动画不好把控，一旦控制不好，会给人凌乱的感受。

图17-44

（5）设置动画的自动播放

默认情况下所有动画是以鼠标单击的模式开始播放的。如果用户想要让动画自动播放的话，可以在“自定义动画”窗格中设置其开始方式。在该窗格中选择要调整的动画项，并单击该项右侧下拉按钮，从中选择“从上一项开始”或者“从上一项之后开始”选项即可，如图17-44所示。

一般来说，第1个动画项的开始方式为：从上一项开始，接下来的动画开始方式可都设为：从上一项之后开始。这样，在放映演示文稿时，动画就会自动播放了。

17.2.2 切换动画的添加

在播放幻灯片过程中，从当前幻灯片切换到下一页幻灯片时，如果为其添加一种相匹配的切换效果，可以让观众眼前一亮，注意力自然转移到下一张幻灯片中。下面介绍如何应用切换动画的操作。

选中所需幻灯片，在“切换”选项卡的效果列表中选择一款切换效果，这里选择“梳理”效果，选择完成后系统将自动播放其效果，如图17-45所示。

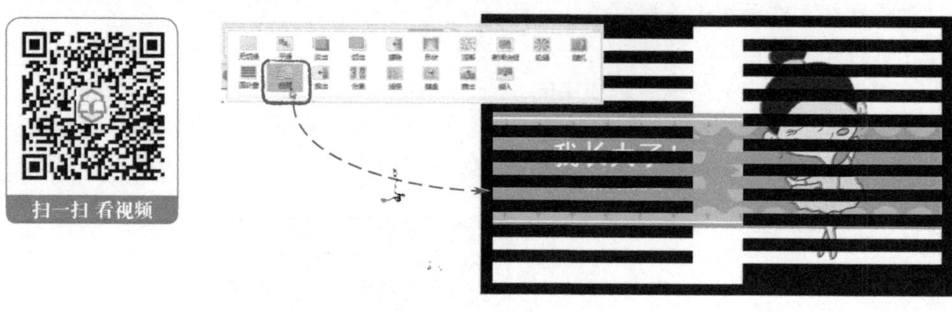

图17-45

在“切换”选项卡中单击“效果选项”下拉按钮，可以调整切换方向，如图17-46所示。

图17-46

如果想要将所有幻灯片统一运用这一种切换效果，只需在“切换”选项卡中单击“应用到全部”按钮即可。

17.2.3 超链接的设置

为演示文稿添加超链接，可以使幻灯片在放映时更容易掌控节奏。幻灯片中的链接类型可分为两种：一种是内部链接，另一种是外部链接。用户可根据需求选择使用。

（1）添加内部页面链接

页面链接的操作比较简单，在幻灯片中，选择要添加链接的元素，在“插入”选项卡中单击“超链接”按钮，打开“插入超链接”对话框，从中选择“在文档中的位置”选项，并选择要链接到的幻灯片页面，单击“确定”按钮，如图17-47所示。此时被选中的文本元素已添加了链接，并以下划线突出显示，如图17-48所示。

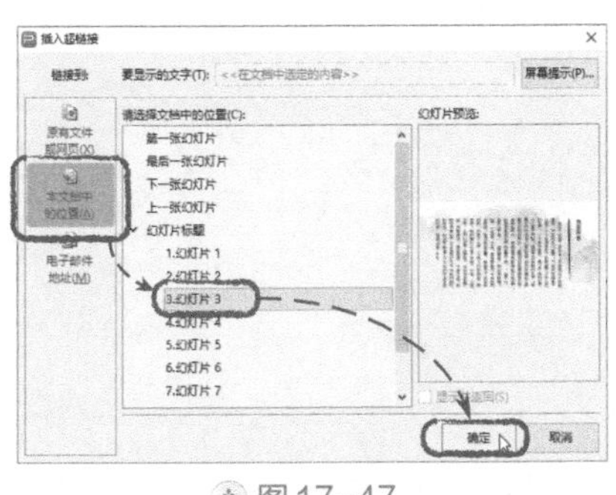

图17-47

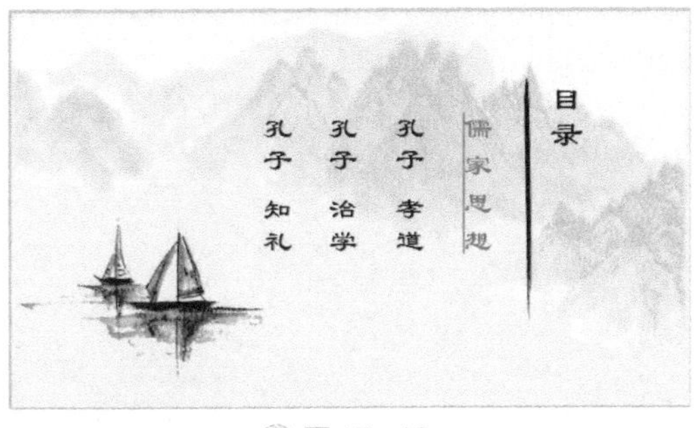

图17-48

在放映过程中，将光标移动至有添加链接的内容时，光标则会变成手指形状，单击该链接内容，随即会跳转到相关的幻灯片页面。按照同样的方法，为其他内容添加相应的超链接。

新手误区

在幻灯片中为图片、图形或文本框元素添加链接后，其形态不会发生变化。而如果链接的是文本内容，链接后的文本会发生相应的变化。

（2）添加外部文件链接

如果在演示文稿中，需要引用其他文件中的内容，可以使用超链接功能，将当前内容链接到相关内容中，以避免在放映过程中，打开其他应用程序来查看相关内容。

在幻灯片中选择所需内容，同样打开“插入超链接”对话框，选择“原有文件或网页”选项，并选择要链接的文件，单击“确定”按钮即可。在放映过程中，单击该链接内容，随即会跳转到相关的文件中，如图17-49所示。

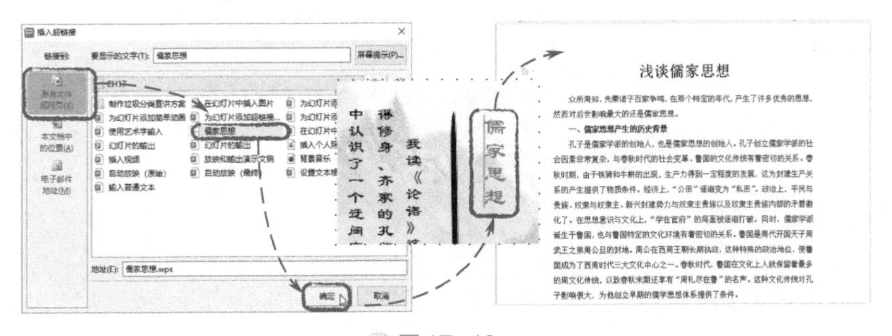

图17-49

（3）添加动作链接

添加了超链接后，如果想要迅速返回到幻灯片首页或指定的某一页内容中，可为其添加动作链接。选中所需幻灯片，在“插入”选项卡中单击“形状”下拉按钮，在“动作按钮”选项组中选择一款动作按钮，按住鼠标左键，拖动光标绘制该按钮，在打开的“动作设置”对话框中，将“超链接到”设为“幻灯片”，然后在“超链接到幻灯片”对话框中，指定一张链接的幻灯片，依次单击“确定”按钮即可，如图17-50所示。

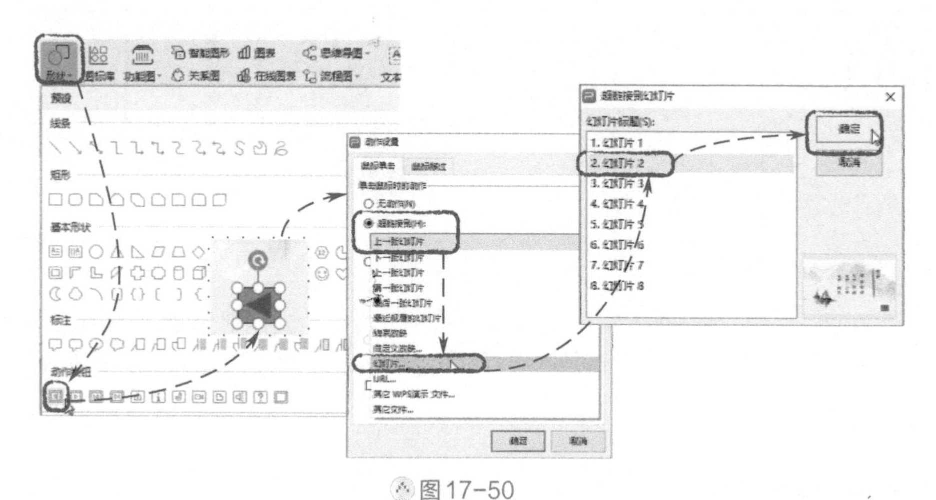

图17-50

17.3 放映和输出

演示文稿制作完毕后，接下来就可以进行放映操作了。在放映幻灯片时，有不同的放映方式和要求，用户需要根据放映场地的不同来调整放映方式。下面介绍如何将幻灯片进行放映和输出。

17.3.1 幻灯片的放映

一般来说幻灯片的放映方式有3种，下面将分别对这3种放映方式进行介绍。

（1）开始放映

按键盘上的【F5】键，即可进入放映状态，该放映的顺序是从首张幻灯片开始放映，无论选择哪一张幻灯片，都是从头开始，按照幻灯片的顺序进行放映，如图17-51所示。放映结束后，按【Esc】键取消放映。

图17-51

如果想从某一张幻灯片开始放映的话，只需按键盘上的【Shift+F5】组合键即可，此时的放映顺序则为，从当前幻灯片开始依次往下放映。

（2）自定义放映

在放映幻灯片时，只想放映某几张幻灯片内容的话，可以使用“自定义放映”功能来操作。

在“幻灯片放映”选项卡中单击“自定义放映”按钮，在打开的对话框中，单击“新建”按钮，在“定义自定义放映”对话框中，先输入放映名称，然后在左侧列表中，选择要放映的幻灯片，单击“添加”按钮，将其添加至右侧列表，单击“确定”按钮，返回到上一层对话框，单击“放映”按钮，如图17-52所示。系统会自动按照设置好的播放顺序进行放映。

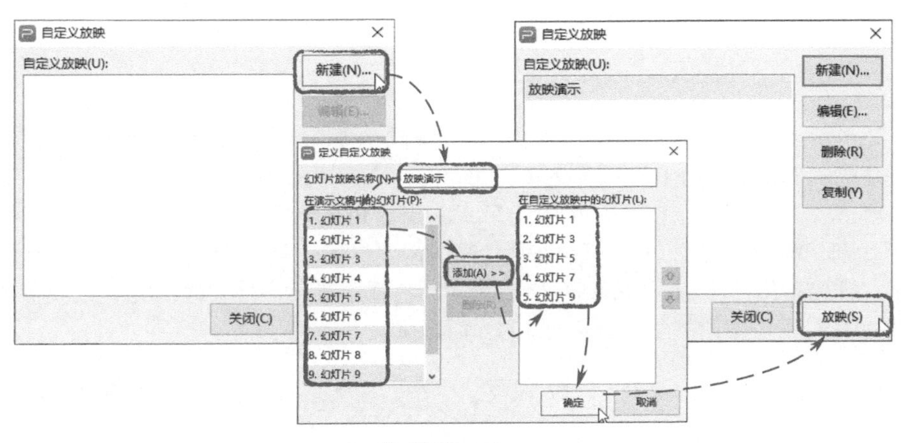

图17-52

（3）自动放映

默认情况下，幻灯片是手动放映的。如果想要让它自动放映，可使用“排练计时”功能来操作。

在“幻灯片放映”选项卡中单击“排练计时”按钮，此时系统将以全屏播放幻灯片，并在该幻灯片左上角显示“预演”工具栏，如图17-53所示。

图17-53

用户根据实际需要，设置每张幻灯片放映时间，直到最后一张幻灯片。预演结束后会出现提示对话框，询问是否保留幻灯片排练时间，单击“是”按钮，如图17-54所示。

选择后，幻灯片会以浏览模式显示，并且每张幻灯片右下方会显示预演的时间，如图17-55所示。按【F5】键进行放映，此时系统会根据每张幻灯片预演的时间，按照顺序进行自动放映了。

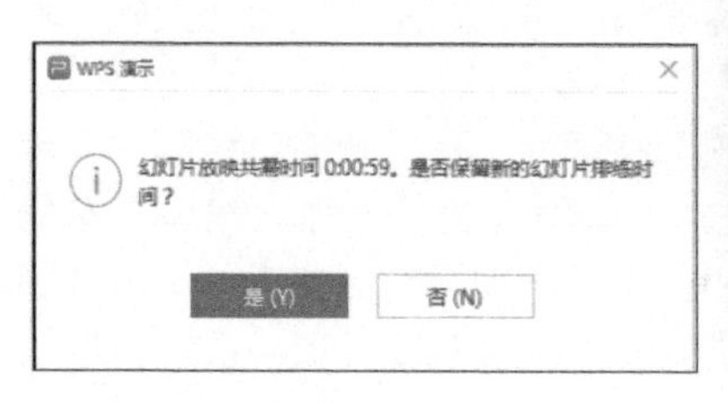

图17-54

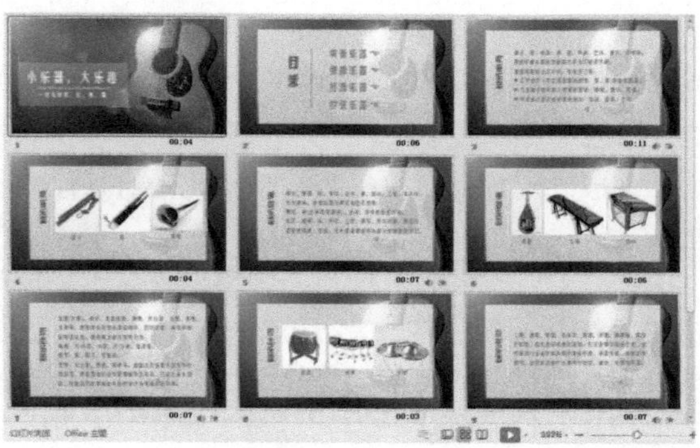

图17-55

17.3.2 幻灯片的输出

如果不想让其他人对自己的幻灯片进行修改，可以将幻灯片输出成PDF、视频等文件格式。下面将以输出为PDF格式文件为例，来介绍具体的输出操作。

单击“文件”下拉按钮，从中选择“输出为PDF格式”选项，如图17-56所示。稍等片刻，在“输出为PDF”界面中，根据需要设置“输出范围”和“保存目录”，单击“开始输出”按钮，如图17-57所示。系统开始输出操作，输出完成后会在“状态”栏中显示“输出成功”字样，关闭界面即可。

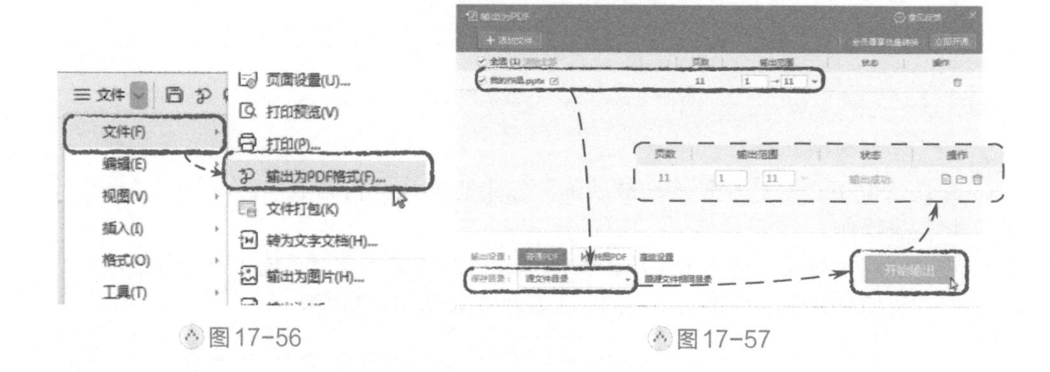

图17-56　图17-57

17.4 制作垃圾分类宣讲方案

以上简单介绍了演示文稿的制作要点。下面将以制作垃圾分类主题宣讲文稿为例，对本章所学的知识点进行综合应用。

17.4.1 制作标题页幻灯片

通常演示文稿大致是由标题页、目录页、内容页和结尾页这4大部分组成。下面就先来制作标题页内容，具体操作如下。

Step01：启动WPS Office软件，在“首页”界面中单击“打开”按钮，在“打开”对话框中，选择本书配套的“垃圾分类主题（素材）”演示文稿，单击“打开”按钮，如图17-58所示。打开原始的演示文稿，如图17-59所示。

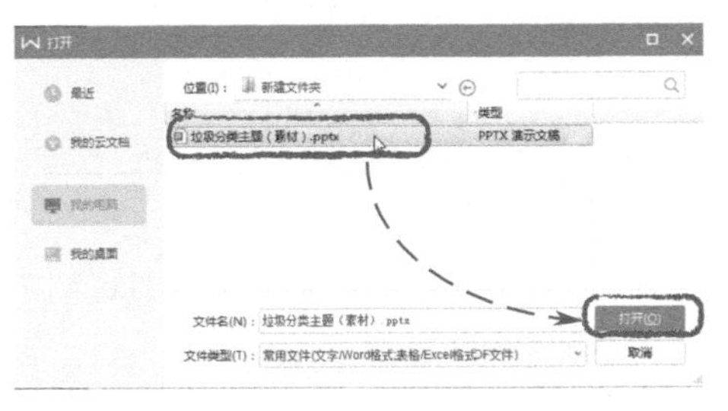

图17-58

图17-59

Step02：在“插入”选项卡中单击“图片”按钮，插入一张封面图，使用鼠标拖拽的方法，调整好封面图的位置，如图17-60所示。

Step03：在“插入”选项卡中单击“艺术字”下拉按钮，选择“渐变填充·金色，轮廓-着色4”样式，并在文本框中输入标题内容，如图17-61所示。

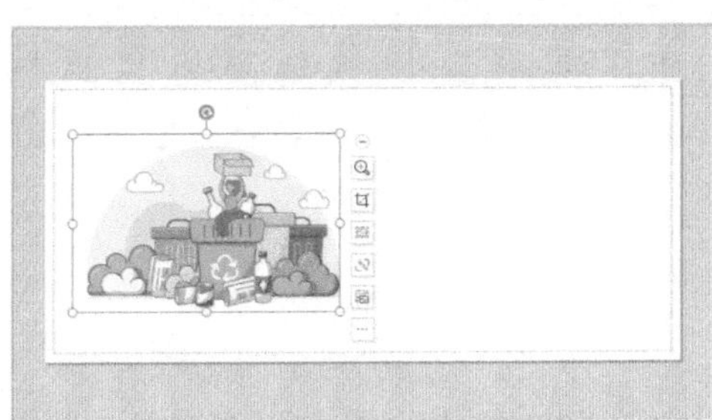

图17-60

图17-61

Step04：选中标题边框线，将光标放置右侧边框中间控制点上，当光标呈双向箭头时，按住鼠标左键不放，拖动鼠标至合适位置，放开鼠标，调整标题文本框的大小，并将其移动至页面右侧合适位置，如图17-62所示。

Step05：选中标题文本框，在“文本工具”选项卡中单击“文本填充”下拉按钮，从中选择一款合适的渐变选项，此时标题颜色已发生了变化，如图17-63所示。

图17-62

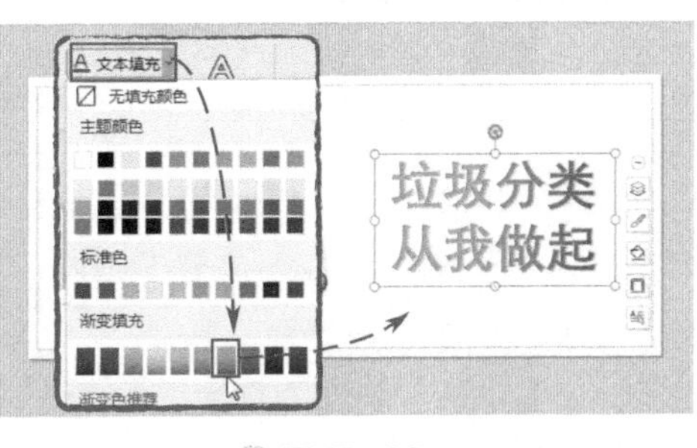

图17-63

Step06：在“文本工具”选项卡中单击“文本轮廓”下拉按钮，从中选择“无线条颜色”选项，隐藏标题轮廓线，如图17-64所示。

Step07：选中标题文字，调整好标题的字体和字号。在“插入”选项卡中单击“文本框”按钮，按住鼠标左键，拖拽光标至合适位置，放开鼠标，绘制文本框，如图17-65所示。

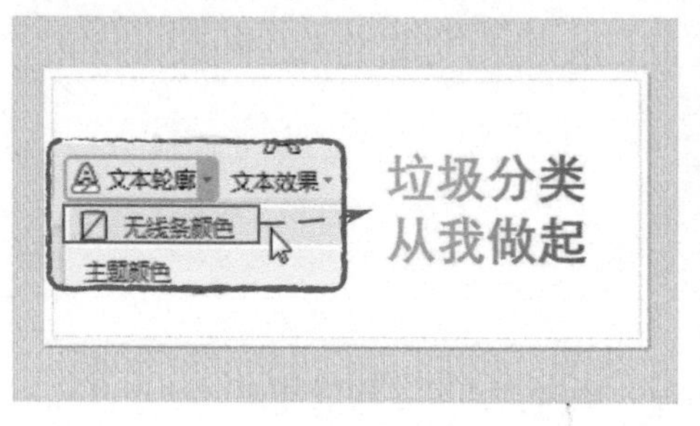

图17-64

图17-65

Step08：在文本框中输入文字内容，并设置好其文字字体、字号和颜色。在“文本工具”选项卡中单击“分散对齐”按钮，对齐文字，如图17-66所示。

Step09：选中该文本框，并按住【Ctrl】键，同时按住鼠标左键不放，将文本框拖拽至合适位置，放开鼠标左键和【Ctrl】键，完成文本框的复制操作，如图17-67所示。

图17-66

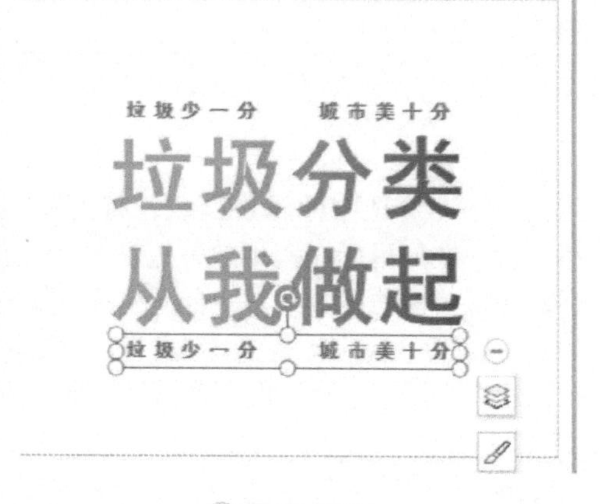

图17-67

Step10：选中复制后的文本内容，将其更改新内容。在“插入”选项卡中单击“形状”下拉按钮，选择“直线”形状，按住鼠标左键，并同时按住【Shift】键，绘制垂直线，如图17-68所示。

Step11：选中绘制的直线，在“绘图工具”选项卡中单击“轮廓”下拉按钮，从中选择合适的颜色，更改直线颜色，如图17-69所示。

图17-68

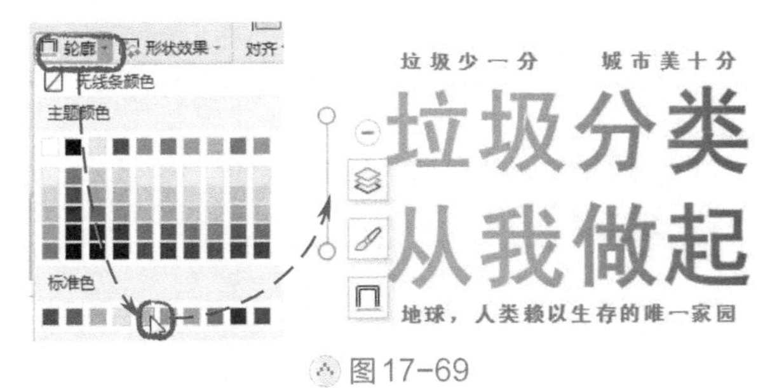

图17-69

至此，标题页内容制作完毕。

17.4.2 制作目录页和内容页幻灯片

接下来用户可以按照标题页的制作方法制作目录页、内容页。具体操作如下。

Step01：选中第2张幻灯片，利用文本框输入目录内容，并设置好内容的字体、字号和颜色，如图17-70所示。

Step02：利用插入图片功能，插入“目录配图”图片素材，并将其放置于页面左侧合适位置，如图17-71所示。

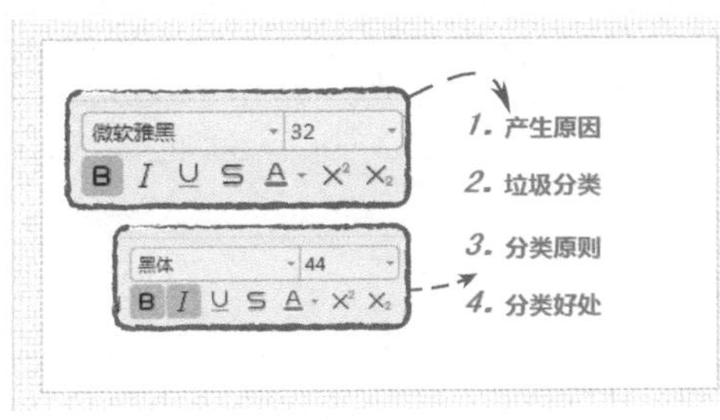

图17-70

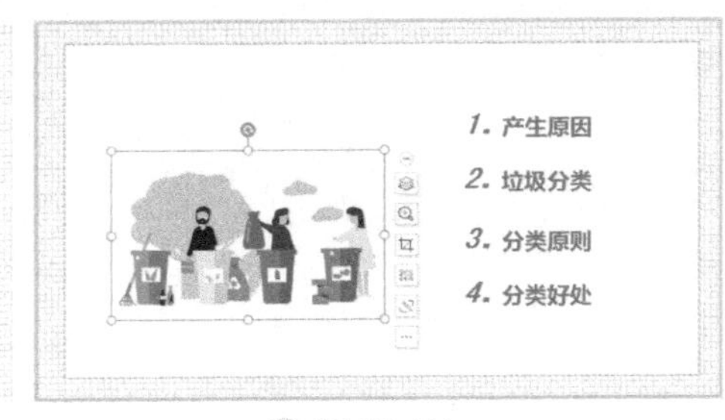

图17-71

Step03：在“形状”列表中选择椭圆形，使用鼠标拖拽的方法，并结合【Shift】键，绘制正圆形，然后将正圆形进行复制。在“绘图工具”选项卡中单击“填充”下拉按钮，从中选择一款填充颜色，结果如图17-72所示。

Step04：使用文本框输入“目录”标题字样，并设置好其文字格式，调整好文字的位置，结果如图17-73所示。

图17-72

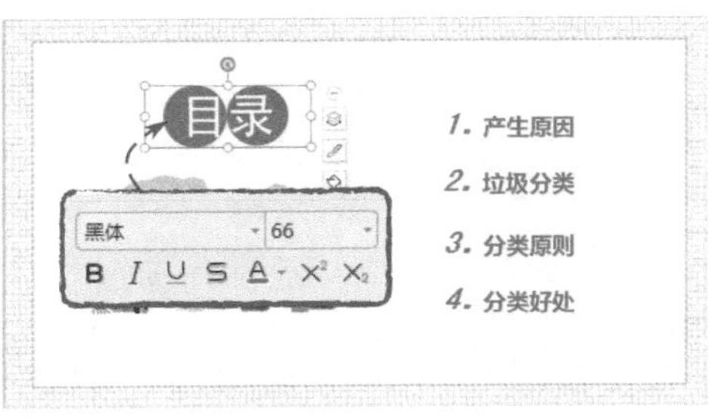

图17-73

Step05：使用直线形状，绘制垂直线。然后在“绘图工具”选项卡中，单击“轮廓”下拉按钮，选择一款虚线线型。并设置线型的箭头样式，如图17-74所示。

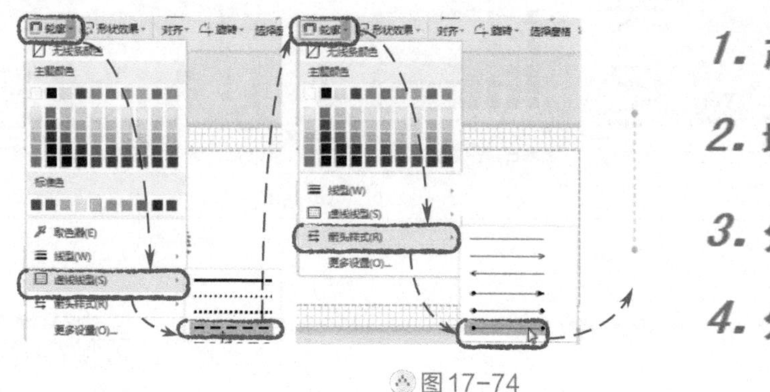

图17-74

Step06：复制第2张幻灯片内容，从而创建第3张幻灯片。按照制作目录页的方法，综合调整第3张幻灯片，例如插入图片、利用文本框输入文字、插入箭头形状等，其操作与上述操作相似，在此就不一一介绍了，结果如图17-75所示。

Step07：按照同样的方法，创建第4、5、6、7张幻灯片，结果如图17-76所示。

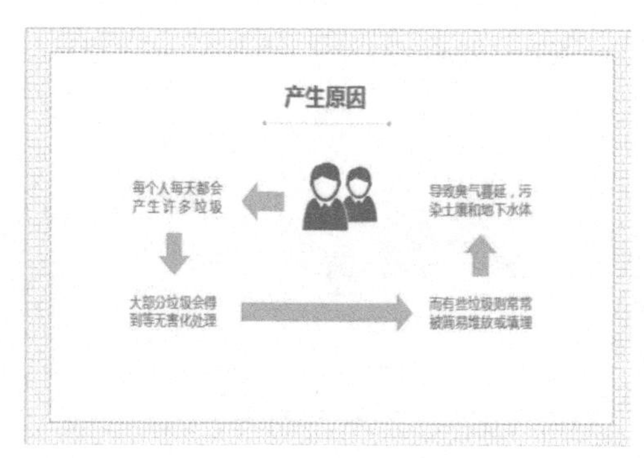

图17-75

图17-76

17.4.3 制作结尾页幻灯片

结尾幻灯片通常只需在标题幻灯片的基础上做一些调整即可。下面就开始制作结尾幻灯片。

Step01：复制标题幻灯片至最后。选中图片，将移至页面中间位置，并调整好大小。在“图片工具”选项卡中单击“颜色”下拉按钮，选择“冲蚀”选项，改变图片显示状态，如图17-77所示。

Step02：调整好标题文本的位置，并输入新文字内容，结果如图17-78所示。

Step03：利用直线绘制两条分割线，并设置好其颜色，调整好位置，结果如图17-79所示。至此，完成所有幻灯片内容的制作操作。

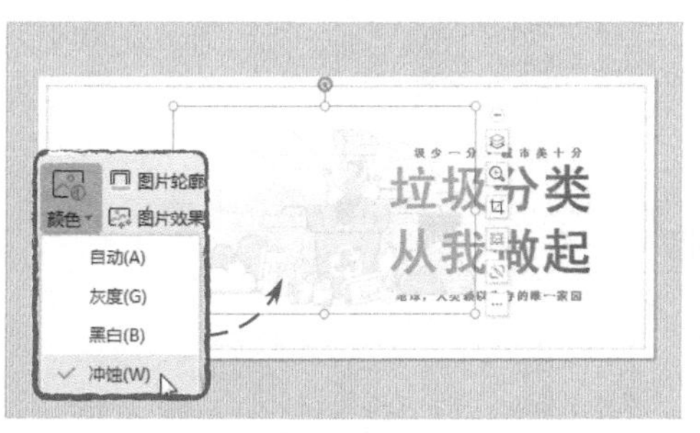

图17-77

图17-78

图17-79

17.4.4 为幻灯片添加动画效果

演示文稿内容制作完成后，下面将为第2、3张幻灯片添加一些动画效果，丰富其页面内容。

Step01：选中第2张幻灯片的“1.产生原因”文本框，在“动画”选项卡的动画列表中，选择“进入”选项组中的“飞入”效果，如图17-80所示。

Step02：按照同样的方法，将其他3项目录内容都添加“飞入”动画效果。打开“自定义动画”窗格，在此对这4组动画的“开始”方式进行设置，如图17-81所示。

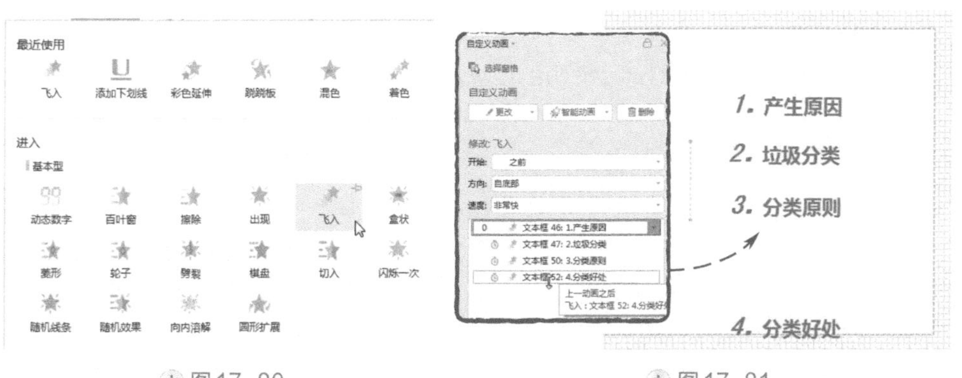

图17-80　　图17-81

Step03：选中第3张幻灯片的图片，将其添加“向内溶解”进入动画。选中左侧箭头图形，将其添加“切入”动画，在“自定义动画”窗格中，将其“方向”设为“自右侧”，如图17-82所示。

Step04：按照箭头顺序，将文字添加“向内溶解”动画，将箭头图形添加“切入”动画，并按照箭头指向的顺序调整“切入”的方向，如图17-83所示。

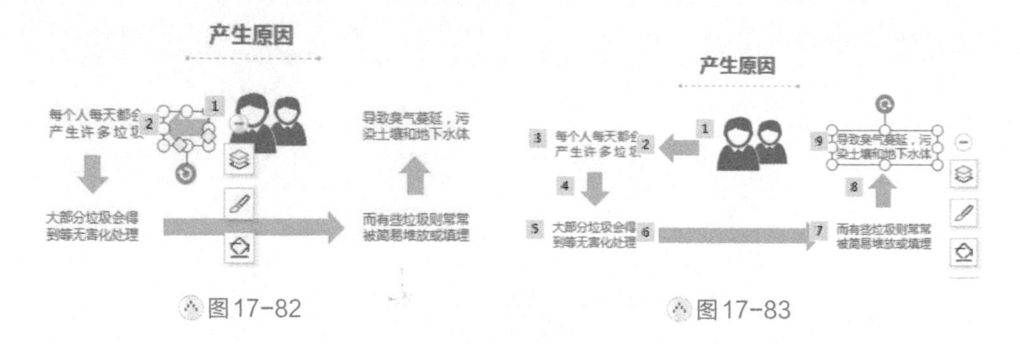

图17-82　　图17-83

Step05：在“自定义动画”窗格中，将首个动画项的开始方式设为“从上一项开始”，其他动画项的开始方式都设为“从上一项之后开始”，如图17-84所示。

Step06：设置完成后，在“动画”选项卡中单击“预览效果”按钮即可预览该幻灯片所有动画效果，如图17-85所示。

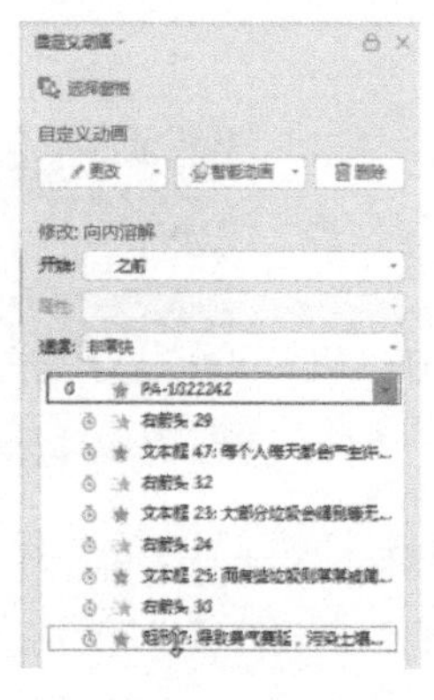

图17-84

图17-85

至此，完成第2、3张幻灯片动画的设置操作。

17.4.5 将宣讲方案进行打包

在讲解基础内容时，已向用户介绍了如何将幻灯片输出为PDF格式的文件。下面将介绍如何为幻灯片进行打包操作，以避免用户在传输过程中出现遗漏素材文件而导致演示文稿无法正常放映的情况。

Step01：在“文件”选项卡中选择“文件打包”选项，并在其子菜单中选择“打包成文件夹”选项，如图17-86所示。

Step02：在“演示文件打包”对话框中，输入文件夹名称，单击“浏览”按钮，在打开的“选择位置”对话框中，选择好保存的位置，单击“选择文件夹”按钮，如图17-87所示。

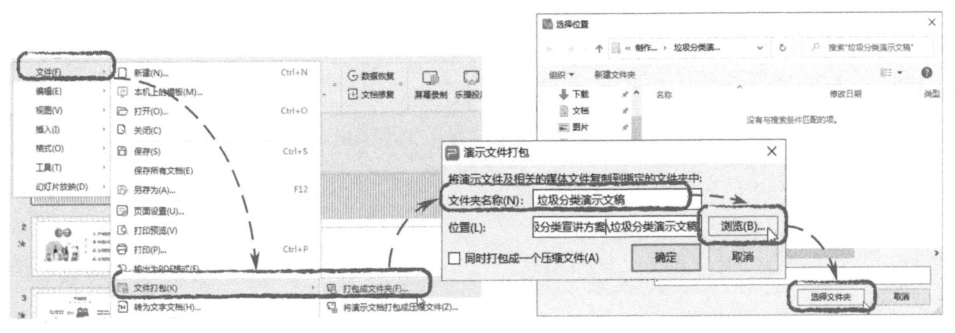

图17-86

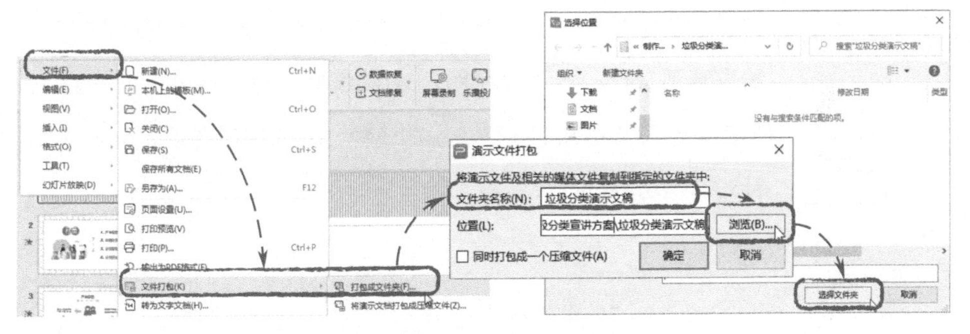

图17-87

Step03：在返回到上一层对话框，单击“确定”按钮，打开“已完成打包”对话框，单击“关闭”按钮，如图17-88所示。至此，完成宣讲方案的打包操作。

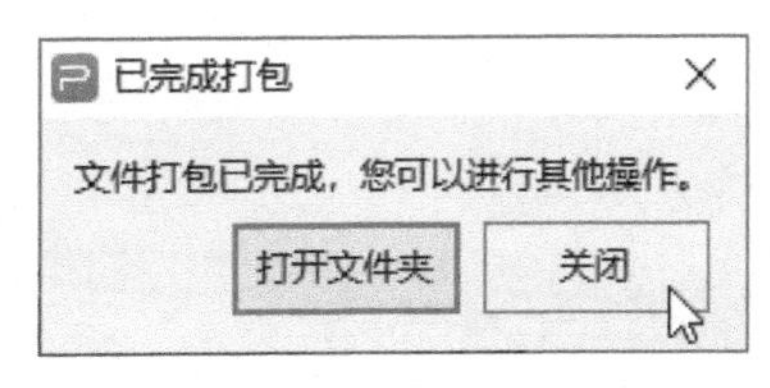

图17-88

温馨提示

本章内容适合入门级读者学习，让大家了解在使用电脑办公时，可以借助WPS office软件对演示文稿进行编辑操作，以制作出更加美观大方的PPT文案，例如年度工作报告、教学培训课件、个人述职文稿等。若想深入学习，可查阅《Word+Excel+PPT+Photoshop+思维导图：高效商务办公一本通》中的相关内容，或进入德胜学堂进行学习。

第18章 PDF阅读器的使用

内容导读

说起PDF文件，相信各位职场人士都不陌生。PDF是一种非常优秀的电子文档格式。大多数人都只会利用PDF阅读器来查看文档，而不会利用PDF阅读器来对文档进行简单的编辑，例如文档间的转换、添加注释、为文档加密等。本章将针对这些功能进行介绍。

学习要点

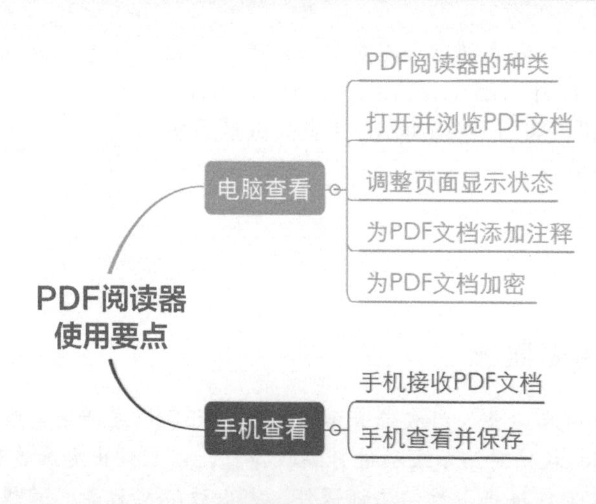

18.1 了解PDF阅读器

想要浏览PDF格式的文档，就必须要借助于PDF阅读器才可以。随着互联网技术的不断发展，各种品牌的PDF阅读器不断涌现。对于新手来说到底选择哪一款呢？下面介绍几款办公常用的PDF阅读器，以供用户参考使用。

（1）Adobe Reader阅读器

这款PDF阅读器相信职场人都知道。它是Adobe公司研发出来的一款电子文档阅读软件。在所有PDF阅读器中，Adobe Reader可以说是开山鼻祖，如图18-1所示。

（2）福昕阅读器

这款阅读器是福昕公司研发的免费的PDF文档阅读器和打印器。它具有体积小、消耗系统资源少、启动速度快、操作简单易学等优点，是许多教育机构、企事业单位推荐使用的一款国民阅读器，如图18-2所示。

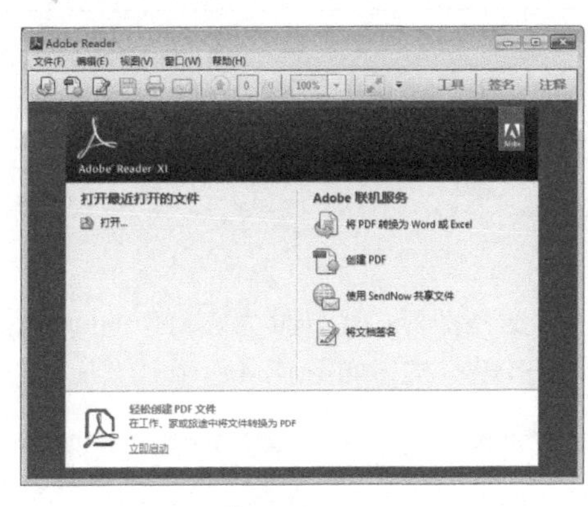

图18-1

图18-2

（3）金山PDF阅读器

这款阅读器是金山公司开发的一款功能强大、操作简单的PDF编辑器。它支持一键编辑，支持多种浏览模式，启动迅速，简单易用。它能够快速修改PDF文档内容，并支持PDF文档和docx、pptx、xlsx、txt、图片等多种文档格式的转换，如图18-3所示。

图18-3

在安装WPS Office软件后，系统将自带PDF阅读器，无须再次下载安装。如果电脑中未安装WPS Office软件，那么用户可以下载独立版的金山PDF阅读器，同样可以使用。

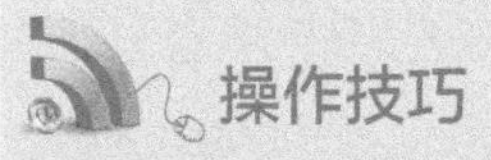
操作技巧

除以上三款PDF阅读器外，还有文电通PDF阅读器、嗨格式PDF阅读器、迅捷PDF阅读器、极速PDF阅读器等。这些阅读器都很好用，其中的功能都差不多，都以轻便、小巧、操作简单、易上手著称。用户可以自行选择。

18.2 利用PDF阅读器查看文档

本节将以WPS Office自带的PDF阅读器为例，来向用户介绍一下PDF阅读器的基本操作，其中包括PDF文件的查看、为PDF添加注释、为PDF文件加密等。

18.2.1 打开并浏览PDF文档

安装WPS Office软件后，系统会将所有PDF文档图标自动转换为它自带的阅读器图标。双击该图标即可启动PDF阅读器，并打开PDF文档，如图18-4所示。

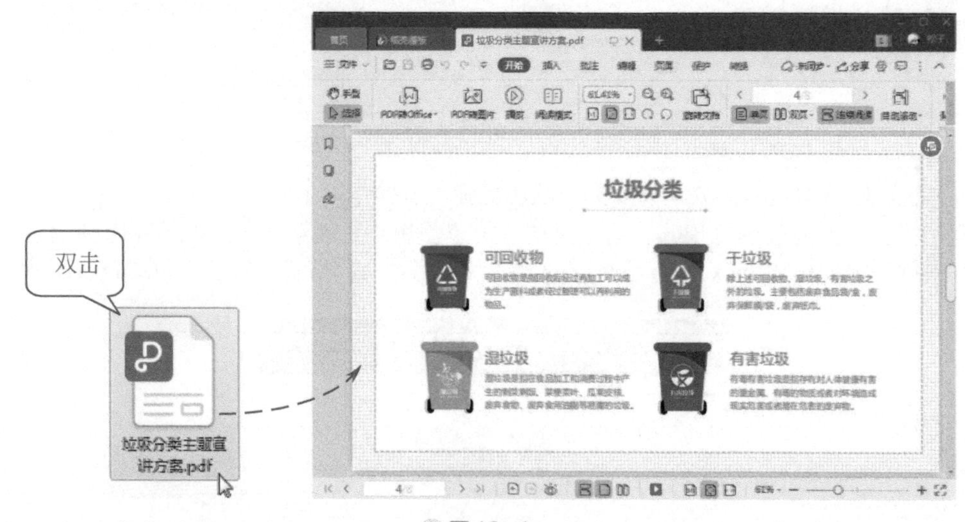

图18-4

打开PDF文档后，用户可滚动鼠标中键来查看文档所有内容。当然也可以在“开始”选项卡中单击“手型”按钮，按住鼠标左键不放，拖动视图页面来查看，如图18-5所示。

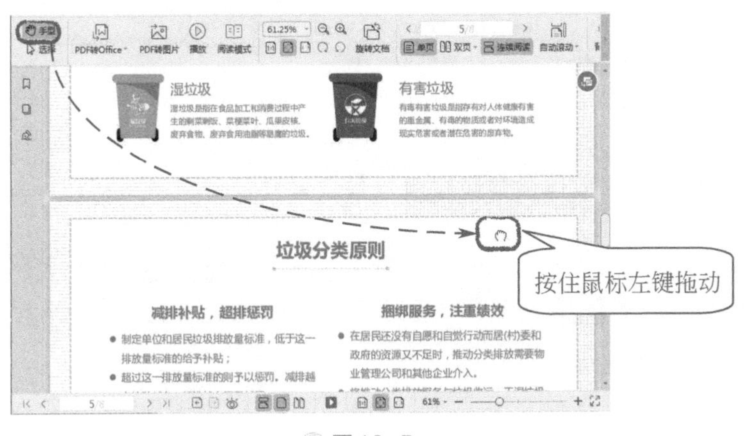

图18-5

18.2.2 调整PDF视图显示

在使用过程中，用户还可以对其页面显示参数进行设置，例如调整显示比例、显示模式等。默认情况下，阅读器会以1：1正常显示文档。如需要调整显示比例，可在“开始”选项卡中单击“适合页面”或“适合宽度”这两个按钮进行调整，如图18-6所示为默认1：1比例正常显示，图18-7所示的是“适合宽度”比例显示。

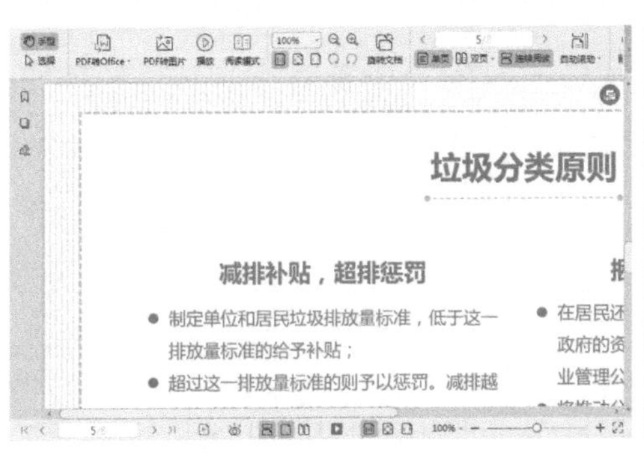

图18-6

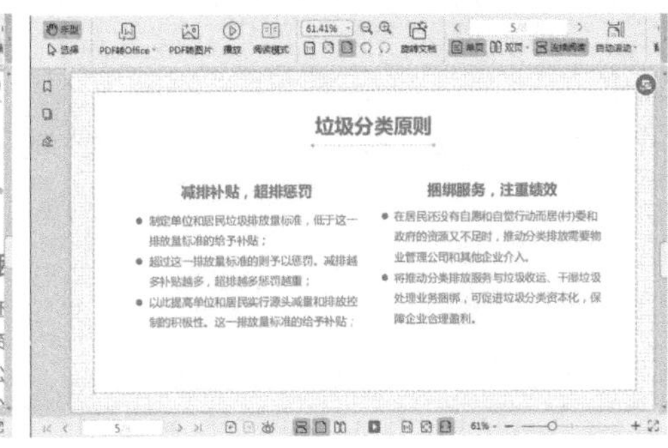

图18-7

操作技巧

用户还可以根据页面情况对文档进行旋转显示，以达到最佳的显示状态。在“开始”选项卡中单击“旋转文档”按钮，即可将当前文档进行旋转操作。

默认情况下PDF文档会以“单页”模式进行浏览。如果用户需要一次性浏览多张页面，那么只需在“开始”选项卡中单击“多页”按钮即可，如图18-8所示的是单页模式显示，而图18-9所示的是多页模式显示。

图18-8

图18-9

在“开始”选项卡中单击“划词翻译”按钮或“全文翻译”按钮，可以对文档的部分内容或全文进行翻译操作，如图18-10所示的是“划词翻译”的操作。

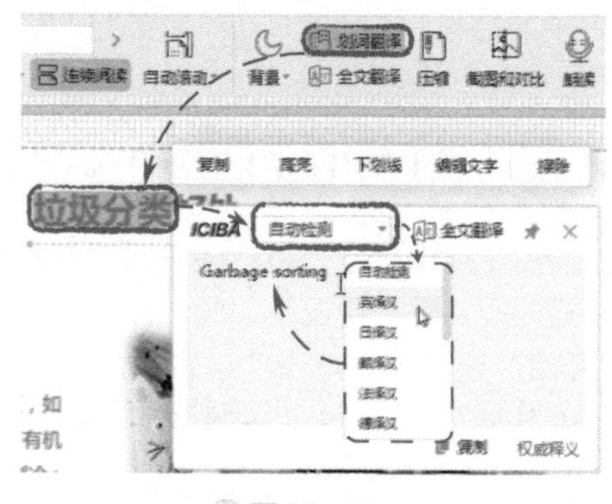

图18-10

18.2.3 为PDF文件添加注释

在浏览PDF文件的过程中，如果需要对此文档添加一些注释信息，可在“批注”选项卡中选择相关的批注功能进行操作。

单击“高亮”按钮，并在文档中选择要注释的内容，此时该内容则会突显出来，如图18-11所示。单击“文字注释”按钮，在指定位置输入注释内容即可，如图18-12所示。

图18-11

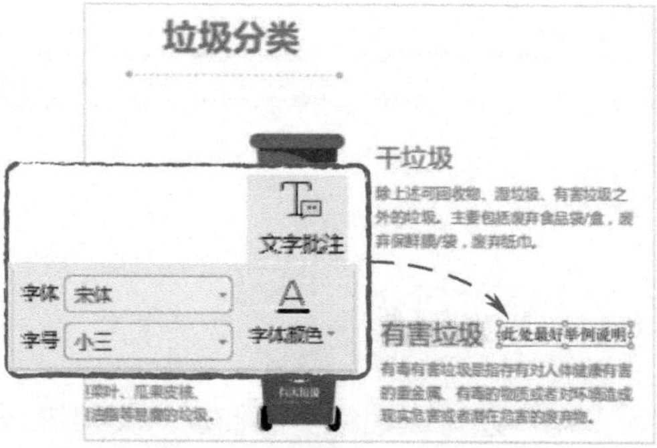

垃圾分类
干垃圾
文字批注
字体 宋体
字号 小三
字体颜色
有害垃圾
此处最好举例说明

图18-12

在“批注工具”选项卡中，用户可以对批注的文字格式进行设置。设置完成后，单击“退出编辑”按钮退出操作。

除此之外，用户还可以开启批注模式来添加注释内容。在“批注”选项卡中单击

“批注模式”按钮即可开启该模式，单击“高亮”按钮，选择要注释的文字，此时在文档右侧批注栏中输入要注释的内容即可，如图18-13所示。

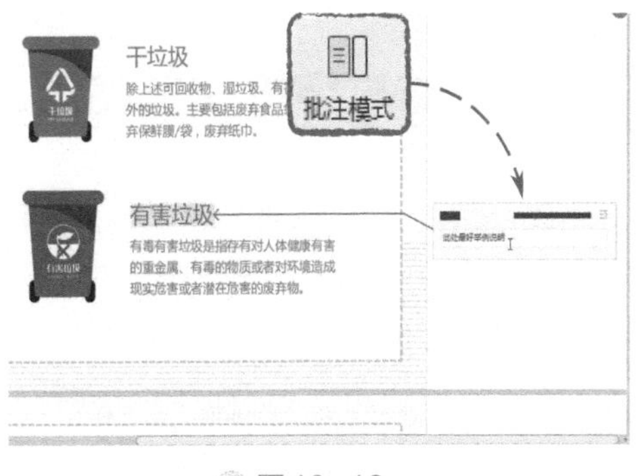

图18-13

18.2.4 为PDF文档加密

如果用户不想让任何人对此文档进行复制、注释、打印等操作，可以对该PDF进行加密操作。在“保护”选项卡中单击“文档加密”按钮，打开“加密”对话框，勾选“设置编辑及页面提取密码”复选框，并设置好密码，同时勾选要加密的操作选项，单击“确认”按钮，如图18-14所示，然后对该文档执行另存为操作即可。当别人打开该加密后的PDF文档后，只能进行浏览操作，其他任何编辑操作都无法进行，除非输入权限密码才可以，如图18-15所示。

图18-14

图18-15

操作技巧

使用金山PDF阅读器可以快速地将PDF文档转换成其他格式的文档，例如Word、Excel、PPT以及CAD，用户只需在“转换”选项卡中进行相关操作即可。当然前提是需要安装小插件，例如单击“PDF转Word”按钮后，系统会自动安装该插件，然后再根据相关设置对话框进行操作即可。

除了以上介绍的基本功能外，还有其他一些好用的功能，例如提取文字、提取图片、开启“朗读”功能、表单填写等。由于版面限制，这里就不逐一介绍了，用户可以自行试用。

18.3 电脑与手机交互使用

现在，移动办公已成为主流。当用户在外地出差，无法及时使用电脑查看文件时，就可以借助手机来查看。那么对于新手来说，如何利用手机来查看文件呢？下面介绍具体的操作方法。

18.3.1 接收PDF文档

接收PDF文件无外乎是通过QQ、微信或邮箱这3个通讯工具进行操作。下面将以接收QQ文件为例，来介绍手机查看PDF的操作。

启动QQ，打开所需好友对话框，单击要接收的PDF文件，在打开的下载界面中，单击“下载”按钮即可下载该文件，如图18-16所示。

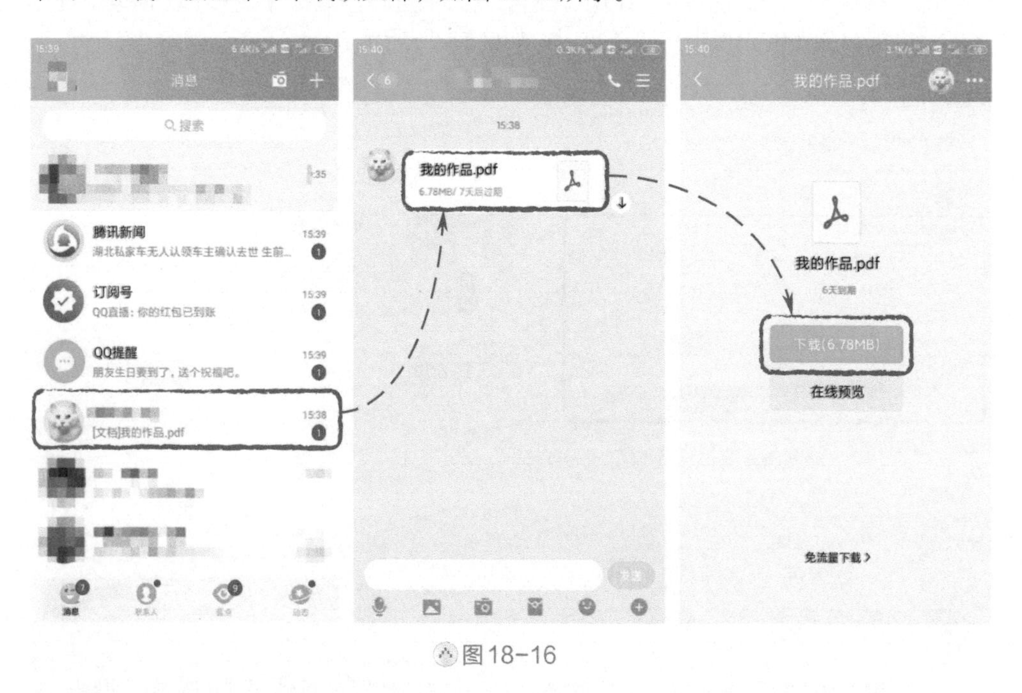

图18-16

18.3.2 查看并保存PDF文件

下载完毕后，系统会启动自带的阅读器打开该PDF文档，用户就可以浏览该文档内容了，如图18-17所示。浏览完毕后，如果想要将保存，可使用QQ收藏功能。单击PDF文档右上角“…”按钮，在打开的选项界面中，选择“收藏”选项即可，如图18-18所示。当下次要查看该文档时，打开QQ设置界面，选择“我的收藏”选项，并在打开的界面中选择该PDF文件即可，如图18-19所示。

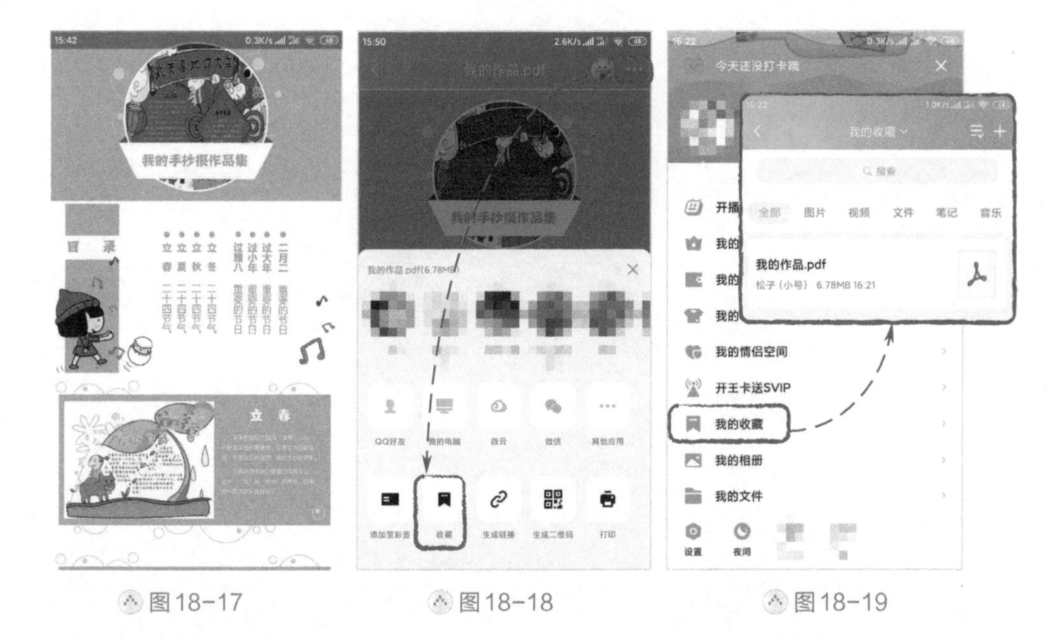

图18-17　　图18-18　　图18-19

新手误区

使用手机自带的阅读器，通常只能查看PDF文档，不能对它进行编辑操作。除非单独下载一款手机阅读APP才可以，或者将PDF文档保存至电脑端进行编辑。

附录

常用快捷键速查

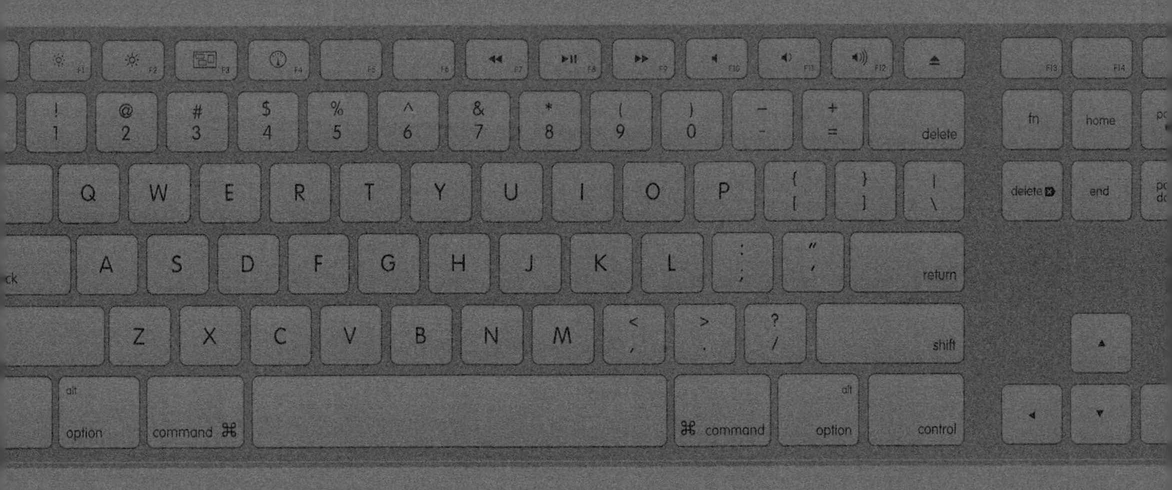

! 1 @ 2 # 3 $ 4 % 5 ^ 6 & 7 * 8 (9) 0 – + = delete
fn home
Q W E R T Y U I O P { [}] | \
delete end
A S D F G H J K L : ; " ' return
Z X C V B N M < , > . ? / shift
alt option command ⌘
⌘ command alt option control

附录1 Windows 10操作系统常用快捷键速查

组合键	功能描述
Windows键+空格键	切换输入语言和键盘布局
Windows键+,	临时查看桌面
Windows键+V	打开剪贴板
Windows键+I	打开设置界面
Windows键+K	打开连接显示屏
Windows键+H	打开语音输入
Windows键+Q	打开应用搜索面板
Windows键+W	启动全屏截图功能
Windows键+F	打开“反馈中心”
Windows键+Tab	循环切换应用
Windows键+X	打开左下角快捷菜单
Windows键	显示或隐藏开始菜单
Windows键+←	最大化窗口到左侧的屏幕上
Windows键+→	最大化窗口到右侧的屏幕上
Windows键+↑	最大化窗口
Windows键+↓	最小化窗口
Windows键+Shift+↑	垂直拉伸窗口，宽度不变
Windows键+Shift+↓	垂直缩小窗口，宽度不变
Windows键+Shift+←	将活动窗口移至左侧显示器
Windows键+Shift+→	将活动窗口移至右侧显示器

续表

组合键	功能描述
Windows键+P	多显示器设置
Windows键+Home	除当前窗口，最小化所有其他窗口，第二次按下恢复窗口
Windows键+B	光标移至通知区域
Windows键+Break	显示“系统属性”对话框
Windows键+D	显示桌面，第二次按下恢复桌面
Windows键+E	打开资源管理器
Windows键+Ctrl+F	查找计算机（需要活动目录支持）
Windows键+G	开启游戏栏
Windows键+L	锁住电脑或切换用户
Windows键+M	最小化所有窗口
Windows键+Shift+M	在桌面恢复所有最小化窗口
Windows键+R	打开“运行”对话框
Windows键+T	切换任务栏上的程序
Windows键+Alt+回车	查看选中对象的属性信息
Windows键+U	打开轻松访问中心
Windows键+F1	打开显示设置中心
Windows键+S	打开搜索界面
Windows键+Q	打开搜索界面
Windows键+A	打开操作中心
Windows键+减号	缩小(放大镜)
Windows键+加号	放大(放大镜)
Windows键+Esc	关闭放大镜

附录2 WPS常用快捷键速查

WPS文字 常用快捷键

组合键	功能描述
Ctrl+A	全选
Ctrl+B	加粗字体
Ctrl+C/V	复制/粘贴
Ctrl+D	打开“字体”对话框
Ctrl+E	居中
Ctrl+F	查找
Ctrl+G	定位
Ctrl+H	替换
Ctrl+I	倾斜字体
Ctrl+L	左对齐
Ctrl+N	新建文档
Ctrl+O	打开文档
Ctrl+P	打印
Ctrl+S	保存
Ctrl+X	剪切
Ctrl+Y	恢复
Ctrl+Z	撤销
Ctrl+Shift+C/V	复制/粘贴格式
Ctrl+【/】	缩小/放大字号
Ctrl+鼠标拖动	选定不连续文字
F12	文档另存为

WPS表格　常用快捷键

组合键	功能描述
Ctrl+A	全选
Ctrl+C/V	复制/粘贴
Ctrl+D	向下填充选中区域
Ctrl+F	查找
Ctrl+G	定位
Ctrl+H	替换
Ctrl+N	新建工作簿
Ctrl+O	打开工作簿
Ctrl+R	向右填充选中区域
Ctrl+S	保存工作簿
Ctrl+Y	重复上一步操作
Ctrl+W	关闭工作簿
Ctrl+X	剪切
Ctrl+Z	撤销
Ctrl+Enter	键入同样的数据到多个单元格中
Ctrl+Home	移动到工作表的开头
Ctrl+PageDown	切换到活动工作表的下一个工作表
Ctrl+End	移动到工作表最后一个单元格
Ctrl+F3	定义名称
Ctrl+鼠标选中	选择多个区域
Ctrl+1	打开“单元格格式”对话框
Shift+F11	插入新工作表
Alt+Enter	单元格内换行
Back Space（退格键）	进入编辑，重新编辑单元格内容
Home	移动到活动单元格所在的窗格行首
F11	创建图表

WPS演示　常用快捷键

组合键	功能描述
Ctrl+A	选择全部对象或幻灯片
Ctrl+B	应用（解除）文本加粗
Ctrl+C/V	复制/粘贴幻灯片
Ctrl+F	查找
Ctrl+H	替换
Ctrl+I	文字添加或清除倾斜
Ctrl+N	新建演示文稿
Ctrl+O	打开演示文稿
Ctrl+P	文件打印
Ctrl+S	保存演示文稿
Ctrl+U	添加或删除下划线
Ctrl+Delete	删除当前页
Ctrl+Enter	进入版式对象编辑状态/插入新页
Shift+F5	从当前页开始播放
Back Space	执行上一个动画或返回到上一演示页
End	跳到最后一页
Esc	退出演示
Enter	执行下一个动画或切换到下一演示页
F5	演示播放（从第1页开始）
Home	跳到第一页
Page Down	跳到下一页
Page Up	跳到上一页